Sebastian Rezat

Das Mathematikbuch als Instrument des Schülers

VIEWEG+TEUBNER RESEARCH

Sebastian Rezat

Das Mathematikbuch als Instrument des Schülers

Eine Studie zur Schulbuchnutzung in den Sekundarstufen

Mit einem Geleitwort von Prof. Dr. Rudolf Sträßer

VIEWEG+TEUBNER RESEARCH

Bibliografische Information der Deutschen Nationalbibliothek
Die Deutsche Nationalbibliothek verzeichnet diese Publikation in der
Deutschen Nationalbibliografie; detaillierte bibliografische Daten sind im Internet über
<http://dnb.d-nb.de> abrufbar.

Diese Veröffentlichung ist Teil einer Promotion zum Doktor der Naturwissenschaften
(Dr. rer. nat.) durch den Fachbereich Mathematik und Informatik, Physik, Geographie
der Justus-Liebig-Universität Gießen (Deutschland), 2009

D 26

1. Auflage 2009

Alle Rechte vorbehalten
© Vieweg+Teubner | GWV Fachverlage GmbH, Wiesbaden 2009

Lektorat: Dorothee Koch / Britta Göhrisch-Radmacher

Vieweg+Teubner ist Teil der Fachverlagsgruppe Springer Science+Business Media.
www.viewegteubner.de

Das Werk einschließlich aller seiner Teile ist urheberrechtlich geschützt.
Jede Verwertung außerhalb der engen Grenzen des Urheberrechtsgeset-
zes ist ohne Zustimmung des Verlags unzulässig und strafbar. Das gilt
insbesondere für Vervielfältigungen, Übersetzungen, Mikroverfilmungen
und die Einspeicherung und Verarbeitung in elektronischen Systemen.

Die Wiedergabe von Gebrauchsnamen, Handelsnamen, Warenbezeichnungen usw. in diesem Werk berechtigt auch ohne besondere Kennzeichnung nicht zu der Annahme, dass
solche Namen im Sinne der Warenzeichen- und Markenschutz-Gesetzgebung als frei zu betrachten wären und daher von jedermann benutzt werden dürften.

Umschlaggestaltung: KünkelLopka Medienentwicklung, Heidelberg
Gedruckt auf säurefreiem und chlorfrei gebleichtem Papier.
Printed in Germany

ISBN 978-3-8348-0971-1

Geleitwort

„Mathematik ist abstrakt und deshalb schwer zu lernen!" – so die oft gehörte und zu lesende Einschätzung zum Schulfach und zur Wissenschaftsdisziplin Mathematik. Umso erstaunlicher ist es, dass die Wissenschaft vom Lehren und Lernen von Mathematik, die Didaktik der Mathematik, relativ wenig weiß über die am weitesten verbreitete konkrete Darstellung von Mathematik, nämlich über Schulbücher. Noch weniger weiß man über die Art und Weise, wie Nutzer und Leser dieser Bücher, insbesondere die Schülerinnen und Schüler allgemeinbildender Schulen, mit ihnen umgehen. Eben diese gravierende Wissenslücke versucht die vorliegende Dissertation von Sebastian Rezat zu verkleinern.

Unter Berücksichtigung der sporadisch vorhandenen Literatur zu Mathematik-Schulbüchern und deren Nutzung durch Lehrerinnen und Lehrer sowie Schülerinnen und Schüler wird zunächst eine Beschreibung der Struktur von Mathematik-Schulbüchern für die Sekundarstufen, d. h. für die Klassen 5 bis 12/13 allgemeinbildender Schulen, entwickelt. Schon diese Beschreibung lohnt einen Blick in die Dissertation, weil sich dort eine wohl strukturierte Darstellung der Textsorten findet, die deutsche Mathematik-Schulbücher anbieten. Der Bezug auf die internationale Literatur zeigt außerdem, dass die Mathematik-Schulbücher Deutschlands durchaus als repräsentativ für die internationale Schulbuch-Szene anzusehen sind.

Diese Beschreibung der Struktur der Bücher nutzt Sebastian Rezat dann, um im Hauptteil der Dissertation zu beschreiben, wie Schülerinnen und Schüler mit diesen Büchern umgehen. Eine innovative Forschungsmethode erlaubt es dabei, nicht nur die Schulbuch-Nutzung im Klassenraum zu untersuchen, sondern ermöglicht einen gültigen Blick auf den Umgang mit den Büchern auch bei der häuslichen Arbeit der Schülerinnen und Schüler. Dabei werden durchaus Umgangsweisen mit Mathematik-Schulbüchern zu Tage gefördert, die von deren Autoren wahrscheinlich eher nicht angezielt worden sind. Die Beschreibung von Verwendungsweisen der Schulbücher durch die Schülerinnen und Schüler wird ergänzt durch eine Typisierung der einzelnen Nutzungen sowie einer Darstellung, wie die einzelnen Schülerinnen und Schüler diese Nutzungen zu einem individuellen Profil der Schulbuch-Nutzung zusammenfügen.

Diese Erkenntnisse gewinnt Sebastian Rezat, indem er einen Forschungsansatz heranzieht, der nach seiner Formulierung in Frankreich bisher vor allem für die Nutzung moderner Technologien wie Computer und hoffentlich dienlicher Software für das Lernen eingesetzt wurde, den „instrumental genesis approach".

Der Ansatz wurde von französischen Kolleginnen und Kollegen in die mathematikdidaktische Forschung eingeführt und erweist sich – entsprechend der Intention seines Schöpfers Rabardel – auch für die Untersuchung des am weitesten verbreiteten Instrumentes mathematischen Lehrens und Lernens, für die Untersuchung des Schulbuches, als äußerst hilfreich.

Ich wünsche dieser Dissertation eine breite Leserschaft, die Lehrerinnen und Lehrer des Schulfaches Mathematik, Autoren von Schulbüchern und deren Verleger sowie die für den Mathematikunterricht Verantwortlichen in der Schulverwaltung umfassen sollte. Dass Mathematikdidaktikerinnen und Mathematikdidaktiker dieses Buch mit Gewinn lesen können, sollte nach der vorliegenden Inhaltsbeschreibung offensichtlich sein.

Gießen im August 2009

Rudolf Sträßer

Danksagung

Im Rückblick auf die vollbrachte Arbeit möchte ich all denen danken, die durch ihren Rat und ihre Unterstützung zu dieser Dissertation beigetragen haben.

Mein größter Dank gilt meiner Frau Sara, die bereit war, sich mit mir auf diesen Weg einzulassen und ihn in allen Phasen unterstützt und fruchtbar mitgestaltet hat. Sie war mir in vielen inhaltlichen Diskussionen und durch ihre Geduld eine große Hilfe.

Ein ebenso großer Dank gebührt meinen Eltern. Sie haben mich stets gefördert, mir die Möglichkeit eröffnet, meine eigenen Wege zu gehen, und mich auf den von mir gewählten Wegen uneingeschränkt unterstützt.

Mein Doktorvater Rudolf Sträßer hat mich auf diesen Weg gebracht und ihn mit gutem Rat in allen Lebenslagen begleitet. Für die umfassende Förderung, die er mir dabei zuteil kommen ließ, bin ich ihm außerordentlich dankbar.

Danken möchte ich auch Frau Hefendehl-Hebeker für die Unterstützung und Begleitung in der Endphase meiner Promotion sowie meinen Kollegen in Gießen für das angenehme und produktive Arbeitsklima und die Anteilnahme an der Arbeit.

Ohne die Bereitschaft der Lehrer und Schüler, mir einen Einblick in ihre Schulbuchnutzung zu gewähren und dafür noch die Arbeit der Dokumentation der Schulbuchnutzung auf sich zu nehmen, wäre diese Arbeit nicht zu Stande gekommen. Auch ihnen gilt mein herzlicher Dank.

Darüber hinaus danke ich Herrn Griesel und dem Bildungshaus Schulbuchverlage Westermann Schroedel Diesterweg Schöningh Winklers, Herrn Rauck und dem Klett Verlag sowie dem Cornelsen Verlag für die Unterstützung der Studie durch die großzügige Bereitstellung der erforderlichen Bücher.

Gießen im August 2009

Sebastian Rezat

Inhaltsverzeichnis

Abbildungsverzeichnis

Tabellenverzeichnis

1 Forschungsanliegen und Zielsetzung

Die mathematikdidaktische Forschung hat den Einzug der neuen Technologien in den Mathematikunterricht von Beginn an mit regem Interesse begleitet. So beschäftigte sich bezeichnenderweise die erste Studie der Internationalen Mathematischen Unterrichtskommission (IMUK) – besser bekannt unter ‚International Commission on Mathematics Instruction (ICMI)' – mit diesem Thema. Sie trug den Titel „The Influence of Computers and Informatics on Mathematics and its Teaching" (Churchhouse *et al.* 1984). Ausgangspunkt dieser Studie war die Annahme, dass die Möglichkeiten der neuen Technologien sowohl die Mathematik als Wissenschaft als auch den Mathematikunterricht nachhaltig beeinflussen werden. In Bezug auf den Mathematikunterricht wurde die Bedeutung des Computers als dritte Dimension neben Schüler und Lehrer[1] hervorgehoben:

> We now have a triangle, student-teacher-computer, where previously only a dual relationship existed. (Churchhouse *et al.* 1984, S. 168)

Bemerkenswert ist, dass vor dem Einzug des Computers in den Mathematikunterricht offenbar von einer dualen Beziehung zwischen Lehrer und Schüler ausgegangen wird. Dass es zuvor andere ‚Technologien' waren – z. B. das Mathematikschulbuch –, die die duale Beziehung zu einem Dreieck erweiterten, bleibt völlig unberücksichtigt. Diese Tendenz zeigt sich allgemein in der mathematikdidaktischen Forschung. Untersuchungen zur Rolle von nicht-technologischen Hilfsmitteln des Lehrens und Lernens von Mathematik in der Interaktion zwischen Schüler und Lehrer sind vergleichsweise selten.

Seit der ersten ICMI-Studie wurde das Potential der neuen Technologien für das Lehren und Lernen von Mathematik in vielen einschlägigen Studien hervorgehoben (vgl. Hoyles & Lagrange 2005). Im Zusammenhang mit der 17. ICMI-Studie ‚Digital technologies and mathematics teaching and learning: Rethinking the terrain' wird in einem Rückblick auf etwa 30 Jahre mathematikdidaktische Forschung im Bereich der neuen Technologien allerdings festgestellt:

---

[1] Um die Lesbarkeit der Arbeit nicht zu beeinträchtigen, werden durchgängig die maskulinen Formen von ‚Schüler' und ‚Lehrer' verwendet. Gemeint sind damit jeweils sowohl Schülerinnen als auch Schüler sowie Lehrerinnen und Lehrer.

> It is worthwhile noting that despite the fact that many authors identified the potential of the systems they described, many also noted that there was little evidence of any significant impact on the mathematics curriculum of secondary schools and universities (primary mathematics was not considered). (Hoyles & Lagrange 2005, S. 3)

Howson (1995) geht diesbezüglich sogar noch einen Schritt weiter, indem er die Rolle der ‚alten' und ‚neuen' Technologien im Mathematikunterricht gegenüberstellt. Im Zusammenhang mit der TIMS-Studie führt Howson eine qualitative Studie zu Mathematikschulbüchern aus acht verschiedenen Ländern durch. Die Notwendigkeit einer solchen Untersuchung sieht er gerade in der herausragenden Bedeutung, die Mathematikbücher[2] im Vergleich zu den neuen Technologien im Unterricht einnehmen:

> But despite the obvious powers of the new technology it must be accepted that its role in the vast majority of the world's classrooms pales into insignificance when compared with that of textbooks and other written materials. (Howson 1995, S. 21)

Hinsichtlich der bedeutenden Rolle, die Howson dem Mathematikbuch im Vergleich zu den neuen Technologien zuschreibt, ist jedoch zu spezifizieren, für wen das Mathematikbuch diese Rolle hat und worin sie besteht. Sowohl die historische Entwicklung des Mathematikbuches als auch die Diskussion in der einschlägigen Literatur hinsichtlich der Rolle und Funktion des Schulbuches ist durch Kontroversen gekennzeichnet. Rolle und Funktion des Schulbuches lassen sich daher eher durch Spannungsfelder charakterisieren, in denen sich die Diskussion bewegt. Auf einige dieser grundlegenden Spannungsfelder im Zusammenhang mit dem Mathematikbuch, die für die Entwicklung der Fragestellung der vorliegenden Arbeit relevant sind, wird im Folgenden näher eingegangen.

**Spannungsfeld 1: Die Rolle des Schulbuches als pädagogisches Instrument –
politisches Instrument – Marktartikel**

Im gesellschaftlichen Kontext hat das Mathematikbuch unterschiedliche Rollen in Abhängigkeit von den Interessen, die mit ihm verknüpft sind. Das Schulbuch ist u. a. Wirtschaftsgut privatwirtschaftlich organisierter Verlage, politisches Instrument der Schuladministration und pädagogisches Instrument im Rahmen des schulischen Lehrens und Lernens. Es ist davon auszugehen, dass diese unter-

---

[2] ‚Mathematikschulbuch' und ‚Mathematikbuch' warden in der vorliegenden Arbeit synonym verwendet.

schiedlichen Rollen des Schulbuches Auswirkungen auf die Entwicklung von Schulbüchern haben.

Die Rolle des Schulbuches als Wirtschaftsgut übt Einfluss auf die Schulbuchentwicklung aus (vgl. Love & Pimm 1996, S. 396). Newton (1990) beschreibt, dass sich der Druck des Marktes bereits in den Schulbüchern des 18. und 19. Jh.s zeigt:

> Textbooks during this period show clearly how their existence and content is strongly influenced by the market. Books were written to suit the requirements of the public examinations and to fulfil the reader's main aim: to pass those examinations. (Newton 1990, S. 24)

In Newtons Beschreibung stehen die Interessen des Lesers im Vordergrund. Da er das Bestehen von Examina als Hauptinteresse des Lesers herausstellt, liegt nahe, dass er den Schüler als Leser ansieht. Im Gegensatz dazu beschreiben Chambliss und Calfee (1998), dass eher die Interessen des Lehrers bei der Entwicklung von Schülerbüchern berücksichtigt werden, da es letztlich Lehrer sind, die an der Entscheidung über die Einführung von Schulbüchern beteiligt sind:

> Publishing is a business and must please its primary customers teachers – to remain viable. One publishing executive described the challenge as first designing materials to get them 'through the gate' erected by the state or district and then slanting the materials to the teacher. (Chambliss & Calfee 1998, S. 170)

Diese Situation, die Chambliss und Calfee für die Vereinigten Staaten von Amerika beschreiben, ist wahrscheinlich auch für deutsche Schulbuchverlage zutreffend, da Schulbücher in Deutschland einerseits einem staatlichen Genehmigungsverfahren unterliegen und es andererseits in der Regel die Lehrer sind, die an den Schulen über die Anschaffung bestimmter Schulbücher entscheiden.

Infolge der staatlichen Genehmigungsverfahren ist die Schulbuchentwicklung auch politischen Zwängen unterworfen. Die Notwendigkeit der staatlichen Genehmigung ist auf die Schlüsselrolle der Schulbücher zwischen dem intendierten Curriculum, das u. a. in Lehrplänen zum Ausdruck kommt, und dem implementierten Curriculum – dem konkreten Unterricht – zurückzuführen. Schulbücher dienen dazu, abstrakte Lehrpläne zu konkretisieren und damit in den Unterricht zu implementieren (vgl. Valverde *et al.* 2002, S. 9-10). Griesel und Postel (1983) beklagen in diesem Zusammenhang die „Schwierigkeit, inhaltliche Innovationen einzubringen, weil diese durch die starre Reglementierung bei der Zulassung von vornherein abgeblockt werden" (Griesel & Postel 1983, S. 293).

Gerade die Rolle der Schulbücher als „potentially implemented curriculum" (Valverde *et al.* 2002) macht sie auch zu politischen Instrumenten. Keitel, Otte und Seeger (1980) beschreiben, dass Schulbücher aufgrund ihrer vermittelnden Stellung u. a. dazu genutzt werden, Innovationen in den Unterricht zu tragen:

> Aufgrund des Reformbeschlusses der Kultusministerkonferenz von 1968 verändert sich die Funktion der Lehrbücher: sie werden die eigentlichen Instrumente der Innovation, insofern als sie die neu konzipierten oder neu zu konzipierenden Lehrpläne konkretisieren. Ihre Aufgabe wird es, die Reformabsichten als neue Inhalte und Verfahren in eine unvorbereitete Schulpraxis zu vermitteln. (Keitel *et al.* 1980, S. 73)

Im Zusammenhang mit dem schulischen Lernen ist das Schulbuch jedoch nicht primär Wirtschaftsgut bzw. politisches Instrument, sondern hat die Rolle eines pädagogischen Hilfsmittels. Im Rahmen dieser Rolle werden ihm u. a. folgende Funktionen zugeschrieben: Strukturierungsfunktion, Repräsentationsfunktion, Steuerungsfunktion, Motivierungsfunktion, Differenzierungsfunktion, Übe- und Kontrollfunktion (vgl. Hacker 1980). Diese Funktionen fasst Hacker unter dem Begriff „Lehrfunktionen des Schulbuchs" (Hacker 1980, S. 14) zusammen. Entsprechende Erörterungen der Lernfunktionen des Mathematikschulbuchs finden sich in der einschlägigen Literatur jedoch vergleichsweise selten.

Vor dem Hintergrund der Rollen des Schulbuches als Wirtschaftsgut und als politisches Instrument lässt sich fragen, welche Priorität den Lernfunktionen bzw. den Interessen der Schüler überhaupt bei der Entwicklung von Schulbüchern zukommt. Es ist zu befürchten, dass sie aufgrund der wirtschaftlichen und politischen Zwänge in den Hintergrund treten.

Spannungsfeld 2: Die Rolle des Schulbuches als Medium bzw. als Instrument

In Bezug auf die Rolle des pädagogischen Hilfsmittels im Unterricht lassen sich zwei Betrachtungsweisen unterscheiden, die die Pole eines weiteren Spannungsfeldes bilden. Sowohl in der allgemein- als auch in der mathematikdidaktischen Literatur werden Schulbücher üblicherweise zu den Medien des Unterrichts gezählt (vgl. z. B.: Jahner 1978, S. 54-59; Vollrath 2001, S. 144; Wittmann 1981, S. 159). Die didaktische Diskussion zeigt, dass bereits die theoretische Bestimmung des Medienbegriffs problematisch ist (vgl. Meyer 1987, S. 148ff). Jank und Meyer (1994) bezeichnen Medien als „,tiefgefrorene' Ziel-, Inhalts- und Methodenentscheidungen", die „im Unterricht durch das methodische Handeln von LehrerInnen und SchülerInnen wieder ,aufgetaut' werden" (Jank & Meyer 1994, S. 211) müssen. An dieser Begriffsbestimmung wird deutlich, dass Medien als Objekte angesehen werden, die ein bestimmtes inhaltliches und methodisches Potential besitzen, das durch die Verwendung des Objektes wirksam werden kann. Um über Medien auf Unterricht einzuwirken, ist das inhaltliche und methodische Potential der Medien den angestrebten Zielen entsprechend zu optimieren. Diese Auffassung spiegelt sich einerseits in der erforderlichen Zulassung von Schulbüchern durch die Schuladministration wider, durch die gewährleistet werden soll, dass Schulbücher das gewünschte Potential bereitstellen. Andererseits zeigt sich diese Auffassung in den vielfach durchgeführten Schulbuchanalysen und den Vorschlägen zur Schulbuchgestaltung (vgl. z. B.: Brändström 2005; de Castell *et al.* 1989; Dormolen 1986; Kaiser-Messmer 1994; Korcz 1992; Korcz & Konczal 1987; Lorenz 1992; Maciejewska & Nowak 1987; Misiorna-Warzecha 1987; Nowak 1987; Otte 1983; Reichmann 2008; Schwartze 1987; Sträßer 1978; Tietze *et al.* 2000; Törnroos 2005; Valverde *et al.* 2002; Walsch 1987), die letztlich auf eine inhaltliche und methodische Optimierung der Schulbücher zielen.

Im Gegensatz zu der Sichtweise, dass Schulbücher ihr Potential durch die Nutzung entfalten, steht die Kernannahme der kognitiven Konstruktivität des sprachverarbeitenden Subjekts, die heute allgemein den Ausgangspunkt für Forschung und Theoriebildung im Bereich der psychologischen Textrezeption bildet (vgl. Christmann & Groeben 1994, S. 1536) und erstmals von Bartlett (1932) formuliert wurde. Die Konstruktivitätshypothese besagt, dass Textverstehen „kein passives Aufnehmen eines Textinhalts [ist], sondern aktive, konstruktive Tätigkeit, die als Interaktion zwischen dem Text und dem Rezipienten modelliert werden kann" (Bußmann 2002, S. 694). Damit einher geht die Ansicht,

> dass Texte genau besehen keinen diskreten Sinn in der Weise enthalten, dass Handlungen wie ‚Verstehen' oder ‚Interpretieren' ihn ans Tageslicht fördern und als reine, vom Text losgelöste Bedeutung konservieren können. Vielmehr macht Lektüre bewusst, dass die Erschließung und Verarbeitung satzübergreifender Zusammenhänge einen Akt der Sinnstiftung meint, der sich wiederholt, zu unterschiedlichen und sogar widersprüchlichen Ergebnissen kommt und doch grundsätzlich nicht willkürlich ausfallen muss (Aust 2006, S. 530)

Anhand dieser Auffassung des Textverstehens wird deutlich, dass auch der Schulbuchtext letztlich nicht von seinem Leser getrennt werden kann. Der Sinn des Textes ist keine textimmanente Eigenschaft, sondern entsteht erst in der Interaktion des Lesers mit dem Text. Eine rein inhaltliche Analyse von Schulbuchtexten lässt daher nur bedingt Aussagen darüber zu, was anhand des Textes gelernt werden kann.

Dieser Auffassung werden insbesondere tätigkeitstheoretische und soziokulturelle Ansätze gerecht, die Texte und Schulbücher als Werkzeuge oder

Instrumente betrachten, mit denen der Schüler im Prozess der Sinnstiftung interagiert. Diese Ansätze basieren auf Vygotskys Konzept der komplexen, vermittelten Handlung an (vgl. Vygotsky 1978). Dieses Konzept basiert auf der Annahme, dass sämtliche Handlungen von Menschen durch materielle oder symbolische Werkzeuge vermittelt werden. Die Werkzeuge selbst sind Produkte kulturhistorischer Evolution und formen durch die ihnen einbeschriebenen Möglichkeiten (*affordances*) und Beschränkungen (*constraints*) die Handlungen des Subjekts im Rahmen der Nutzung. In diesem Sinne betrachtet Goodchild (2001) das Mathematikbuch z. B. als eine von mehreren „structuring resources"[3] (S. 169) der Schülertätigkeit und stellt fest:

> Structuring resources act as a kind of filter mediating the task and activity experienced by students. A student's experience arising from a task will, to a large extend, be determined by the structuring resources she applies and the manner in which they are applied. (Goodchild 2001, S. 169)

Das Potential des Schulbuches entfaltet sich also nicht automatisch durch die Nutzung, sondern ist auch von der Art und Weise der Nutzung abhängig. Säljö (1999) geht sogar noch einen Schritt weiter. Seiner Auffassung nach besteht Lernen gerade darin, den Gebrauch der in einer Kultur verfügbaren Werkzeuge zu erlernen: „Learning is always learning to do something with cultural tools" (Säljö 1999, S. 147).

Wird Lernen in dieser Weise aufgefasst, dann ist die Frage, ob der Umgang mit kulturellen Werkzeugen wie dem Schulbuch im Rahmen seiner Nutzung gelernt werden soll, oder ob die kulturellen Werkzeuge selbst auch zum Gegenstand des Unterrichts werden sollten.

Spannungsfeld 3: Die Rolle des Schulbuchs als Arbeitsmittel bzw. als Unterrichtsgegenstand

Keitel, Otte und Seeger (1980) sehen, dass mathematische Texte eine Doppelrolle inne haben. Einerseits sind sie im Zusammenhang mit dem Lernen von Mathematik ein Mittel:

> Das ‚eigentliche Ziel' oder der Gegenstand der Tätigkeit eines Schülers, der einen mathematischen Text oder eine Aufgabenstellung liest, ist das mathematische Wissen, [...] Der Text [...] ist dabei nur so etwas wie ein Mittel, er ist relativ unselb-

---

[3] „a structuring resource may be any feature of the conception, setting or arena that students use, consciously or unconsciously, as a tool in their activity" (S. 169)

> ständig in den Gesamtzusammenhang der Tätigkeit integriert. Er ist das Mittel, mit dessen Hilfe Verständnis erzielt werden soll. (Keitel *et al.* 1980, S. 137).

Andererseits können mathematische Texte im Unterricht selbst zum Gegenstand der Lerntätigkeit werden:

> Der Lehrbuchtext erscheint im Unterricht nicht nur als Informationsträger, als Mittel der Informationsübertragung oder der Unterrichtsgestaltung generell, sondern auch als ein eigener Unterrichtsgegenstand, als Problem. (Keitel *et al.* 1980, S. 126)

Stein (1995) zufolge ist das Schulbuch im allgemeinen noch zu wenig Gegenstand schulischer Bildung. Im Sinne eines medienpädagogischen Standpunktes fordert er, man müsse

> Schüler wie Lehrer auch zu der Einsicht führen, daß nicht nur mit Hilfe von, sondern ebenso an Schulbüchern etwas zu lernen und zu lehren ist, daß es demnach pädagogisch sinnvoll und notwendig ist, didaktische Medien – nicht anders als Massenmedien – selbst zum Gegenstand schulischer Informations- und Kommunikationsprozesse zu machen (Stein 1995, S. 585).

Ein Aspekt, unter dem das Schulbuch zum Gegenstand schulischer Bildung werden kann, ist das Lehren des Lernens aus Texten. Keitel, Otte und Seeger (1980) stellen inhaltsunabhängige Verfahren vor, die der Entwicklung von Textverständnis dienen sollen (vgl. Keitel *et al.* 1980, S. 149-159). Nachdem diese Verfahren zunächst selbst Gegenstand der Auseinandersetzung sein müssen, werden sie bei wiederholter Anwendung zunehmend zum Mittel, um den Text zu erschließen. Der Text an sich wird dabei zum Gegenstand der Tätigkeit.

Auch van Dormolen (1986) sieht die Notwendigkeit, dass Schüler das Lernen aus Texten lernen müssen:

> [...] it is not enough to assume that learning how to handle text will be learned while the attention of students is not consciously directed towards that objective. The ability to handle text independently and consciously demands that students must not only be trained to react in a specified way to text elements; they must also learn to reflect on what they read and learn, so that they learn to know in what way textual information can be found and how it can be stored effectively. (Dormolen 1986, S. 159-160)

Andere Beiträge aus der einschlägigen Literatur machen das Schulbuch zum Gegenstand der Auseinandersetzung für den Lehrer, indem sie z. B. Möglichkeiten des Einsatzes des Schulbuches im Unterricht thematisieren (vgl. u. a. Korcz & Lehmann 1987; Niederbröker 1981; Steinberg 1981). Anregungen, wie das Schulbuch zum Gegenstand der Tätigkeit für den Schüler werden kann, sind jedoch rar und bleiben vage.

Spannungsfeld 4: Die Rolle des Schulbuchs als Schülerbuch bzw. als Lehrerbuch

Anhand der beiden Betrachtungsweisen des Schulbuchs als Medium bzw. als Werkzeug oder Instrument wurde deutlich, dass das Buch nur bedingt von seiner Nutzung isoliert betrachtet werden kann. In diesem Zusammenhang stellt sich die Frage, wer das Schulbuch überhaupt nutzt.

Stein (1995) zufolge, lässt „die Entwicklungsgeschichte des didaktischen Mediums Schulbuch […] deutlich Tendenzen der Veränderung erkennen" (Stein 1995, S. 582). U. a. nennt er die Entwicklung „vom Lehrbuch zum Lern- und Arbeitsbuch" (Stein 1995, S. 582). Diese Entwicklung zeigt sich Keitel, Otte und Seeger (1980) zufolge seit dem KMK-Beschluss von 1968 auch bei Mathematikbüchern:

> Die Lehrbücher behaupten, in erster Linie Schülerbücher zu sein, konsequenterweise werden Schülerbücher getrennt von Lehrerhandbüchern entwickelt. (Keitel *et al.* 1980, S. 75)

Das war durchaus nicht immer so. Für den Zeitraum zwischen 1900 und 1968 stellen Keitel, Otte und Seeger (1980) das andere Extrem fest:

> Auf den Unterricht bezogen stellen die traditionellen Lehrbücher hinsichtlich der Gegenstände und Methodiken reduzierte Darstellungen dar, die ihre Ausgestaltung duch [sic!][4] den Lehrer unterstellen und sich im allgemeinen nicht an die Schüler wenden (Keitel *et al.* 1980, S. 73).

Griesel und Postel (1983) sowie Love und Pimm (1996, S. 384) vertreten eine Zwischenposition. Sie stellen heraus, dass sich das Mathematikschulbuch sowohl an den Schüler als auch an den Lehrer wendet, „denn beide arbeiten mit ihm, verwenden es im Unterricht" (Griesel & Postel 1983, S. 289).

Diese Position spiegelt sich jedoch weder in Studien zur Nutzung des Schulbuches noch in den Schulbüchern selbst wider. Einerseits stehen Studien zur Nutzung des Mathematikbuches durch den Lehrer (vgl. u. a. Bromme & Hömberg 1981; Haggarty & Pepin 2002; Hopf 1980; Johansson 2006; Pepin & Haggarty 2001; Remillard 2005; Stodolsky 1989; Woodward & Elliott 1990)

---

[4] [sic!] kennzeichnet in der vorliegenden Arbeit Fehler in den verwendeten Quellen.

einer verschwindend geringen Zahl von Studien zur Nutzung von Mathematikbüchern durch Schüler gegenüber (vgl. u. a.: Lithner 2003; Stephens & Sloan 1981; Zimmermann 1992). Im Zusammenhang mit den eingangs erwähnten neuen Technologien verhält es sich genau umgekehrt. Hier ist es gerade die Nutzung dieser durch Schüler, die bislang im Zentrum des Interesses der mathematikdidaktischen Forschung stand. Neue Technologien werden als Werkzeuge betrachtet, die Schüler zum Lernen von Mathematik einsetzen. Hinsichtlich der Rolle des Lehrers bemerkt Monaghan:

> Regarding teachers, it must be noted that teachers are not ignored in many of the studies to which I have referred; they are simply not, to my knowledge, the focus of these studies. (Monaghan 2007, S. 67)

Andererseits sind Mathematikschulbücher auf dem derzeitigen deutschen Schulbuchmarkt als ‚Schülerbücher' deklariert und zeigen damit an, für die Hand des Schülers bestimmt zu sein. Dieser Anspruch wird auf einführenden Seiten untermauert, die an den Schüler adressiert sind und dem Schüler die Struktur des Buches erläutern, um ihm die Nutzung des Buches zum Lernen von Mathematik aufzuzeigen. In vielen Büchern findet sich kein expliziter Anhaltspunkt dafür, dass auch der Lehrer als Leser des Schulbuches mitbedacht wurde. Dies zeigt sich auch auf der textuellen Ebene. In einer soziologischen Analyse von Mathematikschulbüchern stellt Dowling (1998) fest:

> The practices and positions of an activity are also realized in texts. […] Pedagogic texts […] construct authors as transmitters and readers as acquirers. (Dowling 1998, S. 131)

Im traditionellen Unterrichtsverständnis ist derjenige, der etwas erwirbt, der Schüler und nicht der Lehrer. Der Lehrer zählt ebenso wie die Autoren zu den Vermittlern. D. h. auch auf der textuellen Ebene wird der Schüler als Nutzer des Schulbuches manifestiert.

Das Vorhandensein von Mathematikschulbüchern führt zu einer Konstellation im Mathematikunterricht, bei der es zwei Vermittler gibt. Dies verweist auf ein weiteres Spannungsfeld in Bezug auf die Rolle des Schulbuches. Die Existenz von zwei Vermittlern wirft die Frage auf, in welcher Beziehung die beiden Vermittler zueinander stehen.

**Spannungsfeld 5: Die Rolle des Schulbuchs als Lehrerersatz bzw. als
,Teamteacher'**

Nach dem KMK-Beschluss von 1968 gab es die Tendenz Lehrbücher zu konzi-
pieren, die ,teacher-proof' waren, d. h. unabhängig von der Vermittlung durch
den Lehrer. Hinter diesem Konzept verbirgt sich die Annahme, dass bestimmte
„Lehr- oder Lernziele bzw. Teile der Lehrfunktion so stark strukturell invariant
sind oder sein können, daß sie im Prinzip als reproduzierbar und damit materiali-
sierbar betrachtet werden können." (Keitel *et al.* 1980, S. 74)

   Mit der Konzeption eines ,teacher-proof'-Schulbuches geht ein bestimmtes
Bild der Verwendung des Buches durch den Schüler einher. Newton (1990)
nennt dieses Bild das ,klassische' Bild der Arbeit des Schülers mit dem Schulbuch:

> The classical picture of text use is one of the learner labouring in isolation with his
> book [...]. This is often the case: a student preparing for instruction may be required
> to use textual material without support; the material may be a ready source of infor-
> mation, facts, illustrations or procedures, or it may be the main source of instruction;
> it may provide practice to enhance comprehension, learning or skill; it might offer a
> reiteration of some poorly understood or missed concept or support revision. Which-
> ever dominates is determined by the teacher, the subject and the student. (Newton
> 1990, S. 30)

Allerdings sieht Newton (1990) auch eine andere Rolle des Schulbuches. Das
Schulbuch muss nicht den Lehrer ersetzen, es kann die Arbeit des Lehrers auch
ergänzen:

> However, the classical picture is not the only one. In the classroom, textual material
> may play the role of team-teacher. The student then has two teachers: the live one
> and the text. (Newton 1990, S. 30)

Mit der Metapher des ,team-teacher' schreibt Newton dem Schulbuch neben
dem Lehrer eine sehr autonome Position zu. Love und Pimm (1996) sehen dagegen die Rolle des Mathematikschulbuches eher in einem Abhängigkeitsverhält-
nis zum Lehrer:

> Texts, however, are not in general conceived to replace a teacher, and have always
> been written with a greater or lesser sense of the likelihood of mediation by a
> teacher. (Love & Pimm 1996, S. 385)

Griesel und Postel (1983) sprechen dem Mathematikschulbuch die Möglichkeit
,teacher-proof' zu sein sogar völlig ab:

> Das Lehrbuch kann kein Teacherproof-Curriculum bieten. [...] Das Lehrbuch kann nicht so geschrieben sein, daß der Schüler durch Erlesen des Textes zu einem selbständigen Lernen eines ihm vorher vollkommen unbekannten mathematischen Gegenstandes kommt. (Griesel & Postel 1983, S. 288)

Allerdings ist es den meisten aktuellen deutschen Mathematikschülerbüchern nicht anzumerken, dass sie eine Vermittlung durch den Lehrer voraussetzen. Vielmehr wird dem Schüler auf den Einführungsseiten suggeriert, er könne selbständig aus dem Buch lernen. Die Einführungsseiten erklären dem Schüler ja gerade, wie er das Buch zum Lernen von Mathematik nutzen kann, ohne dabei den Lehrer zu erwähnen.

Weiterhin zeigt sich auch in Studien zum Verständnis von mathematischen Texten und zum Lernen aus mathematischen Texten, dass die vermittelnde Rolle des Lehrers nur wenig berücksichtigt wird. Untersuchungen in diesem Zusammenhang sind in der Regel so konzipiert, dass sie die Arbeit des Schülers bzw. Studenten mit dem Text fokussieren. Das bedeutet aber letztlich, in den Studien wird implizit davon ausgegangen, dass die zugrunde gelegten Texte ‚teacherproof‘ sind. Eine Ausnahme stellt die Studie von Sierpinska (1997) dar. Sie untersucht die Interaktion zwischen Text, Student und Tutor beim Lernen aus Texten und bezieht damit die Rolle eines Vermittlers in die Untersuchung mit ein.

Anhand dieser fünf Spannungsfelder wird deutlich, dass die Frage nach der Rolle des Schulbuches vielfältige Aspekte umfasst. Die Diskussion bezieht sich erstens auf die Rolle des Schulbuches für verschiedene Nutzergruppen (z. B. Lehrer, Schüler, Verlage, Schuladministration) und deren unterschiedliche Interessen. Die Bedeutung des Mathematikbuches als Wirtschaftsgut könnte darauf verweisen, dass Verlage den Lehrer als Hauptadressat des Schulbuches ansehen und Interessen des Schülers in den Hintergrund treten. Im Zusammenhang mit dem Spannungsfeld ‚Schülerbuch – Lehrerbuch‘ wurde jedoch dargelegt, dass Mathematikbücher wenn nicht ausschließlich so doch zumindest auch wesentlich an Schüler gerichtet sind. Sowohl theoretische Beiträge als auch empirische Studien, die sich mit den Interessen des Schülers auseinandersetzen, sind jedoch rar.

Zweitens bezieht sich die Diskussion auf Aspekte der Nutzung von Schulbüchern: Wer nutzt die Bücher? (Schüler – Lehrer); Wie ist das Verhältnis zwischen Lehrer und Schulbuch? (Lehrerersatz – ‚Teamteacher‘); Welche Rolle hat das Buch im Unterricht? (Arbeitsmittel – Unterrichtsgegenstand). Die Diskussion zeigt aber auch, dass ein Paradigmenwechsel von der intendierten Nutzung zur Erforschung der tatsächlichen Nutzung, wie ihn Monaghan (2007, S. 63) für die französische mathematikdidaktische Forschung im Zusammenhang mit

Computer Algebra Systemen konstatiert, in Bezug auf das Mathematikbuch noch nicht stattgefunden hat. Anhand der Ausführungen zum Spannungsfeld ‚Medium – Werkzeug' zeigt sich, dass die Bedeutung, die das Mathematikbuch für das Lehren und Lernen von Mathematik hat, in entscheidendem Maße von seiner Nutzung abhängig ist. Da vor dem Hintergrund der Konstruktivitätshypothese nicht davon ausgegangen werden kann, dass der Sinn dem Mathematikbuch immanent ist, rückt die Interaktion zwischen Schüler und Schulbuch im Prozess der Sinnkonstruktion ins Zentrum des Interesses. Entscheidend ist nicht nur, ob das Mathematikbuch genutzt wird, sondern wie es zum Lernen von Mathematik verwendet wird.

In diesem Zusammenhang bekommt auch die Frage, ob das Schulbuch Lehrerersatz oder ‚Team-Teacher' ist, eine neue Bedeutung. Es ist nicht mehr eine Frage der Konzeption der Bücher, sondern eine Frage der Nutzung. Weiter oben wurde dargelegt, dass es zwar einige Untersuchungen zur Nutzung des Mathematikbuches durch Lehrer gibt, die Untersuchung der Nutzung des Mathematikbuches durch Schüler jedoch ein Desiderat der mathematikdidaktischen Forschung darstellt. Die vorliegende Untersuchung stellt einen Schritt in diese Richtung dar.

Das zentrale Anliegen ist, zu untersuchen, wie Schüler das Mathematikbuch zum Lernen von Mathematik verwenden. Es geht weder darum, intendierte Nutzungen des Mathematikbuches zu erörtern, noch die Nutzungen der Schüler vor dem Hintergrund von intendierten Nutzungen des Mathematikbuches zu bewerten.

Da eine Untersuchung zur Nutzung des Mathematikbuches durch Schüler kaum an bisherige Forschung anknüpfen kann, ist die vorliegende Studie explorativ und induktiv angelegt. Das Ziel ist es, wissenschaftliche Erkenntnisse zur Nutzung des Mathematikbuches durch Schüler zum Lernen von Mathematik auf der Grundlage empirischer Daten zu generieren. Die Grounded Theory ist eine qualitative Forschungsmethode, die eine systematische Reihe von Verfahren bereitstellt, um induktiv aus Daten theoretische Aussagen über ein Phänomen abzuleiten (vgl. Strauss & Corbin 1996). Sie stellt eine wesentliche methodologische Basis der vorliegenden Arbeit dar. Diesem Ansatz entsprechend ist in der Forschungsfrage zunächst nur „das Phänomen bestimmt, welches untersucht werden soll" und „was man über den Gegenstand wissen möchte" (Strauss & Corbin 1996, S. 23): Der Gegenstand der vorliegenden Studie ist die Nutzung des Mathematikbuches durch Schüler. Die zentrale Frage ist, wie Schüler ihr Buch als Instrument zum Lernen von Mathematik verwenden. Ziele der Untersuchung sind:

- Tätigkeiten zu ermitteln, in denen das Mathematikbuch von Schülern als Werkzeug zum Lernen von Mathematik verwendet wird;
- typische Nutzungsweisen des Mathematikbuches von Schülern im Rahmen dieser Tätigkeiten zu beschreiben;
- Hypothesen darüber zu generieren, wie Eigenschaften des Buches die Nutzung beeinflussen.

Die theoretischen Grundlagen der Untersuchung werden in Kapitel 1 dargestellt bzw. entwickelt. Zentrales Anliegen dieses Kapitels ist, das allgemeine handlungs- und interaktionstheoretische Kodierparadigma, das in der Grounded Theory zum Analysieren von Zusammenhängen in den Daten verwendet wird, durch ein Modell zu ersetzen, das dem speziellen Gegenstand der vorliegenden Untersuchung – die Interaktion zwischen Schüler und Mathematikbuch – angemessener ist. Es wird dargelegt, dass derartige Interaktionen zwischen Menschen und Artefakten auf der Grundlage des instrumentellen Ansatzes der kognitiven Ergonomie, (vgl. Rabardel 1995) sinnvoll konzeptualisiert werden (vgl. Abschnitt 2.2). Die Substitution des handlungs- und interaktionstheoretischen Kodierparadigmas der Grounded Theory durch den instrumentellen Ansatz der kognitiven Ergonomie erfordert die Entwicklung eines dem Gegenstand angemessen Situationsmodells, in dessen Kontext die Interaktion zwischen Schüler und Schulbuch betrachtet wird. Dieses Situationsmodell wird in Abschnitt 2.4 auf der Grundlage einschlägiger Literatur zur Nutzung des Mathematikbuches entwickelt.

Aus dem instrumentellen Ansatz der kognitiven Ergonomie ergibt sich, dass eine Untersuchung der Nutzung des Mathematikbuches durch Schüler eine eingehende Analyse von Mathematikbüchern voraussetzt. Diese Analyse ist Gegenstand von Kapitel 1 und dient im Wesentlichen dazu, einerseits Kategorien zur Verfügung zu stellen, die es ermöglichen zu spezifizieren, welche Teile ein Schüler im Mathematikbuch nutzt, und andererseits Aussagen darüber zuzulassen, inwiefern die Untersuchung vom jeweils verwendeten Buch abhängt.

Gegenstand der Kapitel 1 bis 1 ist die Planung, Durchführung und Auswertung einer empirischen Studie zur Nutzung des Mathematikbuches durch Schüler zum Lernen von Mathematik.

In Kapitel 1 wird auf die Datenerhebung und die Kodierung der Daten eingegangen. Ein grundsätzliches Problem, vor das eine empirische Studie zur Nutzung des Mathematikbuches gestellt ist, ist die Erhebung valider Daten, die dem Gegenstand und dem Erkenntnisziel der Untersuchung angemessen sind. Eine zentrale Aufgabe einer Untersuchung zur Nutzung des Mathematikbuches besteht daher in der Entwicklung einer Datenerhebungsmethode, die diesen Kriterien gerecht wird. Dieser Aufgabe widmet sich Abschnitt 4.1. Weiterhin wird die Durchführung der Untersuchung dargestellt (vgl. Abschnitt 4.2), die Gültigkeit der erhobenen Daten erörtert (vgl. Abschnitt 4.3) und die Kodierung der Daten erläutert (vgl. Abschnitt 4.4). Im Rahmen der Kodierung wird insbesondere auf Tätigkeiten eingegangen, die Schüler mit dem Mathematikbuch im Zusammenhang mit dem Lernen von Mathematik ausüben (vgl. Abschnitt 4.4.4.6). Im Hinblick auf die oben genannten Ziele der vorliegenden Untersuchung sind diese Tätigkeiten ein erstes zentrales Ergebnis der Arbeit.

Auf der Grundlage der in Kapitel 1 beschriebenen Kodierung der Daten wird in Kapitel 1 analysiert, wie Schüler das Mathematikbuch im Rahmen einzelner Tätigkeiten als Instrument zum Lernen von Mathematik verwenden. Dabei wird einerseits auf typische Schemata eingegangen, die Schüler im Umgang mit dem Buch ausbilden (Abschnitt 5.2). Diese beziehen sich insbesondere darauf, wie Auswahlen im Schulbuch getroffen werden (Abschnitt 5.2.1) und wie das Buch in Verbindung mit den einzelnen in Abschnitt 4.4.4.6 beschriebenen Tätigkeiten verwendet wird (Abschnitt 5.2.2). Andererseits wird analysiert, welche Teile des Mathematikbuches typischerweise zu bestimmten Zwecken verwendet werden (Abschnitt 5.3). Die Beschreibung unterschiedlicher Verwendungsweisen des Mathematikbuches stellt ein weiteres zentrales Ergebnis der vorliegenden Arbeit im Hinblick auf die oben genannten Ziele dar.

Während in Kapitel 1 Nutzungen des Mathematikbuches im Rahmen einzelner, auf das Lernen von Mathematik gerichteter Tätigkeiten im Zentrum des Interesses standen, wird in Kapitel 1 ein Gesamtbild der Nutzungen der einzelnen Schüler rekonstruiert. Auf der Grundlage dieses rekonstruierten Gesamtbildes der Nutzungen der einzelnen Schüler werden in Kapitel 1 die Schüler hinsichtlich ihrer Nutzungsweisen des Mathematikbuches untereinander verglichen, um Schüler mit analogen Nutzungsweisen zu identifizieren. Dieser Vergleich mündet schließlich in Abschnitt 7.4 in eine Typologie der Nutzer des Mathematikbuches. In dieser Typologie werden Nutzer hinsichtlich unterschiedlicher charakteristischer Verwendungen des Mathematikbuches unterschieden.

In Kapitel 1 werden die zentralen Ergebnisse der Arbeit zusammengefasst, vor dem Hintergrund der theoretischen Grundlagen und verwendeten Methoden reflektiert und für unterschiedliche Zielgruppen (Lehrer, Schulbuchautoren, Schuladministration) aufbereitet.

2 Theoretische Grundlagen der Untersuchung

In Kapitel 1 wurde die Nutzung des Mathematikbuches durch Schüler als zentraler Gegenstand der Arbeit formuliert. In diesem Kapitel werden die wesentlichen theoretischen Grundlagen der Untersuchung dargestellt bzw. entwickelt. Zunächst wird in Abschnitt 2.1 ein Überblick über die Grounded Theory gegeben, die den zentralen methodischen Ansatz dieser Arbeit bildet. Dabei zeigt sich, dass das Kodierparadigma der Grounded Theory auf einem handlungs- und interaktionstheoretischen Modell basiert, das für den Gegenstand der vorliegenden Untersuchung zu allgemein ist. Im Rahmen von kulturhistorischen, soziokulturellen und ergonomischen Ansätzen wurden in Anlehnung an Vygotskys Modell des instrumentellen Aktes (vgl. Vygotsky 1978) Theorien entwickelt, die besonders geeignet sind, die Interaktion zwischen Menschen und Artefakten, wie z. B. dem Mathematikbuch, zu analysieren. In Abschnitt 2.2 wird daher zunächst begründet, dass die kulturhistorischen, soziokulturellen bzw. ergonomischen Ansätze einen geeigneten theoretischen Rahmen der vorliegenden Untersuchung bilden. Die Tätigkeit des Lernens von Mathematik mit dem Mathematikbuch wird daher ausgehend von Vygotskys Modell des instrumentellen Aktes modelliert (vgl. Abschnitt 2.2.1). In diesem Zusammenhang wird der instrumentelle Ansatz der kognitiven Ergonomie vorgestellt (vgl. Rabardel 1995), der spezielle Konzepte zur Analyse der Interaktion zwischen Mensch und Artefakt bereitstellt (vgl. Abschnitt 2.2.2). Die instrumentell vermittelte Handlung im Sinne des instrumentellen Ansatzes konzentriert sich zunächst auf die individuelle Handlung. Da das handlungs- und interaktionstheoretische Kodierparadigma der Grounded Theory jedoch auch maßgeblich situative Aspekte umfasst, ist eine Modellierung des Kontextes, in dem die Handlung erfolgt, erforderlich, um das Kodierparadigma der Grounded Theory adäquat substituieren zu können. Die Auseinandersetzung mit verschiedenen Konzeptualisierungen des Kontextes einer Handlung und die Entwicklung eines dem Gegenstand der Untersuchung angemessenen Kontext-Modells auf der Grundlage eines eingehenden Studiums der einschlägigen Literatur erfolgt nach einem Zwischenfazit (Abschnitt 2.3) in Abschnitt 2.4.

2.1 Grounded Theory

Die Grounded Theory ist eine qualitative Forschungsmethode bzw. Methodologie, die eine systematische Reihe von Verfahren bereitstellt, um aus der Untersuchung eines Phänomens induktiv eine gegenstandsverankerte Theorie abzuleiten (vgl. Strauss & Corbin 1996, S. 8). Im Unterschied zur reinen Beschreibung empirischer Daten soll die gegenstandsverankerte Theorie Konzepte und Aussagen über ihre Beziehungen bereitstellen (vgl. Strauss & Corbin 1996, S. 13). Dementsprechend sind alle Verfahren der Grounded Theory auf das Identifizieren, Entwickeln und Inbeziehungsetzen von Konzepten gerichtet. Zu diesen Verfahren gehören im Wesentlichen verschiedene Kodierverfahren (offenes, axiales und selektives Kodieren (Strauss & Corbin 1996, S. 43-117) und das „theoretische Sampling" (Strauss & Corbin 1996, S. 148).

Die Datenerhebung wird durch theoretisches Sampling geleitet. Die Idee des theoretischen Sampling basiert darauf, dass die Datenauswertung und -erhebung in einem wechselseitigen Prozess erfolgt, bei dem die Datenerhebung von theoretischen Gesichtspunkten gelenkt wird, die sich im Zusammenhang mit der Datenauswertung und der daraus entstehenden Theorie ergeben (vgl. Glaser & Strauss 1967, S. 45). Die zentralen Fragen beim theoretischen Sampling sind Glaser und Strauss zufolge: „what groups or subgroups does one turn to next in data collection? And for what theoretical purpose?" (Glaser & Strauss 1967, S. 47) Im Gegensatz zur Datenerhebung bei quantitativen Methoden, bei denen die Datenerhebung auf Repräsentativität und Generalisierbarkeit zielt, richtet sich die Populationswahl bei der Grounded Theory nach den Kriterien ‚theoretische Absicht' und ‚theoretische Relevanz' (vgl. Glaser & Strauss 1967, S. 48).

Für den Kodierungsprozess sind zwei Verfahren grundlegend: das Anstellen von Vergleichen und das Stellen von Fragen (vgl. Strauss & Corbin 1996, S. 44). Anhand dieser beiden Verfahren werden die Daten in einem ersten Schritt der Analyse konzeptualisiert (offenes Kodieren). Im zweiten bzw. dritten Schritt werden die im ersten Schritt entwickelten Konzepte aufeinander bzw. auf eine Kernkategorie bezogen (axiales bzw. selektives Kodieren).

Die durch die genannten Kodierverfahren extrahierten Phänomene werden auf der Grundlage eines handlungs- und interaktionstheoretischen Kodierparadigmas in Beziehung zueinander gesetzt. Dieses Modell verknüpft einzelne aus den Daten entwickelte Kategorien hinsichtlich ihrer Beziehung zum untersuchten Phänomen. Im Einzelnen werden dabei der Handlungskontext, ursächliche und intervenierende Bedingungen, handlungs- und interaktionale Strategien und Konsequenzen der Handlung analysiert (vgl. Strauss & Corbin 1996, S. 78). Tiefel (2005) zufolge ist mit dem handlungs- und interaktionstheoretischen

Kodierparadigma der Grounded Theory ein bestimmter Erkenntnisfokus verbunden:

> Strauss und Corbin bieten mit der Kodierung ein Verfahren, das Strukturen, Handeln und Subjektivität unter einer Prozessperspektive miteinander in Beziehung setzen kann. Entsprechend ihrer soziologischen Verortung legen sie einen Erkenntisfokus auf die Voraussage und Erklärung von (sozialem) Verhalten und (gesellschaftlichen) Prozessen […]. Die Phänomene, die ihre Aufmerksamkeit erregen, stehen dabei in engem Zusammenhang mit [der] pragmatistischen Vorstellung einer aktivistischen, durch Handeln bzw. Arbeiten hervorgebrachten Bedeutung von Objekten, die sich in Interaktion und über die Zeit hinweg verändert. (Tiefel 2005, S. 71-72)

Grundsätzlich schließt dieser Ansatz eine Anwendung auf die Interaktion zwischen Menschen und Werkzeugen aller Art nicht aus. Im Rahmen von soziokulturellen Ansätzen haben sich jedoch theoretische Ansätze entwickelt, die speziell Handlungen im Spannungsfeld zwischen handelndem Subjekt, Gegenstand der Handlung und verwendeten Werkzeugen zum Gegenstand der Betrachtung machen und damit im Zusammenhang mit der vorliegenden Untersuchung ein geeigneteres Modell darstellen, auf dessen Grundlage Beziehungen in den Daten analysiert werden können, als das allgemeine handlungs- und interaktionstheoretische Kodierparadigma der Grounded Theory.

Glaser und Strauss (1967) weisen darüber hinaus darauf hin, dass der Ursprung einer Idee oder gar eines Modells nicht in den Daten liegen muss. Entscheidend ist, dass die Generierung von Theorie auf der Grundlage dieser Ideen und Modelle in Beziehung zu den Daten gebracht wird (vgl. Glaser & Strauss 1967, S. 6). Zudem ist in der von Strauss und Corbin (1996) vertretenen Richtung innerhalb der Grounded Theory der Einsatz von Fachliteratur zur Erhöhung der theoretischen Sensibilität sogar explizit erwünscht (Strauss & Corbin 1996, S. 31-38). Theoretische Sensibilität meint dabei „die Fähigkeit zu erkennen, was in den Daten wichtig ist, und dem einen Sinn zu geben" (Strauss & Corbin 1996, S. 30). Die Verwendung eines anderen theoretischen Modells kann dabei die theoretische Sensibilität bei der Interpretation der Daten erhöhen und steht damit nicht grundsätzlich im Widerspruch zur Grounded Theory.

Ziel der folgenden Abschnitte 2.2 bis 2.5 ist es, ein theoretisches Modell für die Interpretation der Daten zu entwickeln, das für den Gegenstand der Untersuchung geeigneter ist, als das handlungs- und interaktionstheoretische Kodierparadigma der Grounded Theory. Dazu wird zunächst erörtert, wie sich die Nutzung des Mathematikbuches angemessen konzeptualisieren lässt. Im Anschluss daran wird ein entsprechendes Modell entwickelt.

2.2 Konzeptualisierung der Tätigkeit ‚Schulbuchnutzung'

In einem umfassenden Literaturüberblick analysiert Remillard (2005) anhand
von 70 Studien der vergangenen 25 Jahre, wie die Tätigkeit ‚Curriculumnutzung
durch Lehrer' in der mathematikdidaktischen Forschung konzeptualisiert wurde.
Unter Curriculummaterialien versteht Remillard „printed, often published resources designed for use by teachers and students during instruction" (Remillard
2005, S. 213) Dieser Definition zufolge ist das Mathematikbuch zu den Curriculummaterialien zu zählen. Remillard verweist sogar explizit darauf, dass sie die
Bezeichnung ‚textbook' teilweise synonym zu ‚curriculum materials' gebraucht
(vgl. Remillard 2005, S. 213). Der Literaturüberblick umfasst also auch
Forschungen zum Thema ‚Schulbuchnutzung'. Ihre Ergebnisse zur Konzeptualisierung des Begriffs ‚Curriculumnutzung' sind daher insbesondere auch für das
engere Konzept ‚Schulbuchnutzung durch Lehrer' gültig.

Remillard (2005) ermittelt vier unterschiedliche Auffassungen des Begriffs
‚Curriculumnutzung durch Lehrer', die den Studien zugrunde liegen:

1. „Curriculum Use as Following or Subverting the Text" (Remillard 2005, S. 216)
2. „Curriculum Use as Drawing on the Text" (Remillard 2005, S. 218)
3. „Curriculum Use as Interpretation of the Text" (Remillard 2005, S. 219)
4. „Curriculum Use as Participation With the Text" (Remillard 2005, S. 221)

Diese vier Konzepte unterscheiden sich einerseits in ihrem Verständnis dessen,
was Curriculummaterialien sind, und andererseits in der Auffassung der Rolle
des Lehrers (vgl. Remillard 2005, S. 217): Studien, die im Zusammenhang mit
Konzept (1) stehen, nehmen den Text als Ausgangspunkt. Curriculummaterialien
werden als fixe Repräsentation des im Klassenzimmer implementierten Curriculums aufgefasst. Der Lehrer hat lediglich die Rolle des Vermittlers eines vorgegebenen Curriculums. Konzept (1) entspricht damit der Auffassung der Curriculummaterialien als Medien, die in Kapitel 1 dargestellt wurde. Ziel der Untersuchungen im Zusammenhang mit Konzept (1) ist es Curriculummaterialien
derart zu optimieren, dass Lehrer sie möglichst getreu implementieren. Demgegenüber werden Curriculummaterialien bei Studien, die im Zusammenhang mit
Konzept (2) stehen, als einige von vielen verfügbaren Ressourcen angesehen, aus
denen der Lehrer im Prozess der Gestaltung des im Klassenzimmer implementierten Curriculums auswählt. Der Lehrer wird damit zum aktiven Designer des
implementierten Curriculums. Das Ziel dieser Studien besteht darin, einerseits
Einflüsse auf die Entscheidungen des Lehrers zu erkennen und andererseits zu
verstehen, wie sich die Entscheidungen im Klassenzimmer auswirken. Das Konzept (3) ist determiniert durch eine Auffassung von Curriculummaterialien als
Repräsentationen von Aufgaben und Konzepten, die der Lehrer interpretiert und

ihnen damit subjektive Bedeutung zuweist. Dabei spielen seine Kenntnisse, Erfahrungen und Einstellungen eine entscheidende Rolle. Gegenstand von Untersuchungen im Zusammenhang mit Konzept (3) sind die Interpretationen durch die Lehrer, die Faktoren, die diese beeinflussen, sowie die resultierenden Praktiken im Klassenzimmer. Das Konzept (4) steht im Zusammenhang mit der kulturhistorischen Schule Vygotskys. Curriculummaterialien werden als Artefakte oder Werkzeuge aufgefasst, die der Lehrer zur Gestaltung des implementierten Curriculums einsetzt. Gegenstand dieser Studien ist es, die Interaktion zwischen dem Lehrer und den Curriculummaterialien zu charakterisieren.

Auf der Grundlage ihres Literaturüberblicks kommt Remillard (2005) zu folgendem Schluss:

> In the preceding analyses of research, the teacher-curriculum relationship emerges as a significant construct in understanding teachers' curriculum use. This relationship is brought to the forefront by studies that view curriculum use as *participation with* curriculum materials and examine how teachers actively engage or collaborate with curricular resources. (Remillard 2005, S. 234)

Remillards Ergebnis lässt sich also so interpretieren, dass das Verhältnis ‚Lehrer-Curriculum' theoretisch im Rahmen von kulturhistorischen und soziokulturellen Ansätzen tragfähig konzeptualisiert ist, um die Nutzung von Curriculummaterialien durch Lehrer zu verstehen. Sie begründet ihr Ergebnis mit dem Verweis auf verschiedene Studien, die zeigen, dass die Nutzung von Curriculummaterialien durch Lehrer ein interaktiver und vielschichtiger Prozess ist:

> Many studies from varied perspectives have pointed to the active and interactive nature of teachers' work when shaping the enacted curriculum, indicating that teaching is a responsive and improvisational activity that cannot be scripted. However, studies that have focused on how teachers participate with curriculum materials have found that their reading of it is actually a highly interactive and multifaceted activity, rather than a straightforward process as may be assumed. (Remillard 2005, S. 234)

Remillards Ergebnisse beziehen sich zunächst nur auf das Verhältnis zwischen Lehrer und Curriculummaterialien bei der Gestaltung des implementierten Curriculums. Es ist daher fraglich, ob Remillards Ergebnis auch auf das Verhältnis ‚Schüler-Schulbuch' übertragbar ist. Eingangs wurde bereits dargestellt, dass Studien zur Nutzung des Mathematikbuches durch Schüler ein Desiderat der mathematikdidaktischen Forschung darstellen. Eine vergleichbare Analyse, wie Remillard sie in Bezug auf das Konzept ‚Curriculumnutzung durch Lehrer' durchführt, lässt sich daher nicht für das Konzept ‚Schulbuchnutzung durch

Schüler' anstellen. Verschiedene Ergebnisse deuten jedoch darauf hin, dass auch das Verhältnis ‚Schüler-Schulbuch' theoretisch im Rahmen von kulturhistorischen und soziokulturellen Ansätzen tragfähig zu konzeptualisieren ist.

Grundsätzlich verweist die Kernannahme der kognitiven Konstruktivität des textverarbeitenden Subjekts darauf, dass das Verhältnis zwischen Schüler und Schulbuch als Interaktion zu konzeptualisieren ist. Darauf verweisen auch Ergebnisse einer empirischen Studien von Borasi und Siegel (1990), die untersuchen, wie Lesestrategien das Leseverständnis mathematischer Texte fördern können. Ihr Ergebnis bestätigt, dass Lesen ein aktiver Prozess ist:

> the transactional strategies employed in reading these texts can reinforce this view in that they may help students understand that any real learning requires an active and generative involvement and that their attempts to master mathematics by simply memorizing information transmitted by an authority is doomed to failure. (Borasi & Siegel 1990, S. 15)

Sierpinska (1997) untersucht ‚formats of interaction' (Bruner) im Triplet ‚Student – Tutor – Mathematikbuch'. Ihr Interesse gilt dabei dem „phenomenon of formatting as a mechanism for stabilizing meanings in the interactions between a tutor, a student, and a textbook on linear algebra" (Sierpinska 1997, S. 10). Ebenso wie Remillard hebt auch sie die Bedeutung der Interaktion der zwischen den drei Beteiligten bei der Herausbildung dieser ‚formats of interaction' hervor:

> [...] these formats are established not by the initiative of one particular element of the tutor-student-textbook triplet, but by the particular type of interaction between all three of them. (Sierpinska 1997, S. 11)

Dieses Ergebnis deutet darauf hin, dass auch eine Untersuchung der Nutzung des Schulbuches durch Schüler in einem theoretischen Rahmen anzusiedeln ist, in dem die Interaktion zwischen Subjekten und Schulbüchern im Zentrum steht.

Ansätze, deren Gegenstand die menschliche Tätigkeit im Spannungsfeld zwischen handelndem Subjekt, dem Gegenstand der Handlung und den in die Handlung integrierten Werkzeugen ist, lehnen sich explizit oder implizit an die kulturhistorische Psychologie von Vygotsky an. Im nächsten Abschnitt werden die Grundlagen des kulturhistorischen Ansatzes Vygotskys erläutert und auf die Tätigkeit ‚Schulbuchnutzung' bezogen.

2.2.1 Schulbuchnutzung als komplexe, vermittelte Handlung

Die zentrale Idee der kulturhistorischen Psychologie kristallisiert sich in Vygotskys Dreiecksmodell der ‚komplexen, vermittelten Handlung' (vgl. Vygotsky 1978, S. 40), das dadurch gekennzeichnet ist, dass in den direkten Reiz-Reaktions-Verhaltensprozess ein Werkzeug eintritt:

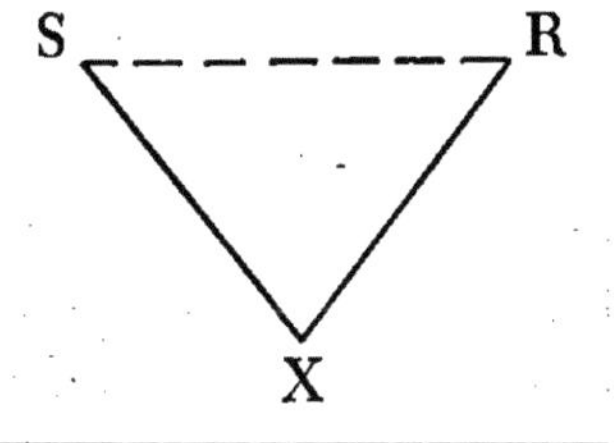

Abbildung 1: Vygotskys Dreiecksmodell der komplexen, vermittelten Handlung (Vygotsky 1978, S. 40)

In diesem Modell steht das S für den Reiz (Stimulus), das R für die Reaktion (Response) und X für das Werkzeug (vgl. Vygotsky 1978, S. 39). Vygotsky zufolge ist dieser „instrumentelle Akt" (Vygotsky 1985, S. 312) ein neues Ganzes, das

> [...] die psychischen Prozesse insgesamt, die eine komplizierte strukturelle und funktionale Einheit darstellen, was das gerichtet sein auf die Lösung der vom Objekt gestellten Aufgabe sowie die Stimmigkeit und die durch das Werkzeug vorgeschriebene Verlaufsweise anbelangt, bilden. (Vygotsky 1985, S. 313)

Demnach wird das Verhalten durch das vermittelnde Werkzeug grundlegend beeinflusst. Vygotsky unterscheidet zwei Arten von Werkzeugen: technische und psychische Werkzeuge. Den Begriff des psychischen Werkzeugs bildet Vygotsky gerade in Analogie zum technischen (vgl. Vygotsky 1985, S. 309):

> Der allerwesentlichste Unterschied des psychischen Werkzeugs vom technischen besteht darin, dass seine Aktion sich auf die Psyche und das Verhalten richtet, während das technische Werkzeug, das sich ebenfalls als Mittelglied zwischen die Tätigkeit des Menschen und das äußere Objekt schiebt, darauf gerichtet ist, irgendwelche Veränderungen am Objekt herbeizuführen; das psychische Werkzeug verändert am Objekt nichts; es ist ein Mittel der Einwirkung auf sich selbst (oder auf einen anderen), auf die Psyche, auf das Verhalten, nicht aber ein Mittel der Einwir-

kung auf das Objekt. Im instrumentellen Akt äußert sich folglich eine Aktivität im Hinblick auf sich selbst und nicht im Hinblick auf das Objekt." (Vygotsky 1985, S. 313-314)

Als Beispiele psychischer Werkzeuge nennt er:

> [...] die Sprache, verschiedene Formen der Nummerierung und des Zählens, mnemotechnische Mittel, die algebraischen Symbole, Kunstwerke, die Schrift, Schemata, Diagramme, Karten, Zeichnungen, alle möglichen Zeichen und ähnliches mehr. (Vygotsky 1985, S. 310)

An dieser Aufzählung wird bereits deutlich, dass das Mathematikbuch ein Kompositum vieler dieser psychischen Werkzeuge ist. Aber auch in Anbetracht der Unterscheidung zwischen psychischem und technischem Werkzeug wird deutlich, dass das Mathematikbuch als psychisches Werkzeug anzusehen ist, denn die Nutzung des Buches dient nicht dazu, auf die Mathematik bzw. die mathematischen Inhalte selbst einzuwirken, sondern auf die mathematischen Kenntnisse, Fähigkeiten und Kompetenzen des Nutzers.

In heutigen Interpretationen wird Vygotskys ‚instrumenteller Akt' als Beziehung zwischen dem handelnden Subjekt, dem Objekt der Handlung und dem vermittelnden Artefakt dargestellt (vgl. z. B. Cole 1996, S. 119; Engeström 1999, S. 30):

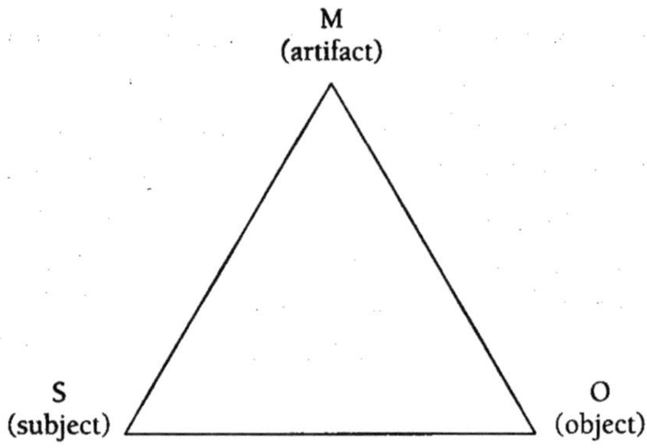

Abbildung 2:   Die Struktur vermittelter Handlung nach Cole (1996, S. 119)

Ein Artefakt ist in diesem Zusammenhang

> an aspect of the material world that has been modified over the history of its incorporation into goal-directed human action. By virtue of the changes wrought in the process of their creation and use, artefacts are simultaneously ideal (conceptual) and material. They are ideal in that their material form has been shaped by their participation in the interactions of which they were previously a part and which they mediate in the present. (Cole 1996, S. 117)

Häufig wird im Zusammenhang mit kulturhistorischen und soziokulturellen Ansätzen auch Wartofskys (1979) Unterscheidung zwischen primären und sekundären Artefakten herangezogen. Für Wartofsky sind Artefakte allgemein

> [...] in the first place, tools and weapons, but more broadly, in good Aristotelian fashion, anything which human beings create by the transformation of nature and of themselves: thus, also language, forms of social organization and interaction, techniques of production, skills. (Wartofsky 1979, S. XIV)

Ein zweiter zentraler Aspekt von Wartofskys Definition ist die Finalität des Artefakts: Ein Artefakt ist „something to be made for and used for a certain end" (Wartofsky 1979, S. 204). Die Unterscheidung zwischen primären und sekundären Artefakten setzt bei der Finalität an. Primäre Artefakte werden direkt verwendet in der „production of the means of existence and in the reproduction of the species" (Wartofsky 1979, S. 202). Dagegen sind sekundäre Artefakte

> those used in the preservation and transmission of the acquired skills or modes of action or praxis by which this production is carried out. Secondary artifacts are therefore representations of such modes of action, and in this sense are mimetic, not simply of the objects of an environment which are of interest or use in this production, but of these objects as they are acted upon, or of the mode of operation or action involving such objects. (Wartofsky 1979, S. 202)

Wartofskys Definition zufolge sind Schulbücher als sekundäre Artefakte anzusehen. Sie wurden von Menschen im Rahmen institutionalisierter Lehre zum Speichern und Vermitteln von Wissen geschaffen. Im Laufe ihrer Geschichte haben sich ihre Erscheinungsform, ihr Inhalte und auch ihre Funktion geändert (vgl. Keitel *et al.* 1980, S. 55-78). Engeström (1999) stellt eine Beziehung zwischen Wartofskys sekundären Artefakten und Vygotskys psychologischen Werkzeugen her. Für ihn sind „Wartofskys sekundäre Artefakte und Vygotskijs psychologische Werkzeuge im wesentlichen das gleiche" (Engeström 1999, S. 77). Dies bestätigt die Einordnung des Schulbuches als sekundäres Artefakt bzw. als psychologisches Instrument nochmals.

Vor dem Hintergrund von Vygotskys Modell der komplexen, vermittelten Handlung lässt sich die Tätigkeit ‚Schulbuchnutzung durch Schüler' in Form der folgenden Dreiecksbeziehung konzeptualisieren:

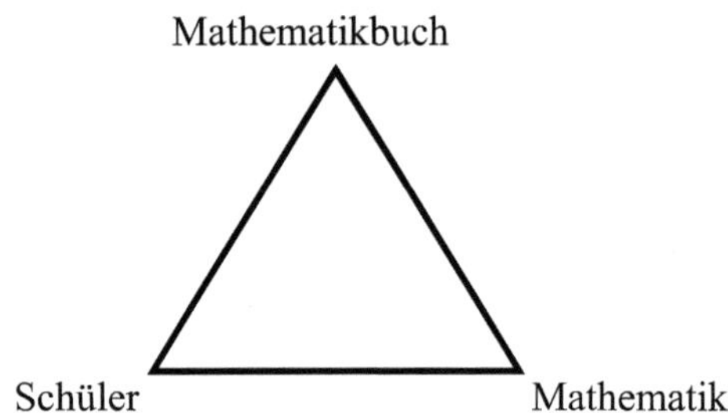

Abbildung 3:   Schulbuchnutzung durch Schüler als komplexe, vermittelte Handlung

Das Mathematikbuch tritt als vermittelndes Artefakt in die Handlungen des Schülers mit der Mathematik ein. Die in Abbildung 3 dargestellte komplexe, vermittelte Handlung lässt sich allgemein als ‚Lernen von Mathematik' bezeichnnen. Auf der Grundlage dieser Modellierung lässt sich der Gegenstand der vorliegenden Untersuchung nun wie folgt formulieren: Wie ist das Artefakt ‚Mathematikbuch' in die komplexe, vermittelte Handlung des Lernens von Mathematik integriert?

An dieser Formulierung des Untersuchungsgegenstandes wird ein zentraler Unterschied zu Remillards (2005) Ansatz deutlich. Die Schulbuchnutzung wird in der vorliegenden Studie nicht selbst als Tätigkeit betrachtet, sondern das Lernen von Mathematik. Im Rahmen der Tätigkeit des Lernens von Mathematik nimmt das Mathematikbuch die Rolle des Artefakts ein. Es ist nicht der Gegenstand der Tätigkeit, sondern das Artefakt, das dazu dient, den Umgang mit anderen Artefakten – den Artefakten der Mathematik (z. B. Verwendung mathematischer Symbole und Begriffe, Ausführen mathematischer Algorithmen und Prozeduren, u. a.) – zu lernen. Im Zentrum der komplexen, vermittelten Handlung steht aber der Gegenstand, der in der vorliegenden Arbeit die Mathematik ist.

Bislang bleibt offen, was unter der Tätigkeit des Lernens von Mathematik zu verstehen ist. Diese Frage soll in der vorliegenden Arbeit auch nicht auf theoretischem Wege geklärt werden. Vielmehr wird die Tätigkeit des Lernens von Mathematik ausgehend von Säljös Auffassung des Lernens als „learning to do something with cultural tools" (Säljö 1999, S. 147) durch die verschiedenen, auf die Mathematik gerichteten Handlungen der Schüler mit dem Schulbuch definiert. Damit wird das Konzept ‚Lernen' im Sinne der Grounded Theory induktiv aus den Daten der Schüler zur Nutzung des Mathematikbuches entwickelt. Es wird also kein psychologisches Lernkonzept zugrunde gelegt, sondern Lernen wird im Rahmen der empirischen Untersuchung als das angesehen, was Schüler darunter verstehen.

Um sich der Frage nach der Integration des Mathematikbuches in die Tätigkeit des Lernens von Mathematik zu nähern, sind Konzepte notwendig, anhand derer diese Integration beschrieben werden kann. Anknüpfend an Vygotskys instrumentellen Akt haben sich verschiedene Theorien zur Analyse instrumentell vermittelter Handlungen entwickelt, die unterschiedliche Schwerpunkte setzten. Zu den wichtigsten zählen die Tätigkeitstheorie, soziokulturelle Ansätze und die kognitive Ergonomie. Diese Theorien unterscheiden sich im Wesentlichen hinsichtlich ihrer Analyseeinheiten. Der Fokus der Tätigkeitstheorie liegt auf der Untersuchung von gegenstandsorientierten, kollektiven und kulturell vermittelten Tätigkeiten (vgl. Engeström *et al.* 1999, S. 9). Dagegen stellt Wertsch (1998) in seiner soziokulturellen Theorie der vermittelten Handlung die individuelle Handlung innerhalb des soziokulturellen Kontextes in den Vordergrund. Dabei vernachlässigt er die historische und kollektive Ebene menschlichen Handelns, die gerade in der Tätigkeitstheorie besonders betont wird (vgl. Engeström *et al.* 1999). Im Zentrum des Interesses von Ansätzen der kognitiven Ergonomie steht das Zusammenspiel von Subjekt, Artefakt und Gegenstand der Handlung im Rahmen des instrumentell vermittelten Aktes. In diesen Ansätzen steht wie beim soziokulturellen Ansatz von Wertsch die individuelle Handlung mit dem Artefakt im Vordergrund. Kulturelle und historische Aspekte treten in den Hintergrund. Von Interesse sind sie dort, wo sie über die kulturelle und historische Prägung des Artefakts Einfluss auf die psychischen Prozesse des Individuums ausüben.

Rabardel (1995) hat im Kontext der kognitiven Ergonomie einen instrumentellen Ansatz vorgestellt, der auf dem Konzept von Vygotskys instrumentell vermittelten Akt aufbaut, und für die Fragestellung der vorliegenden Studie von besonderem Interesse ist, da er Konzepte zur Verfügung stellt, die ermöglichen, die psychischen Prozesse bei der Handhabung des Schulbuches im Zusammenhang mit dem Lernen von Mathematik einzelner Individuen näher zu charakterisieren. Im Rahmen einer Untersuchung der Nutzung des Schulbuches ist Rabardels instrumenteller Ansatz insofern besser geeignet als die Tätigkeitstheorie, da die individuellen psychischen Prozesse bei instrumentell vermittelten Handlungen im Vordergrund stehen und nicht vornehmlich kulturelle und historische Aspekte der Schulbuchnutzung. Gegenstand des instrumentellen Ansatzes der kognitiven Ergonomie sind individuelle psychische Prozesse bei Interaktionen zwischen Menschen und Artefakten im Zusammenhang mit gegenstandsorientierten Handlungen.

Die Theorie des Instruments wurde insbesondere durch Artigue und Trouche bereits im Zusammenhang mit der Erforschung der Nutzung von Computer Algebra Systemen gewinnbringend (vgl. Monaghan 2007) innerhalb der mathematikdidaktischen Forschung angewandt (vgl. z. B. Trouche 2005). Sie wird im folgenden Abschnitt dargestellt und auf den Gegenstand der vorliegenden Arbeit übertragen.

2.2.2 Mathematikbücher als Instrumente des Lehrens und Lernens

Rabardel entwicklet in seiner Schrift „Les Hommes et les Technologies – une approche cognitive des instruments contemporains" (Rabardel 1995) eine Theorie des Instruments. Bereits aus dem Titel geht hervor, dass seine Theorie im Hinblick auf Technologien bzw. moderne Instrumente entwickelt wurde, so dass eine Anwendung auf das Schulbuch problematisch sein könnte. Rabardel verweist jedoch selbst darauf, dass seine Theorie nicht nur für technologische Artefakte gültig ist: „Instrumentalization processes are not limited to technological artifacts"[5] (Rabardel 2002, S. 107). Der tatsächliche Gültigkeitsbereich seiner Theorie liegt in dem für seine Definition des Instruments konstitutiven Begriff ‚Artefakt' verborgen. Ohne spezielle Quellen zu nennen, fasst Rabardel den Begriff ‚Artefakt' aus anthropologischer Sicht als „anything that has undergone a transformation [...] of human origin" (Rabardel 2002, S. 39).

Als zweiten zentralen Aspekt der Vorstellung des Artefakts hebt er die Finalität des Artefakts hervor:

> Finalization is constitutive of the artifact's design, [...] its finalization is at the origin of its existence. [...] In other words, each artifact gives rise to possible transformations of the object of the activity, which were anticipated, deliberately sought and are liable to become concrete in usage. (Rabardel 2002, S. 39)

In dieser Definition des Artefakts zeigen sich deutliche Parallelen zur Definition Wartofskys (1979), auf die bereits weiter oben eingegangen wurde. Ebenso wie Wartofsky hebt Rabardel einerseits die Transformation durch den Menschen und andererseits die Finalität des Artefakts hervor. Aufgrund dieser weiten Auslegung des Begriffs ‚Artefakt', der für Rabardels Definition des Instruments konstitutiv ist, lässt sich seine Theorie nicht nur auf neue Technologien anwenden,

---

[5] Im Sinne der allgemeineren Verständlichkeit wird im Folgenden aus der englischen Übersetzung (Rabardel 2002) der in französischer Sprache verfassten Schrift Rabardels zitiert.

sondern darüber hinaus auf alles, was unter seine Definition des Begriffs ‚Artefakt' fällt. Dass insbesondere Schulbücher als Artefakte im Sinne Wartofskys anzusehen sind, wurde bereits im vorigen Abschnitt erläutert.

Grundlegend für Rabardels instrumentellen Ansatz ist die Unterscheidung zwischen dem Artefakt und dem Instrument: „An artifact is not a finished instrument." (Rabardel 2002, S. 65). Das Instrument ist im Sinne Rabardels nicht etwas Gegebenes. Vielmehr wird es im Sinne einer konstruktivistischen Auffassung erst durch den Nutzer im Rahmen der Nutzung gebildet:

> [...] the constitution of the instrumental entity is the product of the subject's activity. The instrument is not only part of the subject's external world or something associated with an action [...]. It is also the subject's production or construction. (Rabardel 2002, S. 86)

Dieses psychologische Konstrukt besteht Rabardel zufolge aus einer Artefakt-Komponente und eine Schema-Komponente.

> We propose defining the instrument as a mixed entity, born of both the subject and the object (in the philosophical sense of the term): the instrument is a composite entity made up of an artifact component (an artifact, a fraction of an artifact or a set of artifacts) and a scheme component (one or more utilization schemes). (Rabardel 2002, S. 86)

Beide Komponenten des Instruments beziehen sich zwar aufeinander, sind aber auch relativ unabhängig voneinander. Bevor auf beide Komponenten weiter unten genauer eingegangen wird, soll die relative Unabhängigkeit beider Komponenten an einem Beispiel verdeutlicht werden:

Das Mathematikbuch kann verwendet werden, um Informationen über einen bestimmten mathematischen Gegenstand zu lesen. Dies kann z. B. nach einem Schema erfolgen, bei dem zunächst im Inhaltsverzeichnis nachgesehen wird, auf welcher Seite der gesuchte Inhalt zu finden ist. Anschließend wird zur entsprechenden Seite geblättert und es werden Inhalte auf der Seite gelesen. Das gleiche Schema ist aber nicht nur auf das Artefakt Mathematikbuch anwendbar. Ebenso kann nach diesem Schema eine bestimmte Ware in einem Versandkatalog ausfindig gemacht werden. Einerseits ist das Schema also relativ unabhängig vom Artefakt und kann auf verschiedene Artefakte angewendet werden. Andererseits kann ein Artefakt durch die Anwendung unterschiedlicher Schemata zu verschiedenen Instrumenten werden. Wird z. B. das Schema, nach dem ein Tischtennisschläger beim Tischtennisspielen bewegt wird, anstelle des Schlägers mit dem Mathematikbuch ausgeführt, ist das Buch nicht mehr ein Instrument zum Lernen von Mathematik, sondern ein Instrument zum Tischtennisspielen.

Da das Instrument erst im Zuge der Nutzung durch das Subjekt konstruiert wird, impliziert die Definition des Instruments, dass ein Artefakt für verschiedene Nutzer ein anderes Instrument sein kann. In Bezug auf das Schulbuch wurde darauf bereits in Kapitel 0 im Zusammenhang mit den Spannungsfeldern ‚Pädagogisches Instrument – politisches Instrument – Marktartikel' und ‚Schülerbuch – Lehrerbuch' eingegangen. Dort wurde anhand einiger Beispiele verdeutlicht, dass das Schulbuch für verschiedene Nutzergruppen unterschiedliche Funktionen erfüllt:

- Lehrer nutzen das Schulbuch u. a. als Instrument zur Unterrichtsvorbereitung (vgl. u. a. Bromme & Hömberg 1981; Hopf 1980).
- Die Untersuchung von Zimmermann (1992) zeigt, dass insbesondere schlechte Mathematikschüler, die im Schulbuch lesen, das Schulbuch als Instrument verwenden, um „ihre fachlichen Lücken auch mit Hilfe des Buches zu schließen" (Zimmermann 1992, S. 104).
- Für die Schuladministration sind Schulbücher u. a. „die eigentlichen Instrumente[6] der Innovation" (Keitel *et al.* 1980, S. 73).

Den Prozess, in dem das Subjekt das Instrument konstituiert, nennt Rabardel „instrumental geneses"[7] (Rabardel 2002, S. 92). Im Zusammenhang mit dieser Genese des Instruments unterscheidet Rabardel zwei Arten von Prozessen: „Instrumentalization processes"[8] und „Instrumentation processes"[9] (Rabardel 2002, S. 103). Beide Prozesse gehen vom Subjekt aus, unterscheiden sich aber in ihrer Gerichtetheit:

> These two types of processes are born of the subject. Instrumentalization by attributing a function to the artifact results from his/her activity, as does the adaptation of his/her schemes. They are distinguished by the orientation of this activity. In the instrumentation process, it is directed toward the subject him/herself, whereas in the correlative process of instrumentalization, it is directed toward the artifact component of the instrument. (Rabardel 2002, S. 103)

Der Prozess der *Instrumentalisierung*[10] richtet sich auf das Artefakt:

---

[6] Der Begriff ‚Instrument' wird von Keitel u. a. nicht im Sinne Rabardels verwendet. Die Rolle, die dem Schulbuch durch die Schuladministration beigemessen wird, zeigt jedoch, dass es auch im Sinne Rabardels instrumentalisiert wird.

[7] Im Folgenden als ‚instrumentelle Genese' bezeichnet.

[8] Im Folgenden als ‚Instrumentalisierung' bezeichnet.

[9] Im Folgenden als ‚Instrumentierung' bezeichnet.

[10] Begriffe, die in einer im Rahmen der vorliegenden Arbeit definierten spezifischen Bedeutung verwendet werden, sind kursiv gesetzt, um zu signalisieren, dass es sich bei dem jeweiligen Begriff um einen definierten Terminus handelt.

> Instrumentalization processes concern the emergence and evolution of artifact components of the instrument: selection, regrouping, production and institution of functions, deviations and catachreses, attribution of properties; transformation of the artifact (structure, functioning etc.) that prolong creations and realizations of artifacts whose limits are thus difficult to determine (Rabardel 2002, S. 103).

Im Prozess der *Instrumentalisierung* schreibt der Nutzer dem Artefakt einerseits Funktionen zu, die es seiner Ansicht nach erfüllen kann, und bestimmt andererseits die Funktionsweise des Artefakts, d. h die Art und Weise, wie es zu benutzen ist. Mögliche *Instrumentalisierungen* des Mathematikbuches sind z. B.

- die *Instrumentalisierung* von Lehrtexten zum Wiederholen oder Nacharbeiten,
- die *Instrumentalisierung* von Aufgaben zum Üben,
- die *Instrumentalisierung* von Musterbeispielen als Hilfe zum Bearbeiten von Aufgaben,
- die *Instrumentalisierung* des Registers zum Nachschlagen,
- die *Instrumentalisierung* des ganzen Buches zum Tischtennisspielen in der Pause (Katachrese[11]).

Der Prozess der *Instrumentierung* richtet sich dagegen auf das Subjekt. Als *Instrumentierung* bezeichnet Rabardel die Bildung und Weiterentwicklung von „Utilization Schemes" (Rabardel 2002, S. 82) (im Folgenden: Gebrauchsschemata).

> What we propose to call a 'utilization scheme' [...] is an active structure into which past experiences are incorporated and organized, in such a way that it becomes a reference for interpreting new data. As such, a utilization scheme is a structure with a history, that changes as it is adapted to an expanding range of situations and is contingent upon the meanings attributed to the situations by the individual. (Béguin & Rabardel 2000, S. 182-183)

Gebrauchsschemata haben einerseits eine kulturhistorische Dimension, denn sie können angeeignete allgemein in einer Gesellschaft verbreitete Schemata sein. Andererseits können sie aber auch individuell gebildet werden (vgl. Rabardel & Samurcay 2001). Da Gebrauchsschemata nicht außerhalb des sozialen Kontextes gebildet werden, verschmelzen letztlich beide Dimensionen in einem Gebrauchsschema:

---

[11] Katachrese meint hier die Verwendung eines Werkzeugs zu einem Zweck, zu dem es nicht bestimmt ist (vgl. Rabardel 2002, S. 92).

> utilization schemes have both private and social dimensions. The private dimension is specific to each individual. The social dimension comes from the fact that schemes develop in the course of a process in which the subject is not isolated[12]. Other users, as well as artifact designers, contribute to this emergence of schemes. (Rabardel 2002, S. 84)

Rabardel unterscheidet zwei Arten von Schemata, aus denen sich Gebrauchsschemata zusammensetzen: „usage schemes" und „instrument-mediated-action schemes" (Rabardel 2002, S. 83). Bei den *usage schemes*[13] handelt es sich um Schemata, die sich auf die Handhabung des Artefakts beziehen:

> Their distinctive feature is that they are orientated towards secondary tasks corresponding to the specific actions and activities directly related to the artifact (Rabardel 2002, S. 83).

Ein typisches *usage scheme* bei der inhaltlichen Nutzung des Schulbuches ist das Blättern im Buch. Darüber hinaus könnten bei einer etwas weiteren Auffassung des Begriffs verschiedene Schemata bei der Auswahl von bestimmten Inhalten (z. B. Auswahl mit Hilfe des Inhalts-/ Stichwortverzeichnisses; Auswahl durch Blättern im Buch in Verbindung mit einem Überfliegen der Seiten) voneinander unterschieden werden.

Bei den *instrument-mediated action schemes* handelt es sich dagegen um Handlungsschemata, die auf den Gegenstand der Tätigkeit gerichtet sind:

> instrument-mediated action schemes, [...] which consist of wholes deriving their meaning from the global action which aims at operating transformations on the object of activity. These schemes incorporate usage schemes as constituents. (Rabardel 2002, S. 83)

Demnach basieren *instrument-mediated action schemes* auf einem oder mehreren *usage schemes*, die einer bestimmten Aufgabe oder einem bestimmten Zweck untergeordnet sind. Ihre Bedeutung erhalten *instrument-mediated action schemes*

---

[12] An dieser Auffassung des Schema-Begriffs zeigt sich, dass in Rabardels Theorie sowohl kulturhistorische Aspekte des Lernens im Sinne Vygotskys als auch die individualistische Auffassung Piagets miteinander verbunden werden.

[13] Die in der vorliegenden Arbeit verwendeten Theorien enthalten z. T. Termini, für die es keine entsprechenden bzw. prägnanten Bezeichnungen im Deutschen gibt, z. B. ‚usage schemes', ‚constraints', ‚affordances', ‚beliefs'. Jeder dieser Termini würde im Deutschen eine umständliche Umschreibung erfordern. Um die Lesbarkeit der Arbeit nicht zu beeinträchtigen, wurde in Bezug auf theoretische Termini entschieden, die i. d. R. englischen Originalbezeichnungen beizubehalten. Die daraus resultierende Anglifizierung der Sprache wird als ‚constraint' der verwendeten Theorien empfunden.

durch den Zweck, auf den sie gerichtet sind. Die *instrument-mediated action schemes* stimmen Rabardel zufolge mit dem überein, was Vygotsky als ‚instrumentellen Akt' bezeichnet[14] (vgl. Rabardel 2002, S. 83).

Beide Prozesse – *Instrumentalisierung* und *Instrumentierung* – sind untrennbar mit einander verwoben. Dies zeigt sich am deutlichsten an den *instrument-mediated action schemes*. Die zweckorientierte Anwendung von verschiedenen *usage schemes* impliziert bereits, dass dem Artefakt oder Teilen von ihm Funktionen zugeschrieben werden. Ohne die Zuschreibung von Funktionen wäre keine Zweckorientierung der *usage schemes* möglich. Aufgrund der Verwobenheit der beiden Prozesse ist es sinnvoll, einen Begriff einzuführen, der auf beide Prozesse referiert. Im Folgenden wird daher unter dem Begriff *Instrumentation* auf beide Prozesse Bezug genommen. *Instrumentation* umfasst also sowohl die *Instrumentalisierung* als auch die *Instrumentierung*.

In den *Instrumentalisierungs-* und *Instrumentierungsprozessen* wirkt das Artefakt strukturierend auf die Aktivitäten des Subjekts. Einerseits bietet das Artefakt dem Subjekt eine Reihe von Umgangsweisen an. Diesen Aspekt bezeichnet Rabardel als „expansion of the range of possibilities" (Rabardel 2002, S. 133). In der englischsprachigen Literatur zum soziokulturellen Ansatz ist auch der Begriff ‚affordance' (vgl. z. B. Wertsch 1998, S. 38) gebräuchlich. Andererseits ist das Artefakt nur zu bestimmten Zwecken einsetzbar und erfordert auch bestimmte Handhabungsweisen. Damit schränkt es die Aktivitäten des Subjekts unter Umständen ein. Diesen zweiten Aspekt nennt Rabardel „required activity" (Rabardel 2002, S. 133). Die Strukturierung der Handlungen des Subjekts durch das Artefakt werden üblicherweise durch „constraints" (Rabardel 2002, S. 133ff; Wertsch 1998, S. 38ff) charakterisiert, die das Artefakt auf die Handlungen des Subjekts ausübt.

Der Entstehensprozess eines Instruments lässt sich folgendermaßen zusammenfassen: In der Auseinandersetzung mit dem Artefakt erkundet das Subjekt die Möglichkeiten des Artefakts. Dabei schreibt es dem Artefakt bzw. Teilen von ihm Funktionen zu, die es im Gebrauch haben kann (*Instrumentalisierung*). Gleichzeitig bildet das Subjekt im Umgang mit dem Artefakt neue Gebrauchsschemata heraus bzw. wendet vorhandene Gebrauchsschemata an und modifiziert diese gegebenenfalls (*Instrumentierung*). Das Artefakt wirkt in diesen Pro-

---

[14] Auch hier zeigt sich, dass Rabardel Aspekte der Theorien Vygotskys und Piagets miteinander verbindet. Indem Rabardel im Zusammenhang mit Gebrauchsschemata eine Verbindung zu Vygotsky herstellt, wird deutlich, dass auf der Ebene der *instrument-mediated action schemes* eine Integration des Piagetschen Schemabegriffs und der Perspektive Vygotskys erfolgt. Die Bildung von Gebrauchsschemata verbleibt dabei nicht wie bei Piaget im Bereich des individuellen, sondern erhält einen kulturhistorischen Aspekt.

zessen durch *affordances* und *constraints* strukturierend auf die Handlungen des Subjekts.

Werden die bisherigen Ausführungen zur Theorie des Instruments in Beziehung zu Vygotskys Dreiecksmodell des instrumentellen Aktes gesetzt, dann ergibt sich folgendes Bild:

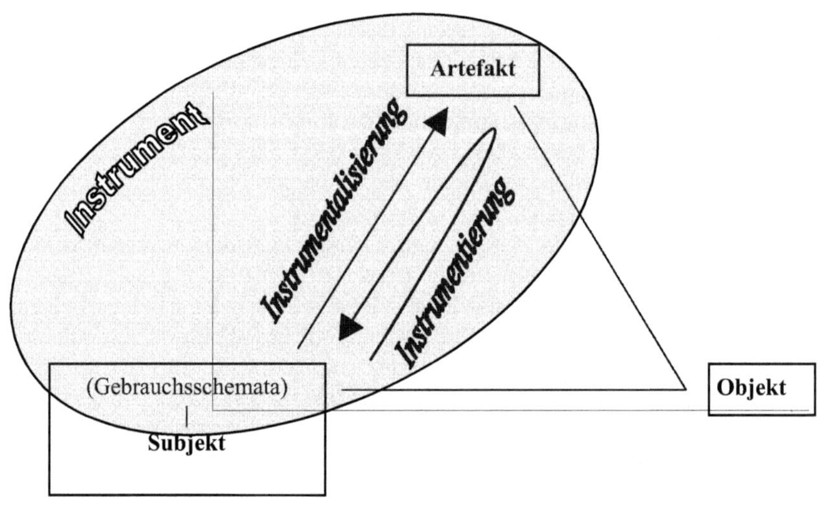

Abbildung 4:   Integration der Theorie des Instruments in Vygotskys Dreiecksmodell der komplexen, vermittelten Handlung[15] (vgl. Béguin & Rabardel 2000, S. 179)

Anhand von Abbildung 4 wird deutlich, dass die Theorie des Instruments Konzepte bereitstellt, die ermöglichen, die Interaktion zwischen Subjekt und Artefakt im instrumentellen Akt anhand der beiden Prozesse *Instrumentalisierung* und *Instrumentierung* zu charakterisieren. Die Unterscheidung dieser beiden Prozesse verspricht eine differenziertere Beschreibung der Interaktion, da die Auseinandersetzung des Subjekts mit dem Artefakt von zwei verschiedenen Perspektiven betrachtet wird. Einerseits stehen das Artefakt und die Funktionen, die ihm bzw. Teilen von ihm zugeschrieben werden, im Zentrum des Interesses

---

[15] Die unsymmetrische Platzierung des Instruments innerhalb von Vygotskys Dreiecksmodell der komplexen, vermittelten Handlung erweckt den Anschein, dass das Objekt der Handlung im instrumentellen Ansatz relativ vernachlässigt wird. Das Objekt der instrumentellen Handlung ist jedoch im Begriff des Gebrauchsschemas implizit, da Gebrauchsschemata jeweils situationsspezifisch sind und ihr Geltungsbereich sich daher nur für eine begrenzte Klasse von Objekten erstreckt.

(*Instrumentalisierung*). Andererseits rückt das Subjekt selbst unter dem Aspekt der Herausbildung und Anpassung von Gebrauchsschemata in den Mittelpunkt (*Instrumentierung*).

Vor dem Hintergrund der Theorie des Instruments lässt sich der Gegenstand der vorliegenden Untersuchung nun wie folgt formulieren: Wie *instrumentalisieren* und *instrumentieren* Schüler das Artefakt ‚Mathematikbuch' zum Lernen von Mathematik?

Bislang ist jedoch unklar, wie *Instrumentalisierung* und *Instrumentierung* zu beschreiben sind. Es fehlt eine Konzeptualisierung der beiden Prozesse, die erlaubt, Daten zur Nutzung des Mathematikbuches im Hinblick auf *Instrumentalisierung* und *Instrumentierung* auszuwerten. Erst wenn diese Konzeptualisierung erfolgt ist, kann Rabardels Theorie des Instruments das handlungs- und interaktionstheoretische Kodierparadigma der Grounded Theory als Grundlage für die Auswertung der Daten ersetzen. In den beiden folgenden Abschnitten werden daher *Instrumentalisierung* und *Instrumentierung* konzeptualisiert.

2.2.2.1　Instrumentalisierung des Mathematikbuches

Von den beiden Prozessen – *Instrumentalisierung* und *Instrumentierung* – ist die *Instrumentalisierung* begrifflich besser fassbar. Das Subjekt erkundet im Prozess der *Instrumentalisierung* die Möglichkeiten des Artefakts und schreibt dem Artefakt oder einzelnen Teilen von ihm Funktionen zu. D. h., um die *Instrumentalisierung* zu charakterisieren, ist einerseits zu beschreiben, welche Teile des Artefakts genutzt werden und andererseits, welche Funktionen diesen Teilen zugeschrieben werden.

Im Hinblick auf die *Instrumentalisierung* des Mathematikbuches bedeutet das, dass zu beschreiben ist, welche Teile des Mathematikbuches Schüler nutzen und welche Zwecke sie mit der Nutzung dieser Teile verfolgen. Dies wirft zunächst die Frage danach auf, was ‚Teile' des Mathematikbuches sind. Eine Untersuchung der *Instrumentalisierung* muss demzufolge auf einer eingehenden Analyse des Artefakts ‚Mathematikbuch' aufbauen, in der geklärt wird, wie das Mathematikbuch sinnvoll in Teile untergliedert werden kann. Diese Analyse des Artefakts ist Gegenstand von Kapitel 1.

2.2.2.2 Instrumentierung des Mathematikbuches

Im Gegensatz zur *Instrumentalisierung* ist die Beschreibung der *Instrumentierung* schwieriger, da sie auf dem Konzept des Schemas basiert. In diesem Zusammenhang ist die Frage zu stellen, wie sich Schemata erkennen und begrifflich beschreiben lassen? Rabardel und Béguin (2000) charakterisieren ein Gebrauchsschema folgendermaßen:

> As such, a utilization scheme is a structure with a history, that changes as it is adapted to an expanding range of situations and is contingent upon the meanings attributed to the situations by the individual (Béguin & Rabardel 2000, S. 182-183).

Aus dieser Definition geht zunächst hervor, dass Gebrauchsschemata situationsabhängig sind. Sie gibt jedoch weder einen Hinweis darauf, wie Gebrauchsschemata erforscht werden können, noch wie sie beschrieben werden können. Dafür ist es zunächst notwendig, den Begriff des Schemas zu klären.

Rabardel geht in seiner Theorie grundsätzlich vom Schema-Begriff Piagets aus (vgl. Rabardel 2002, S. 83). Wesentliches Element von Piagets Definition ist, dass Schemata als generalisierte Struktur aufgefasst werden, die grundsätzlich wiederholbar und auf andere Zusammenhänge übertragbar ist:

> The scheme of an action is, by definition, the structured group of the generalisable characteristics of this action, that is, those which allow the repetition of the same action or its application to a new content. (Beth & Piaget 1966)

Problematisch im Zusammenhang mit der Untersuchung von Schemata ist, dass Schemata an sich nicht beobachtbar sind:

> Now, the scheme of an action is neither perceptible (one perceives a particular action, but not its scheme) nor directly introspectible, and we do not become conscious of its implications except by repeating the action and comparing its successive results. (Beth & Piaget 1966, S. 235)

Schemata können demnach nur aus Handlungen abgeleitet werden. Der Aspekt der Wiederholbarkeit als generelles Charakteristikum von Schemata bietet dabei ein Indiz für die Erkennung von Schemata. Im Hinblick auf die Untersuchung von Gebrauchsschemata bei der Nutzung des Mathematikbuches heißt das, dass wiederholt auftretende Verwendungen des Schulbuchs in vergleichbaren Situationen als Hinweis auf das Vorliegen eines Gebrauchsschemas aufgefasst werden können. Das Schema selbst besteht dann aus generalisierbaren Aspekten der Handlung. Es ist zu fragen, was generalisierbare Aspekte von Handlungen sind.

Rabardel hebt in diesem Zusammenhang die Bedeutung von Vergnauds Schema-Begriff für die instrumentelle Perspektive heraus (vgl. Rabardel 2002, S. 79). Aus diesem Grund wird im Folgenden näher auf den Schema-Begriff Vergnauds eingegangen.

Vergnaud definiert ein Schema als „the invariant organization of behaviour (action) for a certain class of situations" (Vergnaud 1996, S. 222). Darin stimmt Vergnaud im Wesentlichen mit Piaget überein. Darüber hinaus beschreibt Vergnaud aber vier konstitutive Elemente, die ein Schema kennzeichnen: „a scheme is composed of four different kinds of ingredients: operational invariants, inference possibilities, rules of action, and goals" (Vergnaud 1996, S. 222). Von den vier Komponenten betont Vergnaud die Rolle der operationalen Invarianten für die Charakterisierung von Schemata:

> These [operational invariants] form the specific parts of schemes that represent objects, predicates, conditions and theorems. The other ingredients of schemes (rules of action, goals, and inference possibilities) have no essential value in articulating practice and theory. (Vergnaud 1998, S. 176)

Kennzeichnend für Vergnauds' Ansatz ist, dass er eine bereichsspezifische Theorie der kognitiven Repräsentation von Wissen entwickelt. Um die Bereichsspezifität der Analyse zu gewährleisten fordert er:

> [...] this analysis must be made in mathematical terms, as there is no way to reduce mathematical knowledge to any other conceptual framework. (Vergnaud 1998, S. 167)

Vergnaud unterscheidet deshalb zwei Arten von operationalen Invarianten: „concepts-in-action" und „theorems-in-action" (Vergnaud 1996, S. 222):

> A *theorem-in-action* is a proposition that is held to be true by the individual subject for a certain range of the situation variables. [...]
> *Concepts-in-action* are categories (objects, properties, relationships, transformations, processes, etc.) that enable the subject to cut the real world into distinct elements and aspects, and pick up the most adequate selection of information according to the situation and scheme involved. (Vergnaud 1996, S. 225)

Weiterhin kennzeichnet Vergnaud den Unterschied zwischen *theorems-in-action* und *concepts-in-action* anhand des Unterschieds zwischen Relevanz und Falsifizierbarkeit: Während *concepts-in-action* hinsichtlich ihrer Relevanz in einer bestimmten Situation beurteilt werden können, sind *theorems-in-action* in einer Situation entweder wahr oder falsch (Vergnaud 1996, S. 225).

Einerseits wird anhand der beiden operationalen Invarianten *concepts-* und *theorems-in-action* die Bereichsspezifität von Vergnauds Ansatz besonders deutlich. Zur Beschreibung der kognitiven Repräsentation mathematischen Wissens wählt Vergnaud Begriffe, die die Unterscheidung zwischen mathematischen Gegenständen (Konzepten) und (wahren) Aussagen über diese Gegenstände (Theoreme) in der Mathematik abbilden. Die Begriffe, die die kognitive Struktur mathematischen Wissens beschreiben, entsprechen damit der Struktur des mathematischen Wissens selbst.

Andererseits betont Vergnaud, dass sein Konzept des Schemas nicht nur auf mathematisches Wissen anwendbar ist: „But the concept of scheme is more general and is relevant to several other kinds of activities" (Vergnaud 1998, S. 172). Diese anderen Tätigkeiten können dabei sowohl körperlich als auch mental sein. (vgl. Vergnaud 1998, S. 171). Bei dieser Allgemeinheit, die er für sein Konzept des Schemas beansprucht, muss auch davon ausgegangen werden, dass der Begriff der operationalen Invarianten auf die meisten körperlichen und mentalen Aktivitäten ausdehnbar ist. Schließlich beschreibt er sie als die wesentlichen Charakteristika von Schemata.

Im Gegensatz zu Vergnauds Ansatz soll in der vorliegenden Arbeit nicht die kognitive Repräsentation mathematischen Wissens beschrieben werden, sondern die kognitive Struktur von Wissen über die Verwendung des Mathematikbuches als Instrument zum Lernen von Mathematik. Es handelt sich also nicht um mathematisches Wissen, sondern um Wissen über das Mathematikbuch. Aufgrund der prinzipiellen Allgemeinheit von Vergnauds Schema-Begriff sollte dieser auch geeignet sein, um die kognitive Struktur dieses Wissens zu beschreiben. Zentral für Vergnauds Ansatz ist jedoch, dass er die kognitive Struktur eines bestimmten Wissensgebietes mit bereichsspezifischen Begriffen beschreibt. Die Verwendung der operationalen Invarianten *concepts-* und *theorems-in-action* zur Beschreibung von Wissen, das nicht mathematisches Wissen ist, ist demnach nicht mit Vergnauds Begriffsbildung vereinbar. Um die kognitive Struktur von Wissen über die Verwendung des Mathematikbuches als Instrument des Lernens von Mathematik ebenso mit bereichsspezifischen Begriffen beschreiben zu können, müssen adäquate operationale Invarianten zur Charakterisierung dieses Wissens gefunden werden. Da Erkenntnisse zur Nutzung von Mathematikbüchern ein Desiderat mathematikdidaktischer Forschung darstellen, gibt es bislang keine Grundlage, auf der eine derartige Begriffsbildung erfolgen könnte. Daher werden Überlegungen angestellt, die mathematikspezifischen operationalen Invarianten von Vergnauds Schema-Begriff so zu verallgemeinern, dass sie auf die Repräsentation von Wissen über die Nutzung beliebiger Instrumente in Form von Schemata angewendet werden können. Im Folgenden wird das Konzept *belief-in-action* als angemessene Verallgemeinerung der mathematikspezifischen operationalen Invarianten *theorems-in-action* und *concepts-in-action* Vergnauds auf Wissen im Zusammenhang mit der Nutzung beliebiger Instrumente erörtert.

Ebenso wie Vergnaud die Bedeutung der beiden operationalen Invarianten *theorems-in-action* und *concepts-in-action* für die Organisation menschlichen Verhaltens in Form von Schemata hervorhebt, wird in der einschlägigen Belief-Forschung betont, dass Beliefs einen determinierenden Einfluss auf das menschliche Verhalten ausüben (vgl. Schoenfeld 1998, S. 21).

Bislang konnte keine Einigkeit über eine einheitliche Definition des Konzepts ‚Belief' hergestellt werden (vgl. z. B. Pajares 1992, S. 309; Philipp 2007, S. 265; Thompson 1992, S. 129). Verschiedene Definitionen des Begriffs ‚Belief' lassen sowohl Übereinstimmungen mit den *concepts-in-action* als auch mit den *theorems-in-action* Vergnauds erkennen. Philipp (2007) beschreibt Beliefs im Sinne einer Arbeitsdefinition als:

> Psychologically held understandings, premises, or propositions about the world that are thought to be true. (Philipp 2007, S. 259)

Diese Arbeitsdefinition von Philipp zeigt eine deutliche Ähnlichkeit zur Definition von Vergnauds *theorems-in-action*. Bei beiden handelt es sich um Aussagen, die von einem Subjekt für wahr gehalten werden.

Demgegenüber beschreibt Schoenfeld die Funktion von ‚beliefs' in einer Weise, die eng mit der Funktion von Vergnauds *concepts-in-action* verwandt ist:

> People's beliefs shape what they perceive in any set of circumstances, what they consider to be possible or appropriate in those circumstances, the goals they might establish in those circumstances, and the knowledge they might bring to bear in them. (Schoenfeld 1998, S. 21)

Ebenso wie Vergnauds *concepts-in-action* dienen ‚beliefs' Schoenfeld zufolge dazu, die Wahrnehmung von Situationen und das Verhalten in diesen Situationen zu steuern.

Bei Beliefs handelt es sich also um Aussagen, die von einem Subjekt für wahr gehalten werden und die Wahrnehmung und das Verhalten des Subjekts in bestimmten Situationen steuern. Damit vereint das Konzept ‚Belief' die Kennzeichen von Vergnauds *theorems-in-action* und *concepts-in-action*.

Darüber hinaus besteht ebenso wie bei Vergnauds operationalen Invarianten auch bei Beliefs ein enger Zusammenhang zum Wissen. Während Vergnaud die operationalen Invarianten als die zentralen Elemente der kognitiven Repräsentation von Wissen in Form von Schemata ansieht, äußert sich dieser Zusammenhang in der Belief-Forschung vornehmlich darin, dass sich die Abgrenzung von Beliefs und Wissen als problematisch erweist (vgl. Pajares 1992, S. 313;

Thompson 1992, S. 129). Thompson (1992) hebt den variablen Grad der Überzeugung und die fehlende Konsensualität als zwei wesentliche Unterschiede hervor:

> One feature of beliefs is that they can be held with varying degrees of conviction. [...] Another distinctive feature of beliefs is that they are not consensual. (Thompson 1992, S. 129)

Im Unterschied dazu definiert Scheffler (1965) ‚Wissen' sogar auf der Grundlage von Beliefs. Die Belief-Bedingung ist in seiner Definition eine von drei Bedingungen für Wissen:

> This definition sets three conditions for knowing that, and we shall refer to these as the *belief* condition, the *evidence* condition, and the *truth* condition.
> X knows that Q if and only if
> (i) X believes that Q
> (ii) X has adequate evidence that Q,
> and   (iii) Q. (Scheffler 1965, S. 21)

Während Thompson Unterschiede zwischen Beliefs und Wissen herausstellt, wird bei Scheffler Q für wahr zu halten zu einer notwendigen und hinreichenden Bedingung für Wissen. Damit kommt den Beliefs in Bezug auf Wissen eine ähnlich bedeutende Rolle zu, wie sie Vergnaud den *concepts-* und *theorems-in-action* in Bezug auf die kognitive Repräsentation von mathematischen Wissen zuschreibt.

Ein weiteres Kennzeichen der operationalen Invarianten Vergnauds ist, dass *concepts-in-action* und *theorems-in-action* nicht verbal ausgedrückt werden müssen, sondern sich im Verhalten des Subjekts zeigen:

> Theorems-in-action are defined as mathematical relationships that are taken into account by students when they choose an operation or a sequence of operations to solve a problem. These relationships usually are not expressed verbally by the students. So theorems-in-action are not theorems in the conventional sense because most of them are not explicit. They underlie students' behaviour, and their scope of validity is usually smaller than the scope of theorems. They may even be wrong. (Vergnaud 1988, S. 144)

Vermutlich wählt Vergnaud den Zusatz ‚in action' gerade aus dem Grund, dass sich die *concepts-in-action* und die *theorems-in-action* lediglich im Verhalten der Subjekte beobachten lassen, in der Regel aber nicht explizit geäußert werden.

Pajares (1992) verweist darauf, dass ebenso wie die operationalen Invarianten Vergnauds auch Beliefs ‚in action' untersucht werden können:

> beliefs cannot be directly observed or measured but must be inferred from what
> people say, intend, and do (Pajares 1992, S. 314)

Um diesen Aspekt der Analyse von Beliefs zu betonen, ist es sinnvoll, dies auch in der Bezeichnung des Konzepts zum Ausdruck zu bringen. In Anlehnung an Vergnaud wird in dieser Arbeit daher der Begriff *belief-in-action* verwendet, um operationale Invarianten von Gebrauchsschemata zu beschreiben. Der Zusatz ‚in-action' soll dabei einerseits verdeutlichen, dass die Vorstellung von Beliefs in der vorliegenden Arbeit über Schefflers verbale Theorie des Beliefs hinaus geht. Scheffler definiert Beliefs als Disposition zur Bejahung einer Aussage:

> Belief is generally, then, a disposition to offer an affirmative response to certain
> sentences under appropriate conditions – for example, under systematic questioning.
> (Scheffler 1965, S. 77)

Der Begriff *belief-in-action* bezieht sich über die verbale Ebene hinaus auch auf Aussagen, die auf der Grundlage der Beobachtung der Handlungen von Personen aufgestellt wurden und denen die Personen bei Befragung zustimmen würden.

Andererseits soll der Zusatz ‚in-action' auch den Bezug zu Vergnauds Konzept des Schemas herstellen, der in dieser Arbeit für die Beschreibung von Gebrauchsschemata konstituierend ist.

Beliefs-in-action stellen ein Konzept dar, das geeignet ist, Gebrauchsschemata eines Subjekts im Zusammenhang mit Nutzung eines beliebigen Instruments zu beschreiben. Anhand der Definitionen von Beliefs, dem engen Zusammenhang zwischen Beliefs und Wissen sowie der Untersuchung von Beliefs ‚in action' wurde dargelegt, dass das Konzept *belief-in-action* eine angemessene Verallgemeinerung der beiden mathematikspezifischen operationalen Invarianten *concepts-* und *theorems-in-action* von Vergnauds Schema-Begriff darstellt.

Insgesamt wird es also bei der Analyse von Gebrauchsschemata darum gehen, wiederholte gleichartige Nutzungen des Mathematikbuchs in vergleichbaren Situationen zu identifizieren und diese jeweils hinsichtlich von Handlungszielen, Handlungsregeln und operationalen Invarianten (*beliefs-in-action*) zu charakterisieren. *Beliefs-in-action* sind dabei handlungsleitende Auffassungen über das Mathematikbuch, auf die anhand von Aussagen oder Handlungen der Schüler geschlossen wird.

In der vorliegenden Arbeit werden Gebrauchsschemata in Form von Flussdiagrammen visualisiert[16]. Mit dieser Visualisierung werden drei Ziele verfolgt:

---

[16] Die Bedeutung von Flussdiagrammsymbolen ist auf der Basis der DIN-Norm 66001 geregelt. Die Verwendung im Zusammenhang mit Gebrauchsschemata erfordert jedoch eine Anpassung an den

1. Das Flussdiagramm fasst die Struktur eines Gebrauchsschemas prägnant zu-
    sammen. Die Struktur kann auf einen Blick erfasst werden und der Ver-
    gleich verschiedener Gebrauchsschemata wird erleichtert.
2. Das Flussdiagramm hebt den Ablauf des Gebrauchsschemas hervor. Im
    Vergleich zur sprachlichen Darstellung wird die gegenseitige Beziehung
    von Handlungen und Schlüssen offensichtlicher.
3. Auf Grundlage der Flussdiagramme lässt sich besser als in der sprachlichen
    Darstellung zeigen, wie einzelne Gebrauchsschemata zu komplexen Ge-
    brauchsschemata zusammengesetzt werden können. Stellen, an denen zwei
    Gebrauchsschemata verbunden werden können, sind im Flussdiagramm
    besser darzustellen.

In Abbildung 5 werden die Bedeutungen der einzelnen Flussdiagrammsymbole
gezeigt, die in dieser Arbeit zugrunde gelegt werden:

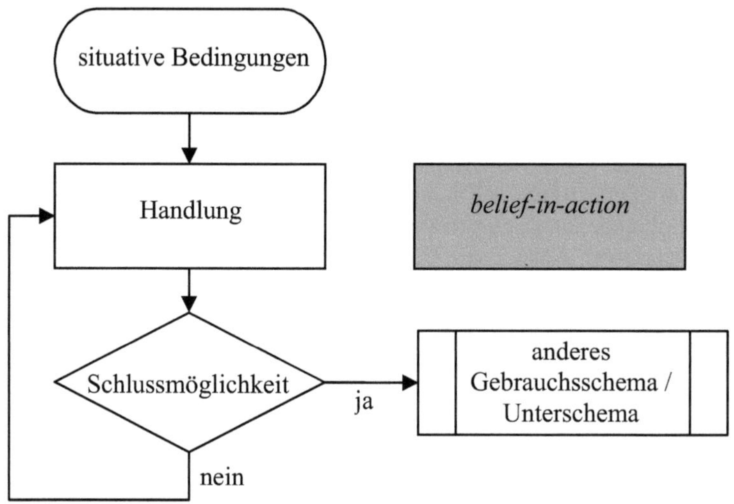

Abbildung 5:   Flussdiagrammsymbole im Zusammenhang mit
                   Gebrauchsschemata des Mathematikbuches und ihre
                   Bedeutungen

Gegenstand. Die Symbole werden hier also in einer anderen Bedeutung verwendet, als in der DIN-
Norm festgelegt.

2.3 Zwischenfazit

Ausgehend von der Feststellung, dass es sinnvoll ist, die Nutzung von Curriculummaterialien als interaktiven Prozess zwischen dem nutzenden Subjekt und den Materialien zu betrachten, konnte die Nutzung des Schulbuches auf der Grundlage von Vygotskys Modell des instrumentellen Aktes konzeptualisiert werden. In diesem Zusammenhang wurde erörtert, dass die Schulbuchnutzung nicht selbst als Tätigkeit anzusehen ist, sondern das Schulbuch die Rolle des vermittelnden Artefakts im Rahmen der Lerntätigkeit einnimmt.

Der instrumentelle Ansatz der kognitiven Ergonomie bietet geeignete Konzepte an, um die Interaktion zwischen Subjekt und Artefakt innerhalb des instrumentellen Aktes genauer zu charakterisieren. Dazu zählt zunächst der Begriff des Instruments selbst. Ein Instrument im Sinne Rabardels (1995) ist eine zusammengesetzte Einheit, in der eine Artefakt-Komponente mit einer Schema-Komponente verbunden wird. Durch die Schema-Komponente berücksichtigt dieses Konzept die Individualität der Nutzung von Artefakten. Jedes Subjekt konstruiert das Instrument für sich im Zuge der Nutzung, indem es dem Artefakt Funktionen zuschreibt, vorhandene Gebrauchsschemata auf das Artefakt anwendet und modifiziert oder neue Gebrauchsschemata ausbildet. Diese Prozesse bei der instrumentellen Genese werden in der Theorie des Instruments unter den Begriffen *Instrumentalisierung* und *Instrumentierung* zusammengefasst, die sich durch ihre Gerichtetheit innerhalb der Interaktion zwischen Subjekt und Artefakt unterscheiden. Während die *Instrumentalisierung* auf das Artefakt gerichtet ist, indem dem Artefakt oder Teilen von ihm Funktionen zugeschrieben werden, ist die *Instrumentierung* auf das Subjekt gerichtet und bezieht sich auf die Ausbildung und Modifikation von Gebrauchsschemata.

Die Untersuchung der *Instrumentalisierung* setzt eine eingehende Analyse der Struktur des Artefakts voraus, um beschreiben zu können, welchen Teilen des Artefakts das Subjekt bestimmte Funktionen zugeschrieben hat. Die Analyse der *Instrumentierung* basiert auf dem Konzept des Schemas. Die Theorie des Instruments bietet keine Konzeptualisierung des Schema-Begriffs an, die Hinweise darauf gibt, wie Gebrauchsschemata untersucht werden können. Auf der Grundlage der Schema-Begriffe Piagets und Vergnauds konnte das Konzept des Gebrauchsschemas in dieser Hinsicht präzisiert werden. Gebrauchsschemata werden als relativ stabile Strukturen der Handhabung und Verwendung von Artefakten in vergleichbaren Situationen betrachtet. Aufgrund ihrer relativen Stabilität können sie anhand von wiederholten gleichartigen Nutzungen des Artefakts in vergleichbaren Situationen identifiziert werden. Weiterhin können Gebrauchsschemata durch die mit ihnen verbundenen Handlungsziele, Handlungsregeln und operationalen Invarianten (*beliefs-in-action*) näher charakterisiert werden. *Beliefs-in-action* sind dabei handlungsleitende Auffassungen über das Artefakt, auf die anhand von Aussagen oder Handlungen der Subjekte geschlossen wird.

Die Definition des Gebrauchsschemas beinhaltet, dass Gebrauchsschemata situationsgebunden sind. In der bisherigen Modellierung der Interaktion zwischen Subjekt und Artefakt wird jedoch allein die individuelle instrumentell vermittelte Handlung losgelöst von einer situativen Einbindung betrachtet. Die Situation, in der die Tätigkeit erfolgt, bleibt unbeachtet. Weder Vygotskys instrumenteller Akt noch Rabardels Theorie des Instruments sind in ein Situationsmodell eingebettet, das die situative Gebundenheit der instrumentell vermittelten Handlung berücksichtigt. Im Gegensatz dazu wird im handlungs- und interaktionstheoretischen Kodierparadigma der Grounded Theory der situative Kontext berücksichtigt: Das Kodierparadigma umfasst u. a. drei situationsgebundenen Aspekte „ursächliche Bedingungen, […] Kontext, intervenierende Bedingungen" (Strauss & Corbin 1996, S. 78).

Da das Ziel dieses Kapitels darin besteht, ein Modell zu entwickeln, das für die Analyse von Daten bezüglich der Interaktion zwischen Mensch und Artefakt besser geeignet ist, als das handlungs- und interaktionstheoretische Kodierparadigma der Grounded Theory, ist die Entwicklung eines Situationsmodells erforderlich, das die situative Gebundenheit der instrumentell vermittelten Handlung angemessen modelliert. Die Entwicklung dieses Modells ist Gegenstand des folgenden Abschnitts.

2.4 Instrumentell vermittelte Handlungen und ihr Kontext

Rabardel weist darauf hin, dass die Situation im Zusammenhang mit der Bildung von Gebrauchsschemata in zweierlei Hinsicht von Bedeutung ist. Einerseits sind Gebrauchsschemata grundsätzlich situationsabhängig. Die Situationsabhängigkeit stellt gerade einen besonderen Erkenntnisgewinn dar:

> As such, a utilization scheme is a structure with a history, that changes as it is adapted to an expanding range of situations and is contingent upon the meanings attributed to the situations by the individual. We chose this concept because it allows us to identify the processes through which an activity is adapted to the diversity of the outside world, in accordance with the particular content to which the scheme is applied. (Béguin & Rabardel 2000, S. 181-182)

Diese Situationsabhängigkeit findet sich auch in Vergnauds Schema-Begriff, der für die Analyse von Gebrauchsschemata im Rahmen dieser Arbeit konstitutiv ist.

Vergnaud (1996, S. 222) definiert ein Schema als invariante Organisation von Handlungen für eine bestimmte Klasse von Situationen.

Andererseits verweist Rabardel darauf, dass sich Gebrauchsschemata grundsätzlich in bestimmten Situationen entwickeln. Die Situationen haben ihrerseits eine Rückwirkung auf die Gebrauchsschemata:

> [...] utilization schemes have both private and social dimensions. The private dimension is specific to each individual. The social dimension comes from the fact that schemes develop in the course of a process in which the subject is not isolated. (Rabardel 2002, S. 84)

Die Situation spielt aber nicht nur im Zusammenhang mit der Bildung und Entwicklung von Gebrauchsschemata – d. h. bei der *Instrumentierung* – eine Rolle, sondern auch bei der *Instrumentalisierung*:

> The attribution of functions is not born of artifacts' properties. It is also linked to characteristics of situations: to goals [...], as well as conditions of the action. (Rabardel 2002, S. 94)

Die angeführten Aspekte untermauern, dass die Analyse von *Instrumentalisierung* und *Instrumentierung* nicht unabhängig von der Nutzungssituation stattfinden kann, sondern die situativen Bedingungen mitberücksichtigen muss. Daran schließt sich die Frage nach einem Situationsmodell an, das der Beschreibung von *Instrumentalisierung* und *Instrumentierung* des Mathematikbuches als Instrument des Lernens von Mathematik angemessen ist. Welche situativen Parameter muss das Situationsmodell erfassen, um die situative Bedingtheit der Nutzung des Mathematikbuches zu erfassen? Dieser Frage wird im Folgenden nachgegangen, indem zwei Kontext-Modelle vorgestellt werden, die im Rahmen der Tätigkeitstheorie zur Beschreibung des Kontextes schulischer Bildung entwickelt wurden. Beide Modelle basieren auf unterschiedlichen Auffassungen darüber, wie die Tätigkeit mit ihrem Kontext verbunden ist. Es werden sich zwar beide Modelle aus unterschiedlichen Gründen als ungeeignet zur Beschreibung der situativen Bedingungen der Schulbuchnutzung im Zusammenhang mit dem Lernen von Mathematik erweisen. Dennoch bieten sie wertvolle Anregungen für die Entwicklung eines dem Gegenstand angemessenen Situationsmodells in Abschnitt 2.4.2.

2.4.1 Situationsmodelle in der Tätigkeitstheorie

In einem tätigkeitstheoretischen Kontext schlagen Cole (1996) und Engeström (1999) Situationsmodelle vor, die speziell auf den Kontext schulischer Bildung bezogen sind. Cole (1996) unterscheidet zwei Kontext-Metaphern, die üblicherweise zur Beschreibung von situativen Bedingungen menschlichen Verhaltens verwendet werden: „Context as That Which Surrounds" (Cole 1996, S. 132) und „Context as That Which Weaves Together" (Cole 1996, S. 135).

Die Metapher des Kontextes als das, was umgibt, wird häufig durch konzentrische Kreise dargestellt. Im Zusammenhang mit unterrichtlichen Situationen schlägt Cole (1996) folgendes Modell vor:

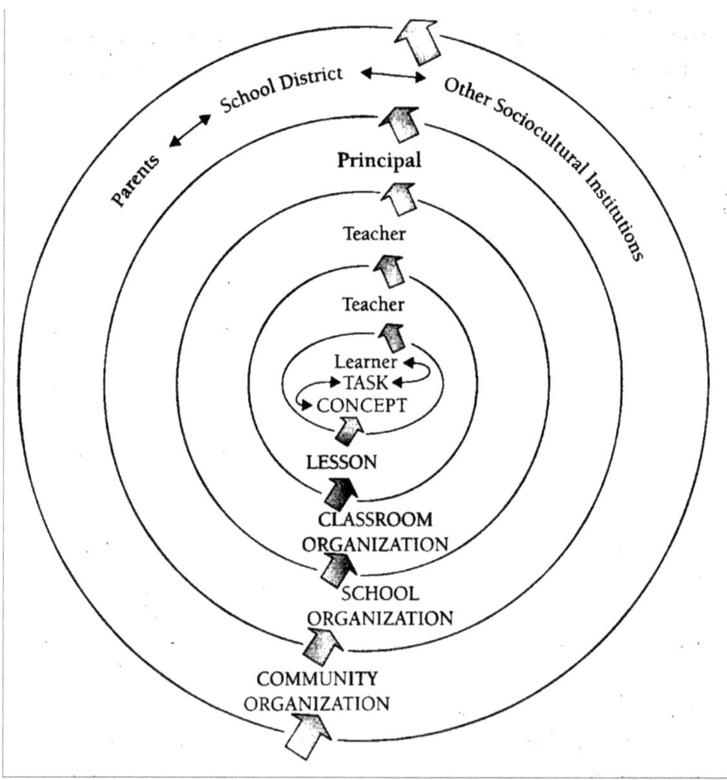

Abbildung 6:   Kontext einer Unterrichtssituation nach Cole (1996, S. 133)

Im Zusammenhang mit diesem Modell ist der Gegenstand der Untersuchung das, was im Zentrum der konzentrischen Kreise steht. Das Kontext-Modell soll helfen zu verstehen, inwiefern der Untersuchungsgegenstand von weiter entfernten Schichten des Kontextes beeinflusst wird. Der Kontext ist in dieser Metapher etwas Gegebenes, das auf eine bestimmte Situation einwirkt. Cole gibt jedoch zu bedenken: „context creation is an actively achieved, two-sided process" (Cole 1996, S. 134). Jedes handelnde Subjekt interpretiert den Kontext, in dem es handelt, aktiv und beeinflusst den Kontext durch seine Handlungen. Um diesen Gedanken in ein Modell des Kontextes zu integrieren, schlägt Cole die Metapher des Kontextes als das, was verbindet, vor.

> When context is thought of in this way, it cannot be reduced to that which surrounds. It is, rather, a qualitative relation between a minimum of two analytical entities (threads), which are two moments in a single process. The boundaries between 'task and its context' are not clear-cut and static but ambiguous and dynamic. (Cole 1996, S. 135)

Durch das Verständnis des Kontextes als das, was verbindet, ist für Cole der relevante Kontext nicht etwas Gegebenes, das berücksichtigt werden muss, sondern jeweils von den Zielen der Untersuchung abhängig und muss im Hinblick auf diese Ziele jedes Mal neu konstruiert werden:

> relevant interpretation of context for the analyst of behavior will depend upon the goals of the analysis. According to this view of context, the combination of goals, tools, and setting (including other people and what Lave, 1988, terms 'arena') constitutes simultaneously the context of behavior and ways in which cognition can be said to be related to that context. (Cole 1996)

Die Metapher des Kontexts als das, was verbindet, ist auch in dem grundlegendem Ansatz der soziokulturellen Analyse von Wertsch enthalten. Wertsch zufolge ist die Interaktion zwischen Menschen und Artefakten der geeignete Gegenstand soziokultureller Analyse, um die Beziehungen zwischen menschlichen Handlungen und deren soziokulturellen Kontexten zu erforschen:

> It [mediated action] provides a natural link between action, including mental action, and the cultural, institutional, and historical contexts in which such action occurs. This is so because the mediational means, or cultural tools, are inherently situated culturally, institutionally, and historically. (Wertsch 1998, S. 24)

Während bei Wertsch soziokulturelle Aspekte allein über das Artefakt auf die menschliche Handlung einwirken, verfolgt Engeström (1999) einen anderen Ansatz. Engeström modelliert die Tätigkeit des Zur-Schule-Gehens aus der Perspektive der Tätigkeitstheorie. Von seinem Modell fordert er u. a., dass die Beziehungen zwischen den Handlungen des Subjekts und dem gesellschaftlichen Kontext mitberücksichtigt werden:

> Tätigkeit muß als kontextspezifisches oder ökologisches Phänomen untersucht werden können. Die Modelle müssen sich dabei auf die systemischen Beziehungen zwischen dem Individuum und der äußeren Welt konzentrieren. (Engeström 1999, S. 59)

Dies erreicht Engeström dadurch, dass er das ursprüngliche Modell des instrumentellen Aktes Vygotskys erweitert. Das ursprüngliche Dreieck der komplexen vermittelten Handlung wird in Relation zur Gemeinschaft gesetzt, die das gleiche Objekt der Tätigkeit teilt. Diese Gemeinschaft ist einerseits durch Regeln (Normen und Konventionen) gekennzeichnet, die die Handlungen des Subjekts beeinflussen und durch die Arbeitsteilung, d. h. durch die Aufteilung von objektorientierten Handlungen zwischen Mitgliedern der Gemeinschaft. In Engeströms Modellierung bildet das Tätigkeitssystem selbst den Kontext. Es hat folgende Struktur:

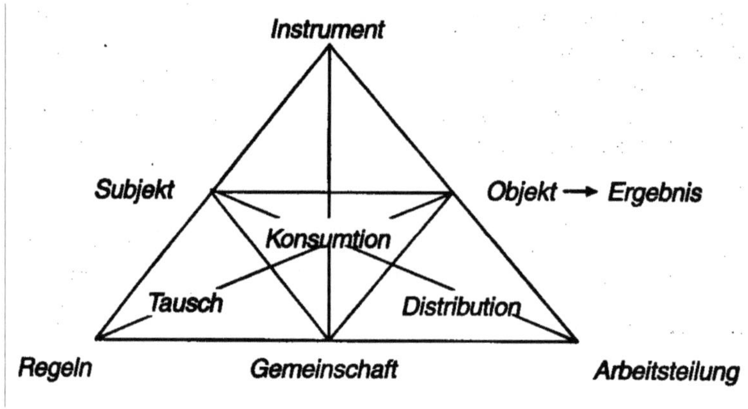

Abbildung 7:   Engeströms Modell des Tätigkeitssystems (Engeström 1999, S. 91)

Vor dem Hintergrund dieses Tätigkeitssystems modelliert Engeström die Tätigkeit des Zur-Schule-Gehens folgendermaßen:

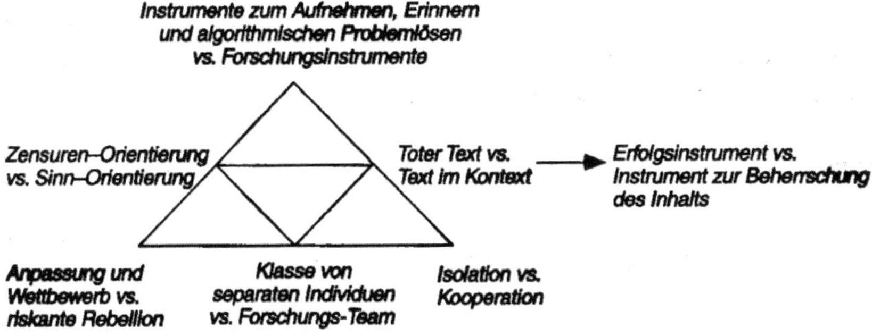

Abbildung 8:   Modell der Tätigkeit des Zur-Schule-Gehens (Engeström 1999, S. 111)

Kennzeichnend für die Tätigkeit des Zur-Schule-Gehens ist für Engeström, dass der Text[17] nicht Instrument, sondern Gegenstand der Tätigkeit ist:

> Die wesentliche Besonderheit des Zur-Schule-Gehens als Tätigkeit von Schülern ist die seltsame Umkehrung von Gegenstand und Instrument. In der gesellschaftlichen Praxis erscheint der Text (einschließlich des Textes von arithmetischen Algorithmen) als ein allgemeines sekundäres Instrument. Im schulischen Unterricht nimmt der Text die Rolle des Gegenstandes an. Dieser Gegenstand wird von den Schülern auf bemerkenswerte Art gestaltet: Das Ergebnis ihrer Tätigkeit besteht vor allem in dem gleichen Text, der in mündlicher oder schriftlicher Form reproduziert und modifiziert wird (zusammengefasst, klassifiziert, organisiert, neu zusammengesetzt und angewendet auf strikt vorherbestimmte Weise, um gut strukturierte, geschlossene" Probleme zu lösen). (Engeström 1999, S. 109)

Studien, die belegen, dass das Mathematikbuch die zentrale Grundlage für die Unterrichtsplanung von Lehrern ist (vgl. Bromme & Hömberg 1981; Haggarty & Pepin 2002; Hopf 1980; Schmidt *et al.* 1987; Tietze 1990; Valverde *et al.* 2002; Woodward & Elliott 1990), sowie Studien, die Zusammenhänge zwischen Unterrichts- und Schulbuchinhalten untersuchen (vgl. Johansson 2006; Stodolsky 1989), lassen darauf schließen, dass der Unterricht selbst dann wesentlich von den Inhalten des Mathematikbuches determiniert ist, wenn das Buch an sich gar nicht in Erscheinung tritt. Das könnte den Schluss nahe legen, dass es beim

---

[17] Für Engeström ist ‚Text' gleichbedeutend mit Schriftsprache im Gegensatz zur mündlichen Sprache (vgl. Engeström 1999, S. 105). Das Schulbuch ist demnach zwar nicht mit dem ‚Text' im Sinne Engeströms gleichzusetzen, ihm aber als eine spezifische Form zuzurechnen.

schulischen Lernen also letztlich tatsächlich um die Aneignung des Schulbuchtextes geht. Der Text ist jedoch nicht mit seinem Inhalt gleichzusetzen. Der Text ist im Sinne der Semiotik als Zeichen anzusehen und der Inhalt des Textes als das Bezeichnete[18]. Der Gegenstand des Lernens besteht nicht in der Reproduktion des Textes – der Zeichen –, sondern in der Aneignung der Textinhalte – des Bezeichneten.

In der Umkehrung von Gegenstand und Instrument zeigt sich aber, dass Engeström Text und Inhalt bzw. Zeichen und Bezeichnetes gleichsetzt und Lernen damit als reine Adaption des Textes – als Imitatio – auffasst. In dieser Auffassung vom Lernen wird dem Individuum nicht zugestanden, dass es die Lerninhalte verstehen und für sich im Sinne eines konstruktivistischen Verständnisses vom Lernen rekonstruieren muss. Engeströms Bild vom Lernen steht damit im Widerspruch zu dem grundsätzlich konstruktivistischen Ansatz der Theorie des Instruments (vgl. Abschnitt 2.2.2). Davon auszugehen, dass das Subjekt das Instrument zwar im Zuge der Nutzung konstruiert, aber Lernen in einem nichtkonstruktivistischen Sinne als Imitatio zu verstehen ist nicht sinnvoll in Einklang zu bringen.

Die von Engeström konstatierte Umkehrung von Gegenstand und Instrument steht jedoch nicht nur im Widerspruch zum konstruktivistischen Ansatz der Theorie des Instruments. Sie vernachlässigt auch Vygotskys grundlegende Unterscheidung zwischen psychischen und technischen Werkzeugen. Derzufolge ist das psychische Werkzeug gerade dadurch gekennzeichnet, dass es nicht ein Mittel zur Einwirkung auf ein Objekt ist, sondern ein Mittel zur Einwirkung auf den Nutzer selbst. In diesem Sinne ist der Text ein psychologisches Werkzeug im Sinne Vygotskys. Er dient dazu, auf die mathematischen Kenntnisse und Fähigkeiten der Schüler einzuwirken. Ergebnisse einer Studie von Zimmermann (1992) deuten darauf hin, dass Schüler durchaus den Schulbuch-Text in diesem Sinne nutzen. Wissenschaftliche Erkenntnisse darüber, wie Schüler das Mathematikbuch nutzen, um auf ihre mathematischen Fähigkeiten einzuwirken, fehlen bislang. Dieses Desiderat ist gerade der Ausgangspunkt der vorliegenden Studie. Ihr Ziel ist es insbesondere, diesen Aspekt genauer zu untersuchen.

Insgesamt zeigt sich, dass Engeströms Modell der Tätigkeit des Zur-Schule-Gehens im Rahmen der vorliegenden Arbeit aufgrund des zugrunde liegenden Verständnisses vom Lernen und der damit einhergehenden Umkehrung von Gegenstand und Instrument nicht als geeignetes Situationsmodell für die Nutzung des Schulbuches als Instrument zum Lernen von Mathematik angesehen werden kann.

---

[18] Vgl. hierzu auch die Unterscheidung zwischen Text 1 und Text 2 bei Keitel, Otte, Seeger (1980, S. 80).

Cole sieht in Engeströms Modellierung von Tätigkeitssystemen jedoch grundsätzlich die Metapher des situativen Kontexts als das, was verbindet, realisiert (vgl. Cole 1996, S. 140f). Daher gibt Engeströms Ansatz eine Vorstellung davon, wie ein Situationsmodell konstruiert werden kann, das das Konzept des Kontextes als das, was verbindet, realisiert. Engeström erreicht die Verbindung der individuellen Tätigkeit mit ihrem Kontext, indem er Vygotskys Modell des instrumentellen Aktes erweitert und Aspekte des Kontextes (Regeln, Gemeinschaft, Arbeitsteilung) direkt auf die individuelle Tätigkeit des Subjekts bezieht. Auf diese Weise interagiert der Kontext mit der individuellen Tätigkeit des Subjekts und kann von diesem im Rahmen seiner Tätigkeit interpretiert werden.

Anknüpfend an Coles Vorstellung, dass ein Modell des Kontextes jeweils im Hinblick auf die Ziele der Untersuchung zu konstruieren ist, wird es im Folgenden darauf ankommen, ein dem Gegenstand der Untersuchung angemessenes Situations-Modell zu entwickeln. Dabei dient der Ansatz Engeströms als Orientierung, bei dem der Kontext direkt auf die individuelle Handlung des Subjekts bezogen und somit Bestandteil der Interaktion wird.

2.4.2 Situationsmodell der Schulbuchnutzung

In diesem Abschnitt soll ein Situationsmodell der Schulbuchnutzung entwickelt werden. Anknüpfend an die Überlegungen im vorigen Abschnitt soll dieses Situationsmodell insbesondere dem Gegenstand der Untersuchung angemessen sein und das Konzept des Kontextes als das, was verbindet, realisieren. Die zweite Forderung soll realisiert werden, indem Engeströms Ansatz aufgegriffen wird, die relevanten Aspekte des Kontextes mit der individuellen Handlung in Beziehung zu setzen. Ausgegangen wird dabei vom didaktischen Dreieck als einem Situationsmodell, das in der einschlägigen didaktischen Literatur zur Beschreibung der Unterrichtssituation herangezogen wird. Anhand eines Literaturüberblicks zur Nutzung des Mathematikbuches wird überlegt, wie die instrumentell vermittelte Handlung des Lernens von Mathematik mit dem Mathematikbuch in das Ausgangsmodell implementiert werden kann.

2.4.2.1 Modellierung der Situation ‚Mathematikunterricht'

Im Zentrum der vorliegenden Untersuchung steht die Nutzung des Mathematikbuches durch Schüler im Zusammenhang mit dem schulischen Lernen von Mathematik. Der zentrale Bezugspunkt des schulischen Lernens von Mathematik ist der Mathematikunterricht. Alle Handlungen, die im Zusammenhang mit dem schulischen Lernen von Mathematik stehen, beziehen sich in irgendeiner Weise auf den Mathematikunterricht. Ein Modell für den Kontext der Nutzung des Mathematikbuches im Zusammenhang mit dem schulischen Lernen von Mathematik muss also ein Modell des Mathematikunterrichts sein.

Eines der grundlegenden Modelle des Unterrichts ist das didaktische Dreieck, das Schüler, Lehrer und Gegenstand als die drei zentralen Aspekte des Unterrichts in Beziehung zueinander setzt. Für Chevallard (1985) bildet dieses didaktische Dreieck, das Schema, nach dem der Mathematikdidaktiker versuchen kann, seinen Gegenstand zu fassen:

> Le didacticien des mathématiques s'intéresse au jeu qui se mène – tel qu'il peut l'observer, puis le reconstruire, en nos classes concrètes – entre un enseignant, des élèves, et un savoir mathématique. Trois places donc: c'est le système didactique. Une relation ternaire: c'est la relation didactique. (Chevallard 1985, S. 12)

Prange beschreibt das didaktische Dreieck als „Grundmaß des Unterrichts" (Prange 1986, S. 35). Für ihn ist es „mehr als ein Modell [...], nämlich die praktische Gestalt und das Normativ des dreiseitigen Lern- und Erfahrungsprozesses" (Prange 1986, S. 42). Seine Interpretation des Dreiecks erinnert an Vygotskys Modell der komplexen vermittelten Handlung. In diesem Fall wird nur ein weiteres Subjekt – der Lehrer – zum Vermittler zwischen Schüler und Gegenstand:

> Der Schüler stellt in diesem Schema die Seite des Subjekts dar, das sich einem objektiven Thema gegenübersieht; der Lehrer repräsentiert den Zeichenkontext im Sinne des Zeigens, wodurch Thema und Schüler, Objekt und Subjekt zusammengeführt werden. Die Funktionen des didaktischen Dreiecks erfüllen insofern den Sinn des grundständigen, erkenntnisanthropologisch ausgewiesenen Erfahrens und Lernens. (Prange 1986, S. 42)

Wird das didaktische Dreieck als Ausgangspunkt für den Kontext der Schulbuchnutzung gewählt, ist im nächsten Schritt zu fragen, wie die Nutzung des Schulbuches im Sinne der Kontext-Metapher als das, was verbindet, mit diesem Kontext verwoben ist. Tatsächlich ist die Nutzung des Schulbuches vielschichtig mit dem Modell des Kontextes verbunden, da das Schulbuch mit allen drei Ecken des didaktischen Dreiecks in Beziehung steht. Diese Beziehungen werden im Folgenden auf der Grundlage einschlägiger Literatur erörtert. Das Ziel besteht darin, die instrumentell vermittelte Handlung des Lernens von Mathematik mit dem Mathematikbuch in das didaktische Dreieck als einem Modell des Mathematikunterrichts zu integrieren.

2.4.2.2 Die Nutzung des Mathematikbuchs durch Lehrer

Verschiedene Studien zeigen, dass Lehrer das Mathematikbuch sowohl zur Unterrichtsvorbereitung nutzen als auch im Unterricht einsetzen (vgl. u. a. Bromme & Hömberg 1981; Haggarty & Pepin 2002; Hopf 1980; Tietze 1986). Darüber hinaus wird in der einschlägigen Literatur die Meinung vertreten, dass der Lehrer als Vermittler der Schulbuchnutzung fungiert. Alle drei Aspekte werden zunächst getrennt voneinander betrachtet und auf das didaktische Dreieck bezogen.

Nutzung des Mathematikbuches im Rahmen der Unterrichtsvorbereitung

Im Rahmen der Unterrichtsvorbereitung nutzen Lehrer das Mathematikbuch insbesondere als inhaltlichen und methodischen Leitfaden. Bromme und Hömberg (1981) kommen in „Interviews mit Mathematiklehrern über alltägliche Unterrichtsvorbereitung" für Deutschland zu dem Ergebnis:

> Das Lehrbuch hat die zentrale Rolle in der Unterrichtsplanung inne, - und zwar nicht allein das derzeit eingeführte Lehrbuch, sondern daneben auch andere in größerer Zahl (Bromme & Hömberg 1981, S. 67).

Damit bestätigen sie die Ergebnisse der empirischen Untersuchung zur Didaktik und Unterrichtsmethode in der 7. Klasse des Gymnasiums von Hopf (1980). Hopf stellt fest, dass nur 52,8 % der Lehrer andere Quellen neben dem eingeführten Lehrbuch zur Unterrichtsvorbereitung nutzen (vgl. Hopf 1980, S. 38). Davon benutzen 53,2 % andere Lehr- oder Schulbücher (vgl. Hopf 1980, S. 38). 50,6 % der befragten Lehrer benutzen das eingeführte Lehrbuch sehr oft oder oft als methodischen Leitfaden (vgl. Hopf 1980, S. 217).

Tietze (1986; 1990) bestätigt in einer Befragung von 254 Mathematiklehrern des Gymnasiums nochmals die Bedeutsamkeit des Schulbuches im Rahmen der Unterrichtsplanung. Darüber hinaus verweisen seine Ergebnisse darauf, dass Lehrer das Mathematikbuch insbesondere als Aufgabensammlung verwenden:

> Das Lehrbuch hat die zentrale Rolle in der Unterrichtsplanung inne. Die Planung von Unterrichtsstunden besteht im wesentlichen in der Zusammenstellung von geeigneten Aufgabensequenzen. Wichtig ist dabei insbesondere die Einführungsaufgabe, die möglichst motivierend sein soll. (Tietze 1990, S. 198)

Darüber hinaus dient es als maßgebliche Orientierung bei der Strukturierung der Lerninhalte:

> Etwa drei Viertel der Lehrer halten sich in wesentlichen Dingen an den Aufbau des
> Schulbuchs. [...] Diejenigen, die sich kaum oder gar nicht an das Schulbuch halten,
> benutzen das Buch in der Regel zumindest als Aufgabensammlung (84%). (Tietze
> 1986, S. 151)

Zu entsprechenden Ergebnissen kommen auch Untersuchungen in anderen Ländern. Haggarty und Pepin (2002) führen eine vergleichende Studie von jeweils
10 Lehrern in Deutschland, England und Frankreich durch, indem sie die Lehrer
jeweils einen Tag beobachten und befragen. In allen drei Ländern wird die Bedeutung von Mathematikbüchern im Rahmen der Unterrichtsplanung bestätigt
(vgl. Haggarty & Pepin 2002, S. 583-584).

Während diese Studien zunächst lediglich auf die Relevanz des Mathematikbuches im Rahmen der Unterrichtsvorbereitung verweisen, versuchen andere
Studien die Rolle des Mathematikbuches im Rahmen der Unterrichtsvorbereitung genauer zu bestimmen.

Valverde et al. (2002) stellten im Rahmen der TIMS-Studie fest, dass
Schulbücher die Hauptquelle für inhaltliche und methodische Entscheidungen
des Lehrers sind:

> Teachers reported in the TIMSS questionnaires that textbooks were a primary in-
> formation source in deciding how to present content. Textbooks even had a major
> impact on decisions about what to teach and also on practical decisions about which
> instructional approach to follow and which exercises to use in class. Textbooks were
> the dominant source of information for planning what to teach in five of the 26
> countries and the second most often cited by teachers in eight other countries.
> (Valverde *et al.* 2002, S. 53)

In einer Interviewstudie mit 18 amerikanischen Lehrern zu der Frage, welche
Faktoren die inhaltlichen Entscheidungen des Lehrers bei der Unterrichtsvorbereitung beeinflussen, stellen Schmidt et al. (1987) fest:

> Textbooks had a noticeable impact on most of the teachers' content decisions; in
> fact this factor had the largest impact of the nine[19]. (Schmidt *et al.* 1987, S. 454)

Dieses Ergebnis wird auch von Studien belegt, die die Inhalte des Schulbuchs
mit den Inhalten vergleichen, die im Mathematikunterricht behandelt werden.
Stodolsky (1989) berichtet:

---

[19] Schmidt et al. (1987) untersuchen folgende Einflussfaktoren: „Patents, other teachers, textbook,
district objectives, tests, students, curriculum, past experience, conception" (Schmidt *et al.* 1987, S.
445-448).

> The case studies did show that textbooks have an influence on instructional topics in elementary math classes. Over 80 percent of instructional time in the observed classes was devoted to topics that were covered in teachers' primary textbooks. (Stodolsky 1989, S. 164)

Ein vergleichbares Ergebnis referieren auch Woodward und Elliott (1990):

> In a study of the planning activities of twelve teachers, McCutcheon found that the suggestions in mathematics and reading textbooks were the source for 85 to 95 percent of instructional activities in these subject lessons (Woodward & Elliott 1990, S. 180).

Johansson (2006) wertet Video- und Interviewdaten von insgesamt 13 Stunden schwedischen Mathematikunterrichts aus, die von drei verschiedenen Lehrern in drei achten bzw. neunten Klassen gehalten wurden. Bei der Auswertung verwendet sie dabei u. a. den Code „Textbook influence" in den drei Kategorien „Textbook direct", „Textbook indirect" und „Textbook absence" (Johansson 2006, S. Appendix III, 9-10). Während sich ‚textbook direct' auf die explizite Verwendung des Mathematikbuches im Unterricht bezieht, werden mit ‚textbook indirect' Passagen codiert, in denen der Unterricht inhaltlich analog zum Mathematikbuch ist. Auf diese Weise wird sozusagen der Effekt der Unterrichtsvorbereitung mit Hilfe des Mathematikbuches auf den Unterricht erfasst. Johansson zeigt, inwiefern der Mathematikunterricht durch das Schulbuch bestimmt wird, auch wenn das Schulbuch gar nicht explizit in Erscheinung tritt. Sie kommt zu folgenden Ergebnissen:

> In the public part of the lesson, the examples and the tasks that the teachers present are mainly from the textbook. An exception is the teacher Mr. Larsson who uses his experiences as a Physics teacher in some of the examples on the board.
> [...] The way that mathematics, as a scientific discipline, is presented is comparable with the approach in the textbook. A hundred of totally 119 occasions of Mathematical generalizations or statements are coded as comparable or the same as in the textbook. In principal, this means that hardly any other definitions, conventions, or rules than the textbook offers are presented to the students. It also means that the mathematical procedures, for example how to solve an equation, and how the structural features of mathematics are portrayed, are mainly the same as in the textbook. (Johansson 2006, S. Appendix III, 29-30)

Insgesamt zeigt sich in diesen Studien aus verschiedenen Ländern ein sehr einheitliches Bild, bezüglich der Bedeutung von Mathematikbüchern im Rahmen der Unterrichtsvorbereitung von Mathematiklehrern: Mathematikbücher spielen sowohl bei inhaltlichen als auch bei methodischen Entscheidungen eine zentrale

Rolle. Im didaktischen Dreieck lässt sich dies dadurch veranschaulichen, dass das Mathematikbuch als vermittelndes Artefakt in die Beziehung zwischen dem Lehrer und der Mathematik eintritt:

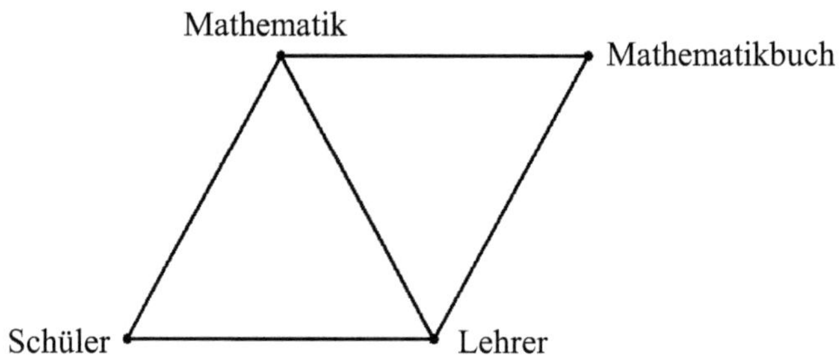

Abbildung 9:   Integration des Mathematikbuchs als Instrument des Lehrers in das didaktische Dreieck

Im Hinblick auf das Modell des Kontexts der Schulbuchnutzung ist von besonderem Interesse, dass Unterricht hinsichtlich der Nähe zum Schulbuch charakterisiert werden kann. Die Kategorien, die Johansson (2006) zur Kennzeichnung des Einflusses des Schulbuch auf den Unterrichts verwendet, scheinen die wesentlichen Möglichkeiten abzudecken. Die mathematischen Inhalte können im Unterricht

1.   direkt durch das Schulbuch vermittelt werden (direkter Einfluss),
2.   mit Schulbuchinhalten korrespondieren, ohne dass das Schulbuch im Unterricht verwendet wird (indirekter Einfluss) oder
3.   in keinem Zusammenhang mit Schulbuchinhalten stehen (kein Einfluss).

Nutzung des Mathematikbuches im Unterricht

In Bezug auf die Verwendung des Mathematikbuches im Unterricht zeigt sich ebenfalls ein sehr homogenes Bild in der einschlägigen Literatur: Lehrer verwenden das Mathematikbuch im Unterricht vorwiegend als Aufgabensammlung.

Hinsichtlich der expliziten Verwendung des Mathematikbuches im Unterricht kommt Johansson (2006) für Schweden zu folgendem Ergebnis:

> Students are exclusively working with tasks in the textbook during the private work part of the lesson, which on average is more than half the time of a lesson. [...] Homework is not assigned on a regular basis. However, when the teachers do give assignments, students are supposed to work with tasks from the textbooks. (Johansson 2006, S. 23)

Stodolsky (1989) berichtet von einer Einzelfallstudie mit vier Lehrern, die von Freeman und Porter durchgeführt wurde[20]:

> Freeman and Porter considered within-lesson use by examining five sections of the textbooks: student exercises, teacher-directed sections (e.g., introductory or developmental sections), enrichment, review, and additional practice. They found that when lessons were used the teachers utilized sections of the textbooks as follows: student exercises in 92.2 percent of those lessons; review sections in 86.3 percent; teacher-directed portions in 73.5 percent; enrichment in 56.4 percent; and additional practice in 23.6 percent. (Stodolsky 1989, S. 167)

Auch hier zeigt sich, dass die Nutzung des Mathematikbuches als Aufgabensammlung an oberster Stelle steht.

Pepin und Haggarty (2001) bestätigen dieses Ergebnis ebenfalls in ihrer Fallstudie von jeweils zehn Lehrern aus England, Frankreich und Deutschland. Zusammenfassend beschreiben sie den Einsatz der Mathematikbücher durch die Lehrer im Unterricht wie folgt:

> Across the three countries, to a greater or lesser extent, textbooks were used for three kinds of activities: for teaching in order to lay down rules and conditions; for explaining the logical processes and going through worked examples; and for the provision of exercises to practice. Teachers in all three countries emphasised the use of textbooks for exercises. There were, however, differences in the extent teachers used them with respect to the two other categories. French teachers, for example, used the books for explanations, but 'insisted' on providing the rules and essence of the lesson (cours) without and in a different way than the book. German teachers deliberately used different worked examples from those in the textbooks, in order to initiate class discussion about the problems that might be encountered. English teachers mostly introduced and explained a concept or skill to students, gave examples on the board and then expected pupils to practice on their own or with someone nearby. The exercises were usually given from the textbooks, while they saw their duty to attend to individual pupils or attend to other teaching related duties. (Pepin & Haggarty 2001, S. 168-169)

---

[20] Die Originalquelle war leider nicht zugänglich.

Der Lehrer als Vermittler der Schulbuchnutzung

Sosniak und Perlman (1990) nähern sich der Frage, wie Lehrer das Mathematikbuch im Unterricht verwenden von der Seite des Schülers. Sie führen eine Interviewstudie an drei verschiedenen amerikanischen Schulen mit 44 Schülern der 10. Klasse durch, in der sie herausfinden wollen, wie Schüler die Aktivitäten im Unterricht verschiedener Fächer wahrnehmen und welche subjektiven Erfahrungen sie dabei sammeln (vgl. Sosniak & Perlman 1990, S. 428). Die Schüler berichten, dass ihnen das Mathematikbuch als Aufgabensammlung vermittelt wird:

> the book is used as the source for virtually all problems explored in mathematics class, it is seldom used as the source for insight into strategies for the solution of the problems or for explanation or clarification of the concepts underlying the problems students are asked to solve. (Sosniak & Perlman 1990, S. 429)

Damit einher geht, dass Schüler ein bestimmtes Bild vom Mathematikbuch entwickeln. Dieses Bild vom Mathematikbuch ist letztlich auch konstitutiv für das Bild vom Mathematikunterricht insgesamt:

> In mathematics, we see through the students' eyes that textbooks are hardly perceived as text at all. Students use the books and talk about them, as if they were merely collections of mathematical problems of the sort one might find in an item bank for a test of mathematical achievement. Still, the textbook, through the problems it poses, seems to define entirely both the content (the 'matter') worth addressing in secondary school mathematics coursework, and the tasks students have to accomplish to acquire and demonstrate mastery of that content. Being knowledgeable about mathematics is communicated to students as synonymous with being able to 'work' the textbook-provided problems. (Sosniak & Perlman 1990, S. 434)

Sosniak und Perlman (1990) kommen zu dem Schluss, dass die Art und Weise, wie Lehrer die Schulbuchnutzung vermitteln, zu einem eingeschränkten Bild von den Nutzungsmöglichkeiten des Mathematikbuchs bei den Schülern führt:

> Mathematics textbooks turn out to be useful only for practice opportunities they provide, not for the knowledge they might make available. (Sosniak & Perlman 1990, S. 434)

Auch aus dieser Perspektive werden die Ergebnisse zur Verwendung des Mathematikbuches durch den Lehrer im Unterricht bestätigt: Lehrer vermitteln Schülern das Mathematikbuch als Aufgabensammlung.

Die Untersuchung von Sosniak und Perlman (1990) deutet darauf hin, dass die Handlungen von Lehrern mit dem Mathematikbuch Einfluss auf die Handlungen von Schülern mit dem Mathematikbuch haben.

Ewing (2004) geht sogar noch einen Schritt weiter. Sie behauptet, dass die Verwendung des Schulbuches durch den Lehrer im Mathematikunterricht sogar Auswirkungen auf das gesamte Lernverhalten des Schülers haben kann. In ihrer Untersuchung kommt sie zu dem Schluss, dass die Verwendung des Mathematikbuches durch den Lehrer „identities of participation and non-participation in mathematics classrooms" (Ewing 2004, S. 237) prägen:

> What was surprising in this study was how the young people described their experiences of learning mathematics from a textbook which in turn influenced their mathematics learning and how they identified themselves as participants (or not) in such a community. In considering the students' experiences then, they responded with accounts that described how they felt they did not learn and identify with a community of learners, but rather, identified with a community as failures who felt marginalised. (Ewing 2004, S. 235)

Die Nutzungen des Mathematikbuches von Lehrern und Schülern sind also nicht unabhängig, und sie können demnach auch nicht isoliert voneinander betrachtet werden. Pepin und Haggarty (2001) betrachten den Lehrer daher auch als Vermittler des Schulbuchs:

> [...] teachers act as mediators of the text. Teachers decide which textbooks to use; when and where the textbook is to be used; which sections of the textbook to use; the sequencing of topics in the textbook; the ways in which pupils engage with the text and type of teacher intervention between pupil and text; and so on. (Pepin & Haggarty 2001, S. 165)

Entsprechend bemerkt Johansson: „it is the teacher who primarily influences how the students use their textbook" (Johansson 2006, S. 55). Ob der Einfluss des Lehrers tatsächlich so bestimmend ist, wie Johansson behauptet, kann jedoch aufgrund des Mangels an Erkenntnissen zur Nutzung des Mathematikbuches durch Schüler nicht festgestellt werden. Die vorliegende Studie soll u. a. in Bezug auf diese Frage einen Beitrag leisten.

Grundsätzlich verweisen die Ergebnisse zur Rolle des Lehrers als Vermittler der Schulbuchnutzung darauf, dass im Rahmen schulischer Bildung der Lehrer als ein Parameter in Betracht zu ziehen ist, der Gebrauchsschemata des Mathematikbuches vermittelt und die individuellen Gebrauchsschemata der Schüler beeinflusst.

Die Ergebnisse der Untersuchungen zur Verwendung des Mathematikbuches im Unterricht und zur Rolle des Lehrers als Vermittler der Schulbuchnutzung lassen sich in Bezug auf das Modell der instrumentell vermittelten Handlung dahingehend interpretieren, dass der Lehrer als Mittler zwischen dem Schüler und dem Schulbuch agiert. Er beeinflusst, wie Schüler das Buch nutzen und damit auch welches Bild sie vom Schulbuch und dem Fach insgesamt haben. Im didaktischen Dreieck lässt sich diese Beziehung dadurch visualisieren, dass das Mathematikbuch in die Interaktion auf der Seite ‚Schüler–Lehrer' eintritt:

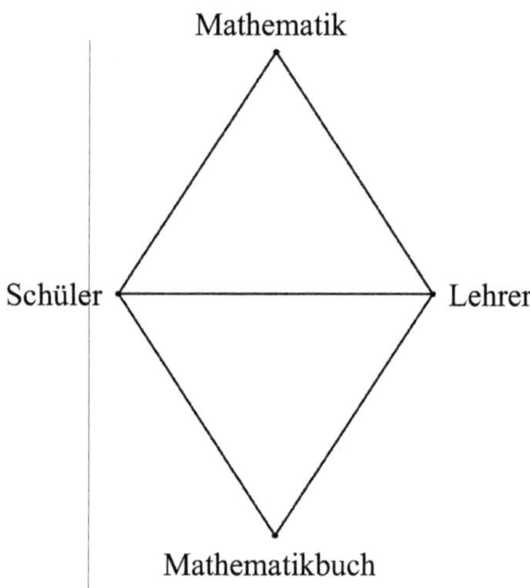

Abbildung 10: Integration des Mathematikbuches in die Interaktion zwischen Schüler und Lehrer im didaktischen Dreieck

2.4.2.3 Die Nutzung des Mathematikbuchs durch Schüler

Zur Nutzung des Mathematikbuches durch Schüler gibt es eine Reihe von Vorschlägen, welche Handlungen intendiert werden. Z. B. unterscheiden Korcz und Lehmann (1987) in Mathematikbüchern verschiedene Strukturelemente und stellen eine Liste „mit informationsverarbeitende[n] Schülertätigkeiten [...], die mit diesen Strukturelementen möglich sind" (Korcz & Lehmann 1987, S. 59), zusammen. Darüber hinaus gehen sie noch auf den „Aspekt der geistigen Tätigkeit" (Korcz & Lehmann 1987, S. 60) ein. Dazu zählen sie u. a. Tätigkeiten wie „Klassifizieren", „Ordnen", „Generalisieren", „Analogisieren", „Formalisieren",

„Konkretisieren", „Verallgemeinern", Abstrahieren" (Korcz & Lehmann 1987, S. 61). Diese Vorschläge lassen jedoch keine Rückschlüsse auf die tatsächliche Nutzung des Mathematikbuches durch Schüler zu.

Ein Paradigmenwechsel von der intendierten zur tatsächlichen Nutzung des Mathematikbuches ist bisher in der mathematikdidaktischen Forschung kaum feststellbar. Empirische Befunde zur tatsächlichen Nutzung des Mathematikbuches durch Schüler gibt es nur vereinzelt. In diesem Sinne stellt Zimmermann (1992) fest:

> Pointiert formuliert: Die Grundlagenarbeit zur Entwicklung mathematischer Schulbücher befindet sich - insofern schülerbezogene Aspekte betroffen sind - noch weitgehend in einer von Spekulationen geprägten Phase. (Zimmermann 1992, S. 6)

An dieser Situation hat sich seit 1992 bis heute im Wesentlichen nichts geändert. Ausgehend von dieser Beobachtung hat Zimmermann eine empirische Studie zur Nutzung des Mathematikbuches durch Schüler durchgeführt. Er befragt 562 Schüler der Klassenstufen 8 und 9 mit Hilfe eines Fragebogens. Ziel seiner Untersuchung ist es u. a. die folgende Frage zu beantworten:

> In welchem Maße und zu welchem Zweck verwenden Schülerinnen und Schüler ihr Mathematikbuch als fachbezogene Informationsquelle? (Zimmermann 1992, S. 9)

Anhand dieser Frage wird deutlich, dass Zimmermann das Spektrum der möglichen Nutzungsweisen des Mathematikbuches bei seiner Untersuchung von vorneherein einschränkt und sich auf eine spezielle Nutzungsweise konzentriert: die Nutzung des Mathematikbuches als fachbezogene Informationsquelle. Andere Nutzungen des Buches, z. B. als Aufgaben- bzw. Formelsammlung, schließt er als Untersuchungsgegenstand aus (vgl. Zimmermann 1992, S. 8).

Grundsätzlich kommt Zimmermann zu dem Ergebnis, dass das Mathematikbuch von Schülern im Allgemeinen wenig genutzt wird:

> Nur knapp über ein Sechstel der befragten Schülerinnen und Schüler benutzt bei der häuslichen Arbeit regelmäßig das Mathematikbuch. Ein Drittel der Kinder verwendet es hin und wieder. Fast die Hälfte der befragten Mädchen und Jungen liest selten oder nie im Schulbuch nach. (Zimmermann 1992, S. 96)

Dagegen ist das „Schulheft [...] für fast 90% der Schülerinnen und Schüler Hauptinformationsquelle bei der häuslichen Arbeit" (Zimmermann 1992, S. 76). Das Schulbuch wird von Schülern hauptsächlich genutzt, „weil sie sich auf Unterricht, Klassenarbeiten, sogenannte Tests etc. vorzubereiten haben" (Zimmermann 1992, S. 104):

'Vorbereiten' wird mit Abstand als häufigster Anlaß genannt, im Mathematikbuch nachzulesen. 'Nachlernen' und 'Interesse an der Mathematik' werden deutlich seltener als Grund angegeben, im Buch nachzulesen. (Zimmermann 1992, S. 80)

Im Einzelnen möchte Zimmermann genauer bestimmen, in welchem Maße und zu welchem Zweck Schülerinnen und Schüler ihr Mathematikbuch als fachbezogene Informationsquelle verwenden, den typischen Schulbuchnutzer identifizieren, und herausfinden, welche Teile von Schülern vorzugsweise im Schulbuch genutzt werden.

Der ‚typische' Schulbuchnutzer weist laut Zimmermann Leistungsschwächen im Fach ‚Mathematik' auf:

Pointiert ausgedrückt: Typische Schulbuchbenutzerinnen bzw. Schulbuchbenutzer sind prozentual am häufigsten unter den Schülerinnen und Schülern zu finden,
- deren Mathematiknoten schlecht sind.
- die Mathematik als schwieriges Schulfach ansehen.
- die zu Hause viel Zeit für das Fach Mathematik aufwenden (müssen).
- die Mathematik weniger gern als andere Schulfächer betreiben. (Zimmermann 1992, S. 101)

Zimmermann unterscheidet zwei unterschiedliche Textsorten im Schulbuch: „erklärenden Text" (Zimmermann 1992, S. 128) bzw. „Erläuterungen" (Zimmermann 1992, S. 131) und „Beispielaufgaben" (Zimmermann 1992, S. 128). Er kommt zu dem Ergebnis, dass Schüler Beispielaufgaben gegenüber Lehrtexten bevorzugen:

Wird das Schulbuch zu Rate gezogen, so werden etwa doppelt so oft Beispielaufgaben nachgelesen wie erläuternde Texte. (Zimmermann 1992, S. 76)

Die bevorzugte Nutzung der Beispielaufgaben ist vermutlich im Zusammenhang damit zu sehen, dass Schüler angeben, „daß sie Beispielaufgaben besser verstehen als erläuternde Texte" (Zimmermann 1992, S. 80). Es ist allerdings auch vorstellbar, dass die bevorzugte Nutzung der Beispielaufgaben im Zusammenhang mit dem Unterricht im Fach Mathematik steht. Steht das Bearbeiten von Aufgaben aus dem Mathematikbuch im Vordergrund des Unterrichts, dann ist Nutzung von Beispielaufgaben ein sinnvolles Vorgehen. Geht es stärker darum, mathematische Konzepte zu verstehen und in vielfältigen Kontexten anzuwenden, werden die Lehrtexte hilfreicher sein als die Beispielaufgaben. Aussagen über derartige Zusammenhänge zum Unterricht kann Zimmermann auf der Grundlage seines Fragebogens allerdings nicht machen. Damit bleibt grundsätzlich auch unberücksichtigt, inwieweit die Nutzung des Schulbuches vom Lehrer vermittelt wird, da zur jeweiligen Lehrervermittlung bei Zimmermann keine Daten vorliegen. Berücksichtigt man die im vorigen Abschnitt dargestellte vorherrschende Ansicht in der einschlägigen Literatur, dass der Lehrer die Nutzung des Schulbuches durch den Schüler wesentlich beeinflusst, ist zu fragen, ob eine Untersuchung, die sich allein auf die Nutzung durch den Schüler konzentriert, überhaupt zu gültigen Aussagen gelangen kann.

Zimmermanns Ergebnisse zeigen insgesamt, dass Schüler das Mathematikbuch neben dem Schulheft als fachbezogene Informationsquelle und damit als Instrument zum Lernen von Mathematik verwenden. Er unterscheidet zwei Nutzergruppen mit unterschiedlichen Leistungen im Fach ‚Mathematik': leistungsstärkere und leistungsschwächere Schüler. Beide lassen sich durch eine unterschiedliche Nutzungsweise des Buches charakterisieren:

> Schülerinnen und Schüler lesen in erster Linie im Schulbuch nach, weil sie sich auf Unterricht, Klassenarbeiten, sogenannte Tests etc. vorzubereiten haben. Ferner sind in der Gruppe der schlechten Mathematikschülerinnen und -schüler, die im Schulbuch lesen, relativ viele zu finden, die ihre fachlichen Lücken auch mit Hilfe des Buches zu schließen versuchen. Unter den guten Mathematikschülerinnen und -schülern, die im Schulbuch lesen, sind relativ viele, die dies aus Interesse an der Mathematik tun. (Zimmermann 1992, S. 104)

Weitere Studien zur Nutzung von Mathematikbüchern wurden im universitären Bereich durchgeführt. Stephens und Sloan (1981) untersuchen die Rolle des Mathematikbuches für Studenten beim Anfertigen der Hausaufgaben und bei der Vorbereitung auf Examina. Ebenso wie bei Zimmermann (1992) basiert ihre Studie auf einer schriftlichen Befragung mittels eines Fragebogens. Im Fragebogen sollen Studenten die drei Quellen „class notes, text examples und material in the text other than examples" (Stephens & Sloan 1981, S. 135) hinsichtlich ihrer Bedeutung für die Bearbeitung von Hausaufgaben und für die Vorbereitung auf Examina gewichten. Interessanterweise kommen sie bei Studenten zu vergleichbaren Ergebnissen wie Zimmermann (1992) bei Schülern der 8. und 9. Klassenstufe:

> The results indicate that regardless of the level of the undergraduate mathematics student the primary sources for learning are class notes and examples in the text. (Stephens & Sloan 1981, S. 137)

Ebenso wie Stephens und Sloan (1981) führt auch Lithner (2003) eine Studie im universitären Bereich durch. Er beschränkt seine Untersuchungsperspektive jedoch von vornherein, indem er sich speziell auf „student's mathematical reasoning in university textbook exercises" (Lithner 2003, S. 29) konzentriert. Bei einer Studie mit drei Studenten, die jeweils beim Bearbeiten von vier bis fünf Aufgaben beobachtet werden, kommt er hinsichtlich der Rolle des Lehrbuches als Argumentationsgrundlage zu folgendem Ergebnis:

> In considering the characteristics of the students' reasoning, almost all their homework time seem to be spent on exercises. IS [identification of similarities][21] reasoning dominates strongly: The predictive argumentation in the strategy choice is based on identifying surface similarities with some procedure in the textbook. There is no need for verificative argumentation since the procedure is provided by a mathematical authority, and the evaluation of the procedure is done by comparing with the textbook's solution section or ISM [Instructor's Solution Manual]. (Lithner 2003, S. 51)

Neben Studien, die sich direkt auf das Artefakt ‚Mathematikbuch' beziehen, gibt es einige Veröffentlichungen zum Umgang von Schülern und Studenten mit mathematischen Texten allgemein. Dazu zählen Untersuchungen, die der Frage nachgehen, inwiefern mathematische Texte besondere Textsorten sind, die spezifische Lesefähigkeiten erfordern (vgl. u. a. Österholm 2006), Publikationen, in denen Lesestrategien angeboten werden, die das Lesen von mathematischen Texten unterstützen sollen[22] (vgl. u. a.: Fenwick 2001; Hubbard 1990; Shuard & Rothery 1984) und Studien zum Lernen von Mathematik mit Hilfe von mathematischen Texten (vgl. u. a. Österholm 2003). Letztere sind im Zusammenhang mit der Konstruktion eines geeigneten Situationsmodells zum Lernen von Mathematik mit Hilfe des Mathematikbuches von besonderem Interesse, da sie Hinweise darauf geben können, ob und wie Schüler das Mathematikbuch als Instrument zum Lernen von Mathematik verwenden. Daher wird auf die Studie von Österholm (2003) im Folgenden näher eingegangen.

Österholm (2003) untersucht, wie Studenten Texte zum Lernen von Mathematik verwenden. Dazu führt er eine Videostudie von zwei Schülerpaaren durch, die sich im letzten Jahr der schwedischen ‚upper secondary school' befinden. Im ersten Teil der Untersuchung erhalten die Schülerpaare einen Text zu einem ihnen unbekannten mathematischen Inhalt mit der Aufgabe, diesen Text zu lesen

---

[21] „A sequence of mathematical reasoning in an exercise solution attempt is classified as reasoning based on identification of similarities if the reasoning fulfils the following two conditions:

(i)   The strategy choice is founded on identifying similar surface properties in an example, theorem, rule, or some other situation described earlier in the text.

(ii)   The strategy implementation is carried through by mimicking the procedure from the identified situation." (Lithner 2003, S. 35)

[22] Ebenso wie bei der Nutzung des Mathematikbuches handelt es sich bei den Lesestrategien in der Regel lediglich um Vorschläge, deren Wirksamkeit noch nicht empirisch überprüft wurde. Eine Ausnahme bildet hier die Untersuchung von Borasi und Siegel (1990).

und zu diskutieren. Im zweiten Teil der Studie erhalten die Schülerpaare Aufgaben zum Text.

Bei einem Schülerpaar beobachtet Österholm ein Verhalten, das dem entspricht, was auch von Lithner (2004) im Zusammenhang mit der Verwendung des Mathematikbuches beschrieben wird. Die Schüler erwarten offenbar nicht, dass der Text etwas erklärt. Vielmehr suchen sie unsystematisch nach Lösungsmethoden, die direkt auf die Aufgaben übertragen werden können.

> It thus seems like the students do not expect the text to *explain* anything, for example [...] the students do not seem to expect that the text should explain the meaning of |x|, instead they present theories of what they *believe* it could mean without any direct connection to anything in the text. Thus, the students seem to see the text primarily as a collection of (sometimes isolated) statements or methods that do not necessarily need to have a logical structure. (Österholm 2003, S. 12)

Das andere Schülerpaar nutzt den Text zum einen als Argumentationsgrundlage:

> The students often use the text in this way, as argumentation in situations when they do not agree, or as a tool when one student is explaining something to the other. (Österholm 2003, S. 14)

Zum anderen nutzen sie den Text, um zu überprüfen, ob ihr Vorgehen beim Bearbeiten der Aufgaben im Einklang mit dem Text ist:

> In many situations [...] the text is used partly as help with some details in solving the tasks and partly to check that their suggestions on how to solve the tasks agree with the text (Österholm 2003, S. 14f)

Österholm zieht aus seinen Beobachtungen den Schluss, dass beide Schülerpaare grundsätzlich andere Ziele im Umgang mit dem Text verfolgen:

> The observations in this study show that the two pairs seem to have fundamentally different goals with their activities, where the students in the first pair focus on details in the text and on *doing something* with the text without any thorough reflections on their activities, while the students in the second pair try to *reach an understanding* of the content of the text and of the solutions of the tasks. (Österholm 2003, S. 17)

Zusammenfassend kann festgehalten werden, dass die Untersuchungen von Zimmermann (1992), Stephens und Sloan (1981) und Lithner (2003) grundsätzlich darauf verweisen, dass Schüler Mathematikbücher als Instrumente zum

Lernen von Mathematik verwenden. D. h., das Mathematikbuch fungiert als Instrument auf der Seite Schüler – Mathematik im didaktischen Dreieck:

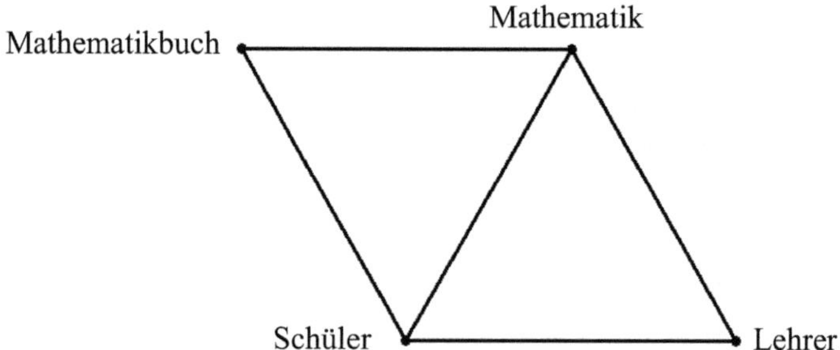

Abbildung 11:   Integration des Mathematikbuches als Instrument des Schülers in das didaktische Dreieck

Die Untersuchungsperspektiven der drei Studien sind jedoch von vorneherein auf bestimmte Aspekte des Lernens von Mathematik beschränkt. Zimmermann (1992) untersucht, wie Schüler das Mathematikbuch als fachbezogene Informationsquelle benutzen, Stephens und Sloan (1981) fragen nach der Bedeutung des Mathematikbuches für die Beabreitung von Hausaufgaben und die Vorbereitung auf Examina, und Lithner (2004) analysiert die Rolle des Mathematikbuches als Argumentationsgrundlage bei der Bearbeitung von Aufgaben aus dem Buch. Eine grundlegende Untersuchung darüber, in welchen Zusammenhängen das Mathematikbuch überhaupt als Instrument genutzt wird, fehlt bislang. Österholms (2003) Ergebnisse verweisen darauf, dass bedeutende Unterschiede bei der Nutzung des Mathematikbuches auf individueller Ebene zu beobachten sein können. Letzteres ist insbesondere für die Fragestellung der vorliegenden Arbeit von Interesse.

2.4.2.4   Zusammenfassung der Ergebnisse in einem Modell des Kontextes der Schulbuchnutzung

Bezieht man die bisherigen Ergebnisse zur Nutzung des Mathematikbuches auf das didaktische Dreieck, das als grundlegendes Modell des Unterrichts gewählt wurde, so zeigt sich, dass das Mathematikbuch auf allen drei Seiten des Dreiecks eine Rolle spielt:

1. Seite: Lehrer – Mathematik
    In Abschnitt 2.4.2.2 konnte anhand bisheriger Untersuchungen gezeigt wer-
    den, dass das Mathematikbuch für Lehrer sowohl als Instrument zur Unter-
    richtsvorbereitung als auch als Instrument im Unterricht eine wesentliche
    Rolle spielt.
2. Seite: Schüler – Lehrer
    Ebenfalls in Abschnitt 2.4.2.2 wurde auf der Grundlage der einschlägigen
    Literatur belegt, dass die Verwendung des Mathematikbuches im Unterricht
    zur Folge hat, dass der Lehrer als Vermittler der Schulbuchnutzung angese-
    hen werden kann. Im Wesentlichen entscheidet der Lehrer, wie Schüler das
    Mathematikbuch im Unterricht verwenden.
3. Seite: Schüler – Mathematik
    Die wenigen Untersuchungen zur Nutzung des Mathematikbuches durch
    Schüler verweisen darauf, dass Schüler das Mathematikbuch auch eigen-
    ständig als Instrument zum Lernen von Mathematik verwenden. Dies wurde
    in Abschnitt 2.4.2.3 erörtert. Wie das Schulbuch von den Schülern in die-
    sem Zusammenhang als Instrument verwendet wird und welchen Einfluss
    der Lehrer auf die Schulbuchnutzung hat, ist bislang jedoch unklar. Er-
    kenntnisse in diesem Zusammenhang stellen ein Desiderat mathematikdi-
    daktischer Forschung dar.

Integriert man diese Ergebnisse zur Verwendung des Mathematikbuches in das
Modell des didaktischen Dreiecks, so ergibt sich insgesamt folgendes Bild:

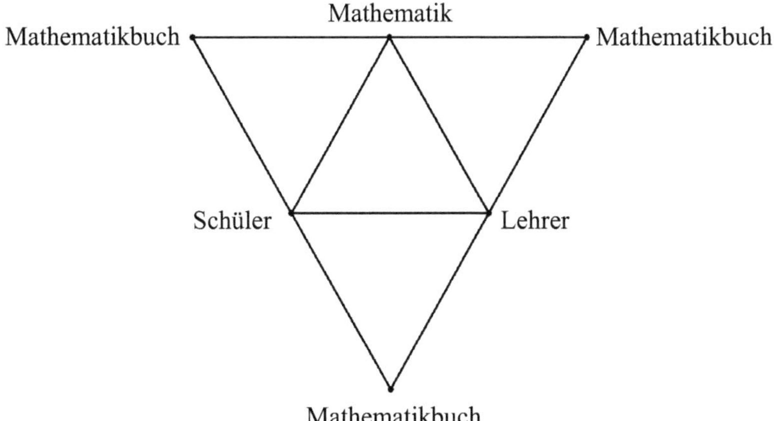

Abbildung 12: Die Rolle des Mathematikbuches im didaktischen Dreieck

Diese vielfältigen Beziehungen, die das Mathematikbuch zum didaktischen Dreieck hat, legen nahe, das Mathematikbuch als weitere Dimension in das Grundmodell des Unterrichts zu integrieren. Damit ergibt sich folgendes Tetraeder-Modell:

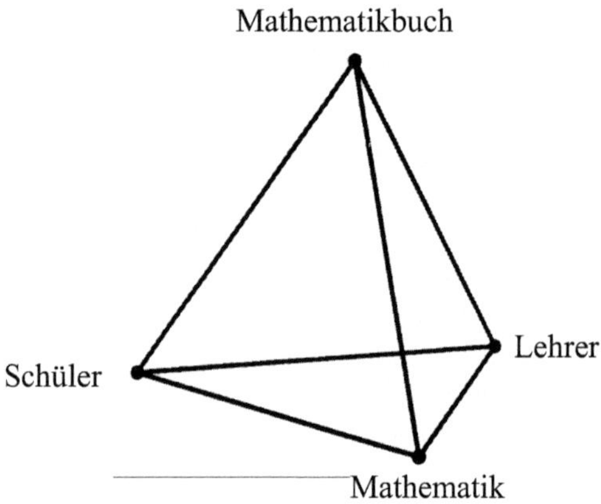

Abbildung 13: Tetraeder-Modell des Lernens von Mathematik mit dem Schulbuch

Dieses Modell berücksichtigt die wesentlichen Aspekte des Kontextes der Schulbuchnutzung, die bei einer Untersuchung zur Nutzung des Mathematikbuches durch Schüler in jedem Fall berücksichtigt werden müssen: den Schüler, das Buch, den (mathematischen) Gegenstand und den Lehrer. Anhand der vorhergehenden Analyse wurde deutlich, dass der Kontext der Schulbuchnutzung dabei durch die Interaktion der vier Aspekte konstituiert wird. Jede Seitenfläche dieses Tetraedermodells kann als eigenständige instrumentell vermittelte Handlung aufgefasst werden. Insbesondere lässt sich die in Abbildung 4 dargestellte Konzeptualisierung der instrumentell vermittelten Handlung, die die Grundlage der vorliegenden Arbeit bildet, in das Tetraeder-Modell integrieren. Auf diese Weise wird die Beziehung zwischen Schüler und Mathematikbuch im Tetraeder-Modell weiter in die beiden Prozesse *Instrumentalisierung* und *Instrumentierung* differenziert. Entsprechend ließe sich die Beziehung zwischen Lehrer und Mathematikbuch differenzieren.

Durch die gegenseitige Bezogenheit der einzelnen instrumentell vermittelten Handlungen auf den vier Seitenflächen des Tetraeders wird der jeweilige Kontext konstituiert. Jeder der vier Aspekte hat dabei einen aktiven Anteil bei der Konstituierung des Kontextes. Das bedeutet, dass der Kontext in diesem Modell nicht etwas Gegebenes ist, das auf die Nutzung des Schulbuches durch Schüler einwirkt, sondern durch die gegenseitigen Beziehungen der einzelnen Teilnehmer im Prozess der Nutzung konstituiert wird. Damit realisiert dieses Modell Coles Vorstellung vom Kontext als das, was verbindet. Es kann insgesamt als ein dem Gegenstand der Untersuchung angemessenes Modell des Kontextes angesehen werden.

2.5 Fazit

Das Tetraedermodell der Schulbuchnutzung, das im vorangehenden Abschnitt entwickelt wurde, bildet ein dem Gegenstand der Untersuchung angemessenes Situationsmodell. Es integriert die wesentlichen situativen Aspekte der Schulbuchnutzung und bezieht sie in einem System instrumentell vermittelter Handlungen aufeinander. Es ist damit ein systemisches Ganzes, das die in Abschnitt 2.2 modellierte instrumentell vermittelte Handlung ‚Lernen von Mathematik mit dem Mathematikbuch' in den unterrichtlichen Kontext im Sinne der Metapher des Kontextes als das, was verbindet, integriert. Damit ist es eine konsequente Erweiterung des Modells der instrumentell vermittelten Handlung ‚Lernen von Mathematik mit dem Mathematikbuch'.

Das Tetraeder-Modell ist für die Untersuchung der Nutzung des Mathematikbuches durch Schüler besser geeignet als das allgemeine handlungs- und interaktionstheoretische Kodierparadigma der Grounded Theory, da die in ihm integrierte Theorie des Instruments Konzepte bereitstellt, die insbesondere dazu geeignet sind, die Interaktion zwischen Menschen und Artefakten zu analysieren (vgl. Abschnitt 2.2.2). Im Gegensatz zum Modell der instrumentell vermittelten Handlung ‚Lernen von Mathematik mit dem Mathematikbuch' sind ebenso wie im handlungs- und interaktionstheoretischen Kodierparadigma der Grounded Theory im Tetraedermodell der Schulbuchnutzung nun auch situative Aspekte berücksichtigt.

Das Tetraedermodell der Schulbuchnutzung bildet in der vorliegenden Arbeit die Grundlage der Untersuchung der Nutzung des Mathematikbuches durch Schüler. Es wird darauf ankommen, eine Methode zu entwickeln, die alle vier Aspekte des Kontextes – Schüler, Lehrer, Mathematikbuch und Mathematik – bei der Datengewinnung miteinbezieht. Gegenstand der Analyse wird die Interaktion zwischen den vier Aspekten bilden mit dem Ziel, Instrumentationen des Mathematikbuches durch Schüler zu beschreiben.

3 Analyse des Artefakts ‚Mathematikschulbuch'

In Abschnitt 2.2.2.1 wurde erläutert, dass die Untersuchung der *Instrumentalisierung* des Mathematikbuches eine eingehende Analyse des Artefakts voraussetzt. Ziel dieser Analyse ist, Erkenntnisse über die einzelnen Teile des Artefakts zu gewinnen, denen im Zuge der *Instrumentalisierung* Funktionen zugeschrieben werden können. Die Analyse des Mathematikschulbuches bildet den Gegenstand des vorliegenden Kapitels.

Das Mathematikbuch ist ein komplexes Artefakt. Im Gegensatz zu einem literarischen Werk (z. B. einem Roman), das in der Regel aus einem Fließtext besteht, der ggf. in einzelne Kapitel unterteilt wird, werden in der einschlägigen Literatur verschiedene Textsorten innerhalb des Mathematikbuches unterschieden. In die linguistische Definition des Begriffs ‚Textsorte' gehen nach Heinemann (2000) folgende Aspekte ein:

> (a) Textsorten erweisen sich als eine *begrenzte Menge von Textexemplaren* mit spezifischen Gemeinsamkeiten.
> (b) Die Gemeinsamkeiten von Textexemplaren einer Textsorte sind auf *mehrere Ebenen* zugleich bezogen: auf die äußere Textgestalt / das Layout; auf charakteristische Struktur- und Formulierungsbesonderheiten / die Sprachmittelkonfiguration […]; inhaltlich-thematische Aspekte; situative Bedingungen (einschließlich des Kommunikationsmediums / des Kanals[)]; kommunikative Funktionen."
> (Heinemann 2000, S. 513)

Sträßer (1978) unterscheidet bei seiner Schulbuchanalyse drei Textsorten:

> 1. Darstellung außermathematischer Situationen
> 2. Präsentation mathematischer Theorieteile
> 3. Aufgabensammlungen (Sträßer 1978, S. 198)

Dagegen unterscheiden Love und Pimm die drei Textsorten „exposition-examples-exercises" (Love & Pimm 1996, S. 386). Valverde u. a. differenzieren bei ihrer Analyse von 418 Mathematikbüchern aus 48 Schulsystemen im Rahmen der TIMS-Studie nicht nur drei, sondern sogar vier verschiedene Textsorten: „narrative […]; exercise or question sets; worked examples; or activities" (Valverde *et al.* 2002, S. 141). Hayen (1987) schlägt eine weitere Differenzierung bei den Aufgaben vor: Er nennt Einstiegsaufgaben, Kontrollaufgaben, Ergänzungsaufgaben (vgl. Hayen 1987, S. 336). Die Vielfalt an Textsorten erhöht sich noch bei einem Blick in aktuelle Mathematikschulbücher. Die Konzeption des Mathematikschulbuches als ein Kompositum verschiedener Textsorten lässt sich Keitel, Otte und Seeger (1980, S. 56) zufolge bis zur Entstehung der Rechenschulen im 15. Jahrhundert zurückverfolgen.

In den meisten aktuellen Mathematikschulbüchern finden sich am Anfang des Buches an die Schüler gerichtete Erläuterungen zur Struktur des Buches. Anhand dieser Erläuterungen wird u. a. deutlich, dass die Struktur aus verschiedenen Elementen zusammengesetzt ist. Sie werden im Folgenden als ‚Strukturelemente' bezeichnet.

Um die *Instrumentalisierung* zu untersuchen, muss die Zuordnung von Funktionen zu einzelnen Teilen des Mathematikbuches analysiert werden. Dadurch, dass die Struktur des Mathematikbuches aus einzelnen Strukturelementen zusammengesetzt ist, werden die Seiten im Buch gegliedert. Daher stellen die einzelnen Strukturelemente eine sinnvolle Zergliederung des Mathematikbuches in einzelne Teile dar. Darüber hinaus bieten sie auch ein sinnvolles Raster, das bei der Kodierung der von den Schülern genutzten Teile des Mathematikbuches zugrunde gelegt wird. Dabei wird zu prüfen sein, ob Schüler das Buch überhaupt strukturensibel nutzen. D. h., es ist zu untersuchen, ob Schüler jeweils einzelne Strukturelemente nutzen oder ob die Nutzungen die Gliederung transzendieren, die von den Strukturelementen vorgegeben wird.

Den einzelnen Strukturelementen werden jeweils unterschiedliche Funktionen im Zusammenhang mit dem Lernen von Mathematik zugesprochen. Es ist anzunehmen, dass die Funktionen einerseits bestimmte Nutzungsmöglichkeiten der Strukturelemente nahe legen (*affordances*) bzw. auch nur bestimmte Nutzungsmöglichkeiten zulassen (*constraints*). Eine eingehende Analyse der Funktionen der Strukturelemente des Mathematikbuches kann also Hinweise auf *affordances* und *constraints* der Strukturelemente des Mathematikbuches liefern.

Aus den vorangehenden Überlegungen folgt, dass die Struktur von Mathematikbüchern der Gegenstand der Analyse des Artefakts ‚Mathematikbuch' ist, der im Zusammenhang mit der vorliegenden Untersuchung relevant ist. Untersucht wird im Folgenden die Struktur aktueller deutscher Mathematikschulbücher für die Sekundarstufen I und II.

3.1 Methode der Analyse des Artefakts ‚Mathematikbuch'

Die Analyse der Struktur aktueller deutscher Mathematikschulbücher für die Sekundarstufen I und II kann im Gegensatz zur Untersuchung der Nutzung der Mathematikbücher an vorliegende Analysen anknüpfen. Im vorigen Abschnitt wurden bereits Beispiele von Textsorten angeführt, die in Mathematikschulbüchern unterschieden werden. Anhand dieser Beispiele wird bereits deutlich, dass die Unterscheidung verschiedener Textsorten im Mathematikbuch in der einschlägigen Literatur sowohl hinsichtlich der zugrunde gelegten Kriterien der Abgrenzung, der Anzahl und der Terminologie nicht einheitlich ist. Anknüpfend an Ergebnisse zur Struktur von Mathematikschulbüchern aus der einschlägigen Literatur sollen auf der Grundlage einer eingehenden Analyse der Struktur aktueller deutscher Mathematikschulbücher für die Sekundarstufen I und II einheitliche Kriterien der Abgrenzung und eine einheitliche Terminologie der Bezeichnung der Strukturelemente vorgeschlagen werden.

Die Aufgabe der Analyse besteht darin, Beschreibungen von Strukturelementen von Mathematikschulbüchern aus verschiedenen Quellen hinsichtlich kennzeichnender Merkmale zu strukturieren und zu generalisieren. Dabei wird ein Kategoriensystem zu entwickeln sein, in das die Strukturelemente aus unterschiedlichen Mathematikschulbüchern eingeordnet werden können. Die qualitative Inhaltsanalyse stellt für das systematische, regelgeleitete Verstehen und Interpretieren von Texten mit dem Ziel, Aussagen über bestimmte Aspekte des Textes zu machen, geeignete Methoden zur Verfügung (vgl. Mayring 2008).

Die vorliegende Analyse der Struktur von Mathematikschulbüchern folgt den Prinzipien der qualitativen Inhaltsanalyse nach Mayring (2008). Mayrings grundlegender Ansatz besteht darin, „die Stärken der quantitativen Inhaltsanalyse beizubehalten" und auf ihrer Grundlage

> eine Methodik systematischer Interpretation zu entwickeln, die an den in jeder Inhaltsanalyse notwendig enthaltenen qualitativen Bestandteilen ansetzt, sie durch Analyseschritte und Analyseregeln systematisiert und überprüfbar macht (Mayring 2008, S. 42).

Zur allgemeinen Orientierung schlägt Mayring folgendes Ablaufmodell vor, das „im konkreten Fall an das jeweilige Material und die jeweilige Fragestellung angepaßt werden" (Mayring 2008, S. 53) muss:

1. Festlegung des Materials
2. Analyse der Entstehungssituation
3. Formale Charakteristika des Materials
4. Richtung der Analyse
5. Theoretische Differenzierung der Fragestellung
6. Bestimmung der Analysetechnik(en) und Festlegung des konkreten Ablaufmodells
7. Definition der Analyseeinheiten

8. Analyseschritte mittels des Kategoriensystems (Zusammenfassung, Explikation, Strukturierung)
9. Rücküberprüfung des Kategoriensystems an Theorie und Material
10. Interpretation der Ergebnisse in Richtung der Hauptfragestellung
11. Anwendung der inhaltsanalytischen Gütekriterien (vgl. Mayring 2008, S. 53-54)

Nach diesem Ablaufplan wird im Folgenden die Struktur deutscher Mathematikschulbücher analysiert. Die Punkte 1 bis 3 beziehen sich auf das Material, das der Analyse zugrunde gelegt wird. Sie werden in Abschnitt 3.1.1 (Bestimmung des Materials) behandelt. Die Punkte 4 und 5 beziehen sich auf die Fragestellung der Analyse und werden im gleichnamigen Abschnitt 3.1.2 gemeinsam behandelt. Ab der Festlegung des konkreten Ablaufmodells unter Punkt 6 muss Mayrings Modell des Ablaufplans eng an die Fragestellung der Analyse angepasst werden. Im Abschnitt 3.1.3 (Ablauf der Analyse) wird daher ein Ablaufplan vorgestellt, der bei Punkt 6 des allgemeinen Modells von Mayring ansetzt und den weiteren Verlauf der Inhaltsanalyse festlegt.

3.1.1 Bestimmung des Materials

In diesem Abschnitt werden die Schritte 1 bis 3 in dem von Mayring vorgeschlagenen Ablaufplan der qualitativen Inhaltsanalyse zusammengefasst, die sich auf das zugrunde gelegte Material beziehen. Neben der Festlegung des Materials wird auch auf die Analyse der Entstehungssituation und formale Charakteristika des Materials eingegangen.

Analysiert wird die Struktur von Mathematikschulbüchern auf der Grundlage einschlägiger wissenschaftlicher Beiträge und einer Auswahl aktueller deutscher Mathematikschulbücher für die Sekundarstufen I und II. Da in der vorliegenden Arbeit die Nutzung des Mathematikschulbuches durch Schüler der Sekundarstufen I und II untersucht wird, wurden Mathematikschulbücher für die Primarstufe bei der Strukturanalyse nicht berücksichtigt. Die Auswahl der Mathematikschulbücher sollte möglichst repräsentativ für die Situation in deutschen weiterführenden Schulen sein. Da keine statistischen Daten über die Verteilung von Schulbüchern in deutschen Schulen zugänglich waren, wurde versucht, eine gewisse Repräsentativität herzustellen, indem die Schulbücher auf der Grundlage der folgenden drei Kriterien ausgewählt wurden:

1. Es wurden Mathematikschulbücher der vier Verlage Cornelsen, Klett, Schroedel und Westermann ausgewählt, die in den Verzeichnissen der in den einzelnen Bundesländern zugelassenen Mathematikschulbücher für die Sekundarstufen I und II am häufigsten vertreten sind[23]. Dabei wurde jeweils mindestens ein Mathematikbuch jedes Verlages für jeden der drei Schultypen in der Sekundarstufe I – Hauptschule, Realschule, Gymnasium – berücksichtigt.

2. Für die Sekundarstufe II wurde von den drei Verlagen Cornelsen, Klett und Schroedel jeweils ein Unterrichtswerk berücksichtigt, wobei bei verschiedenen Ausgaben für Grund- und Leistungskurse jeweils beide Bände beachtet wurden. Der Westermann-Verlag bietet derzeit nur ein Mathematikschulbuch für die Jahrgangsstufe 11 an. Daher bleiben Mathematikschulbücher aus dem Westermann-Verlag bei der Analyse der Bücher für die Sekundarstufe II unberücksichtigt.

3. Es wurden nur Schulbücher aus Reihen untersucht, die für mehr als ein Bundesland zugelassen sind.

Die Schulbuchverlage wurden in einem Anschreiben gebeten, für die Untersuchung Exemplare aus ihren meist verkauften Schulbuchreihen zur Verfügung zu stellen. Ob die Verlage auf diesen Wunsch tatsächlich eingegangen sind, lässt sich jedoch nicht überprüfen.

Folgende Bücher wurden analysiert:

Hauptschule
- Becherer, J. [2001]: Einblicke Mathematik 8. Hauptschule, Rheinland-Pfalz. Stuttgart: Ernst Klett.
- Leppig, M. (Hg.) [2001]: Lernstufen Mathematik 8. Hauptschule, Nordrhein-Westfalen. Berlin: Cornelsen.
- Schröder, M.; Wurl, B. & Wynands, A. (Hg.) [2005]: Maßstab 6. Mathematik, Hauptschule. Hannover: Schroedel.
- Krewer, G.; Krewer, R.; Reelfs, B.; Tiedt, K. & Wilke, W. [1998]: Mathematik 6. Braunschweig: Westermann.

---

[23] Die Verzeichnisse der zugelassenen Schulbücher der einzelnen Bundesländer sind zugänglich über den Deutschen Bildungsserver des Deutschen Instituts für Internationale Pädagogische Forschung (DIPF), Frankfurt: http://www.bildungsserver.de/zeigen.html?seite=522 [06.01.2009].

Realschule

- Griesel, H.; Postel, H. & Hofe, R. v. (Hg.) [2005a]: Mathematik heute 6. Realschule Niedersachsen. Hannover: Schroedel.
- Maroska, R.; Olpp, A.; Stöckle, C. & Wellstein, H. [2004]: Schnittpunkt 8. Stuttgart: Ernst Klett.
- Borneleit, P. & Winter, M. (Hg.) [2006]: Mathematik interaktiv 5. Hessen. Berlin: Cornelsen.
- Krewer, G.; Krewer, R.; Reelfs, B.; Tiedt, K. & Wilke, W. [1998]: Mathematik 6. Braunschweig: Westermann.

Gymnasium Sekundarstufe I

- Cukrowicz, J. & Zimmermann, B. (Hg.) [2002]: MatheNetz 6. Braunschweig: Westermann.
- Griesel, H.; Postel, H. & Suhr, F. (Hg.) [2003]: Elemente der Mathematik 6. Hannover: Schroedel.
- Esper, N. & Schornstein, J. (Hg.) [2006]: Fokus Mathematik. Klasse 6. Gymnasium Nordrhein-Westfalen. Berlin: Cornelsen.
- Hußmann, S.; Jörgens, T.; Jürgensen, T.; Leuders, T.; Richter, K.; Riemer, W., et al. [2006]: Lambacher Schweizer 6. Mathematik für Gymnasien. Nordrhein-Westfalen. Stuttgart: Ernst Klett.
- Lergenmüller, A. & Schmidt, G. (Hg.) [2001]: Mathematik - Neue Wege 6. Arbeitsbuch für Gymnasien. Hannover: Schroedel.
- Pohlmann, D. & Stoye, W. (Hg.) [2000]: Mathematik plus 6. Gymnasium, Nordrhein-Westfalen. Berlin: Volk und Wissen.

Gymnasium Sekundarstufe II

- Baum, M.; Lind, D.; Schermuly, H.; Weidig, I. & Zimmermann, P. [2001]: Lambacher Schweizer. Lineare Algebra mit analytischer Geometrie. Leistungskurs. Stuttgart: Ernst Klett.
- Buck, H.; Dürr, R.; Freudigmann, H.; Reinelt, G. & Zinser, M. [2000]: Lambacher Schweizer Analysis. Grundkurs, Gymnasium, Hessen, Niedersachsen, Bremen, Hamburg, Schleswig-Holstein, Rheinland-Pfalz und Saarland. Stuttgart: Ernst Klett.
- Griesel, H.; Gundlach, A.; Postel, H. & Suhr, F. (Hg.) [2004]: Elemente der Mathematik Lineare Algebra / Analytische Geometrie mit Orientierungswissen Stochastik. Leistungskurs, Gymnasium. Hannover: Schroedel.
- Griesel, H. & Postel, H. (Hg.) [2000]: Elemente der Mathematik 12/13. Grundkurs, Gymnasium, Nordrhein-Westfalen. Hannover: Schroedel.
- Jahnke, T. & Wuttke, H. (Hg.) [2001]: Mathematik Analysis. Berlin: Cornelsen.

Informationen über die Struktur der Bücher werden einerseits aus den Einführungsseiten gewonnen, die sich in einem Großteil der untersuchten Schulbücher finden. Diese Einführungsseiten sind beispielsweise mit „Lernen mit dem Lambacher Schweizer" (Hußmann *et al.* 2006, S. 6), „Liebe Schülerin, lieber Schüler" (Pohlmann & Stoye 2000, Vorsatz) oder „Zu diesem Buch" (Lergenmüller & Schmidt 2001, S. 5) überschrieben. Andererseits werden Informationen über die Struktur aus den Inhaltsverzeichnissen gewonnen sowie durch eine Analyse der Bücher.

Die Einführungsseiten sind mehr oder weniger explizit an die Nutzer des Mathematikbuches adressiert. In einigen Fällen wird der Schüler direkt angesprochen (vgl. Hußmann *et al.* 2006), in anderen Fällen bleibt der Adressat unbestimmt (vgl. Baum *et al.* 2001; Griesel & Postel 2000; Griesel *et al.* 2003). An den Lehrer als Nutzer wendet sich keines der Bücher explizit.

In den Einführungsseiten wird dem Nutzer die Struktur des Buches erläutert. Dies geschieht entweder durch reinen Text oder durch Text in Verbindung mit Abbildungen der einzelnen Strukturelemente bzw. mit Symbolen, die die typographische Gestaltung der einzelnen Strukturelemente zeigen. Abbildung 14 zeigt ein Beispiel einer Einführungsseite.

3.1.2 Fragestellung der Analyse

Die Punkte 4 und 5 des Ablaufmodells der qualitativen Inhaltsanalyse nach Mayring beziehen sich auf die Fragestellung der Analyse. Sie werden in diesem Abschnitt zusammengefasst. Den Gegenstand dieses Abschnitts bilden somit sowohl die Richtung der Analyse als auch die theoriegeleitete Differenzierung der Fragestellung.

Weiter oben wurde bereits erörtert, dass der Gegenstand der vorliegenden Analyse im Zusammenhang mit der empirischen Untersuchung der Nutzung des Mathematikbuches die Struktur der Bücher ist. Das Ziel der Analyse ist demnach, Aussagen über die Struktur von Mathematikschulbüchern zu machen.

In der einschlägigen Literatur werden bei der Analyse der Struktur von Mathematikschulbüchern verschiedene Strukturebenen unterschieden. Valverde et al. (2002) unterscheiden bei ihrer Analyse von 418 Schulbüchern aus 48 Schulsystemen im Rahmen der TIMS-Studie zwei Strukturebenen von Mathematikschulbüchern: Die Makrostruktur und die Mikrostruktur (vgl. Valverde *et al.* 2002, S. 21). Dabei verstehen die Autoren unter der Makrostruktur „structural features that cut across the entire book" (Valverde *et al.* 2002, S. 21) und unter der Mikrostruktur „structures associated with specific lessons intended for use in

Lernen mit dem Lambacher Schweizer

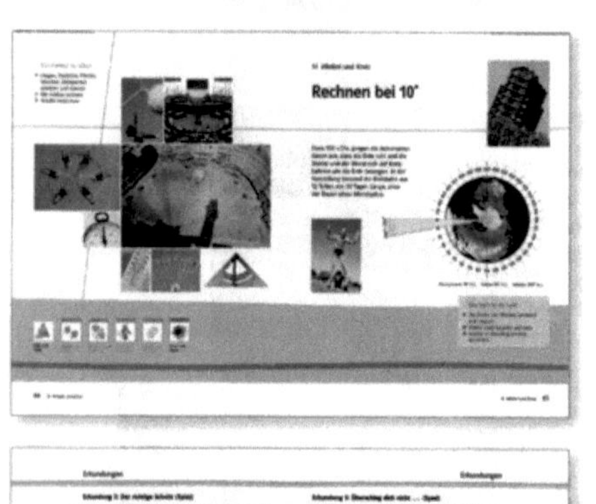

Liebe Schülerinnen und Schüler,

auf diesen zwei Seiten stellen wir euer neues Mathematikbuch vor, das euch im Mathematikunterricht begleiten und unterstützen soll.

Das Buch besteht aus sieben **Kapiteln** und zwei **Sachthemen**. In den Sachthemen trefft ihr wieder auf die Inhalte aller Kapitel, allerdings versteckt in Geschichten, die ihr in eurem Alltag erleben könnt. Ihr seht also, der Mathematik begegnet man nicht nur im Mathematikunterricht.

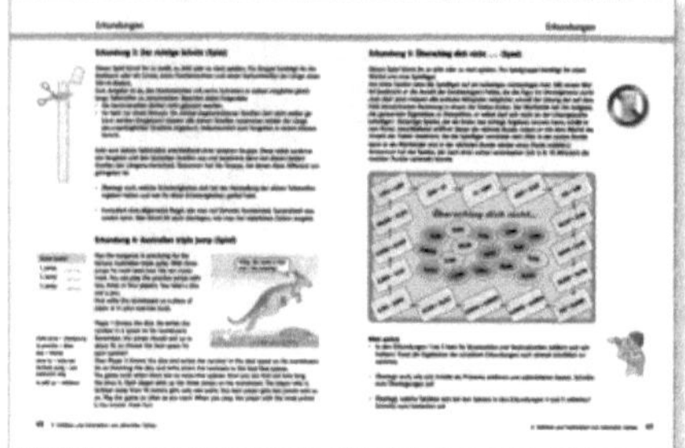

In den Kapiteln geht es darum, neue Inhalte kennen zu lernen, zu verstehen, zu üben und zu vertiefen.
Sie beginnen mit einer **Auftaktseite**, auf der ihr entdecken und lesen könnt, was euch in dem Kapitel erwartet.

Nach den Auftaktseiten folgen die **Erkundungen**. Hier könnt ihr selbst aktiv werden und die Inhalte des jeweiligen Kapitels selbstständig entdecken.

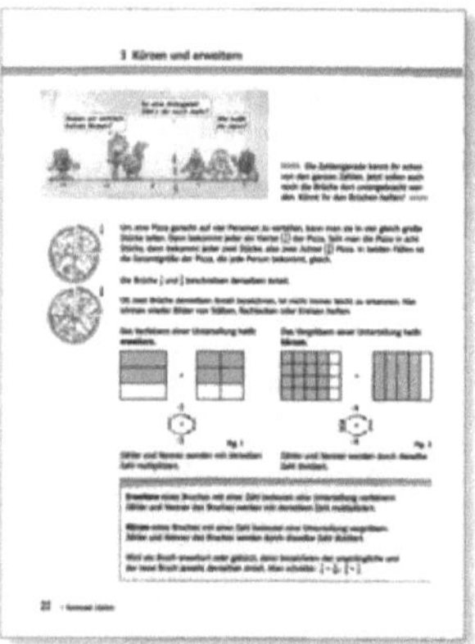

Die Kapitel sind in **Lerneinheiten** unterteilt, die euch immer einen mathematischen Schritt voranbringen. Zum **Einstieg** findet ihr stets eine Anregung oder eine Frage zu dem Thema. Ihr könnt euch dazu alleine Gedanken machen, es in der Gruppe besprechen oder mit der ganzen Klasse gemeinsam mit eurer Lehrerin oder eurem Lehrer diskutieren.

Im **Merkkasten** findet ihr die wichtigsten Inhalte der Lerneinheit zusammengefasst. Ihr solltet ihn deshalb sehr aufmerksam lesen.

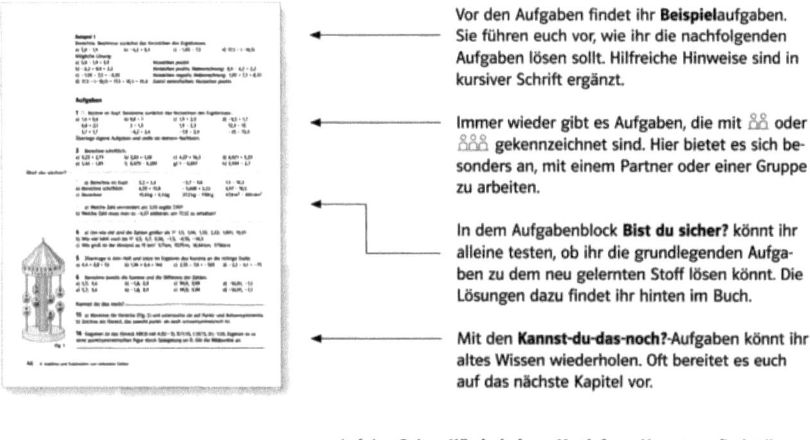

Vor den Aufgaben findet ihr **Beispiel**aufgaben. Sie führen euch vor, wie ihr die nachfolgenden Aufgaben lösen sollt. Hilfreiche Hinweise sind in kursiver Schrift ergänzt.

Immer wieder gibt es Aufgaben, die mit ஃஃ oder ஃஃஃ gekennzeichnet sind. Hier bietet es sich besonders an, mit einem Partner oder einer Gruppe zu arbeiten.

In dem Aufgabenblock **Bist du sicher?** könnt ihr alleine testen, ob ihr die grundlegenden Aufgaben zu dem neu gelernten Stoff lösen könnt. Die Lösungen dazu findet ihr hinten im Buch.

Mit den **Kannst-du-das-noch?**-Aufgaben könnt ihr altes Wissen wiederholen. Oft bereitet es euch auf das nächste Kapitel vor.

Auf den Seiten **Wiederholen – Vertiefen – Vernetzen** findet ihr Aufgaben, die den Lernstoff verschiedener Lerneinheiten und manchmal auch der Kapitel miteinander verbinden.

Am Ende des Kapitels findet ihr jeweils zwei Seiten, die euch helfen, das Gelernte abzusichern. Auf den **Rückblick**seiten sind die wichtigsten Inhalte des Kapitels zusammengefasst. Und im **Training** könnt ihr noch einmal alleine überprüfen, wie gut ihr die Themen aus dem ganzen Kapitel beherrscht. Die Lösungen dazu findet ihr auf den hinteren Seiten des Buches. Danach wisst ihr etwas besser, was ihr vielleicht noch üben könnt.

Besonders viel Spaß wünschen wir euch bei den **Exkursionen**: Horizonte, Erkundungen und Geschichten am Ende der Kapitel. Auf den **Horizonte**-Seiten könnt ihr interessante Dinge erfahren, z. B., wie man sich im Gelände oder sogar bei Nacht orientieren kann. Auf den **Erkundungen**-Seiten könnt ihr selbst aktiv werden und z. B. herausfinden, was die Hasenvermehrung mit Zahlenfolgen zu tun hat.
Die **Geschichten** schließlich könnt ihr vor allem einfach lesen. Vielleicht werdet ihr manchmal staunen, wie alltäglich Mathematik sein kann. Dabei kann es auch richtig spannend zu gehen, wie z. B. bei der Sherlock Holmes Geschichte.

Ihr könnt euch also auf euer Mathematikbuch verlassen. Es gibt euch viele Hilfestellungen für den Unterricht und die Klassenarbeiten und vor allem möchte es euch zeigen: Mathematik ist sinnvoll und kann Freude machen.

Wir wünschen euch viel Erfolg!
Das Autorenteam und der Verlag

7

Abbildung 14: Beispiel einer Einführungsseite (Hußmann et al. 2006, S. 6-7)

a small number of classroom instructional sessions" (Valverde *et al.* 2002, S. 21).

Diese Unterscheidung von strukturellen Eigenschaften des ganzen Buches und der Struktur von einzelnen Lerneinheiten vernachlässigt jedoch, dass auch für Schulbücher eine Unterteilung in einzelne Kapitel üblich ist. Die Struktur von Kapiteln wird in der Unterteilung in Makro- und Mikrostruktur nicht erfasst. Aus diesem Grund wird im Zusammenhang mit der vorliegenden Analyse eine weitere Strukturebene eingeführt: die Mesostruktur, die sich auf die Struktur eines Kapitels bezieht. Insgesamt werden bei der Darstellung also drei Strukturebenen unterschieden: die Makrostruktur, die Mesostruktur und die Mikrostruktur.

Innerhalb der einzelnen Ebenen wird die jeweilige Struktur durch die Abgrenzung einzelner Strukturelemente genauer beschrieben. Die Unterscheidung der verschiedenen Strukturelemente lässt die Vorstellung entstehen, dass die Strukturebenen aus einzelnen ‚Bausteinen' zusammengesetzt werden. In diesem Sinne bezeichnen Valverde et al. die Strukturelemente auch als „blocks" (Valverde *et al.* 2002, S. 141). Es handelt sich dabei um Abschnitte auf einer Strukturebene, die anhand bestimmter Charakteristika mehr oder weniger deutlich voneinander unterscheidbar sind.

Auf alle drei Strukturebenen, die jeweiligen Strukturelemente und ihre Merkmale wird im Folgenden gesondert eingegangen. Dabei wird jeweils auf der Grundlage der einschlägigen Literatur ein Überblick über Gestaltungsmöglichkeiten auf den einzelnen Ebenen gegeben.

3.1.2.1 Makrostruktur

Die Makrostruktur bezieht sich auf die grundlegende Systematik der Bücher. Dazu gehört im Wesentlichen, welche mathematischen Themenbereiche behandelt werden und wie diese Themenbereiche innerhalb des Buches angeordnet sind.

Grundsätzlich sind bei Schulbüchern zwei verschiedene Systematiken zu unterscheiden (vgl. Keitel *et al.* 1980, S. 67-69):

1.   Jahrgangsstufenbände
2.   Lehrgänge geschlossener Sachgebiete

Diese beiden Systematiken unterscheiden sich hinsichtlich des Bezugssystems, das zur Auswahl der Inhalte herangezogen wird. Der Jahrgangsstufenband hat ein zeitliches Bezugssystem, indem er alle Inhalte enthält, die der Lehrplan für eine Jahrgangsstufe vorgibt. Lehrgänge geschlossener Sachgebiete orientieren sich zunächst an fachwissenschaftlichen Unterteilungen und fassen die Inhalte einzelner Teildisziplinen (i. d. R. Geometrie, Algebra, Stochastik) zusammen, die der Lehrplan für eine oder mehrere Jahrgangsstufen vorgibt.

Keitel, Otte und Seeger (1980) stellten fest, dass die Mathematikschulbücher in Deutschland seit der Bildungsreform von 1968 in allen Schulformen in der Regel als Jahrgangsstufenbände aufgebaut sind. Vor der Bildungsreform waren nur die Volksschulbücher auf diese Weise konzipiert (vgl. Keitel *et al.* 1980, S. 69, 77).

In ihrer Analyse von 418 Schulbüchern aus 48 Schulsystemen unterscheiden Valverde et al. (2002) auf makrostruktureller Ebene drei Kategorien:

> Category 1: Textbooks with one Dominant Content Theme [...]
> Category 2: Textbooks Reflecting a Progression of Sequential Themes [...]
> Category 3: Textbooks with Fragmented Content Coverage (Valverde *et al.* 2002, S. 63-73)

Vergleicht man diese Kategorien mit den beiden zuvor beschriebenen Konzeptionsmöglichkeiten auf makrostruktureller Ebene – ‚Jahrgangsstufenbände' und ‚Lehrgänge geschlossener Sachgebiete' –, so liegt die Vermutung nahe, dass es sich bei den „Textbooks with one Dominant Content Theme" (Valverde *et al.* 2002, S. 63) um Lehrgänge geschlossener mathematischer Sachgebiete handelt. Dagegen werden die Bücher der Kategorien 2 und 3 vermutlich Jahrgangsstufenbände sein.

Im Rahmen der Studie von Valverde et al. wurden auch sechs Mathematikbücher aus Deutschland analysiert. Von den sechs untersuchten deutschen Schulbüchern gehörte eines zu Kategorie 1 und fünf zu Kategorie 2. Keines der untersuchten deutschen Bücher gehörte der Kategorie 3 an (vgl. Valverde *et al.* 2002, S. 77). Hinsichtlich des Verhältnisses zwischen Kategorie 1 und den Kategorien 2 und 3 spiegelt die Auswahl der deutschen Bücher damit den internationalen Durchschnitt. Valverde et al. (2002) kommen zu dem Ergebnis, dass in der ‚TIMSS-Welt' etwa zehn Prozent der untersuchten Schulbücher Lehrgänge geschlossener Sachgebiete („Category 1: Textbooks with one Dominant Content Theme" (Valverde *et al.* 2002, S. 63)) sind (vgl. Valverde *et al.* 2002, S. 63). Die meisten (etwa 60 Prozent) der untersuchten Schulbücher gehören „Category 2: Textbooks Reflecting a Progression of Sequential Themes" (Valverde *et al.* 2002, S. 67) an und etwa 30 Prozent „Category 3: Textbooks with Fragmented Contend Coverage" (Valverde *et al.* 2002, S. 67). Also handelt es sich bei etwa 90 Prozent der untersuchten Schulbücher um Jahrgangsstufenbände. In Deutschland ist das Verhältnis zwischen Büchern der Kategorie 2 und der Kategorie 3 zugunsten der Kategorie 2 verschoben.

3.1.2.2 Mesostruktur

Die Mesostruktur wird in dieser Arbeit eingeführt, um die übliche Gliederung der Inhalte von Schulbüchern in einzelne Kapitel zu berücksichtigen. Diese Ebene wird von Valverde et al. mit der Unterscheidung von Makro- und Mikrostruktur vernachlässigt. Die Mesostruktur bezieht sich auf die Struktur eines Kapitels. Üblicherweise werden die Kapitel weiter in kleinere Abschnitte untergliedert. Hayen (1987) führt drei Prinzipien auf, nach denen die Untergliederung vorgenommen werden kann:

1. Es besteht die Möglichkeit, keine äußeren Vorgaben zu machen. Die Autoren stellen ein Thema in dem Umfang dar, wie sie es für angemessen halten.
2. Die Kapitel können nach dem „Seitenprinzip" (Hayen 1987, S. 327) in einzelne Themen unterteilt werden, „bei dem jedes Thema so bemessen sein muß, daß es auf einer Buchseite dargestellt werden kann" (Hayen 1987, S. 327).
3. Die übliche Methode ist die Unterteilung der Kapitel in einzelne Lerneinheiten. Laut Hayen (1987) enthält jede Lerneinheit den Stoff für eine bis zu vier Unterrichtsstunden. Eine Lerneinheit entspricht somit dem, was Valverde et al. (2002) als „lesson" (Valverde *et al.* 2002, S. 139) bezeichnen.

Erkenntnisse zur Mesostruktur von Mathematikschulbüchern konnten in der einschlägigen Literatur nicht ausgemacht werden.

3.1.2.3 Mikrostruktur

Die Mikrostruktur beschreibt den Aufbau einzelner thematischer Abschnitte. Je nachdem, ob die Kapitel nach dem freien Prinzip, nach dem Seitenprinzip oder in Lerneinheiten unterteilt sind, bezieht sich die Mikrostruktur auf die Gliederung eines Themenkomplexes, einer Themenseite oder einer einzelnen Lerneinheit.

Mit der Mikrostruktur von Mathematikschulbüchern setzten sich u. a. Hayen (1987), Love und Pimm (1996), Howson (1995), Sträßer (1974) sowie Valverde et al. (2002) auseinander. Gemeinsam ist diesen Autoren, dass sie einzelne Strukturelemente unterscheiden, aus denen sich die Mikrostruktur zusammensetzt. Allerdings wenden sie unterschiedliche Kriterien bei der Abgrenzung der Strukturelemente an. Exemplarisch wird das an den vier folgenden Beschreibungen der Mikrostruktur von Hayen (1987), Love und Pimm (1996), Howson

(1995) und Valverde et al. (2002) deutlich. Hayen (1987) unterscheidet grundsätzlich drei Strukturelemente:

1. Kasten: „In ihm werden Erläuterungen, Definitionen, Zusammenhänge und Sätze mitgeteilt und durch Beispiele belegt oder durch einprägsame Figuren verdeutlicht. Der Kasten soll den Schüler über das von ihm erwartete Wissen informieren." (Hayen 1987, S. 336)
2. Musterlösungen: „Besonders wichtige Verfahren werden nicht in einem Kasten dargestellt, sondern sollen durch Musterlösungen optisch hervorgehoben werden." (Hayen 1987, S. 336).
3. Aufgaben

Bei den Aufgaben differenziert Hayen zwischen unterschiedlichen Funktionen:

- Einstiegsaufgaben: „Die Einführungsaufgaben sollen auf das Thema der Lerneinheit anhand von umweltbezogenen Problemen hinführen. Durch diese Aufgaben sollen das Unterrichtsgespräch und wenn möglich auch Aktivitäten der Schüler gefördert werden." (Hayen 1987, S. 336)
- Kontrollaufgaben, „die den Zweck haben, gerade Gelerntes zu überprüfen" (Hayen 1987, S. 336)
- Ergänzungsaufgaben, „die keine zusätzlichen Inhalte bringen, wohl aber höhere Ansprüche stellen." (Hayen 1987, S. 336)

Ebenso wie Hayen unterscheiden auch Love und Pimm (1996) drei Strukturelemente. Bei ihnen finden sich auch die beiden Strukturelemente ‚Musterbeispiele' und ‚Aufgaben'. Die Beispiele sollen paradigmatisch und generisch sein und den Schülern ein Modell bereitstellen, das in den Übungen nachgeahmt werden kann. Übungen sehen sie grundsätzlich als Mittel an, den Schüler aktiv einzubeziehen (vgl. Love & Pimm 1996, S. 387). Im Unterschied zu Hayen sehen sie den Anfang der Lerneinheit jedoch nicht notwendigerweise in Form von Aufgaben gestaltet. Sie sprechen dort allgemein von der ‚Exposition'. Die Exposition sehen sie im Wesentlichen von der zugrunde liegenden Lerntheorie bestimmt (vgl. Love & Pimm 1996, S. 387). Das Ende der Exposition bilden üblicherweise die „'essential' results" (Love & Pimm 1996, S. 387):

> the text is usually moving to a particular destination, arrival at which will be clearly signalled. Different font size, colour, boxes or shading, are all much used devices to indicate a codified version of what is considered important (Love & Pimm 1996, S. 387).

Valverde et al. (2002) untersuchen im Rahmen der TIMS-Studie die Mikrostruktur von Mathematikschulbüchern quantitativ. Dabei unterscheiden sie vier verschiedene ‚blocks': "narrative or graphical elements; exercise or questions [sic!] sets; worked examples; or activities" (Valverde *et al.* 2002, S. 141).

> Narrative elements [...] They tell stories and state facts and principles through narration. [...]
>
> Activity elements [...] are segments of the textbooks that contain instructions and suggestions for student activities. Often they contain instruction for the conduct of some sort of 'hands-on' experience. This might include an experiment in science or collecting and using data in mathematics. [...]
>
> exercise or question sets [...]. These provide instructions and opportunities to practice and acquire particular skills. They are similar to activity blocks in requiring that students engage in performances that are different from reading and understanding. They are similar to narrative blocks in that the exercises provide all that is necessary for the pedagogical experience. However, exercises and question sets unlike activity blocks do not direct students to the world outside of textbooks, except as these are parts of the internalized world of students. [...]
>
> worked examples refer [...] to material that details the execution of a particular algorithm or solution strategy though an illustration with detailed annotation and description. These blocks are similar to narrative blocks in that the material in these is intended for students to read and understand. They differ in that they are structured by pursuit of an answer to a problem or question and presuppose that students will follow the flow of that pursuit. (Valverde *et al.* 2002, S. 141-142).

Anhand dieser Beschreibungen der Mikrostruktur von Mathematikschulbüchern wird bereits deutlich, dass bislang keine einheitliche Terminologie zur Beschreibung der Mikrostruktur zur Verfügung steht. Jeder Autor wählt eigene Bezeichnungen und andere Kriterien, nach denen er die Strukturelemente der Mikrostruktur voneinander abgrenzt. Dennoch lassen sich analoge Elemente in den verschiedenen Beschreibungen der Mikrostruktur identifizieren. So spricht Hayen von einem ‚Kasten', der „Erläuterungen, Definitionen, Zusammenhänge und Sätze" (Hayen 1987, S. 336) enthält. Auch in der weiter oben zitierten Beschreibung von Love und Pimm (1996, S. 387) ist das Ende der Exposition durch zentrale Inhalte gekennzeichnet, die optisch hervorgehoben sind. Ebenso finden sich in allen Beschreibungen ‚Einstiege' verschiedener Art, ‚Musterbeispiele' und ‚Übungsaufgaben'.

Neben der Unterscheidung einzelner Strukturelemente auf der Ebene der Mikrostruktur wird in der einschlägigen Literatur auch auf die Anordnung der Strukturelemente eingegangen. Hayen beschreibt die Mikrostruktur des Unterrichtswerkes ‚Gamma' als Aufgabensequenz:

> Jede Lerneinheit stellt eine Aufgabensequenz dar, deren Aufgaben verschiedene Funktionen zu erfüllen haben: Der Stundenteil beginnt mit einer oder mehreren Einstiegsaufgaben. [...]. Im Mittelpunkt der meisten Lerneinheiten steht ein Kasten. [...] Besonders wichtige Verfahren werden nicht in einem Kasten dargestellt, sondern sollen durch Musterlösungen optisch hervorgehoben werden. An den Kasten bzw. an die Musterlösungen schließen sich Kontrollaufgaben an [...]. Dem schließen sich evtl. Ergänzungsaufgaben zu dem Thema der Lerneinheit an (Hayen 1987, S. 336).

Griesel und Postel (1983) sehen die Konzeption von Mathematiklehrbüchern als Aufgabensequenzen als notwendige Folge des Anliegens „dem Lehrer Hilfen zur Initiierung und Steuerung von mathematischen Lernprozessen beim Schüler" (Griesel & Postel 1983, S. 291) zu geben. Ihrer Ansicht nach dürften „lesebuchartige Darstellungen mit agglutinierender Textabfolge [...] kaum dieselbe Effizienz erreichen wie Aufgabensequenzen" (Griesel & Postel 1983, S. 291).

Die Beschreibung der Mikrostruktur als Aufgabensequenz findet sich in der einschlägigen englischsprachigen Literatur nicht so ausgeprägt. Im Rahmen der TIMS-Studie führte Howson (1995) eine qualitative Untersuchung der Mikrostruktur von Mathematikschulbüchern der Klasse 8 durch. Er charakterisiert die Mikrostruktur weniger als Aufgabensequenz, sondern sieht in ihr die Realisation des Prinzips des Vormachens und Nachmachens:

> The average text is likely to present mathematics in a monolithic way: 'This is how it is done, now go and do it for yourself (Howson 1995, S. 19).

Dieses Prinzip manifestiert sich in folgender Anordnung der Strukturelemente auf der Ebene der Mikrostruktur:

> A standard pattern appears to be the presentation of mathematics by chapters, or more basic units, using this structure:
> 1. Introductory activities or examples.
> 2. Exploration in some detail of a generic example.
> 3. Presentation of kernels - definitions, procedures, etc.
> 4. Consolidation through abstract and contextualized exercises and problems.
> (Howson 1995, S. 38)

Zu einem ähnlichen Ergebnis kommen Love und Pimm (1996). Das am weitesten verbreitete Modell der Textorganisation auf mikrostruktureller Ebene ist den beiden Autoren zufolge das „'exposition-examples-exercises'-model" (Love & Pimm 1996, S. 386). Da sie den *Kasten mit Merkwissen* als das Ende der Exposition ansehen, ist bei ihnen gegenüber Howson die Reihenfolge des *Kastens mit Merkwissen* und des *Musterbeispiels* vertauscht.

Gegenüber der Charakterisierung der Mikrostruktur als Aufgabensequenz im Sinne Hayens (1987) sowie Griesels und Postels (1983) legen die Beschreibungen Howsons (1995) sowie Loves und Pimms (1996) eher eine feste Anordnung der Elemente auf mikrostruktureller Ebene nahe, bei der zunächst die Inhalte im Sinne des Vormachens präsentiert werden und anschließend anhand von Übungsaufgaben durch die Schüler nachgeahmt werden sollen. D. h., der Vergleich der verschiedenen Beschreibungen der Mikrostruktur in der einschlägigen Literatur zeigt, dass sich grundsätzlich zwei Mikrostrukturtypen unterscheiden lassen:

1. Aufgabensequenzen
2. Präsentations-Imitations-Strukturen, d. h. Mikrostrukturen, in denen erst die Inhalte dargeboten werden und anschließend anhand von Übungen nachgeahmt werden sollen.

In der einschlägigen Literatur zeigt sich insgesamt, dass weder eine einheitliche Terminologie zur Bezeichnung der einzelnen Strukturelemente zur Verfügung steht, noch ein Kategoriensystem, das eine einheitliche Kennzeichnung der einzelnen Strukturelemente hinsichtlich bestimmter Merkmale ermöglicht. Aufgrund dieses Desiderats ist bislang keine Vergleichbarkeit von Strukturelementen verschiedener Mathematikschulbücher möglich. Diese Vergleichbarkeit besteht erst, wenn Strukturelemente verschiedener Mathematikbücher auf der Grundlage einheitlicher, klar definierter Merkmale gekennzeichnet werden können.

Anknüpfend an dieses Ergebnis lassen sich zwei grundlegende Ziele formulieren, die mit der Strukturanalyse von Mathematikbüchern verbunden sind: Die Analyse soll

1. die Vergleichbarkeit von Mathematikschulbüchern auf struktureller Ebene ermöglichen;
2. auf der Grundlage dieses Vergleiches Aussagen über Gemeinsamkeiten und Unterschiede zwischen den Strukturen der Mathematikschulbücher gestatten.

Aus diesen Zielen lassen sich vier Fragestellungen ableiten, die mit der vorliegenden Analyse verfolgt werden:

1. Durch welche Eigenschaften lassen sich die einzelnen Strukturelemente charakterisieren?
2. Lassen sich auf der Grundlage der charakterisierenden Eigenschaften der Strukturelemente Strukturelementtypen bilden?
3. Wie sind die Strukturelemente auf den einzelnen Ebenen angeordnet?

4. Welche Aussagen lassen sich auf der Grundlage der Analyse über die Strukturen aktueller deutscher Mathematikschulbücher treffen?

3.1.3 Ablauf der Analyse

Im nächsten Schritt sind nach Mayrings Ablaufmodell der qualitativen Inhaltsanalyse die speziellen Analysetechniken festzulegen. In diesem Zusammenhang wird ein genauer Ablaufplan der Analyse aufgestellt. Mayring sieht darin

> die Stärke der qualitativen Inhaltsanalyse gegenüber anderen Interpretationsverfahren, daß die Analyse in einzelne Interpretationsschritte zerlegt wird, die vorher festgelegt werden. Dadurch wird sie für andere nachvollziehbar und intersubjektiv nachprüfbar, dadurch wird sie übertragbar auf andere Gegenstände, für andere benutzbar, wird sie zur wissenschaftlichen Methode. (Mayring 2008, S. 53)

Im Zusammenhang mit der vorliegenden Analyse der Strukturen aktueller deutscher Mathematikschulbücher der Sekundarstufen I und II wird folgender Ablaufplan festgelegt, der Mayrings allgemeines Ablaufmodell ab Punkt 6 fortsetzt:

6. Aufstellen eines Kategoriensystems zur Beschreibung der Strukturelemente anhand exemplarischer Analysen einzelner Strukturelemente
7. Festlegen der inhaltsanalytischen Analyseeinheiten
8. Paraphrasierung und Generalisierung der Beschreibung der einzelnen Strukturelemente
9. Strukturierung der Beschreibungen der Strukturelemente durch Einordnung in das Kategoriensystem
10. Vergleich sämtlicher Strukturelemente aller untersuchten Mathematikbücher und Typenbildung auf Grundlage der Merkmalsausprägungen in den einzelnen Kategorien.
11. Kodierung der Strukturen der Mathematikschulbücher auf Grundlage der Typen
12. Vergleich der Strukturen der Mathematikschulbücher

Nach einer Darstellung des Kategoriensystems und dem Festlegen der inhaltsanalytischen Analyseeinheiten (Schritte 6 und 7) in Abschnitt 3.1.4 wird die Paraphrasierung, Generalisierung und Strukturierung der Beschreibungen der Strukturelemente (Schritte 8 und 9) in Abschnitt 3.1.5 an einem Beispiel exemplarisch dargestellt. Die Schritte 10, 11 und 12 werden dann jeweils geordnet nach den strukturellen Ebenen in Abschnitt 3.2 dargestellt.

3.1.4 Kategoriensystem und Analyseeinheiten

Die Analyse der Beschreibungen von Strukturelementen zeigt, dass diese Strukturelemente hinsichtlich verschiedener Merkmalsdimensionen charakterisiert werden können. Dies soll am Beispiel des Strukturelements „unsere Aufträge" im Mathematikbuch *Fokus Mathematik* (Esper & Schornstein 2006) erläutert werden. Im Vorsatz des Buches findet sich folgende Beschreibung:

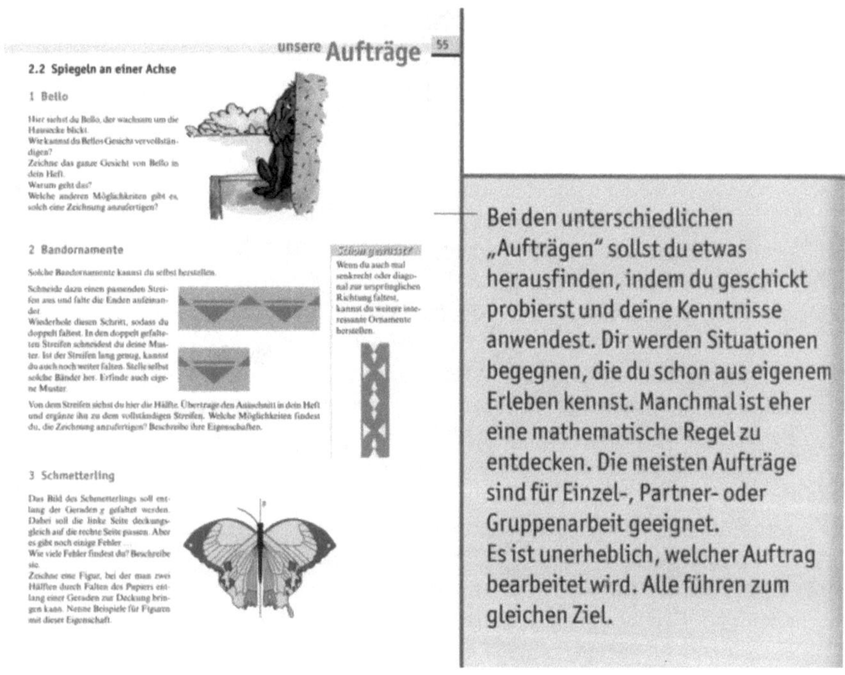

Abbildung 15: Strukturelement „unsere Aufträge" (Esper & Schornstein 2006, Vorsatz)

In dieser Beschreibung werden sowohl inhaltliche Merkmale (Anwendungen, mathematische Regeln), didaktische Funktionen (Aktivierung, Förderung selbstentdeckenden Lernens, Anknüpfung an Vorkenntnisse) als auch Hinweise zum Verwendungszusammenhang (im Unterricht) und zur Sozialform (Einzel-, Partner- oder Gruppenarbeit) genannt. Diese unterschiedlichen Dimensionen lassen sich durch das Kategoriensystem beschreiben, das in der Linguistik zur Charakterisierung von Textsorten verwendet wird. Nach Heinemann (2000, S. 513) sind das folgende Kategorien: „die äußere Textgestalt / das Layout; [...] charakteristische Struktur- und Formulierungsbesonderheiten / die Sprachmittelkonfiguration [...]; inhaltlich-thematische Aspekte; situative Bedingungen [...]; kommunikative Funktionen".

Im Folgenden wird die genaue Bedeutung der Kategorien der Textsortenbeschreibung im Hinblick auf den Untersuchungsgegenstand beschrieben:

Typographische Merkmale

Eigenschaften des Strukturelements, die die äußere Textgestalt bzw. das Layout betreffen, werden in der Kategorie *typographische Merkmale* zusammengefasst. Hierzu zählen alle Eigenschaften des Strukturelements, die es auf typographischer Ebene von anderen Strukturelementen unterscheidbar macht, insbesondere spezifische Überschriften, Hervorhebungen, Markierung durch spezifische Symbole.

Sprachliche Merkmale

In der Kategorie *sprachliche Merkmale* werden alle Eigenschaften zusammengefasst, die sich auf charakteristische Formulierungsbesonderheiten bzw. die Sprachmittelkonfiguration beziehen.

Inhaltliche Aspekte

In dieser Kategorie werden alle Angaben zu inhaltlichen Aspekten des Strukturelements erfasst. Dazu zählt insbesondere, ob es sich um innermathematische Gegenstände oder Anwendungen handelt.

Didaktische Funktionen

Die von Heinemann für die Textsortendifferenzierung genannte Kategorie ‚kommunikative Funktion' bezieht sich ursprünglich auf die Taxonomie der Funktionen sprachlicher Handlungen im Sinne der Sprachakttheorie, z. B. Auffordern, Behaupten / Feststellen, Fragen, Danken, Raten, Warnen, Grüßen, Beglückwünschen (vgl. Searle 1971, S. 100ff). Im Zusammenhang mit der vorliegenden Untersuchung ist es jedoch sinnvoll, die Strukturelemente hinsichtlich didaktischer Funktionen zu charakterisieren. Alle Angaben zur Funktion des Strukturelements im Lehr- und Lernprozess werden der Kategorie *didaktische Funktionen* zugeordnet. In Anlehnung an Klingenberg (1982, S. 80ff) und Walsch et al. (1977, S. 155ff) werden vier didaktische Funktionen unterschieden:

1. Hinführung und Vorbereitung: dazu zählen z. B. die Zielstellung, die Motivierung, die Aktivierung, die Sicherung des Ausgangsniveaus und die Wegereflexion;
2. Erarbeitung: dazu zählt insbesondere die Vermittlung neuer Inhalte;
3. Festigen: dazu zählen z. B. das Vertiefen, Systematisieren, Anwenden, Einprägen, Üben, Wiederholen;
4. Kontrolle: dazu zählen z. B. Selbstkontrolle durch Tests, Soll-Ist-Vergleiche etc.

Situative Bedingungen

Alle Hinweise auf intendierte Verwendungszusammenhänge des Strukturelements werden in der Kategorie *situative Bedingungen* zusammengefasst. Hierzu zählen insbesondere Angaben zur Sozialform, in der das Strukturelement verwendet werden soll, und Angaben darüber, ob das Strukturelement zur Verwendung im Unterricht oder für die häusliche Verwendung gedacht ist.

Neben der Beschreibung des Kategoriensystems ist die Festlegung der Analyseeinheiten von Bedeutung. Sie soll die Präzision der Inhaltsanalyse erhöhen. Mayring unterscheidet u. a. die Kodier- und die Kontexteinheit:

> Die *Kodiereinheit* legt fest, welches der kleinste Materialbestandteil ist, der ausgewertet werden darf, was der minimale Textteil ist, der unter eine Kategorie fallen kann.
>
> Die *Kontexteinheit* legt den größten Textbestandteil fest, der unter eine Kategorie fallen kann. (Mayring 2008, S. 53)

Bei der vorliegenden Analyse lassen sich demnach die Analyseeinheiten wie folgt bestimmen:

- Kodiereinheit ist ein einzelnes Wort,
- Kontexteinheit ist die Beschreibung eines Strukturelements

3.1.5 Exemplarische Analyse

Die Analyse der Strukturelemente von Mathematikbüchern mit Hilfe der qualitativen Inhaltsanalyse nach Mayring (2008) soll in diesem Abschnitt exemplarisch anhand des Strukturelements „unsere Aufträge" im Mathematikbuch *Fokus Mathematik* (Esper & Schornstein 2006) erläutert werden, das bereits im Zusammenhang mit der Darstellung des Kategoriensystems wiedergegeben wurde (vgl. Abbildung 15).

> Bei den unterschiedlichen ‚Aufträgen' sollst du etwas herausfinden, indem du geschickt probierst und deine Kenntnisse anwendest. Dir werden Situationen begegnen, die du schon aus dem eigenen Erleben kennst. Manchmal ist eher eine mathematische Regel zu entdecken. Die meisten Aufträge sind für Einzel-, Partner- oder Gruppenarbeit geeignet. Es ist unerheblich, welcher Auftrag bearbeitet wird. Alle führen zum gleichen Ziel. (Esper & Schornstein 2006, Vorsatz)

Zunächst wird dieser Abschnitt paraphrasiert wiedergegeben. Dabei werden alle nicht inhaltstragenden Textbestandteile weggelassen und der Text in eine Kurzform transformiert. Anschließend erfolgt die Generalisierung der Paraphrasen. Die Paraphrasierung und Generalisierung werden hier am obigen Beispiel exemplarisch dargestellt:

Paraphrasierung	Generalisierung
Auftrag	appellative sprachliche Mittel
probieren, herausfinden, entdecken	aktivierend Förderung selbstentdeckenden Lernens
Anwendung von Kenntnissen	Anknüpfung an Vorkenntnisse
Situationen aus dem eigenen Erleben	Anwendungen
Entdecken mathematischer Regeln	mathematische Regeln selbstentdeckendes Lernen
geeignet für Einzel-, Partner- oder Gruppenarbeit	Bearbeitung im Unterricht in Einzel-, Partner- oder Gruppenarbeit

Tabelle 1: Paraphrasierung und Generalisierung am Beispiel des Strukturelements „unsere Aufträge" (Esper & Schornstein 2006, Vorsatz)

Bei der Generalisierung werden die paraphrasierten Merkmale durch Formulierungen ersetzt, die üblicherweise in der didaktischen Literatur verwendet werden.

Im Anschluss an die Paraphrasierung und Generalisierung der Beschreibung werden die einzelnen Charakteristika anhand der Kodierregeln, die in Abschnitt 3.1.4 beschrieben wurden, den jeweiligen Kategorien zugeordnet. Für das Strukturelement „unsere Aufträge" ergibt sich die folgende Zuordnung:

generalisiertes Merkmal	Kategorie
appellative sprachliche Mittel	sprachliches Merkmal
aktivierend	didaktische Funktion
selbstentdeckendes Lernen	didaktische Funktion
Anknüpfung an Vorkenntnisse	didaktische Funktion
Anwendungen	inhaltlicher Aspekt
mathematische Regeln	inhaltlicher Aspekt
Bearbeitung im Unterricht in Einzel-, Partner- oder Gruppenarbeit	situative Bedingung

Tabelle 2:   Zuordnung der generalisierten Merkmale des Strukturelements „unsere Aufträge" (Esper & Schornstein 2006, Vorsatz) zu den einzelnen Kategorien

Durch die Generalisierung und Kategorisierung der Kennzeichen der Strukturelemente steht eine einheitliche Terminologie zur Verfügung, auf deren Grundlage die Strukturelemente verschiedener Bücher nun miteinander verglichen werden können. Auf der Grundlage der Ausprägungen in den verschiedenen Kategorien lassen sich Strukturelemente mit analogen Eigenschaften identifizieren. Anschließend können Strukturelemente mit analogen Merkmalen zu Strukturelementtypen zusammengefasst werden. Es zeigt sich z. B., dass das Strukturelement „unsere Aufträge" im Mathematikbuch *Fokus Mathematik* (Esper & Schornstein 2006) in mehreren Merkmalsausprägungen mit dem Strukturelement „Aufgaben" des Buches *Mathematik – Neue Wege* (Lergenmüller & Schmidt 2001) korrespondiert. Dieses Element wird im Buch wie folgt dargestellt:

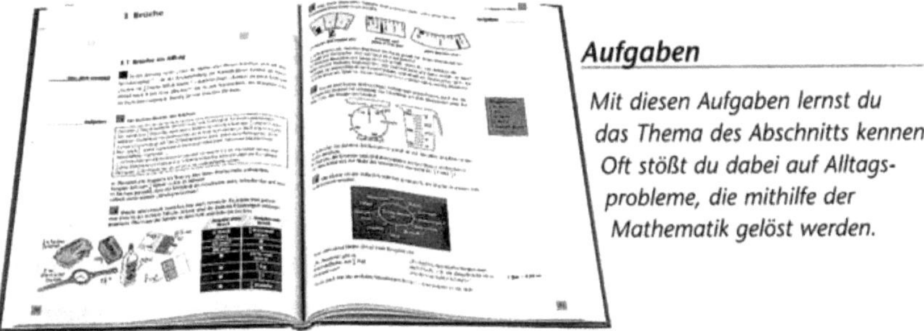

Abbildung 16: Erläuterung des Strukturelements ‚Aufgaben' in Mathematik -
Neue Wege (Lergenmüller & Schmidt 2001, S. 5)

Diese Erläuterung wurde wie folgt paraphrasiert, generalisiert und den einzelnen
Kategorien zugeordnet:

Paraphrasierung	**generalisiertes Merkmal**	**Kategorie**
Aufgabe	appellative sprachl. Mittel	sprachliches Merkmal
Kennenlernen des Themas	hinführend	didaktische Funktion
Alltagsprobleme	Anwendungen	inhaltlicher Aspekt
grüne Ebene	grüne Unterlegung des Textes	typographisches Merkmal

Tabelle 3: Paraphrasierung, Generalisierung und Zuordnung zu den einzelnen
Kategorien am Beispiel der Beschreibung des Strukturelements
„Aufgaben" (Lergenmüller & Schmidt 2001, S. 5)

Ebenso wie das Strukturelement „unsere Aufträge" im Mathematikbuch *Fokus
Mathematik* (Esper & Schornstein 2006) dienen die Aufgaben des Mathematikbuches *Mathematik – Neue Wege* (Lergenmüller & Schmidt 2001) der Hinführung. Es handelt sich in beiden Fällen demnach um Aufgaben mit derselben
Funktion, die inhaltlich beide durch Anwendungen charakterisiert sind. Auf-

grund der Analogien in den Kategorien ‚sprachliche Merkmale', ‚inhaltlicher Aspekt' und ‚didaktische Funktion' werden beide Strukturelemente einem Strukturelementtyp zugeordnet. Dieser Strukturelementtyp erhält die Bezeichnung ‚Einstiegsaufgaben'.

3.2 Die Struktur deutscher Mathematikschulbücher

Im vorangehenden Abschnitt wurde das Vorgehen der Analyse im Zusammenhang mit den Schritten 8) bis 11) (vgl. Ablaufplan in Abschnitt 3.1.3) exemplarisch demonstriert. In den folgenden Abschnitten werden die Ergebnisse der Untersuchung der Struktur deutscher Mathematikschulbücher für die Sekundarstufen I und II dargestellt. Dabei werden einerseits die Strukturelementtypen beschrieben, die auf jeder der drei Strukturebenen Makro-, Meso- und Mikrostruktur gebildet werden konnten (vgl. Schritt 10 im Ablaufplan in Abschnitt 3.1.3). Andererseits werden die unterschiedlichen, in den Schulbüchern vorkommenden Anordnungen der Strukturelementtypen auf den jeweiligen Ebenen verglichen (vgl. Schritt 12 im Ablaufplan in Abschnitt 3.1.3).

3.2.1 Makrostruktur

Ein Blick in das Angebot des Schuljahres 2004 / 2005 der vier Schulbuchverlage Cornelsen, Klett, Schroedel und Westermann zeigt, dass bezüglich der Unterscheidung zwischen Jahrgangsstufenbänden und Lehrgängen geschlossener Sachgebiete zwischen Sekundarstufe I und II zu differenzieren ist. Für die Sekundarstufe I werden ausschließlich Schulbücher in Form von Jahrgangsstufenbänden angeboten. Aus den Inhaltsverzeichnissen lässt sich entnehmen, dass diese Jahrgangstufenbände entsprechend den Vorgaben der Lehrpläne in Kapitel zur Algebra, zur Geometrie und zur Stochastik unterteilt sind.

Unterschiede bestehen auf der Ebene der Makrostruktur vornehmlich darin, dass der Stoff der einzelnen Bereiche ‚Algebra', ‚Geometrie' und ‚Stochastik' entweder zusammenhängend präsentiert wird oder dass er im Sinne eines Spiralcurriculums in Form kleiner Abschnitte im Wechsel mit den anderen Bereichen über das Buch verteilt ist.

Die Schulbücher für die Sekundarstufe II sind dagegen überwiegend als Lehrgänge geschlossener mathematischer Sachgebiete konzipiert. Es werden jeweils Schulbücher zur Analysis, zur Linearen Algebra / Analytischen Geometrie und zur Stochastik angeboten. Schulbücher für die Jahrgangstufe 11 werden auch bei Schulbuchreihen, die als Lehrgänge geschlossener mathematischer Sachgebiete konzipiert sind, häufig noch als Jahrgangsstufenband angeboten.

3.2.1.1 Strukturelementtypen

Die Makrostruktur bezieht sich neben der Gesamtkonzeption der Bücher (Jahrgangsstufenbände / Lehrgänge geschlossener Sachgebiete) auch auf die erste Gliederung der Inhalte in einzelne Abschnitte. Dabei zeigt sich in deutschen Büchern eine Unterteilung in einzelne Kapitel, die auch insgesamt für die TIMSS-Welt üblich ist (vgl. Howson 1995, S. 38). Neben den einzelnen Kapiteln finden sich in den 18 untersuchten Schulbüchern auf makrostruktureller Ebene weitere Elemente. Eine Liste der vorkommenden Strukturelementtypen und ihrer Merkmale zeigt Tabelle 4.

Nicht alle Strukturelementtypen aus Tabelle 4 lassen sich in jedem Buch wiederfinden[24]. Alle Bücher haben jedoch ein *Inhaltsverzeichnis* und ein *Stichwortverzeichnis*. 17 Bücher besitzen einen Lösungsteil, der *Lösungen zu ausgewählten Aufgabentypen* enthält. Ein Großteil der Bücher (14 von 18) verfügt über *Hinweise zur Struktur* des Buches. Etwas mehr als die Hälfte der Bücher (10 von 18) bieten auf makrostruktureller Ebene *kapitelübergreifende Aufgaben* an; vier stellen auch *kapitelübergreifende Tests* mit den dazugehörigen Lösungen zur Verfügung. Darüber hinaus enthalten einige Bücher (7 von 18) ein *Verzeichnis mathematischer Symbole*. Vier Bücher verfügen über eine *Formelsammlung*, in der zentrale mathematische Regeln und Gesetze zusammengefasst werden. Von den sieben Haupt- und Realschulbüchern haben darüber hinaus vier ein Verzeichnis von Maßen und Maßeinheiten und zwei einen Wiederholungsteil am Anfang des Buches.

3.2.1.2 Anordnung der Strukturelemente

Bezüglich der Anordnung der Strukturelemente auf makrostruktureller Ebene lassen sich keine wesentlichen Unterschiede feststellen. Unterschiede konnten nur im Hinblick auf die beiden Strukturelementtypen *Verzeichnis mathematischer Symbole* und *Übersicht über Maße und Maßeinheiten* festgestellt werden. Diese befinden sich entweder am Anfang oder am Ende des Buches. Die typische Anordnung auf makrostruktureller Ebene entspricht der Anordnung der Strukturelemente in Tabelle 4.

---

[24] Welche der Elemente in den einzelnen Büchern zu finden sind, kann Anhang 1 entnommen werden. Der Anhang ist im Internet über die URL http://www.viewegteubner.de zugänglich.

Strukturelementtyp	inhaltliche Aspekte	sprachliche Merkmale	typograph. Merkmale	didaktische Funktionen	situative Bedingungen
Hinweise zur Struktur	Beschreibung der Struktur und der verschiedenen Strukturelemente des Buches			Strukturtransparenz	
Inhaltsverzeichnis	Übersicht über den Inhalt des Buches				
Kapitel	Abschnitte zu eingegrenzten mathematischen Themen, die weiter in Lerneinheiten untergliedert sind				
kapitelübergreifende Aufgaben	Aufgaben zu Inhalten des gesamten Buches	appellative sprachl. Mittel		Festigen (Vernetzen) der Inhalte des Buches	
kapitelübergreifende Tests	Aufgaben zu Inhalten des gesamten Buches	appellative sprachl. Mittel		Kontrolle (Wissensstand / Verständnis überprüfen)	
Projekt	innermathematische, fachübergreifende, komplexe Themen			Förderung eigenständiger Schüleraktivitäten; Festigen (Vernetzen) der Inhalte des Buches	
Verzeichnis mathematischer Symbole	mathematische Symbole				
Übersicht über Maße und Maßeinheiten	Maße und Maßeinheiten				
Formelsammlung	mathematische Formeln				
Lösungen zu ausgewählten Aufgaben	Lösungen				
Stichwortverzeichnis					

Tabelle 4:   Synopse makrostruktureller Strukturelementtypen

Die Kapitelüberschriften deuten darauf hin, dass die Sequenzbildung in Mathematikschulbüchern der „Aufgabendidaktik" (Lenné 1969, S. 35) verpflichtet ist. Lenné zufolge ist dieses Stofforganisationsprinzip dadurch gekennzeichnet, dass „die Einzelstoffe fast durchgehend in bestimmte Gebiete eingeteilt werden, die durch Aufgabentypen gekennzeichnet sind. Charakteristisch dafür ist die Benennung sehr spezieller Gebiete als ‚-rechnung' oder ‚-lehre'" (Lenné 1969, S. 34). Die Kapitelüberschriften in den untersuchten Mathematikschulbüchern zeigen eben diese Eigenschaft, z. B. „Rechnen mit natürlichen Zahlen" (Borneleit & Winter 2006, S. 3), „Rechnen mit Brüchen" (Lergenmüller & Schmidt 2001, S. 3), „Sachrechnen mit Größen" (Krewer *et al.* 1998, S. 4), „Differentialrechnung" (Griesel & Postel 2000, S. 5), „Vektorrechnung" (Griesel *et al.* 2004, S. 4). Es finden sich aber auch sehr vereinzelte Ausnahmen, z. B. „Strategien entwickeln – Probleme lösen" (Hußmann *et al.* 2006, S. 4), „Daten erfassen, darstellen und interpretieren" (Hußmann *et al.* 2006, S. 5), „Muster und Abhängigkeiten erkunden" (Hußmann *et al.* 2006, S. 5).

Zusammenfassend lässt sich festhalten, dass auf der makrostrukturellen Ebene von Mathematikbüchern eine Gliederung in einzelne Kapitel üblich ist. Die Kapitelüberschriften verweisen darauf, dass die Gliederung dem Prinzip der Aufgabendidaktik verpflichtet ist. Neben den Kapiteln sind einerseits Verzeichnisse und andere Elemente, die die Orientierung im Buch erleichtern sollen, zu finden und andererseits Strukturelemente, die die Inhalte der einzelnen Kapitel transzendieren. Dazu zählen insbesondere *kapitelübergreifende Aufgaben* und *Tests*, *Verzeichnisse mathematischer Symbole* sowie *Übersichten über Maße und Maßeinheiten* und Strukturelemente, die auf Vorwissen verweisen. Diese Strukturelemente finden sich entweder am Anfang des Buches in Form einer Wiederholung oder im Anhang in Form eines Glossars.

3.2.2 Mesostruktur

3.2.2.1 Strukturelementtypen

Tabelle 5 zeigt sämtliche Strukturelementtypen, die auf mesostruktureller Ebene in der zugrunde gelegten Auswahl deutscher Mathematikschulbücher festgestellt werden konnten, sowie deren Merkmale.

Strukturelement-typ	inhaltliche Aspekte	sprachliche Merkmale	typograph. Merkmale	didaktische Funktionen	situative Bedingungen
Einführungsseite	Thema des Kapitels; Anwendung		farbig Bilder	Hinführung (Motivation; Anknüpfung an Vorwissen)	offener Einstieg
Aktivitäten	Inhalte des Kapitels	appellative sprachl. Mittel	nummeriert	Hinführung (Aktivierung)	
Lerneinheiten	mathematische Inhalte			Erarbeitung	
Themenseiten	innermathematische, fachübergreifende, komplexe Themen, die in einem Zusammenhang mit den Inhalten des Kapitels stehen, Anwendungen		farblich hervorgehoben	Differenzierung; Förderung eigenständiger Schüleraktivitäten	auch Grundlage für Schülerreferate und Facharbeiten
lerneinheitenübergr. Zusammenfassung	wichtigste Inhalte des Kapitels	prägnant	Überschrift	Festigen	
lerneinheitenübergr. Aufgaben	typische Aufgaben zu Themen des Kapitels	appellative sprachl. Mittel	Überschrift nummeriert	Festigen (Vernetzen)	
lerneinheitenübergr. Tests	Aufgaben zu Themen des Kapitels; Lösungen am Ende des Buches	appellative sprachl. Mittel	Überschrift nummeriert	Kontrolle (Wissensstand / Verständnis überprüfen)	
Aufgaben zu Inhalten früherer Kapitel	Aufgaben zu Inhalten früherer Kapitel	appellative sprachl. Mittel	Überschrift nummeriert	Festigen (Wiederholen)	

Tabelle 5:   Synopse mesostruktureller Strukturelementtypen und deren Merkmale

Die Strukturelemente in der Auswahl deutscher Mathematikschulbücher wurden anhand der Strukturelementtypen aus Tabelle 5 kodiert[25]. Anhand dieser Kodierung konnten die Mesostrukturen der ausgewählten Bücher miteinander verglichen werden. Dabei zeigt sich, dass die Kapitel aller untersuchten Mathematikbücher in Lerneinheiten unterteilt sind. Neben diesen Lerneinheiten finden sich in 16 von 18 untersuchten Schulbüchern innerhalb der Kapitel *Themenseiten*, die

---

[25] Das Ergebnis der Kodierung findet sich in Anhang 1. Der Anhang ist im Internet über die URL http://www.viewegteubner.de zugänglich.

„anhand eines interessanten Themas [zeigen], wo die Mathematik im Alltag, der Geschichte usw. angewendet wird" (Esper & Schornstein 2006, Vorsatz). Dabei geht es um „komplexere Sachzusammenhänge, die durch mathematisches Denken und Modellieren erschlossen werden" (Griesel *et al.* 2005, S. 4) und auch „den fächerübergreifenden Aspekt verstärken" (Leppig 2001, S. 2). Auf diesen Seiten werden auch „Anregungen zum selbständigen Planen, Durchführen und Auswerten von Projekten" (Borneleit & Winter 2006, Vorsatz) gegeben. Im Buch *Fokus Mathematik 6* (Esper & Schornstein 2006) werden außerdem unter der Überschrift „Mathematik & Methode" (Esper & Schornstein 2006, S. 18) Themenseiten angeboten, bei denen eine bestimmte Methode, z. B. das Lerntagebuch, das Gruppenpuzzle etc., im Vordergrund steht.

13 der 18 Bücher leiten auf einer *Einführungsseite* in das Kapitel ein. Diese Einleitung kann ein Absatz sein, in dem der Inhalt des Kapitels kurz beschrieben wird, oder eine ausführliche Einführung von bis zu einer Seite. In manchen Büchern zeigt die erste Seite jeden Kapitels auch „an einem interessanten Beispiel, dass der folgende mathematische Stoff in Alltag, Wissenschaft oder Architektur seine Anwendung findet" (Pohlmann & Stoye 2000, Vorsatz). Häufig sind diese Einführungsseiten graphisch sehr aufwendig gestaltet. Sie enthalten teilweise auch Denkanstöße, die zu einer ersten Beschäftigung mit dem Thema des Kapitels anregen sollen. In den neusten Büchern der untersuchten Auswahl zeigt sich die Tendenz, als Einstieg in die Kapitel „Erkundungen" (Hußmann *et al.* 2006, S. 6) anzubieten, in denen die Schüler „selbst aktiv werden und die Inhalte des jeweiligen Kapitels selbstständig entdecken" (Hußmann *et al.* 2006, S. 6) können.

9 der 18 Bücher bieten am Ende des Kapitels eine *lerneinheitenübergreifende Zusammenfassung* der „wichtigsten Inhalte des Kapitels" (Hußmann *et al.* 2006, S. 7) an. Dazu kommen in 13 von 18 Büchern am Ende eines Kapitels *lerneinheitenübergreifende Aufgaben*, in denen die „erworbenen Qualifikationen in vermischter Form angewandt und mit den bereits gelernten Inhalten vernetzt" (Griesel *et al.* 2005, S. 4) werden. Zu diesen Aufgaben befinden sich in knapp einem Viertel der Bücher (4 von 13) die Lösungen am Ende des Buches. Daneben bieten 10 der 18 Bücher am Ende des Kapitels den Schülern die Möglichkeit, ihren Lernerfolg selbst zu testen. Zu diesen *lerneinheitenübergreifenden Tests* gibt es jeweils Lösungen auf der Ebene der Makrostruktur.

Neben diesen allgemeinen Feststellungen zeigen sich auch schulformspezifische Tendenzen: In nur zwei der sieben untersuchten Mathematikbücher für die Haupt- und Realschule findet sich eine Zusammenfassung der wesentlichen Inhalte am Kapitelende (vgl. Borneleit & Winter 2006; Schröder *et al.* 2005). Ebenso enthalten auch nur zwei Bücher Lösungen zu den vermischten Aufgaben (vgl. Cukrowicz & Zimmermann 2002; Schröder *et al.* 2005).

3.2.2.2 Anordnung der Strukturelemente

Ebenso wie bei der Makrostruktur lassen sich auch auf der Ebene der Mesostruktur keine wesentlichen Unterschiede bei der Anordnung der Strukturelemente feststellen. Teilweise finden sich die *Themenseiten* immer am Anfang des Kapitels, immer am Ende oder sind variabel zwischen den Lerneinheiten in die Mesostruktur integriert. In einigen Büchern sind die *lerneinheitenübergreifenden Aufgaben* an geeigneten Stellen variabel in der Mesostruktur platziert. Bei den meisten Büchern finden sie sich jedoch am Ende des Kapitels. Dasselbe gilt für die *Aufgaben zu Inhalten früherer Kapitel.*

Insgesamt zeigt sich, dass die Kapitel deutscher Mathematikbücher üblicherweise in Lerneinheiten unterteilt sind. Neben den Lerneinheiten finden sich auf mesostruktureller Ebene weitere Strukturelemente. Dazu zählen insbesondere Elemente, die Inhalte der einzelnen Lerneinheiten verknüpfen, wie *Einführungen*, die zur Thematik des Kapitels hinführen, *Aktivitäten* zu den Inhalten der Kapitel, *lerneinheitenübergreifende Zusammenfassungen* und *lerneinheitenübergreifende Aufgaben* am Kapitelende, die sich auf die Inhalte mehrerer Lerneinheiten eines Kapitels beziehen, sowie *lerneinheitenübergreifende Tests,* die den Schülern die Möglichkeit bieten, ihren Lernerfolg selbst zu testen.

3.2.3 *Mikrostruktur*

3.2.3.1 Strukturelementtypen

In Tabelle 6 sind die Strukturelementtypen und deren Charakteristika zusammengefasst, die auf der Grundlage der qualitativen Inhaltsanalyse in der untersuchten Auswahl aktueller deutscher Mathematikschulbücher der Sekundarstufen I und II gebildet wurden.

Tabelle 6 ist eine Synopse aller Strukturelementtypen, die in den untersuchten Schulbüchern auf der Ebene der Mikrostruktur vorkommen. Nicht jeder der aufgeführten Strukturelementtypen ist in jedem Mathematikschulbuch zu finden. Einige der Strukturelementtypen sind auch charakteristisch für bestimmte Schulbücher. So finden sich der Typ *weiterführende Aufgaben* als einzelnes abgegrenztes Strukturelement nur in den Schulbüchern *Mathematik heute* (Griesel *et al.* 2005) und *Elemente der Mathematik* (Griesel *et al.* 2004; Griesel & Postel 2000) aus dem Schroedel-Verlag. Dasselbe gilt für die *Aufgaben mit Lösung.*

Struktur-elementtyp	inhaltliche Aspekte	sprachliche Merkmale	typograph. Merkmale	didaktische Funktionen	situative Bedingungen
Einstieg				propädeutisch	
Einstiegs-aufgaben	Anwendungssituationen innermathematische Fragestellungen	appellative sprachl. Mittel	nummeriert	propädeutisch aktivierend Vorwissen reaktivierend	im Unterricht Einzel-, Partner- oder Gruppenarbeit
Aufgabe mit Lösung				erarbeitend	als Einstiegs-aufgaben; zum Nachar-beiten
weiterführende Aufgabe	benachbarte Aufgaben Anschlussaufgaben Zielumkehraufgaben	appellative sprachl. Mittel	Überschrift nummeriert	festigend vertiefend Basis für Be-griffsbildung	im Unterricht
Lehrtext	mathematischer Inhalt der Lerneinheit (Be-griffe, Verfahren, Gesetzmäßigkeiten)	schülerge-rechte und altersgemä-ße Sprache		explizierend	zum Wieder-holen; zum Nacharbeiten, z. B. bei Versäumnis
Kasten mit Merkwissen	der wesentliche mathe-matische Inhalt (Defini-tionen, Sätze, Verfahren, Rückblicke, Ausblicke)	prägnant	hervor-gehoben	zusammenfas-send, einen Überblick gebend	
Musterbeispiel	grundlegende Aufgaben-typen; wichtige Verfah-ren		hervorge-hoben	paradigmatisch für die Übungs-aufgaben	
Übungsauf-gaben	Routineaufgaben Anwendungsaufgaben	appellative sprachl. Mittel	nummeriert	Üben, Anwen-den, Festigen und Vernetzen der Lerninhalte Selbstkontrolle Differenzierung	
Testaufgaben	grundlegende Aufgaben	appellative sprachl. Mittel	Überschrift nummeriert	Selbstkontrolle	
Aufgaben zur Wiederholung	Aufgaben zu Inhalten früherer Lerneinheiten	appellative sprachl. Mittel	Überschrift nummeriert	Rekapitulieren früherer Lern-inhalte	
Zusatzinfor-mationen	Zusatzinformationen, Hinweise, Fragen		hervor-gehoben / Randspalten	Hilfestellung	

Tabelle 6:   Synopse mikrostruktureller Strukturelementtypen und deren Merkmale

Aus den Einführungsseiten der Bücher *Mathematik heute* (Griesel *et al.* 2005) und *Elemente der Mathematik* (Griesel *et al.* 2004; Griesel & Postel 2000) lässt sich die Funktion dieses Strukturelements nicht eindeutig bestimmten. Laut der Erläuterung auf der Einführungsseite handelt es sich um eine „Aufgabe und deren vollständige Lösung" (Griesel *et al.* 2003, S. 6). Dieses Strukturelement wird von dem Element „Einführung" (Griesel *et al.* 2003, S. 6) abgegrenzt, das anstelle der *Aufgabe mit Lösung* tritt, falls Schüler „kaum eine Chance haben, selbstständig die Lösung des zu behandelnden Problems zu finden" (Griesel *et al.* 2003, S. 6). Diese Einführung kann entweder ein „Lehrtext oder ein vollständig durchgeführtes Beispiel" (Griesel *et al.* 2003, S. 6) sein. Dabei bleibt einerseits offen, inwieweit sich eine *Aufgabe mit Lösung* von einem vollständig durchgeführten Beispiel unterscheidet, andererseits ist fraglich, inwiefern eine *Aufgabe mit Lösung* dazu dienen kann, dass Schüler selbständig die Lösung des zu behandelnden Problems finden. Die Lösung ist in diesem Fall als *constraint* des Strukturelements anzusehen: Eine Verwendung der Aufgabe zum selbständigen Finden der Lösung ist nahezu ausgeschlossen. Folgt man den Überlegungen „Zur Theorie des Lehrbuchs" (Griesel & Postel 1983) der Herausgeber der beiden Schulbuchreihen, dann haben sowohl die *Aufgabe mit Lösung* und das vollständig durchgeführte Beispiel dieselbe Funktion: Bei beiden handelt es sich um Strukturelemente, deren Funktion im „Vormachen" (Griesel & Postel 1983, S. 291) besteht. Entsprechend besteht die Schüleraktivität bei beiden im „Nachmachen" (Griesel & Postel 1983, S. 291). Diesbezüglich ist die *Aufgabe mit Lösung* dem *Musterbeispiel* ähnlich.

In jedem Mathematikbuch konnten auf mikrostruktureller Ebene Strukturelemente identifiziert werden, die den drei Strukturelementtypen *Kasten mit Merkwissen*, *Musterbeispiel* und *Übungsaufgaben* zuzuordnen sind. Sie bilden das Grundgerüst jeder Lerneinheit. Darüber hinaus sind *Einstiegsaufgaben* und erläuternde *Lehrtexte* häufig zu findende Elemente. Ebenso ist eine Differenzierung in Aufgaben mit unterschiedlichen Funktionen in vielen Büchern üblich.

Der Vergleich der Strukturelementtypen in Tabelle 6 mit den Strukturelementtypen, die in der einschlägigen Literatur auf mikrostruktureller Ebene unterschieden wurden, zeigt, dass bislang keine Beschreibung der Elemente auf mikrostruktureller Ebene die Strukturelemente, die die Mikrostruktur deutscher Mathematikbücher kennzeichnen, vollständig erfasst. Dies zeigt sich an den Lücken in der Gegenüberstellung in Tabelle 7.

Es zeigt sich aber auch, dass – mit einer Ausnahme – letztlich jedes in deutschen Mathematikbüchern vorkommende Strukturelement schon in der einschlägigen Literatur beschrieben wurde. Die Ausnahme bilden hier die *Zusatzinformationen* in den Randspalten.

Strukturele-menttyp nach Tabelle 6	Strukturele-mente nach Valverde et al. (2002)	Strukturele-mente nach Howson (1995)	Strukturele-mente nach Hayen (1987)	Strukturele-mente nach Love & Pimm (1996)
Einstieg				exposition
Einstiegs-aufgaben	activity element	introductory activities	Eintiegs-aufgaben	exposition
Aufgabe mit Lösung	worked example	generic example	Musterlösung	example
Weiterführende Aufgabe	exercise or question set	exercises and problems		Exercises
Lehrtext	narrative element			exposition
Kasten mit Merkwissen		kernels	Kasten	essential results
Musterbeispiel	worked example	generic example		example
Übungsaufgaben	exercise or question set	exercises and problems	Übungsaufgaben	Exercises
Aufgaben zur Wiederholung	exercise or question set			Exercises
Zusatzinfor-mationen				

Tabelle 7: Gegenüberstellung der Strukturelementtypen in deutschen Mathematikschulbüchern und in der einschlägigen Literatur

Mittels der in Tabelle 6 dargestellten Strukturelementtypen lassen sich die Mikrostrukturen verschiedener Mathematikbücher vergleichen, indem jedes Strukturelement der Mikrostruktur anhand der Merkmalsausprägungen in den fünf Kategorien ‚inhaltliche Aspekte, sprachliche und typografische Merkmale, didaktische Funktionen und situative Bedingungen' einem Strukturelementtyp zugeordnet wird. Anhand dieser Kodierung soll im folgenden Abschnitt die Anordnung der Strukturelemente auf mikrostruktureller Ebene verglichen werden.

3.2.3.2   Anordnung der Strukturelemente

Die Beschreibungen der Mikrostrukturen von Mathematikschulbüchern in der einschlägigen Literatur konnten auf zwei Mikrostrukturtypen zurückgeführt werden (vgl. 3.1.2):

1.   der Aufgabensequenztyp und
2.   der Präsentations-Imitations-Typ.

Die Analyse der Anordnung der Strukturelemente in aktuellen deutschen Mathematikbüchern zeigt, dass sich beide Typen – Aufgabensequenzen und Präsentations-Imitations-Strukturen – in den Büchern wiederfinden lassen. Dabei zeigt sich, dass die Schulbücher vom Typ 1 (Aufgabensequenzen) in der Regel eine variable Anordnung der Strukturelemente auf mikrostruktureller Ebene aufweisen, während die Bücher vom Typ 2 (Präsentations-Imitations-Strukturen) im Wesentlichen durch eine feste Anordnung der Strukturelemente gekennzeichnet sind.

Eine feste Anordnung der Strukturelemente auf mikrostruktureller Ebene weisen von den untersuchten Schulbüchern die Bücher *Einblicke Mathematik 8* (Becherer 2001), *Schnittpunkt 8* (Maroska *et al.* 2004), *Mathematik interaktiv 5* (Borneleit & Winter 2006), *Fokus Mathematik Klasse 6* (Esper & Schornstein 2006), *Lambacher Schweizer 6* (Hußmann *et al.* 2006), *MatheNetz 6* (Cukrowicz & Zimmermann 2002), *Mathematik Analysis* (Jahnke & Wuttke 2001) und *Lambacher Schweizer Analysis* (Buck *et al.* 2000) auf.

Es zeigt sich, dass diese Liste schulformübergreifend ist, denn es finden sich Schulbücher für die Haupt- und Realschule sowie für das Gymnasium. Die Entscheidung, ob die Mikrostruktur durch eine feste Anordnung gekennzeichnet ist, scheint also nicht von der Schulform abhängig zu sein, sondern vielmehr ein Charakteristikum einzelner Verlage zu sein. So finden sich in der Aufzählung (mit zwei Ausnahmen) ausschließlich Bücher der Verlage Cornelsen und Klett.

Diese Vermutung wird durch die Liste der Schulbücher mit variabler Anordnung der Strukturelemente auf mikrostruktureller Ebene bestätigt. Dies sind im Wesentlichen Bücher des Schroedel-Verlags: *Mathematik heute 6* (Griesel *et al.* 2005), *Elemente der Mathematik 6* (Griesel *et al.* 2003) und *Elemente der Mathematik 12/13* (Griesel & Postel 2000).

Bei den Schulbüchern, deren Mikrostruktur durch eine feste Anordnung der Strukturelemente gekennzeichnet ist, lassen sich zwei verschiedene Anordnungen feststellen:

Mikrostruktur fix 1	**Mikrostruktur fix 2**
Einstiegsaufgaben	Einstiegsaufgaben
(Lehrtext)	Lösung einer Einstiegsaufgabe
Kasten mit Merkwissen	Kasten mit Merkwissen
Musterbeispiel	(Musterbeispiel)
Übungsaufgaben	Übungsaufgaben
(Aufgaben zur Wiederholung)	(Aufgaben zur Wiederholung)

Tabelle 8: Abfolge der Strukturelemente in den beiden Mikrostrukturtypen fix1 und fix2.

Die Anordnung der Strukturelemente ist bei Mikrostruktur fix 1 und Mikrostruktur fix 2 im Wesentlichen identisch. Der Hauptunterschied besteht darin, dass bei Mikrostruktur fix 2 die Lösung einer der Einstiegsaufgaben detailliert ausgearbeitet wird, während bei Mikrostruktur fix 2 stattdessen ein Lehrtext zu finden ist, der nicht unmittelbar auf eine der Einstiegsaufgaben Bezug nimmt.

Mikrostruktur fix 1 lässt sich in folgenden Büchern feststellen: *Einblicke Mathematik 8* (Becherer 2001), *Schnittpunkt 6* (Maroska *et al.* 2004), *Mathematik interaktiv 5* (Borneleit & Winter 2006), *Lambacher Schweizer 6* (Hußmann *et al.* 2006), *Lambacher Schweizer Analysis* (Buck *et al.* 2000); Mikrostruktur fix 2 in den Büchern *Mathematik Analysis* (Jahnke & Wuttke 2001) und *Fokus Mathematik Klasse 6* (Esper & Schornstein 2006), wobei *Fokus Mathematik Klasse 6 Kästen mit Merkwissen* und *Musterbeispiele* in die Lösung der *Einstiegsaufgabe* integriert.

Zum Typ 2 (Präsentations-Imitations-Strukturen) werden ebenfalls Schulbücher gezählt, bei denen sich zwar ein oder zwei feste Grundmuster für die Anordnung der Strukturelemente auf mikrostruktureller Ebene erkennen lassen, aber in einzelnen Lerneinheiten Elemente fehlen können. Das sind die Bücher *Maßstab 6* (Schröder *et al.* 2005), *Lernstufen Mathematik 8* (Leppig 2001) und *Mathematik Neue Wege 6* (Lergenmüller & Schmidt 2001). Die Grundmuster dieser Mathematikschulbücher stimmen im Wesentlichen mit Mikrostruktur fix 1 überein. *Maßstab 6* (Schröder *et al.* 2005) hat anstelle der Einstiegsaufgaben einen Einstiegscomic. *Mathematik Neue Wege 6* (Lergenmüller & Schmidt 2001) weist als Besonderheit am Anfang jeder Lerneinheit einen ‚advance organizer‘ (vgl. Ausubel 1974) auf. In *Mathematik Neue Wege 6* (Lergenmüller & Schmidt 2001) werden zusätzliche Strukturelemente in das Grundmuster Mikrostruktur fix 1 integriert. Z. B. weisen 4 Lerneinheiten eine Struktur auf, die zwei Mal Mikrostruktur fix 1 aneinanderreiht.

Den Mikrostrukturtyp 1 (Aufgabensequenz) weisen am deutlichsten die beiden Bücher *Mathematik 6* (Krewer *et al.* 1998) aus dem Westermann-Verlag und *Mathematik plus 6* (Pohlmann & Stoye 2000) von Cornelsen / Volk und Wissen auf. Die Mikrostruktur dieser Bücher besteht aus einer Sequenz von Aufgaben unterschiedlicher Funktion, in die hin und wieder ein *Kasten mit Merkwissen* oder ein *Musterbeispiel* integriert ist. Aber auch die Mikrostruktur der Mathematikschulbücher aus dem Schroedel-Verlag lässt sich diesem Typ zurechnen. Basis der Mikrostruktur der Bücher *Mathematik heute 6* (Griesel *et al.* 2005) und *Elemente der Mathematik* (Griesel *et al.* 2004; Griesel & Postel 2000; Griesel *et al.* 2003) ist in der Regel die Sequenz, die von einer *Aufgabe mit Lösung, weiterführenden Aufgaben* und Übungsaufgaben gebildet wird. *Lehrtexte, Kästen mit Merkwissen* und *Musterbeispiele* sind variabel in diese Aufgabensequenz eingearbeitet. Insbesondere die Lehrtexte durchbrechen den Charakter der reinen Aufgabensequenz mitunter deutlich. Fast alle Lerneinheiten enthalten mindestens einen *Kasten mit Merkwissen* oder ein *Musterbeispiel*. *Kästen mit Merkwissen* sind entweder in die Lösung der ersten Aufgabe, in die *weiterführenden Aufgaben* oder *Lehrtexte* integriert oder zwischen der *Aufgabe mit Lösung* und den *weiterführenden Aufgaben* bzw. den *weiterführenden Aufgaben* und den *Übungsaufgaben*. Teilweise beginnen Lerneinheiten mit einführenden Lehrtexten. Die Lerneinheiten, die keine *Aufgabe mit Lösung* enthalten, beinhalten dafür einen einführenden Lehrtext und zumindest einen *Kasten mit Merkwissen* oder ein *Musterbeispiel*.

Auf der Ebene der Mikrostruktur bestätigt sich der Eindruck der Stofforganisation nach dem Prinzip der Aufgabendidaktik, auf den bereits im Zusammenhang mit der Makrostruktur eingegangen wurde. Am deutlichsten zeigt dies die Mikrostruktur der Schulbücher aus dem Schroedel-Verlag, die mit einer Aufgabe und deren vollständiger Lösung beginnt. Am Anfang einer Lerneinheit wird damit eine Aufgabe, die für die jeweilige Lerneinheit typisch ist, paradigmatisch gelöst und der mathematische Inhalt wird anhand dieses Aufgabentyps entwickelt. Weitere Aufgaben vergleichbaren Typs folgen. Ein vergleichbares Prinzip verbirgt sich hinter Mikrostruktur fix 2. Auch hier wird der mathematische Inhalt anhand der Lösung einer von mehreren Einstiegsaufgaben entwickelt. Ebenso zeigen die Bücher *Mathematik 6* (Krewer *et al.* 1998) und *Mathematik plus 6* (Pohlmann & Stoye 2000), deren Mikrostruktur deutlich als Aufgabensequenz organisiert ist, das Prinzip der Aufgabendidaktik. Der gesamte mathematische Inhalt wird über Aufgaben mit unterschiedlichen Funktionen und vereinzelt eingestreuten Kästen vermittelt.

Allein das Vorhandensein des Strukturelementtyps *Musterlösung* zeigt, dass es offensichtlich für jede Lerneinheit einen Aufgabentypus gibt, an dem Lösungswege repräsentativ für die gesamte Lerneinheit demonstriert werden können. Offenbar sind damit auch die Mikrostrukturen fix 1 und fix 2 aufgabendidaktisch organisiert.

Zusammenfassend lässt sich festhalten, dass aktuelle deutsche Mathematikschulbücher für die Sekundarstufen I und II zwei Mikrostrukturtypen aufweisen. Die Präsentations-Imitations-Struktur ist durch eine feste Anordnung der Strukturelemente gekennzeichnet. Dagegen sind in die Aufgabensequenz variabel *Lehrtexte, Kästen mit Merkwissen* und *Musterbeispiele* integriert. Die Grenzen zwischen diesen Typen sind mitunter fließend. Einerseits lässt sich in einigen Büchern die feste Anordnung der Strukturelemente als Grundmuster erkennen, wird dadurch jedoch variiert, dass einzelne Strukturelemente fehlen können, andererseits durchbrechen Lehrtexte den Charakter der Aufgabensequenz zum Teil deutlich. Auffallend ist, dass die Mikrostrukturen der Schulbücher mit fester Anordnung der Strukturelemente und mit deutlich erkennbarem Grundmuster im Wesentlichen identisch sind. Weiterhin zeigt sich, dass alle Mikrostrukturtypen aufgabendidaktische Charakteristika aufweisen.

3.2.4 Affordances *und* Constraints

In Abschnitt 2.2.2 wurde dargestellt, dass das Artefakt strukturierend auf die Handlungen des Subjekts wirkt. Dieser Einfluss wird anhand von *affordances* (Nutzungsmöglichkeiten, die das Artefakt dem Nutzer anbietet) und *constraints* (Beschränkungen aufgrund von erforderlichen Handhabungsweisen bzw. von Zweckspezifität) konzeptualisiert. Grundsätzlich ist es zwar möglich, anhand einer eingehenden Analyse des Artefakts auf *affordances* und *constraints* zu schließen, aber faktisch von Nutzern empfundene *affordances* und *constraints* lassen sich nur aus der tatsächlichen Nutzung des Artefakts ableiten. Deshalb wird hier nicht versucht, anhand der Analyse des Artefakts eine umfangreiche Zusammenstellung aller denkbaren *affordances* und *constraints* des Mathematikbuches bzw. seiner einzelnen Strukturelemente zu geben. Die Analyse des Artefakts soll im Zusammenhang mit der vorliegenden Untersuchung nur Anhaltspunkte liefern, inwiefern das Mathematikbuch auf die Handlungen des Nutzers durch *affordances* und *constraints* strukturierend wirken kann. Hinweise darauf geben sowohl die Kategorien, anhand derer die einzelnen Strukturelemente auf den verschiedenen Strukturebenen charakterisiert wurden, als auch der Aspekt der Lage, der sich insbesondere in der Unterscheidung verschiedener

Strukturebenen und der Frage der Anordnung der Strukturelemente auf den einzelnen Ebenen zeigt. Im Folgenden wird auf beide Aspekte näher eingegangen. Zunächst sollen *affordances* und *constraints* dargestellt werden, die sich aus bestimmten charakteristischen Eigenschaften der Strukturelemente ergeben. Dazu zählen insbesondere die didaktischen Funktionen und die typographischen Merkmale

Die didaktischen Funktionen der Strukturelemente verweisen grundsätzlich auf *affordances* der Strukturelementtypen bzw. auf *affordances* des gesamten Mathematikbuches. In den didaktischen Funktionen zeigt sich gerade, welche Zwecke der Nutzung des Buches im Zusammenhang mit dem Lernen von Mathematik von den Schulbuchentwicklern intendiert wurden. In diesem Sinne stellen sie ein Angebot an möglichen *Instrumentalisierungen* dar. Gleichzeitig verweisen die didaktischen Funktionen der Strukturelemente auf mögliche *constraints*, da die Nutzung des Buches unter Umständen auf die von den Schulbuchentwicklern intendierten Zwecke eingeschränkt ist.

Die Kennzeichnung von Strukturelementen durch spezifische typographische Merkmale dient der besseren Erkennbarkeit und Unterscheidbarkeit der verschiedenen Strukturelemente. In diesem Sinne stellen sie einerseits einen *affordance* dar, da sie ermöglichen, schnell und gezielt bestimmte Strukturelemente auszuwählen. Andererseits können typographische Merkmale auch *constraints* darstellen. Dies ist insbesondere dann der Fall, wenn Strukturelemente mit weniger auffälligen typographischen Merkmalen in den Hintergrund treten gegenüber Strukturelementen, die typographisch deutlich hervorgehoben sind. So zieht z. B. der *Lehrtext* im Buch gegenüber dem *Kasten mit Merkwissen* weniger die Aufmerksamkeit des Lesers auf sich, da er nicht optisch hervorgehoben ist.

Neben den *affordances* und *constraints*, die sich aus spezifischen Merkmalen einzelner Strukturelemente ergeben, lässt sich das Prinzip der Stofforganisation ebenfalls unter diesem Blickwinkel betrachten. Die Stofforganisation nach dem Prinzip der Aufgabendidaktik ist einerseits ein *affordance* des Mathematikbuches, da auf diese Weise Aufgaben vergleichbaren Typs zusammengefasst werden. Die damit zusammenhängende Zergliederung des Wissens in einzelne Aufgabentypen stellt andererseits einen *constraint* dar, dem durch verbindende Elemente auf der nächst höheren Strukturebene entgegenzuwirken versucht wird.

Dies verweist auf den Aspekt der Lage von Strukturelementen, der grundsätzlich als weiterer *affordance* bzw. *constraint* der Strukturelemente in den Mathematikbüchern angesehen werden kann. Die Lage kann die Nutzung von Strukturelementen in Mathematikbüchern in zweierlei Hinsicht fördern bzw. einschränken:

1. Die Lage eines Strukturelements auf einer bestimmten Ebene kann dazu führen, dass das Strukturelement nicht bzw. eingeschränkt genutzt wird, da es z. B. nicht wahrgenommen wird.
2. Die spezifische Lage von Strukturelementen kann deren Nutzung sowohl positiv als auch negativ beeinflussen. Einerseits kann die benachbarte Lage von zwei Strukturelementen dazu führen, dass beide Strukturelemente wahrgenommen und mit einander assoziiert werden. Z. B. kann die Platzierung von *Selbstkontrollmöglichkeiten* neben Aufgaben dazu führen, dass diese wahrgenommen und genutzt werden. Andererseits ist auch denkbar, dass das Nebeneinander von Strukturelementen negative Auswirkungen auf die Nutzung hat. Dieses Phänomen wird z. B. von Love und Pimm (1996) im Zusammenhang mit *Einstiegsaufgaben* und *Kästen mit Merkwissen* beschrieben:

> There is an oxymoron in this usage: in what sense can a student discover something which the author has already intended that the student should come to know? Although the hope here is that the student will be actively engaged in developing knowledge, the text is usually moving to a particular destination, arrival at which will be clearly signalled. Different font size, colour, boxes or shading, are all much used devices to indicate a codified version of what is considered important. Unsurprisingly, students are often impatient with the exposition and skip to the 'essential' results. (Love & Pimm 1996, S. 387)

Inwiefern die erörterten Eigenschaften der Struktur von Mathematikbüchern die Nutzung von Mathematikbüchern durch Schüler im Sinne von *affordances* und *constraints* strukturieren, kann erst auf der Grundlage einer empirischen Untersuchung der faktischen Nutzung festgestellt werden (vgl. Kapitel 1 bis 1). Die vorangehenden Überlegungen können bei der Analyse der faktischen Nutzung im Rahmen einer Grounded-Theory-Studie zur Erhöhung der theoretischen Sensibilität (vgl. Abschnitt 2.1) beitragen.

3.3 Fazit

Die Analyse der Struktur aktueller deutscher Mathematikschulbücher zeigt, dass sich drei Strukturebenen unterscheiden lassen: die Makro-, Meso- und Mikrostruktur. Auf jeder Ebene lässt sich die Struktur genauer anhand von verschiedenen Strukturelementen kennzeichnen. Die Strukturelemente wurden hinsichtlich inhaltlicher Aspekte, sprachlicher und typografischer Merkmale, didaktischer Funktionen und situativer Bedingungen genauer charakterisiert. Auf der Grundlage der Merkmale in diesen Kategorien ist es möglich, auf jeder Strukturebene eine überschaubare Anzahl von Strukturelementtypen zu bilden. Durch die Rückführung der Strukturelemente auf Strukturelementtypen werden die Strukturebenen verschiedener Mathematikbücher miteinander vergleichbar. Dieser Vergleich zeigt einerseits, dass die Strukturen von Mathematikbüchern einen gemeinsamen Kernbestand an Strukturelementtypen aufweisen. Andererseits konnte die Anordnung der Strukturelemente auf den verschiedenen Strukturebenen verglichen werden.

Die Makrostruktur bezieht sich auf die Konzeption der Bücher als Jahrgangsstufenband oder Lehrgang eines geschlossenen Sachgebiets und eine erste Gliederung der Inhalte. Dabei ist eine Untergliederung in einzelne Kapitel nach dem aufgabendidaktischen Prinzip üblich. Neben den Kapiteln finden sich auf der Ebene der Makrostruktur einerseits Verzeichnisse und andere Elemente, die die Orientierung im Buch erleichtern sollen, und andererseits Strukturelemente, die die Inhalte der einzelnen Kapitel transzendieren. Dazu zählen insbesondere *kapitelübergreifende Aufgaben* und *Tests, Verzeichnisse mathematischer Symbole* sowie *Übersichten über Maße und Maßeinheiten.*

Die Mesostruktur bezieht sich auf die Gliederung innerhalb der Kapitel. Insgesamt zeigt sich, dass die Kapitel deutscher Mathematikbücher für die Sekundarstufen I und II üblicherweise in Lerneinheiten unterteilt sind. Neben den Lerneinheiten finden sich auf mesostruktureller Ebene weitere Strukturelemente. Dazu zählen insbesondere Elemente, die Inhalte der einzelnen Lerneinheiten verknüpfen, wie *Einführungen,* die zur Thematik des Kapitels hinführen, *Aktivitäten* zu den Inhalten der Kapitel, *lerneinheitenübergreifende Zusammenfassungen* und *lerneinheitenübergreifende Aufgaben* am Kapitelende, die sich auf die Inhalte mehrerer Lerneinheiten eines Kapitels beziehen, sowie *lerneinheitenübergreifende Tests,* die den Schülern die Möglichkeit bieten, ihren Lernerfolg selbst zu testen.

Die Mikrostruktur bezieht sich auf die Struktur einzelner Lerneinheiten. Die Lerneinheiten aller untersuchten Mathematikbücher enthielten einen *Kasten mit Merkwissen,* in dem die wesentlichen Inhalte der Lerneinheit zusammengefasst werden, *Musterbeispiele,* die an einem paradigmatischen Beispiel die Lösung einer Aufgabe demonstrieren sowie *Übungsaufgaben.* Häufig zu findende Elemente sind darüber hinaus *Einstiegsaufgaben,* die zu dem Thema der Lerneinheit hinführen, und erläuternde *Lehrtexte.* Das Vorhandensein von *Musterbeispielen* lässt sich ebenfalls als Hinweis auf ein aufgabendidaktisches Gliederungsprinzip interpretieren, da anhand des *Musterbeispiels* die Lösung des in der Lerneinheit vorherrschenden Aufgabentyps paradigmatisch demonstriert wird. Bei den Aufgaben lässt sich grundsätzlich eine Differenzierung in Aufgaben mit unterschiedlichen Funktionen feststellen.

Bei dem Vergleich von Meso- und Mikrostruktur zeigt sich, dass hier strukturelle Analogien bestehen. Diese bestehen darin, dass sich jeweils Strukturelemente mit vergleichbaren Funktionen an entsprechenden Positionen finden lassen: Ebenso wie das Ende der Lerneinheit durch Aufgaben gekennzeichnet ist, finden sich am Ende von Kapiteln *lerneinheitenübergreifende Aufgaben* und *Tests*. Auch hinführende Elemente wie die *Einstiegsaufgaben* finden sich in neueren Mathematikbüchern auch auf mesostruktureller Ebene wieder.

Die Strukturanalyse zeigt auch, dass versucht wird, jeweils auf der nächst höheren Strukturebene der Zergliederung der Mathematik in einzelne Aufgabentypen, die mit der aufgabendidaktischen Strukturierung einhergeht (vgl. Lenné 1969, S. 35), entgegenzuwirken. Insbesondere durch *vermischte Übungen* auf mesostruktureller Ebene und *kapitelübergreifende Aufgaben* auf makrostruktureller Ebene soll das aufgabendidaktisch zergliederte Wissen „vernetzt" (vgl. Cukrowicz & Zimmermann 2002, S. 6; Esper & Schornstein 2006, Vorsatz; Griesel *et al.* 2005, S. 4; Hußmann *et al.* 2006, S. 3) werden. Zu dieser Bemühung sind auch die einführenden Aufgaben auf der Ebene der Mesostruktur zu zählen. Andererseits zeigen auch die *Themenseiten*, dass versucht wird, Strukturelemente in die Mesostruktur zu integrieren, die auf den ersten Blick nicht durch Aufgabentypen strukturiert werden.

Der Vergleich der Anordnungen der Strukturelemente auf den drei Ebenen zeigt, dass sich auf makro- und auf mesostruktureller Ebene keine wesentlichen Unterschiede in der Anordnung feststellen lassen. Auf der Ebene der Mikrostruktur konnten hingegen zwei Strukturtypen ausgemacht werden: der *Aufgabensequenztyp* und der *Präsentations-Imitations-Typ*.

Sowohl die spezifischen Merkmale der Strukturelemente (inhaltliche Aspekte, sprachliche und typografische Merkmale, didaktische Funktionen und situative Bedingungen) als auch die Lage der Strukturelemente geben Hinweise auf mögliche *affordances* und *constraints* der Strukturelemente. Dazu zählen insbesondere:

- didaktische Funktionen als Angebot möglicher Nutzungsweisen, aber auch als Einschränkung auf bestimmte Verwendungszusammenhänge;
- typographische Merkmale, die die Aufmerksamkeit lenken und damit die Verwendung hervorgehobener Strukturelemente nahe legen;
- die Lage eines Strukturelements auf einer bestimmten Strukturebene als auch die gegenseitige Lage, die Nutzungen fördern oder beeinträchtigen kann;
- das aufgabendidaktische Prinzip der Stofforganisation, das für ein Lernen von Mathematik anhand bestimmter Aufgabentypen förderlich sein kann, jedoch die Vernetzung des Wissens erschwert.

Folgerungen aus der Strukturanalyse für die empirische Untersuchung der
Nutzung des Mathematikbuches

Aus den Ergebnissen der Analyse der Strukturen deutscher Mathematikschulbücher für die Sekundarstufen I und II sollen nun Folgerungen für die Untersuchung der Nutzung des Mathematikbuches durch Schüler gezogen werden.

Die Analyse deutscher Mathematikschulbücher zeigt, dass sich die Struktur-
elemente in den unterschiedlichen Mathematikbüchern auf eine überschaubare
Anzahl von Strukturelementtypen zurückführen lassen. Die Beschreibung der
Strukturen von Mathematikschulbüchern durch Strukturelementtypen macht die
Bücher vergleichbar, da die Typologie der Strukturelemente eine einheitliche
Terminologie zur Bezeichnung der Strukturelemente zur Verfügung stellt. Durch
diese Vergleichbarkeit lässt sich die Untersuchung der Nutzung des Mathematikbuches durch Schüler unabhängig vom Mathematikbuch durchführen. Um die
Nutzung verschiedener Mathematikbücher zu vergleichen, müssen die Ausschnitte, die im Buch genutzt wurden, lediglich auf Strukturelementtypen zurückgeführt werden.

Die Strukturanalyse der Mathematikschulbücher zeigt allerdings auch, dass
Unterschiede in der Anordnung der Strukturelemente auf mikrostruktureller
Ebene bestehen. Es können zwei unterschiedliche Typen hinsichtlich der Anord-
nung der Strukturelemente auf mikrostruktureller Ebene festgestellt werden: Der
Aufgabensequenztyp und der Präsentations-Imitations-Typ. Um die empirische
Untersuchung zur Nutzung des Mathematikbuches nicht von dem genutzten
Buch abhängig zu machen, sollte bei der Auswahl der Lerngruppen durch theoretisches Sampling (vgl. Abschnitt 2.1) berücksichtigt werden, dass jeder der
beiden Buchtypen mindestens einmal vertreten ist. Da nur diese beiden Buchtypen unterschieden wurden, kann die Berücksichtigung beider Typen bereits zur
Sättigung der Theorie führen, d. h. die Theoriebildung soweit voranbringen, dass
die Berücksichtigung weiterer Mathematikschulbücher im Zuge der Untersuchung der Nutzung nicht notwendig ist.

Die Erörterung von *affordances* und *constraints* der Struktur von Mathematikbüchern dient im Rahmen der Analyse der faktischen Nutzung des Mathematikbuches durch Schüler zur Erhöhung der theoretischen Sensibilität, d. h. zur
Steigerung des Bewusstseins für Feinheiten in der Bedeutung der Daten (vgl.
Strauss & Corbin 1996, S. 25).

4 Empirische Untersuchung zur Nutzung des Mathematikbuches durch Schüler

Im Zusammenhang mit der Theorie des Instruments wurde dargestellt, dass eine Untersuchung der Nutzung des Mathematikbuches durch Schüler als Instrument zum Lernen von Mathematik sowohl eine Analyse des Artefakts, d. h. des Mathematikbuches, erfordert, als auch dessen faktische Nutzung mit einbeziehen muss. Diese Dualität liegt in dem für die vorliegende Untersuchung zentralen Begriff des Instruments begründet. Im vorangehenden Kapitel wurde das Artefakt ‚Mathematikbuch' hinsichtlich struktureller Aspekte analysiert. Diese Analyse erfolgte im Hinblick auf eine Untersuchung der faktischen Nutzung des Mathematikbuches durch Schüler als Instrument zum Lernen von Mathematik, die den Gegenstand der folgenden Kapitel 1 bis 1 bildet.

Um die intersubjektive Nachvollziehbarkeit der Erkenntnisgewinnung zu gewährleisten, ist eine umfassende Dokumentation des Forschungsprozesses erforderlich. Diese ist Gegenstand des vorliegenden Kapitels. In Abschnitt 4.1 wird zunächst eine Datenerhebungsmethode entwickelt, die dem Gegenstand und dem Erkenntnisziel der Untersuchung angemessen ist. Anschließend wird auf die Datenerhebung selbst (Abschnitt 4.2) und die Gültigkeit der erhobenen Daten (Abschnitt 4.3) eingegangen. Den Abschluss dieses Kapitels bildet eine ausführliche Beschreibung der Kodierung der Daten (Abschnitt 4.4).

4.1 Datenerhebungsmethode

Die Untersuchung der faktischen Nutzung des Mathematikbuches durch Schüler steht zunächst vor dem Problem, valide Daten zur Nutzung des Buches zu erheben. Love und Pimm (1996, S. 397) sehen dieses Problem als mögliche Ursache dafür, dass es bislang nahezu keine Erkenntnisse zur Nutzung des Mathematikbuches durch Schüler gibt. Die Entwicklung einer Methode zur Erhebung valider Daten der Schülernutzung des Schulbuches ist demnach eine zentrale Aufgabe. Sie bildet den Gegenstand des vorliegenden Abschnitts.

Die Güte wissenschaftlich-empirischer Erkenntnis ist letztlich von den entwickelten methodologischen Kriterien abhängig (vgl. Lamnek 2005, S. 143). Die Angemessenheit kann nach Lamnek (2005, S. 144) als allgemeinstes und übergeordnetes Gütekriterium angesehen werden, das über die wissenschaftstheoretischen Positionen hinweg anerkannt werden dürfte. Die Angemessenheit richtet sich dabei Lamnek zufolge einerseits nach dem Erkenntnisziel und andererseits nach den empirischen Gegebenheiten des Gegenstandes:

> Wissenschaftliche Begriffe, Theorien und Methoden sind dann als angemessen zu bezeichnen, wenn sie dem Erkenntnisziel des Forschers und den empirischen Gegebenheiten gerecht werden. (Lamnek 2005, S. 145)

Eine Datenerhebungsmethode im Zusammenhang mit der Untersuchung der Nutzung des Mathematikbuches durch Schüler als Instrument des Lernens von Mathematik muss daher nicht nur die faktische Nutzung erheben, sondern auch dem Erkenntnisziel – d. h. inwiefern das Buch als *Instrument* zum Lernen von Mathematik genutzt wird – gerecht werden. Daher muss eine dem Gegenstand angemessene Datenerhebungsmethode auch Implikationen der Theorie des Instruments in Betracht ziehen. Im Folgenden werden Kriterien an eine dem Gegenstand und dem Erkenntnisziel angemessene Methode aufgestellt.

4.1.1 Kriterien für die Angemessenheit der Datenerhebungsmethode

Der Gegenstand der vorliegenden Untersuchung erfordert, Daten über die faktische Nutzung des Mathematikbuches durch Schüler zu erheben. In Abschnitt 2.4 wurde dargelegt, dass die Nutzung des Mathematikbuches nicht isoliert von ihrem Kontext betrachtet werden kann. D. h., die Datenerhebung muss einerseits dem Prinzip der ökologischen Validität verpflichtet sein:

> Dahinter steht die Überzeugung, dass gültige Informationen über Forschungsgegenstände und Untersuchungspersonen nur in deren natürlichem Lebensraum gewonnen werden können, der möglichst wenig durch künstliche Versuchsanordnungen, wie Laborexperimente oder standardisierte Tests, eingeengt und entfremdet werden sollte. Der Datenerhebungsprozess ist daher möglichst gut an die Eigenheiten des Lebensraums anzupassen. (Lamnek 2005, S. 155)

Damit hängt zusammen, dass die Nutzung des Schulbuches nicht nur im Unterricht, sondern auch zu Hause bzw. an jedem anderen Ort und zu jeder Zeit dokumentiert werden muss. Andererseits muss die Datenerhebungsmethode die situativen Bedingungen der Schulbuchnutzung miterheben. Zu diesen situativen Bedingungen zählt entsprechend des in Abschnitt 2.4 entwickelten Kontext-Modells der Schulbuchnutzung insbesondere der Unterricht und die Vermittlung der Schulbuchnutzung durch den Lehrer.

Die Forderung nach Angemessenheit in Bezug auf das Erkenntnisziel erfordert, dass bei der Entwicklung der Datenerhebungsmethode methodologische Implikationen der Theorie des Instruments berücksichtigt werden. Auf diese wird im Folgenden eingegangen.

Zentrale Konzepte des instrumentellen Ansatzes, die in der vorliegenden Arbeit eine Rolle spielen, sind die *Instrumentalisierung* und die *Instrumentierung*. Die *Instrumentalisierung* bezieht sich auf die Zuschreibung von Funktionen zu einzelnen Teilen des Artefakts. Die Untersuchung der *Instrumentalisierung* des Mathematikbuches erfordert demnach, dass die Datenerhebungsmethode eine präzise Dokumentation der genutzten Teile des Mathematikbuches erlaubt. Vor dem Hintergrund der Analyse des Mathematikbuches in Kapitel 1 können die verschiedenen Strukturelemente als ‚Teile' des Mathematikbuches aufgefasst werden. Die Datenerhebungsmethode muss also erfassen, welche Strukturelemente Schüler im Mathematikbuch nutzen.

Die *Instrumentierung* bezieht sich auf die Herausbildung und Anpassung von Gebrauchsschemata bei der Verwendung des Artefakts. In Abschnitt 2.2.2.2 wurde dargelegt, dass einerseits die Wiederholung in vergleichbaren Situationen und andererseits die operationalen Invarianten zentrale Aspekte eines Gebrauchsschemas sind. Die Datenerhebungsmethode muss demnach ermöglichen, wiederholte Nutzungen des Mathematikbuches in vergleichbaren Situationen zu dokumentieren. D. h. insbesondere, dass zum einen der Zeitraum der Datenerhebung lang genug gewählt werden muss, um wiederholte Nutzungen in vergleichbaren Situationen einzuschließen. Zum anderen verweist auch die *Instrumentierung* auf die Notwendigkeit der Erfassung der Nutzungssituation, da im Zusammenhang mit der Analyse von Gebrauchsschemata vergleichbare Situationen in den Daten zu identifizieren sein müssen. Auf die operationalen Invarianten (*beliefs-in-action*) eines Gebrauchsschemas wird auf Grundlage der Handlung selbst geschlossen. Daher muss die Datenerhebungsmethode die Handlungen der Schüler in der Interaktion mit dem Mathematikbuch erfassen.

Anhand der vorangehenden Überlegungen lassen sich zusammenfassend folgende Kriterien an eine dem Gegenstand und dem Erkenntnisziel angemessene Datenerhebungsmethode festhalten:

1. Die Methode soll die faktische Nutzung des Mathematikbuches erheben. Ihr Gegenstand muss die Interaktion zwischen Schüler und Mathematikbuch sein.
2. Die Methode soll dem Prinzip der ökologischen Validität verpflichtet sein, um die Nutzung des Schulbuches in authentischen Situationen zu erheben. Insbesondere muss sie ermöglichen, die Nutzung des Schulbuches an jedem Ort und zu jeder Zeit zu dokumentieren.

3. Die Methode soll die situativen Bedingungen der Schulbuchnutzung miterfassen.

4. Die Methode soll möglichst präzise dokumentieren, welche Teile des Buches Schüler verwendet haben und welchem Zweck die Nutzung diente.

4.1.2 Erörterung möglicher Methoden

Anhand der Erörterung möglicher Methoden wird in diesem Abschnitt gezeigt, dass

- die Methoden zur Erhebung von Daten der Nutzung von Schulbüchern, die in der einschlägigen Literatur dokumentiert sind, den Kriterien 1 bis 4 aus Abschnitt 4.1.1 nicht gerecht werden;
- keine einzelne Methode den Kriterien 1 bis 4 aus Abschnitt 4.1.1 gerecht wird.

Im Zusammenhang mit der Entwicklung eines Situationsmodells der Schulbuchnutzung wurden einschlägige Studien zur Nutzung des Mathematikbuches durch Schüler referiert. In diesen Studien wurden folgende Datenerhebungsmethoden angewandt:

- Sowohl Zimmermann (1992) als auch Stephens und Sloan (1981) führen eine quantitative Studie durch und erheben ihre Daten anhand eines Fragebogens.
- Lithner (2004) videographiert die Arbeit von einzelnen Studenten mit dem Mathematikbuch. Die Studenten wurden gebeten, bei der Arbeit ihre Gedanken zu verbalisieren.

Grundsätzlich ist an der Validität der Ergebnisse der schriftlichen Befragung von Schülern mittels eines Fragebogens zu zweifeln. Die Befragung erfasst das Selbstkonzept, das Schüler von ihrer Schulbuchnutzung haben. Dieses Selbstkonzept kann u. U. deutlich von der tatsächlichen Nutzung des Schulbuches abweichen. Daher genügt die schriftliche Befragung mittels eines Fragebogens nicht Kriterium 1.

Da die schriftliche Befragung der Schüler mittels eines Fragebogens das Selbstkonzept der Schüler in Bezug auf die Nutzung des Mathematikbuches erhebt, genügt diese Methode auch nicht den Kriterien 2 bis 4. Sie erfasst die Schulbuchnutzung weder in authentischen Situationen, noch ermöglicht sie, die situativen Bedingungen der Nutzung angemessen zu erheben. Ebenso erlaubt sie keine präzise Dokumentation einzelner Nutzungen. Insgesamt kann die schriftliche Befragung der Schüler mittels eines Fragebogens zur Nutzung des Mathematikbuches nicht als angemessen im Hinblick auf den Gegenstand und das Erkenntnisziel angesehen werden.

Grundsätzlich ist in einem Gebiet, in dem bislang kaum Erkenntnisse vorliegen, fraglich, ob quantitative Methoden, wie Zimmermann (1992) bzw. Stephens und Sloan (1981) sie anwenden, überhaupt als angemessen angesehen werden können. Quantitative Methoden eignen sich vornehmlich zum Überprüfen von Hypothesen. Liegen – wie im Falle der Nutzung des Mathematikbuches durch Schüler – bislang kaum Erkenntnisse über den Untersuchungsgegenstand vor, stellt sich die Frage der Gegenstandsverankerung der Hypothesen, d. h. inwiefern die Hypothesen in Bezug auf den Gegenstand überhaupt relevant sind. Es erscheint sinnvoller, zunächst durch einen qualitativen Ansatz entsprechende Hypothesen zu generieren, bevor diese quantitativ evaluiert werden.

Die von Lithner (2004) durchgeführte Beobachtung von Studenten bei der Arbeit mit dem Mathematikbuch stellt eine andere Möglichkeit der Datenerhebung dar. Sie bietet grundsätzlich den Vorteil, den Schüler in der Interaktion mit dem Mathematikbuch zu beobachten und damit auch die faktische Nutzung des Mathematikbuches zu erheben (Kriterium 1). So, wie sie von Lithner angewandt wurde, fokussiert sie die individuelle Arbeit des Studenten mit dem Buch. Diese Arbeit wird nicht unter den authentischen Umständen beobachtet, sondern in einer Laborsituation, in der Schüler ihr Vorgehen und ihre Gedanken verbalisieren müssen. Die so geschaffene Laborsituation stellt einen deutlichen Eingriff in die übliche Nutzungsweise dar und damit eine Verletzung des Prinzips der ökologischen Validität (Kriterium 2) qualitativer Forschung.

Dadurch, dass Lithner allein die individuelle Arbeit mit dem Buch fokussiert, ist die von ihm im universitären Kontext angewandte Methode nicht auf den schulischen Kontext übertragbar. Die ausschließliche Beobachtung der individuellen Arbeit mit dem Mathematikbuch vernachlässigt die Nutzung des Buches im Unterricht, die einen wesentlichen Aspekt der Nutzung des Mathematikbuches im schulischen Kontext darstellt. In dieser Hinsicht wird die Methode der Beobachtung im schulischen Kontext weder dem Prinzip der ökologischen Validität (Kriterium 2) gerecht noch erlaubt sie, die authentischen situativen Bedingungen der Schulbuchnutzung zu erheben. Um dem entgegenzuwirken, müsste daher zusätzlich die Nutzung des Buches im Unterricht beobachtet werden.

Weiterhin besteht bei der Beobachtung grundsätzlich das Problem, die genutzten Teile des Buches präzise zu dokumentieren (Kriterium 4). Eine derart präzise Beobachtung ist unter Beachtung der Forderung nach ökologischer Validität nahezu unmöglich.

Anhand der Diskussion der beiden Methoden zeigt sich, dass beide nicht allen Kriterien genügen. Die Erhebung von Daten zur Nutzung des Mathematikbuches mittels eines Fragebogens erscheint vor dem Hintergrund der vier Kriterien gänzlich ungeeignet. Die Beobachtung der Schüler erlaubt zwar die faktische Nutzung in der Interaktion des Schülers mit dem Buch zu erheben (Kriterium 1), erweist sich aber hinsichtlich der ökologischen Validität (Kriterium 2), der Erhebung der situativen Bedingungen (Kriterium 3) und der Genauigkeit der Dokumentation (Kriterium 4) als problematisch.

Die Diskussion zeigt auch, dass grundsätzlich weder Befragung noch Beobachtung allein allen Kriterien gerecht werden können, da die angesprochenen Probleme mehr oder weniger für alle Formen der Befragung bzw. Beobachtung gelten. Weitere mögliche, übliche qualitative Datenerhebungsmethoden sind das Experiment oder die Gruppendiskussion.

Experimentelle Methoden scheiden aufgrund der Forderung nach ökologischer Validität (Kriterium 2) und nach Erhebung authentischer situativer Bedingungen (Kriterium 3) von vorneherein aus. Gruppendiskussionen sind grundsätzlich mit dem Problem der Differenz zwischen Selbstkonzept der Nutzung und faktischer Nutzung des Schulbuches (Kriterium 1) konfrontiert, stellen ebenfalls eine Verletzung des Prinzips der ökologischen Validität dar (Kriterium 2), ermöglichen keine Erhebung authentischer situativer Bedingungen (Kriterium 3) und gestatten keine präzise Dokumentation der genutzten Teile (Kriterium 4). Sinnvoll erscheint daher einen Multimethodenansatz zu wählen, bei dem die Vorteile jeder Methode genutzt und die Nachteile möglichst durch eine andere Methode kompensiert werden. Im folgenden Abschnitt wird eine dem Untersuchungsgegenstand und dem Erkenntnisziel angemessene Datenerhebungsmethode dargestellt, die auf Grundlage der Kriterien 1 bis 4 entwickelt wurde.

4.1.3 *Darstellung der Datenerhebungsmethode*

Um die Dokumentation der Daten zur Schulbuchnutzung einerseits unter weitestgehender Wahrung der authentischen Nutzungssituation zu jeder Zeit und an jedem Ort zu ermöglichen (Kriterium 2) und andererseits die genutzten Abschnitte aus dem Mathematikbuch so präzise wie möglich zu dokumentieren (Kriterium 4), wurde die folgende Methode entwickelt: Die Schülerinnen und Schüler werden gebeten, mit einem Textmarker diejenigen Stellen im Schulbuch zu markieren, die sie genutzt haben. Darüber hinaus haben die Schüler die Aufgabe, den Grund der jeweiligen individuellen Schulbuchnutzung festzuhalten. Dafür erhalten die Schüler ein Heft, in dem im Zusammenhang mit jeder Nutzung des Schulbuches der vorgegebene Satzanfang ‚Ich habe die im Schulbuch markierte Stelle angesehen, weil ...' fortzuführen ist. Um die Kommentare den jeweils markierten Ausschnitten im Buch zuordnen zu können, erfolgt jeweils eine Nummerierung der Markierungen und Kommentare. Jede Markierung erhält dieselbe individuelle Nummer wie der zugehörige Kommentar. Den Schülern wurde die folgende Anleitung ausgehändigt:

Hier ist erklärt, wofür du den Textmarker und die Zettel bekommen hast.

Alles dreht sich um die Frage:

Wie benutze ich mein Mathematikbuch?

Für die nächsten zwei Wochen hast du folgende Aufgabe:

1. *Immer* wenn du dein Mathematikbuch benutzt, markiere bitte mit dem Textmarker im Buch genau, was du gelesen oder angesehen hast. Das kann z. B. ein ganzer Satz, ein Satzanfang, ein Absatz, eine Aufgabe, ein Beispiel sein. Wichtig ist, dass du alles, was du ansiehst oder liest, markierst, egal wie viel es ist. Am besten nimmst du den Textmarker gleich in die Hand, wenn du das Buch aufschlägst.

2. Sobald du etwas markiert hast, gib der markierten Stelle eine Nummer und

3. notiere auf den Zetteln die Nummer und den Grund, weshalb du dir die Stelle im Schulbuch angesehen hast.

Am Ende könnte es in deinem Buch so aussehen:

Abbildung 17: Erläuterung der Datenerhebungsmethode für die Schüler

Vorausgesetzt, dass die Schülerinnen und Schüler Ihre Aufgabe gewissenhaft erfüllen, gestattet diese Methode, die Nutzung des Schulbuches in den authentischen Nutzungssituationen an jedem Ort und zu jeder Zeit zu dokumentieren und genügt damit Kriterium 2. Darüber hinaus ermöglicht sie präzise zu dokumentieren, was genau im Schulbuch genutzt wurde. Die Schülerinnen und Schüler können einzelne Wörter, Sätze, Aufgaben, Graphiken etc. differenziert markieren (Kriterium 4).

Problematisch ist allerdings, dass das Markieren im Buch eine künstliche Umgangsweise mit dem Schulbuch ist und somit eine Einschränkung der ökologischen Validität darstellt. Es besteht die Gefahr, dass das Markieren die Aufmerksamkeit auf die Verwendung des Buches lenkt und damit Auswirkungen auf die Nutzung selbst hat, was eine Verzerrung der Daten zur Folge hätte. Diese Problematik wird jedoch geringer eingeschätzt als die Schaffung einer künstlichen und eingeschränkten Beobachtungssituation.

Diese Methode ist auf jedes Buch anwendbar. Bei der Auswertung kann die jeweils dokumentierte Nutzung des Buches aber in Zusammenhang mit besonderen Charakteristika des verwendeten Buches betrachtet werden. Dies ermöglicht vertiefte Erkenntnisse über den Zusammenhang zwischen der Nutzung des Buches und dessen Modalität.

Zusätzlich zur Methode des Markierens und Begründens wird der Unterricht während des Zeitraums der Datenerhebung beobachtet. Die Unterrichtsbeobachtung verfolgt zwei Ziele:

1. Die Beobachtung des Unterrichts dient der Erhebung der situativen Bedingungen der Schulbuchnutzung. Insbesondere um die vermittelnde Rolle des Lehrers bei der Datenerhebung zu berücksichtigen, wird während des Zeitraums der Datenerhebung die Verwendung des Mathematikbuches durch den Lehrer im Unterricht in der jeweiligen Lerngruppe durch teilnehmende Beobachtung erfasst. Im Beobachtungsprotokoll wird dabei jede Äußerung, die sich auf das Buch bezieht, nach Möglichkeit wörtlich protokolliert.
2. Durch die teilnehmende Beobachtung wird die Nutzung des Mathematikbuches durch Schüler im Unterricht erfasst. Die Methodentriangulation, d. h. die Kombination von Daten, die anhand unterschiedlicher Methoden gewonnen werden, zielt auf die Steigerung der Validität der erhobenen Daten. Auf diesen Aspekt wird im Zusammenhang mit der Gültigkeit der Daten näher eingegangen (vgl. Abschnitt 4.3).

Aufgrund der festgelegten und klar eingegrenzten Beobachtungsperspektive wurde entschieden, dass eine audio- oder gar videographische Dokumentation des Unterrichts für das angestrebte Ziel der teilnehmenden Beobachtung nicht notwendig ist. Um Informationen über die mathematischen Inhalte des Unterrichts bei der Auswertung zur Verfügung zu haben, wird über den speziellen Beobachtungsschwerpunkt hinaus der inhaltliche Verlauf der Stunde skizzenartig protokolliert. Abbildung 18 zeigt ein Beispiel eines Beobachtungsprotokolls[26].

Lerngruppe: LK 12 Mathematiklehrer: Herr S.	3. & 4. Stunde	Datum: 21.02.07

Notizen während der Stunde			
Zeit	Akteur	Aktion	Bemerkung
9.47		Einstiegsaufgabe: Löse mit Det's $2x + 3y = 7$ $x - 5y = 9$ $2x + 4y = 8$	einige Schüler suchen Hilfe im Buch (u. a. Charlotte)
	L:	Ich erinnere noch mal daran, dass wir jetzt alles im Buch markieren.	
9.54		Besprechung an der Tafel	
10.03		Hausaufgabenbesprechung	
	L:	Wir hatten auch noch was auf. S. 19, Nr. 2 und 3.	
10.15		Tafel: Dreireihige Determinanten. $a_{11}x_1 + a_{12}x_2 + a_{13}x_3 = b_1$ $a_{21}x_1 + a_{22}x_2 + a_{23}x_3 = b_2$ $a_{31}x_1 + a_{32}x_2 + a_{33}x_3 = b_3$ Für dreireihige und mehrreihige LGS gilt die Cramer'sche Regel ebenso. $$\begin{vmatrix} a_{11} & a_{12} & a_{13} \\ a_{21} & a_{22} & a_{23} \\ a_{31} & a_{32} & a_{33} \end{vmatrix} = a_{11}\begin{vmatrix} a_{22} & a_{23} \\ a_{32} & a_{33} \end{vmatrix} - a_{12}\begin{vmatrix} a_{21} & a_{23} \\ a_{31} & a_{33} \end{vmatrix} + a_{13}\begin{vmatrix} a_{21} & a_{22} \\ a_{31} & a_{32} \end{vmatrix}$$ $$= a_{11}(a_{22}a_{33} - a_{32}a_{23}) - a_{12}(a_{21}a_{33} - a_{31}a_{23}) + a_{13}(a_{21}a_{32} - a_{31}a_{22})$$ $$= \cdots$$	

---

[26] Alle Beobachtungsprotokolle finden sich in Anhang 3. Der Anhang ist im Internet über die URL http://www.viewegteubner.de zugänglich.

		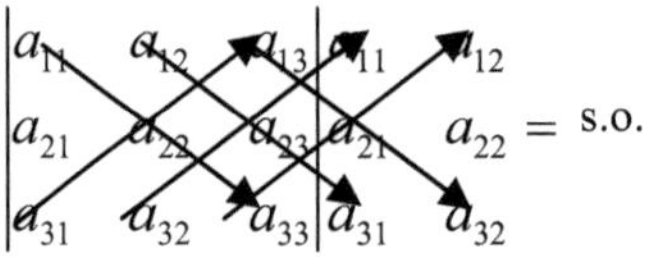 Ebenso: $\begin{vmatrix} a_{11} & a_{12} & a_{13} \\ a_{21} & a_{22} & a_{23} \\ a_{31} & a_{32} & a_{33} \end{vmatrix} \begin{matrix} a_{11} & a_{12} \\ a_{21} & a_{22} \\ a_{31} & a_{32} \end{matrix} = \text{s.o.}$	Ein Schüler (Tom) diktiert die Fortsetzung der Matrix nach rechts. Weiß er das aus dem Schulbuch?
10.42		Wettrechnen mit Gauß/Determinanten I $3 \cdot x - 4 \cdot y + z = 3$ II $6 \cdot x + 2 \cdot y - z = 4$ III $3 \cdot x + y - 4 \cdot z = 2$	
10.55		Berechnung der Determinante einer 4 x 4 Matrix mit Hinweis darauf, dass das relevant für die bevorstehende Klausur ist. Einführung: Spaltenumformungen	
11.07	L:	Jetzt müssen wir dem guten Herrn Rezat mal wieder was Gutes tun und unser Buch aufschlagen. S. 19, Nr. 4a. Nr. 4a möchten wir jetzt bitte einmal noch lösen.	

Hausaufgaben:

S. 19, Nr. 4 b,c
S. 21, Nr. 1

Sonstige Notizen:

Abbildung 18:   Beispiel eines Beobachtungsprotokolls

In einer ersten Datenerhebungsphase zeigte sich, dass nicht alle Begründungen der Schüler im Kommentarheft nachvollziehbar waren. Dazu gehörten z. B. Kommentare, in denen die Schüler die Nutzung des Mathematikbuches mit „Nur so gelesen" (vgl. Eva-Maria, 6a) begründeten. Aus diesem Grund wurden in einer zweiten Datenerhebungsphase zeitnahe Interviews durchgeführt, um die Schüler speziell zu den nicht unmittelbar nachvollziehbaren Begründungen zu befragen. Darüber hinaus sollten die Interviews dazu dienen, einzelne Tätigkeiten, die Schüler in ihren Begründungen nennen, hinsichtlich ihrer Motive und Ziele genauer zu charakterisieren.

Zur prozessbegleitenden Erforschung mentaler Prozesse eignet sich insbesondere die Interviewtechnik des *Stimulated Recall* (vgl. O'Brien 1993), bei der die Erinnerung an Gedanken in einer bestimmten Situation i. d. R. durch das Zeigen von Videosequenzen stimuliert wird. In der vorliegenden Studie wird diese Methode in einer modifizierten Form angewandt. Ausgangspunkt des Interviews ist eine Eintragung der Schüler in ihrem Kommentarheft und die zugehörige Markierung im Schulbuch. Die Schüler werden im Interview durch offene Fragen dazu angeregt, ihre Nutzung zu explizieren. Weiterhin wurden die Interviews so geplant, dass sie den methodologischen Prinzipien des qualitativen Interviews gerecht werden. Dazu gehören nach Lamnek (2005, S. 351) u. a.:

- Das Prinzip der Relevanzsysteme: Das Prinzip der Relevanzsysteme bezieht sich darauf, dass „keine Prädetermination durch den Forscher [erfolgt], sondern eine Wirklichkeitsdefinition durch den Befragten" (Lamnek 2005, S. 351). Diesem Prinzip wird in den Interviews dadurch Rechnung getragen, dass die Kommentare der Schüler den Ausgangspunkt des Interviews bilden. Damit verbleibt der Gegenstand des Interviews – die Nutzung des Mathematikbuches – in dem Bereich, den der Schüler selbst abgegrenzt hat. Es geht lediglich darum, die vom Schüler selbst dokumentierten Nutzungen zu erläutern, andere Nutzungen als die, die der Schüler selbst vollzogen hat, sind nicht Gegenstand des Interviews.

- Das Prinzip der Kommunikativität: Kommunikativität meint „daß der Forscher den Zugang zu bedeutungsstrukturierten Daten im allgemeinen nur gewinnt, wenn er eine Kommunikationsbeziehung mit dem Forschungssubjekt eingeht und dabei das kommunikative Regelsystem des Forschungssubjekts in Geltung lässt" (Lamnek 2005, S. 348). Diesem Prinzip wird einerseits dadurch entsprochen, dass eine geeignete Interviewsituation geschaffen wird. Das Interview findet in einer neutralen und dem Schüler vertrauten Umgebung statt: in einem Klassenzimmer. Außerdem wird die Interviewsituation so gestaltet, dass Interviewer und Befragter sich nicht gegenüber sitzen, sondern in einer offeneren Form an der Ecke eines Tisches. Weiterhin sollen Fragen der Sprache des Schülers angepasst werden, indem nach Möglichkeit vom Schüler selbst verwendetes Vokabular verwendet wird. Die Kommunikativität soll darüber hinaus dadurch unterstützt werden, dass der Forscher auf die Äußerungen des Befragten eingeht.

- Das Prinzip der Offenheit: Das Prinzip der Offenheit besagt, dass „die theoretische Strukturierung des Forschungsgegenstandes zurückgestellt wird, bis sich die Strukturierung des Forschungsgegenstandes durch die Forschungssubjekte herausgebildet hat" (Lamnek 2005, S. 348). In der vorliegenden Studie wird es dadurch gewahrt, dass die Eintragungen des Schülers im Kommentarheft den Ausgangspunkt des Interviews bilden. Dadurch wird gewährleistet, dass der Schüler nicht mit theoretischen Vorstrukturierungen des Untersuchungsgegenstandes konfrontiert wird, sondern mit seinen eigenen Formulierungen. Zu den Kommentaren des Schülers werden offene Fragen gestellt, die den Schüler dazu anregen sollen, die jeweilige Nutzung des Mathematikbuches genauer zu erläutern, z. B.:

- Warum lernst du?
- Wie wählst du das aus, was du zum Lernen verwendest?
- Was bedeutet ‚einfach so'?

- Das Prinzip der Flexibilität: Das Prinzip der Flexibilität besagt, dass die Interviewsituation durch das Fehlen vorab konstruierter und standardisierter Erhebungsinstrumente nicht vorherbestimmt ist und im Wesentlichen vom Befragten abhängt (vgl. Lamnek 2005, S. 350). In der vorliegenden Studie werden die Interviews nach einem teilstandardisierten Interviewleitfaden durchgeführt. Durch die Teilstandardisierung wird gewährleistet, dass die Flexibilität im Interview gewahrt bleibt. Die Fragen des Interviewleitfadens bilden lediglich ein Repertoire an Fragen, die im Interview gestellt werden sollen. Weder die Reihenfolge der Fragen, noch die exakte Formulierung wird vorher festgelegt. Der Leitfaden umfasst folgende Fragen:
  - Warum lernst / übst / wiederholst du?
  - Wie wählst du das aus, was du zum Lernen / Üben / Wiederholen / Nacharbeiten verwendest?
  - Hilft dir jemand beim Aussuchen?
  - Was bedeutet <Zitat des Kommentars im Kommentarheft>?
  - Ergeben sich im Verlauf des Interviews weitere Themen, dann werden diese aufgegriffen.
- Das Prinzip der Zurückhaltung des Forschers: Im qualitativen Interview bestimmt das befragte Subjekt das Gespräch qualitativ und quantitativ. In der vorliegenden Studie wird die Rolle des Interviewers im Interview darin gesehen, dass er das Gespräch in Gang bringt und in Gang hält.
- Das Prinzip der Explikation: Das Prinzip der Explikation bezieht sich darauf, dass der Interviewer im qualitativen Interview die Möglichkeit hat, „den Befragten zu bitten, bestimmte Äußerungen zu explizieren oder zu interpretieren" (Lamnek 2005, S. 350). Der für die Interviews in der vorliegenden Studie gewählte Ansatz des *Stimulated Recall* begründet sich gerade auf dem Prinzip der Explikation, da die Interviews gerade auf die Explikation der Kommentare der Schüler im Kommentarheft abzielen.

Die Interviews werden mit Hilfe eines Audiogerätes aufgezeichnet. Da die Interviewaussagen sich auf bestimmte Eintragungen im Kommentarheft beziehen, werden die Interviews ausschnittweise transkribiert und den entsprechenden Nutzungen des Mathematikbuches im Datensatz zugeordnet[27].

4.2 Durchführung der Datenerhebung

Die Untersuchung wird am Gymnasium durchgeführt. Die Gründe für diese Entscheidung werden im Folgenden dargelegt.

In Gesprächen mit Lehrern und Schulbuchautoren wird deutlich, dass die Ansicht weit verbreitet ist, Schüler nutzen ihre Mathematikbücher so gut wie nicht selbständig. Um neben den Nutzungen, die vom Lehrer initiiert werden, auch ein möglichst weites Spektrum an selbständigen Nutzungen des Mathematikbuches zu ermitteln, ist es daher sinnvoll, die Studie an einer Schulform durchzuführen, in der die selbständige Nutzung des Mathematikbuches vermutlich am stärksten ausgeprägt ist. Die im Folgenden dargestellten Ergebnisse der PISA-Studie verweisen darauf, dass dies am ehesten am Gymnasium zu erwarten ist.

Als Voraussetzungen für eine selbständige Nutzung des Mathematikbuches zum Lernen kann einerseits die Bereitschaft und Fähigkeit zu selbstreguliertem Lernen angesehen werden und andererseits die Lesekompetenz, die Voraussetzung für die inhaltliche Erschließung des Textes ist. Sowohl PISA 2000 als auch PISA 2003 zeigen, dass die Lesekompetenz im Gymnasium am höchsten ist (vgl. Artelt *et al.* 2001, S. 44; Prenzel *et al.* 2003, S. 11). Ebenso verweist die Untersuchung zu den Lernansätzen der Schüler im Rahmen von PISA auf den Zusammenhang zwischen selbstreguliertem Lernen und Leistung: „Schülerinnen und Schüler, die ihr Lernen regulieren, weisen bessere Leistungen auf" (Artelt *et al.* 2003, S. 10).

Weiterhin zeigt PISA, dass Schüler mit einem höheren sozioökonomischen Status „häufiger Gebrauch von Kontroll- und Elaborationsstrategien" (Artelt *et al.* 2003, S. 68) machen, „ein größeres Interesse am Lesen" zeigen, „signifikant höhere Werte bei dem Interesse an Mathematik sowie bei Anstrengung und Ausdauer erzielen" (Artelt *et al.* 2003, S. 68) und „ein größeres Vertrauen in ihre Fähigkeit, verbale, mathematische und allgemeine akademische Aufgaben zu lösen" (Artelt *et al.* 2003, S. 68) haben. PISA 2000 und PISA 2003 zeigen, dass Schüler mit einem höheren sozioökonomischen Status überwiegend am Gymnasium zu finden sind (vgl. Artelt *et al.* 2001, S. 35; Prenzel *et al.* 2003, S. 22-24).

---

[27] vgl. Anhang 2, Spalte ‚Interviewaussagen'. Der Anhang ist im Internet über die URL http://www.viewegteubner.de zugänglich.

Aus den Ergebnissen lässt sich insgesamt schließen, dass Schüler mit der Bereitschaft zum selbstreguliertem Lernen und den erforderlichen Lesekompetenzen überwiegend am Gymnasium zu finden sind. Ausgehend von diesen Ergebnissen ist daher zu erwarten, dass eine selbständige Nutzung des Schulbuches am Gymnasium am ausgeprägtesten ist und eine Studie zur Nutzung des Mathematikbuches zum Lernen von Mathematik am Gymnasium von allen Schulformen die vielfältigsten Erkenntnisse generieren kann.

Die Studie wurde in zwei zeitlich getrennten Durchgängen nacheinander an zwei Gymnasien aus der Region Ostwestfalen in Nordrhein-Westfalen durchgeführt. In beiden Schulen nahmen jeweils eine sechste Klasse und ein Kurs der Jahrgangsstufe 12 teil (ein Grundkurs und ein Leistungskurs). Aufgrund des enormen Aufwandes, der insbesondere durch die teilnehmende Beobachtung des Unterrichts bedingt ist, wurden beim ersten Durchgang die Daten über einen Zeitraum von zwei Wochen erhoben. Dieser Zeitraum erwies sich jedoch als sehr knapp bemessen und wurde daher beim zweiten Durchgang auf drei Wochen ausgedehnt.

Die Lehrer wurden beim ersten Durchgang zufällig ausgewählt. Es zeigte sich, dass beide Lehrer in ihrem Unterricht häufig das Buch als Hilfsmittel erwähnten. Z. B. verwies der Lehrer der Klasse 6a mehrfach im Zusammenhang mit dem Bearbeiten von Aufgaben auf das Buch, indem er sagte: „Wenn ihr nicht wisst, wie es geht, dann seht im Buch nach" (vgl. Beobachtungsprotokoll vom 20.02.2006). Durch diese Weise, die Nutzung des Buches zu vermitteln, stellte sich die Frage, ob sich ein Unterschied in der Nutzung der Bücher durch die Schüler zeigt, wenn der Lehrer das Buch im Unterricht zwar als Aufgabensammlung verwendet, jedoch ansonsten nicht in irgendeiner Weise auf das Buch Bezug nimmt. Aus diesem Grund wurden beim zweiten Durchgang im Sinne des theoretischen Samplings (vgl. Abschnitt 2.1) gezielt Lehrer ausgewählt, die das Mathematikbuch zwar als Aufgabensammlung im Unterricht einsetzen, sonst aber nicht auf das Buch in irgendeiner Form verweisen.

Entsprechend den Folgerungen aus der Analyse des Artefakts ‚Mathematikbuch' wurde durch theoretisches Sampling gewährleistet, dass beide Mikrostrukturtypen ‚Aufgabensequenztyp' und ‚Präsentations-Imitations-Typ' in der Studie gleichberechtigt berücksichtigt wurden. Im ersten Durchgang der Studie wurden in beiden Lerngruppen Bücher der Reihe *Elemente der Mathematik* (Griesel & Postel 2000; Griesel *et al.* 2003) verwendet. Diese Bücher sind dem Aufgabensequenztyp zuzuordnen (vgl. Abschnitt 3.2.3.2). Im zweiten Durchgang wurden hingegen in beiden Lerngruppen Bücher aus der Reihe *Lambacher Schweizer* (Baum *et al.* 2001; Hußmann *et al.* 2006) verwendet, die dem Präsentations-Imitations-Typ zuzurechnen sind.

Tabelle 9 gibt einen Überblick über die Bedingungen der beiden Durchgänge der Datenerhebung:

Durch-gang	Schule	beteiligte Lerngruppen	Verwendung des Buches durch den Lehrer	Buchreihe
1	1	Klasse 6 Grundkurs 12	Verwendung des Buches als Aufgabensammlung; ausgeprägte Vermittlung der Schulbuchnutzung	Elemente der Mathematik
2	2	Klasse 6 Leistungskurs 12	Verwendung des Buches als Aufgabensammlung	Lambacher Schweizer

Tabelle 9: Übersicht über die Bedingungen der beiden Durchgänge der Datenerhebung

4.3 Gültigkeit

Jede empirische Untersuchung muss sich der Frage der Gültigkeit ihrer Daten und deren Analyse stellen. Die Frage der Gültigkeit richtet sich dabei einerseits an die Datenerhebungsmethode und andererseits an die Interpretation der gewonnen Daten. Im Folgenden soll zunächst der Frage der Gültigkeit der Daten im Hinblick auf die Erhebungsmethode nachgegangen werden.

Lamnek (2005, S. 153) zufolge genießt die Validität als Gültigkeitskriterium sowohl in der qualitativen als auch in der quantitativen Forschung einen bevorzugten Status gegenüber den anderen Gütekriterien. In der qualitativen Methodologie zählt dabei die Anpassung der Methode an den zu untersuchenden Gegenstand zu einem der wichtigsten Prinzipien der Forderung nach Validität (vgl. Lamnek 2005, S. 153). Eine Validitätsform qualitativer Forschung ist dabei die ökologische Validität, „d. h. die Gültigkeit im natürlichen Lebensraum der Untersuchten bzw. der Gruppe" (Lamnek 2005, S. 155). Diese Forderung wurde bereits bei der Konstruktion einer dem Gegenstand angemessenen Datenerhebungsmethode berücksichtigt (vgl. Abschnitt 4.1).

Darüber hinaus wird die Validität der erhobenen Daten zur Nutzung des Mathematikbuches durch Schüler durch die angewendete Methodentriangulation erhöht. Grundsätzlich meint Methodentriangulation die Kombination von Methoden zum Studium eines Phänomens (vgl. Lamnek 2005). Demnach stellt die

Kombination von Daten, die von den Schülern erhoben wurden, mit Daten aus der Beobachtung des Unterrichts in der vorliegenden Untersuchung eine Methodentriangulation dar, die Aussagen über die Validität der Daten zulässt. Durch die Beobachtung des Unterrichts sollten erstens Informationen darüber gesammelt werden, wie der Lehrer die Nutzung des Mathematikbuches im Unterricht vermittelt. Zweitens sollte die Unterrichtsbeobachtung dazu dienen, die Nutzung des Mathematikbuches durch die Schüler im Unterricht zu beobachten, um so eventuell Nutzungen zu dokumentieren, die nicht von den Schülern dokumentiert werden. So konnte z. B. im Unterricht der Klasse 6a beobachtet werden, dass ein Großteil der Schülerinnen und Schüler auf die Anweisung des Lehrers hin, ein Aufgabenblatt mit Hilfe des Schulbuches zu bearbeiten, Inhaltsverzeichnis bzw. Stichwortverzeichnis zur Hilfe nahmen (vgl. Beobachtungsprotokoll 6a, 21.02.2006)[28]. Lediglich ein Schüler hat die Nutzung des Stichwortverzeichnisses jedoch dokumentiert (vgl. Steffen, 6a)[29]. Diese Beobachtung gibt Anlass zu der Vermutung, dass es Nutzungen des Mathematikbuches gibt, die die Schüler entweder nicht als Nutzung wahrnehmen oder nicht für dokumentationswürdig halten.

Diese Hypothese scheint durch einen Fall im Grundkurs 12 bestätigt zu werden. Die folgende Markierung wurde von dem Schüler mit dem Kommentar versehen, dass er „nicht wusste, was ein Integrand ist" (Vgl. Carsten, GK).

(3) Anmerkungen zum Integralzeichen

Die Zahlen a und b in $\int_a^b f(x)\,dx$ bzw. $\int_a^b f$ heißen die *Grenzen des Integrals*; a heißt

untere Grenze und b **obere Grenze.** Es ist zunächst vorausgesetzt, dass $a < b$ ist.

Später werden wir die Integraldefinition auch auf $a > b$ und $a = b$ erweitern (Seite 61).

Die Funktion f heißt auch **Integrand** oder *Integrandenfunktion.*

Die Schreibweise $\int_a^b f(x)\,dx$ wird verwendet, wenn eine Funktion durch einen Funktionsterm vorgegeben ist, die Schreibweise $\int_a^b f$ dagegen bei allgemeinen Sätzen.

Abbildung 19: Carstens (GK) Nutzung im Zusammenhang mit der Frage nach der Bedeutung des Begriffs ‚Integrand' (Griesel & Postel 2000, S. 52).

---

[28] Verweise auf Beobachtungsprotokolle werden jeweils durch die Angabe der Lerngruppe und des Datums des Protokolls ergänzt. Dies dient der besseren Orientierung in Anhang 3, wo die Beobachtungsprotokolle vollständig wiedergegeben sind. Der Anhang ist im Internet über die URL http://www.viewegteubner.de zugänglich.

[29] Bei jeder Nennung eines Schülernamens wird die Klasse bzw. der Kurs in Klammern mit angegeben. Dies dient einerseits der besseren Orientierung in Anhang 2, wo die Schüler nach Klassen bzw. Kursen geordnet sind. Andererseits soll dies dazu beitragen, stets über das Alter des jeweiligen Schülers informiert zu sein.

Der Eintrag ‚Integrand' im Stichwortverzeichnis verweist ausschließlich auf diese Seite, wurde vom Schüler aber nicht markiert. Unter Berücksichtigung der Nutzungsbedingungen[30] ist es fraglich, ob der Schüler diesen Satz im Schulbuch ohne Zuhilfenahme des Stichwortverzeichnisses gefunden hat. Auch hier wurde die Nutzung des Stichwortverzeichnisses möglicherweise nicht als Nutzung wahrgenommen oder für nicht dokumentationswürdig gehalten.

Es lässt sich allerdings auch der umgekehrte Fall beobachten. Ein Schüler markiert mehrere Einträge im Stichwortverzeichnis, ohne die entsprechenden Stellen im Buch zu markieren, auf die verwiesen wird (vgl. Leopold, GK). Hier stellt sich die Frage, ob der Schüler die entsprechenden Stellen nicht nachgeschlagen hat oder ob er die Nutzung der entsprechenden Stellen für selbstverständlich und daher nicht für dokumentationswürdig hielt.

Drittens diente die Unterrichtsbeobachtung dazu, die lehrervermittelten Nutzungen zu dokumentieren, um einen Maßstab für die Genauigkeit der Schülerdaten zu haben. Indem die von den Schülern dokumentierten Nutzungen mit den lehrervermittelten Nutzungen verglichen werden, lässt sich zumindest in Bezug auf die lehrervermittelten Nutzungen feststellen, wie ernst die Schüler ihre Aufgabe genommen haben. In der vorliegenden Studie wird der Grad der Übereinstimmung von lehrervermittelten Nutzungen zwischen den Dokumentationen der Schüler und den Daten der Unterrichtsbeobachtung als Maßstab für die Genauigkeit der Schülerdokumentationen verwendet. Diesem Vorgehen liegt die Annahme zugrunde, dass von einer genauen Dokumentation der lehrervermittelten Nutzungen insgesamt auf eine genaue Dokumentation der Nutzung geschlossen werden kann. D. h. es wird angenommen, dass ein Schüler, der gewissenhaft die lehrervermittelten Nutzungen dokumentiert hat, seine Nutzung des Mathematikbuches insgesamt gewissenhaft dokumentiert hat. Insgesamt lassen sich drei Fehler in den Schülerdaten identifizieren:

1. Eine lehrervermittelte Nutzung des Schulbuches wurde gar nicht dokumentiert;
2. Eine lehrervermittelte Nutzung des Schulbuches wurde dokumentiert, es wurde aber kein bzw. ein falsches Datum angegeben;
3. Eine lehrervermittelte Nutzung wurde dokumentiert, es wurde aber kein bzw. ein falscher Grund angegeben.

Diese drei Fehler haben unterschiedliche Auswirkungen auf die Validität der Daten. Fehlende Daten (1) bedeuten, dass die Dokumentation insgesamt unvoll-

---

[30] Die Nutzung steht im Zusammenhang mit dem Bearbeiten einer Aufgabe, die den Begriff enthält. Diese Aufgabe befindet sich aber nicht auf derselben Doppelseite bzw. auf benachbarten Seiten, sondern ca. 130 Seiten weiter hinten im Buch.

ständig sein kann. Es besteht also die Möglichkeit, dass das Schulbuch eventuell mehr genutzt wurde als dokumentiert. Eine nicht dokumentierte Nutzung (1) lässt jedoch nicht zwangsläufig auf eine Nachlässigkeit des Schülers schließen. Es kommen auch andere Gründe in Frage, die dazu führen, dass ein Schüler die lehrervermittelte Nutzung nicht dokumentiert hat. Z. B.

- der Schüler war im Unterricht nicht anwesend;
- der Schüler hat eine Aufforderung des Lehrers, das Schulbuch zu benutzen, nicht wahrgenommen (z. B. aufgrund von Unruhe in der Klasse)
- der Schüler hat sein Buch vergessen;
- Schüler haben aus anderen Gründen, z. B. auf Grund von Absprachen, Bücher gemeinsam genutzt;

Diese Ursachen können auch Fehler bei der Dokumentation des Datums oder des Nutzungsgrundes nach sich ziehen. Hat ein Schüler z. B. sein Buch vergessen, die Nutzung aber zu Hause nachgetragen, kann dies Fehler bei der Angabe des Datums oder des Nutzungsgrundes zur Folge haben.

Die Eintragung eines falschen Datums (2) lässt darauf schließen, dass die Dokumentation vermutlich nicht direkt im Zusammenhang mit der Nutzung erfolgte, sondern nachgetragen wurde. Dabei bestehen zwei Möglichkeiten: Entweder wurde die Nutzung insgesamt nachträglich dokumentiert, d. h. sowohl die Markierung im Schulbuch als auch der Eintrag ins Kommentarheft erfolgte im Nachhinein, oder die Nutzung wurde zwar im Schulbuch markiert, der Eintrag ins Kommentarheft erfolgte jedoch nachträglich. Im ersten Fall ist anzunehmen, dass die Dokumentation insgesamt Lücken aufweist. Eventuell kann die nachträgliche Eintragung auch Fehler bei der Begründung der Nutzung nach sich ziehen. In Bezug auf die lehrervermittelten Nutzungen sind Fehler bei der Angabe des Datums anhand des Beobachtungsprotokolls zu korrigieren. Bei Nutzungen, die darüber hinausgehen, ist das natürlich nicht der Fall. Es ist jedoch davon auszugehen, dass die Reihenfolge der Eintragungen hier ebenfalls die zeitliche Dimension der Nutzung widerspiegelt und damit ebenfalls ein Korrektiv darstellt.

Die Angabe eines falschen Grundes (3) hat die größten Auswirkungen auf die Validität der Auswertung, da die Angabe von falschen Gründen am ehesten zu Fehlinterpretationen der Nutzung führt. Die Angabe von falschen Gründen ist im Zusammenhang mit lehrervermittelten Nutzungen ebenso wie die Angabe eines falschen Nutzungsdatums anhand des Beobachtungsprotokolls zu korrigieren. Werden auf der Grundlage der lehrervermittelten Nutzungen jedoch Aussagen über die Validität der Daten insgesamt gemacht, dann ist die Angabe von falschen Gründen im Hinblick auf die Validität der Auswertung am problematischsten von allen drei Fehlerquellen anzusehen.

Die vorangehenden Überlegungen zeigen, dass nicht jede Diskrepanz zwischen den Daten der Unterrichtsbeobachtung und den Schülerdaten die gleichen Auswirkungen auf die Validität der Daten hat. Daher ist es angebracht, nicht nur Schülerdaten als valide anzusehen, die eine absolute Übereinstimmung mit den lehrervermittelten Nutzungen zeigen. Vielmehr sind plausible Bedingungen festzulegen, unter denen Schülerdaten trotz einiger Fehler dennoch als valide betrachtet werden. Es ist dabei nicht sinnvoll, eine absolute Zahl zugelassener Fehldokumentationen festzulegen, da einerseits die Lehrer die Nutzung des Schulbuches in unterschiedlichem Ausmaß vermittelten und die Zahl der Fehldokumentationen relativ zur absoluten Anzahl von lehrervermittelten Nutzungen gesehen werden muss. Andererseits erfasst die Festlegung einer absoluten Anzahl von Fehldokumentationen nicht, wie diese Fehldokumentationen über den Beobachtungszeitraum verteilt sind. Fehlt ein Schüler beispielsweise in einer Unterrichtsstunde, in der fünf lehrervermittelte Nutzungen zu dokumentieren waren, ist die Anzahl von Fehldokumentationen relativ hoch, obwohl die Daten des Schülers möglicherweise eine höhere Validität aufweisen als die eines Schülers, der über den Datenerhebungszeitraum verteilt fünf Nutzungen z. B. aus Nachlässigkeit nicht dokumentiert. Dieses Problem lässt sich auch nicht durch die Festlegung eines relativen Anteils an Fehldokumentationen vermeiden. Es erscheint daher sinnvoll, die Fehldokumentationen in Bezug zu den jeweiligen Unterrichtsstunden zu betrachten. Fehldokumentationen, die darauf zurückzuführen sind, dass ein Schüler im Unterricht nicht anwesend war, lassen sich auf diese Weise am besten identifizieren. Das Versäumnis einer Unterrichtsstunde und das damit einhergehenden Fehlen von lehrervermittelten Nutzungen in den Schülerdaten bedeuten nicht, dass der Rest der Daten dieses Schülers nicht valide ist.

Vor dem Hintergrund der vorangehenden Überlegungen werden folgende Kriterien festgelegt, unter denen die Daten eines Schülers als valide betrachtet werden:

1. Im Hinblick auf fehlende Dokumentationen von lehrervermittelten Nutzungen wird unterschieden, ob immer wieder einzelne lehrervermittelte Nutzungen fehlen oder ob die gesamten lehrervermittelten Nutzungen von einzelnen Unterrichtsstunden nicht eingetragen wurden. Schülerdaten, bei denen die lehrervermittelten Nutzungen ganzer Unterrichtsstunden einschließlich der jeweiligen Hausaufgaben fehlen, werden als valide angesehen, da hier die fehlenden Dokumentationen vermutlich auf die Abwesenheit im Unterricht zurückzuführen ist. Fehlen in der Dokumentation verein-

zelte lehrervermittelte Nutzungen, so werden Schülerdaten, bei denen mehr als zwei lehrervermittelte Nutzungen fehlen, als nicht valide angesehen und nicht weiter berücksichtigt.

2. Die Dokumentation von Nutzungen mit einer fehlerhaften Datumsangabe wird im Hinblick auf die Validität der Daten nicht als problematisch betrachtet, da die Reihenfolge der Eintragungen ins Kommentarheft ebenfalls die zeitliche Dimension widerspiegelt und ein falsches Nutzungsdatum nicht zu folgenschweren Fehlinterpretationen führt[31]. Im schlechtesten Fall kann der Nutzungskontext nicht rekonstruiert werden. Die Angabe eines falschen Nutzungsdatums kann bei lehrervermittelten Nutzungen anhand des Beobachtungsprotokolls aus dem Unterricht sogar korrigiert werden.

3. Die Angabe von falschen Gründen der Nutzung hat die stärksten Auswirkungen auf die Validität der Daten, da falsche Gründe bei der Auswertung zu Fehlinterpretationen führen. Daher werden Nutzungen, deren Begründung anhand des Beobachtungsprotokolls nicht nachvollzogen werden können, grundsätzlich nicht weiter im Rahmen der Auswertung berücksichtigt. Dies lässt sich allerdings nur auf Nutzungen anwenden, bei denen der Lehrer als Auslöser der Nutzung angegeben wird, es entsprechend der Unterrichtsbeobachtung aber nicht war. Allerdings besteht auch hier die Möglichkeit, dass der Lehrer im Einzelgespräch die Nutzung vermittelt hat. Grundsätzlich werden Schülerdaten als valide angesehen, bei denen weniger als drei Nutzungsgründe nicht nachvollziehbar sind.

Aus diesen Überlegungen ergibt sich, dass folgende Schüler bei der Auswertung und Interpretation der Daten nicht berücksichtigt werden, da zu befürchten ist, dass ihre Daten auf der Grundlage der oben angeführten Validitätskriterien nicht valide sind: Julius (6k), Phillip (6k), Nadine (LK), Simon (LK), Jakob (LK)[32].

Im Zusammenhang mit der Validität der Daten ist nicht nur die Frage zu stellen, wie valide die gesamten Dokumentationen der Schüler sind, sondern auch, wie genau eine einzelne Markierung ist. Grundsätzlich gibt es zwei Weisen, in der der Auftrag des Markierens genutzter Elemente in Schulbuch verstanden werden kann. Es besteht zum einen die Möglichkeit, dass die Schüler genau das markieren, was sie aus einem bestimmten Grund ausgewählt haben. Zum anderen besteht aber auch die Möglichkeit, dass Schüler alles markieren, was sie

---

[31] Hinzu kommt, dass im Rahmen der ersten Datenerhebungsphase kein Nutzungsdatum erhoben wurde.

[32] Eine Liste, aus der für jeden Schüler ersichtlich ist, welche lehrervermittelten Nutzungen nicht dokumentiert wurden, welche Dokumentationen ein falsches Nutzungsdatum aufweisen und bei welchen Nutzungen die Nutzungsgründe nicht nachvollziehbar sind, befindet sich in Anhang 4. Der Anhang ist im Internet über die URL http://www.viewegteubner.de zugänglich.

im Auswahlprozess oberflächlich betrachtet haben. Das Resultat könnte so aussehen wie bei Beate (6a):

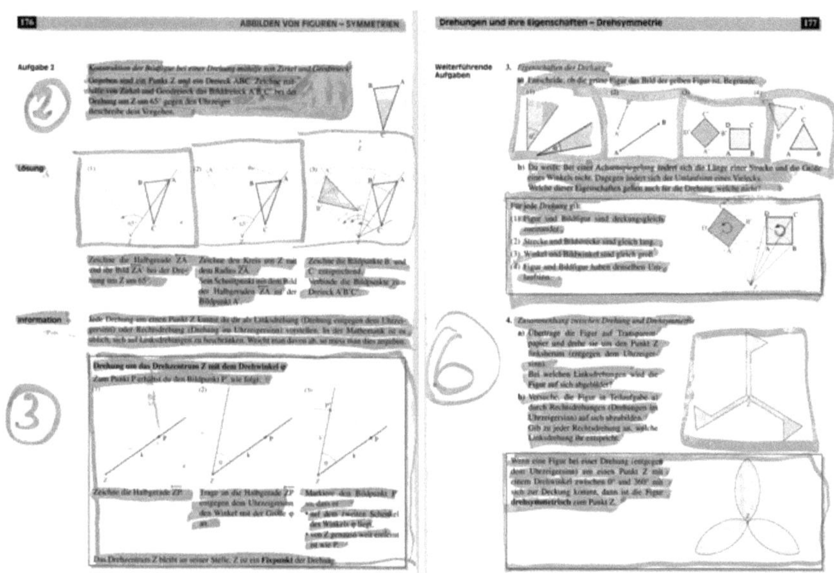

Abbildung 20: Beates (6a) Markierung der Seiten 176 und 177 im Buch (Griesel et al. 2003, S. 176-177)

Es zeigt sich jedoch, dass Beate (6a) eine Ausnahme darstellt. Fast alle Schüler markieren spezifische Schulbuchausschnitte und nicht ganze Seiten. Die Markierungen in den Büchern zeigen, dass Schüler die Bücher in der Regel struktursensibel nutzen, d. h. Anfang und Ende einer Markierung im Buch fallen in den meisten Fällen mit dem Anfang und dem Ende von Strukturelementen zusammen.

Bei dem Strukturelement *Aufgabe mit Lösung* zeigt sich sowohl in der Klasse 6a als auch im Grundkurs 12 die Tendenz nur die Lösung zu nutzen, ohne die Aufgabe zu berücksichtigen. Fälle wie Beate (6a), bei denen die Markierungen der Schüler das Raster der Strukturelemente transzendieren, finden sich nur sehr wenige.

Auch bei der Markierung eines Strukturelements stellt sich die Frage, wie genau die Markierung ist. Z. B. lassen sich bei der Markierung von Strukturelementen, die sowohl Text als auch Abbildungen enthalten, drei verschiedene Markierungsweisen feststellen:

1.   Markierung des gesamten Elements (vgl. Michael, 6a)

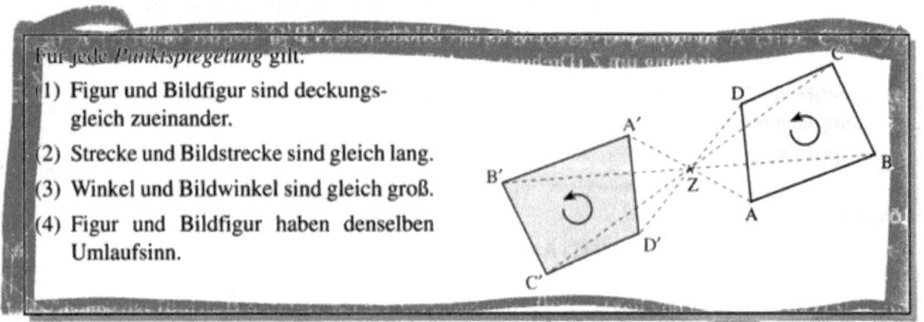

Abbildung 21: Michaels (6a) Markierung eines Kastens mit Merkwissen
(Griesel et al. 2003, S. 172)

Hier ist die Frage, ob tatsächlich Text und Abbildung betrachtet / genutzt wurden oder ob es sich um eine ökonomische Art des Markierens handelt.

2.   Markierung des Textes (vgl. Maria, 6a)

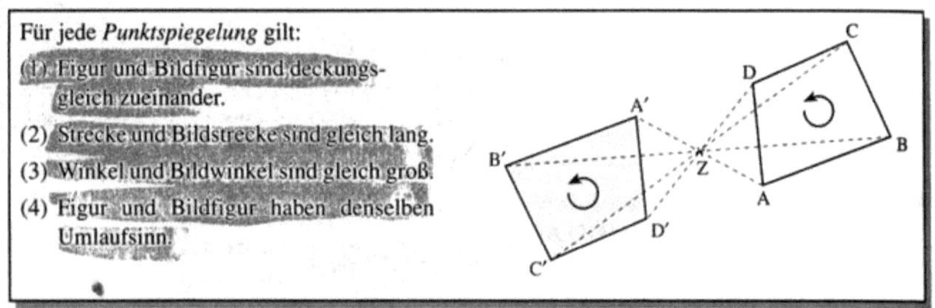

Abbildung 22: Marias (6a) Markierung eines Kastens mit Merkwissen (Griesel et al. 2003, S. 172)

Entsprechend ist auch hier zu fragen, ob tatsächlich nur der Text betrachtet / genutzt wurde und nicht die Abbildung. Möglicherweise handelt es sich um ein spezifisches Textmarker-Gebrauchsschema, bei dem tatsächlich nur Text markiert wird.

3.   Markierung des Textes und der Abbildung (vgl. Gesine, 6a)

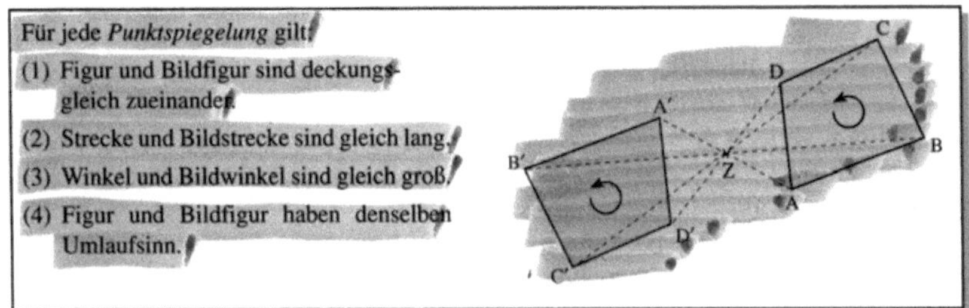

Abbildung 23:   Gesines (6a) Markierung eines Kastens mit Merkwissen (Griesel
                  et al. 2003, S. 172)

Gesines (6a) Markierung deutet im Gegensatz darauf hin, dass sie tatsächlich
beides – den Text und die Abbildung – genutzt hat.

Beim Vergleich der Markierungen eines Falles zeigt sich, dass es Schülerinnen
und Schüler gibt, die die Nutzung von Text und Abbildung eines Strukturelements differenziert markieren und ebenso solche, die nicht differenziert markieren. Z. B. (vgl. Sven, 6a)

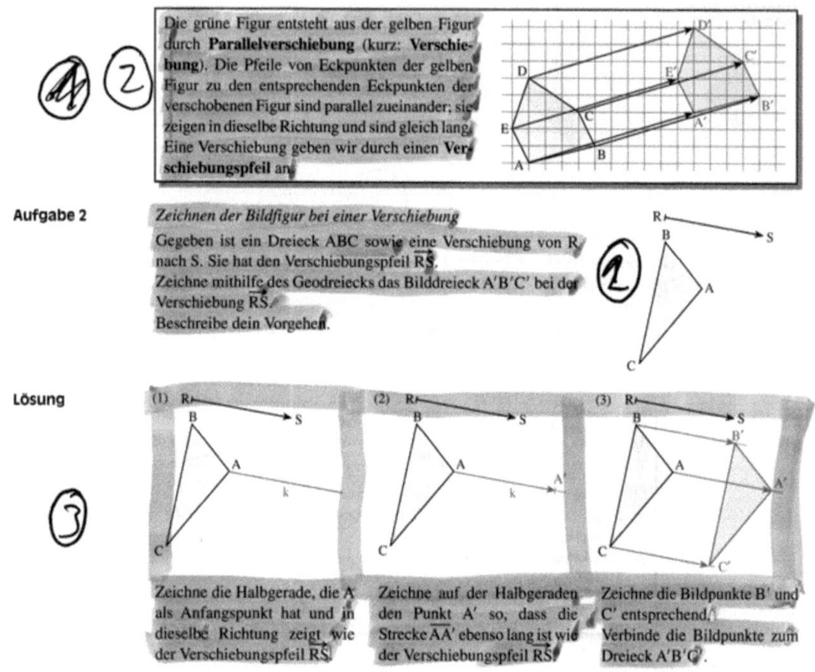

Abbildung 24: Differenzierte Markierung von Text und Abbildungen bei Sven (6a) (Griesel et al. 2003, S. 167)

Die angeführten Beispiele zeigen die Grenzen der Genauigkeit der Methode des Markierens. Aufgrund der Problematik zu bestimmen, ob jeweils Text und Abbildung bzw. nur der Text oder nur die Abbildung eines Strukturelements genutzt wurde, wird zwischen der Nutzung von Text bzw. Abbildungen eines Strukturelements in der Regel nicht differenziert.

4.4 Kodierung

Die Kodierung der Daten ist ein zentraler Prozess im Hinblick auf die Theorieentwicklung (vgl. Strauss & Corbin 1996, S. 39). Sie stellt einen Abstraktionsprozess von den konkreten Daten dar und dient dazu, bestimmte, für die

Entwicklung der Theorie interessante Aspekte der Daten zu benennen und dadurch hervorzuheben.

Zur Explikation des Erkenntnisweges gehört neben der Darstellung der Datenerhebungsmethode auch, die intersubjektive Nachvollziehbarkeit der Datenkodierung zu gewährleisten. Deshalb wird der Kodierprozess im vorliegenden Abschnitt eingehend erläutert. Dazu zählt die Charakterisierung des Datenmaterials (Abschnitt 4.4.1), die Festlegung der Analyseeinheiten (Abschnitt 4.4.2) sowie eine Beschreibung des Vorgehens beim Kodieren (Abschnitt 4.4.3). Im Abschnitt 4.4.4 werden schließlich die Kategorien erläutert, die die Grundlage für die Kodierung der Daten bilden.

4.4.1 Charakterisierung des Datenmaterials

Die Daten setzen sich zusammen aus:

1. markierten Abschnitten im Schulbuch, die mit einer Nummer versehen sind;
2. Angaben zum Grund der Nutzung in einem Heft, die mit einer Nummer und mit einem Datum versehen sind;
3. Audioaufnahmen aus Interviews mit einzelnen Schülern;
4. Beobachtungsprotokollen aus dem Unterricht.

4.4.2 Festlegung der Kodiereinheit

Für die Kodierung der Daten ist es notwendig festzulegen, nach welchen Gesichtspunkten die Daten bei der Kodierung strukturiert werden. Dafür wird festgelegt, welche Einheit des Materials jeweils einer Kategorie zugeordnet werden kann.

Im Zusammenhang mit der vorliegenden Untersuchung ist es sinnvoll, eine abgegrenzte Nutzung des Schulbuches als Kodiereinheit zugrunde zulegen. Das wirft die Frage auf, wie eine ‚abgegrenzte Nutzung des Schulbuches' in den Daten manifestiert ist. Das Datenmaterial selbst legt zwei Strukturierungsmöglichkeiten nahe: Eine abgegrenzte Nutzung des Schulbuches besteht aus

1. einer abgegrenzten Markierung im Schulbuch, die durch nicht-markierte Teile begrenzt wird;
2. sämtlichen Ausschnitten im Schulbuch, die einem Kommentar im Kommentarheft zugeordnet sind.

Um im Zusammenhang mit der Analyse der *Instrumentalisierung* untersuchen zu können, welche Zwecke einzelnen Strukturelementtypen zugeordnet werden, wird Möglichkeit 1 als Kodiereinheit zugrunde gelegt.

In der vorliegenden Untersuchung ist also die Kodiereinheit eine zusammenhängende Markierung im Schulbuch, die durch nicht markierte Teile begrenzt wird oder durch eine eigene Nummer gekennzeichnet ist, mit der dazugehörigen Eintragung im Kommentarheft. Werden einer zusammenhängenden Markierung mehrere Kommentare zugeordnet, dann gibt es drei Möglichkeiten:

1. Handelt es sich bei der Markierung um ein Strukturelement, dem mehrere Kommentare zugeordnet werden, dann wird der Schulbuchausschnitt mehrfach kodiert, d. h. der gleiche Schulbuchausschnitt wird mehrfach mit verschiedenen Anlässen aufgenommen.

Beispiel:

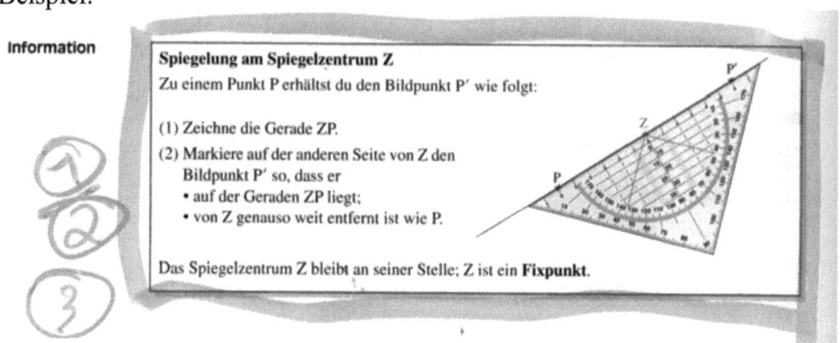

Abbildung 25:   Eva-Marias (6a) Markierung eines Kastens mit Merkwissen (Griesel et al. 2003, S. 172)

Schüler	Nr.	Buchausschnitt	Strukturelementtyp	Kommentar
Eva-Maria	1	S. 172, Information	Kasten mit Merkwissen	ich es zur Bearbeitung einer Aufgabe brauchte (im Unterricht)
Eva-Maria	2	S. 172, Information	Kasten mit Merkwissen	Ich hab es nur gelesen um etwas zu verstehen.
Eva-Maria	3	S. 172, Information	Kasten mit Merkwissen	Ich brauchte es für die Hausaufgabe

Tabelle 10: Kodierung von Eva-Marias (6a) Markierung in Abbildung 25

2. Werden mehrere aufeinander folgende Strukturelemente markiert, den ver-
    schiedenen Strukturelementen aber verschiedene Kommentare zugeordnet,
    dann werden die einzelnen Strukturelemente mit den jeweiligen Kommenta-
    ren wie mehrere einzelne Kodiereinheiten behandelt.

Beispiel:

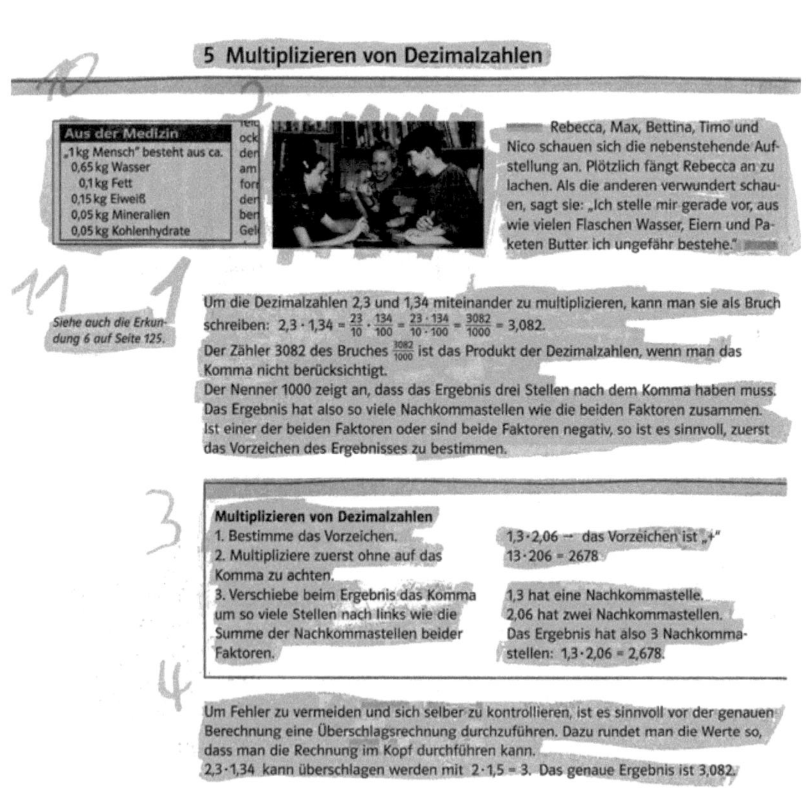

Abbildung 26: Helenes (6k) Markierung im Buch auf S. 142 (Hußmann et
al. 2006, S. 142)

Schüler	Nr.	Datum	Buchaus- schnitt	Struktur- elementtyp	Kommentar
Helene	1	13.02.0 7	S. 142, Lehrtext	Lehrtext	weil ich es mir mal an- gucken wollte wie man · rechnet
Helene	2	13.02.0 7	S. 142, Einstieg	Einstieg- saufgabe	weil ich es mir mal an- gucken wollte wie man · rechnet
Helene	3	13.02.0 7	S. 142, Kasten	Kasten mit Merkwissen	weil ich es mir mal an- gucken wollte wie man · rechnet
Helene	4	13.02.0 7	S. 142, Lehrtext	Lehrtext	weil ich es mir mal an- gucken wollte wie man · rechnet
Helene	10	13.02.0 7	S. 142, Einstieg	Einstiegs- aufgabe	weil ich es mir mal an- gucken wollte wie man · rechnet
Helene	11	13.02.0 7	S. 142, RS	Randspalte	weil ich es mir mal an- gucken wollte wie man · rechnet

Tabelle 11: Kodierung von Helenes (6k) Markierung in Abbildung 26

3. Werden hingegen mehrere aufeinander folgende Strukturelemente markiert und mit nur einem Kommentar versehen, dann ist die gesamte Markierung mit dem zugeordneten Kommentar Kodiereinheit.

Beispiel:

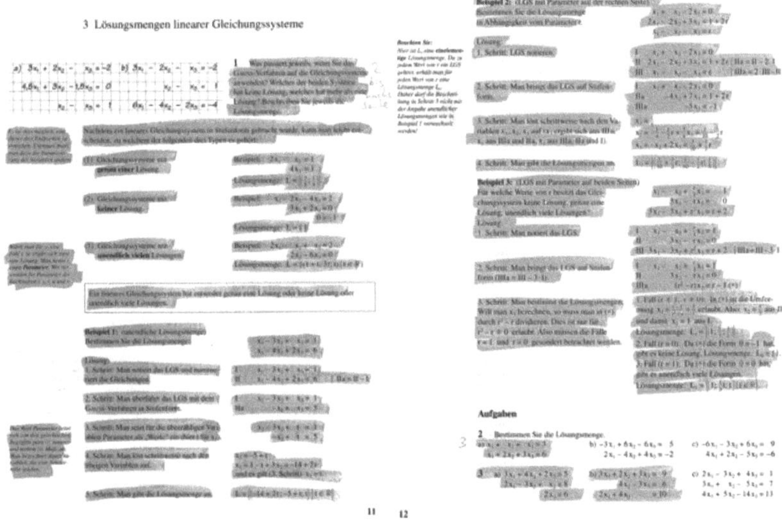

Abbildung 27: Charlottes (LK) Markierung auf den Seiten 11-12 im Buch (Baum et al. 2001, S. 11-12)

Schüler	Nr.	Datum	Buchaus-schnitt	Struktur-elementtyp	Kommentar
Charlotte	2	19.02.07	S. 11, 12	Lerneinheit	Nacharbeiten von verpasstem Unterricht

Tabelle 12: Kodierung von Charlottes (LK) Markierung in Abbildung 27

Eine Ausnahme stellen in diesem Zusammenhang Aufgaben dar. Werden mehrere Aufgaben markiert und mit einem Kommentar versehen, dann werden die Aufgaben einzeln kodiert.

Wird ein Strukturelement nicht komplett markiert, sondern nur ausschnittweise, und den einzelnen Ausschnitten mehrfach derselbe Kommentar zugeordnet, wird das gesamte Strukturelement einmal als Ganzes kodiert.

Beispiel:

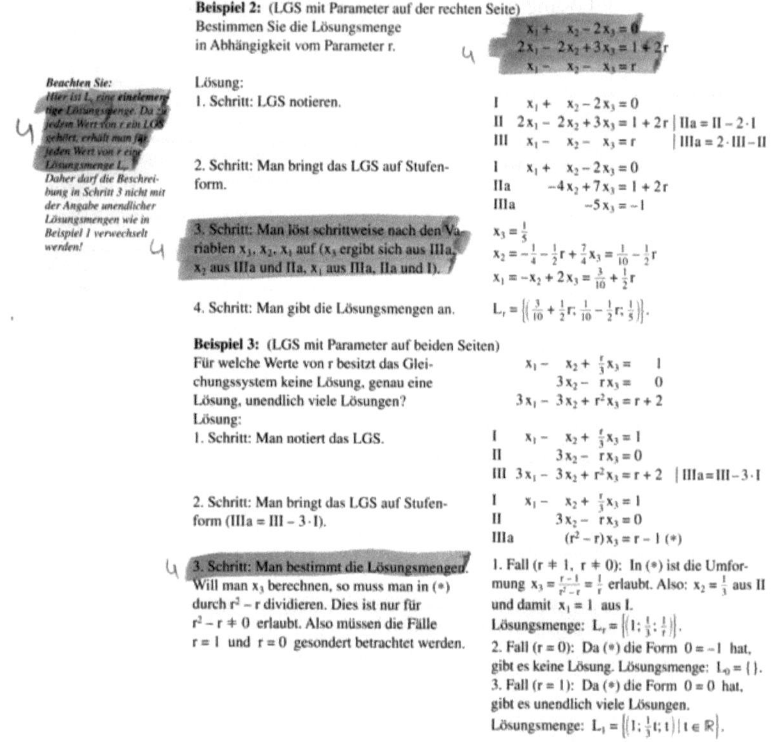

$$\begin{aligned} x_1 + x_2 - 2x_3 &= 0 \\ 2x_1 - 2x_2 + 3x_3 &= 1 + 2r \\ x_1 - x_2 - x_3 &= r \end{aligned}$$

$$\begin{aligned} I\quad x_1 + x_2 - 2x_3 &= 0 \\ II\quad 2x_1 - 2x_2 + 3x_3 &= 1 + 2r \;|\; IIa = II - 2\cdot I \\ III\quad x_1 - x_2 - x_3 &= r \quad |\; IIIa = 2\cdot III - II \end{aligned}$$

$$\begin{aligned} I\quad x_1 + x_2 - 2x_3 &= 0 \\ IIa\quad -4x_2 + 7x_3 &= 1 + 2r \\ IIIa\quad -5x_3 &= -1 \end{aligned}$$

$$x_3 = \tfrac{1}{5}$$
$$x_2 = -\tfrac{1}{4} - \tfrac{1}{2}r + \tfrac{7}{4}x_3 = \tfrac{1}{10} - \tfrac{1}{2}r$$
$$x_1 = -x_2 + 2x_3 = \tfrac{3}{10} + \tfrac{1}{2}r$$

$$L_r = \left\{\left(\tfrac{3}{10} + \tfrac{1}{2}r;\; \tfrac{1}{10} - \tfrac{1}{2}r;\; \tfrac{1}{5}\right)\right\}.$$

$$\begin{aligned} x_1 - x_2 + \tfrac{r}{3}x_3 &= 1 \\ 3x_2 - rx_3 &= 0 \\ 3x_1 - 3x_2 + r^2 x_3 &= r + 2 \end{aligned}$$

$$\begin{aligned} I\quad x_1 - x_2 + \tfrac{r}{3}x_3 &= 1 \\ II\quad 3x_2 - rx_3 &= 0 \\ III\quad 3x_1 - 3x_2 + r^2 x_3 &= r + 2 \;|\; IIIa = III - 3\cdot I \end{aligned}$$

$$\begin{aligned} I\quad x_1 - x_2 + \tfrac{r}{3}x_3 &= 1 \\ II\quad 3x_2 - rx_3 &= 0 \\ IIIa\quad (r^2 - r)x_3 &= r - 1 \;(\ast) \end{aligned}$$

Abbildung 28:   Jennifers (LK) Markierung auf der Seite 12 im Buch (Baum et al. 2001)

Schüler	Nr.	Datum	Buchaus-schnitt	Strukturele-menttyp	Kommentar
Jennifer	4	16.02.2007	S. 12, Bsp. 2, RS	Musterbeispiel, Randspalte	war Aufgabe S. 12/2a zu lösen

Tabelle 13: Kodierung von Jennifers (LK) Markierung in Abbildung 28

4.4.3 Darstellung des Kodierprozesses

Die Kodierung der Daten folgt grundsätzlich dem Prinzip des theoretischen Kodierens im Sinne der Grounded Theory (vgl. Glaser & Holton 2004). Der Charakterisierung von Glaser und Holton (2004) zufolge ist Grounded Theory „not findings, not accurate facts and not description" (Glaser & Holton 2004, S. 8), sondern „a set of carefully grounded concepts organized around a core category and integrated into hypotheses" (Glaser & Holton 2004, S. 7). Der Kodierungsprozess bildet dabei die Grundlage für die Entwicklung der Theorie: „The conceptualization of data through coding is the foundation of G[rounded] T[heory] development" (Glaser & Holton 2004, S. 9). Die Konzeptualisierung erfolgt dabei im wesentlichen durch zwei Verfahren, die Strauss das „Anstellen von Vergleichen" (Strauss 1994, S. 44) und das „Stellen von Fragen" (Strauss 1994, S. 44) nennt. Bei der Methode des Vergleichens unterscheiden Glaser und Holton (2004) drei Stufen:

> The process involves three types of comparison. Incidents are compared to incidents to establish underlying uniformity and its varying conditions. The uniformity and the conditions become generated concepts and hypotheses. Then, concepts are compared to more incidents to generate new theoretical properties of the concept and more hypotheses. The purpose is theoretical elaboration, saturation and verification of concepts, densification of concepts by developing their properties and generation of further concepts. Finally, concepts are compared to concepts. The purpose is to establish the best fit of many choices of concepts to a set of indicators, the conceptual levels between the concepts that refer to the same set of indicators and the integration into hypotheses between the concepts, which becomes the theory. (Glaser & Holton 2004, S. 10)

Die Methode des Fragenstellens dient einerseits dem „Aufbrechen der Daten" (Strauss & Corbin 1996, S. 57), d. h. die Daten unter möglichst verschiedenen Blickwinkeln zu betrachten, um schließlich Muster in den Daten zu erkennen. Andererseits dient die Methode des Fragenstellens der Fortführung der Studie durch theoretisches Sampling (vgl. Abschnitt 2.1). Das bedeutet, dass die Fragen, die während des Kodierungsprozesses gestellt werden, die zukünftige Datenerhebung und Analyse lenken, indem sie helfen, Fragen zu präzisieren und neue Interessenschwerpunkte aufzuzeigen. Das Ziel, das mit dem theoretischen Sampling verfolgt wird, besteht in der relativen Sättigung der Theorie (vgl. Strauss 1994, S. 61).

Auf der Grundlage der beiden beschriebenen Verfahrensweisen ‚Fragenstellen' und ‚Vergleichen' waren die Schulbuchausschnitte und die Angaben zum Grund der Nutzung zunächst Gegenstand eigenständiger Kodierprozesse.

Im Laufe des Kodierprozesses erwies sich folgende Kategorisierung als sinnvoll für die weitere Analyse:

1. Die markierten Schulbuchausschnitte werden bezüglich der Kategorien ‚Schüler' (vgl. Abschnitt 4.4.4.1), ‚Buchausschnitt' (vgl. Abschnitt 4.4.4.2), ‚Strukturelementtyp' (vgl. Abschnitt 4.4.4.3), ‚Lehrervermittlung' (vgl. Abschnitt 4.4.4.4) und ‚Salienz' (vgl. Abschnitt 4.4.4.5) kodiert.
2. Die Angaben zum Grund der Nutzung werden im Hinblick auf Tätigkeiten kodiert, in denen das Mathematikbuch als Instrument fungierte (vgl. Abschnitt 4.4.4.6). Das Datum wird in die Kategorie ‚Datum' übernommen.

Im Rahmen dieser beiden Kodierprozesse werden die Interviewdaten (3) und die Beobachtungsprotokolle (4) unterstützend herangezogen. Die Interviews wurden mit einzelnen Schülern zur Klärung einzelner Nutzungen durchgeführt. Daher werden sie als Hilfe bei der Kodierung einer Nutzung in der Kategorie ‚Tätigkeit' herangezogen. Anhand der Beobachtungsprotokolle kann auf lehrervermittelte Ausschnitte im Schulbuch geschlossen werden. Sie werden daher bei der Kodierung der Schulbuchausschnitte in der Kategorie ‚Lehrervermittlung' verwendet.

Im Rahmen der Kodierung werden die genutzten Schulbuchausschnitte und die in der Kategorie ‚Tätigkeit' kodierten Begründungen der Schüler zusammengeführt. Dies erfolgt auf Grundlage der Nummerierung von Markierung und Begründung.

4.4.4 Erläuterung der Kategorien

In diesem Abschnitt werden die Kategorien erläutert, die die Grundlage der Kodierung bilden. Im Einzelnen sind dies die Kategorien *Schüler, Buchausschnitt, Strukturelementtyp, Lehrervermittlung, Salienz, Tätigkeit.*

Die Auflistung und Beschreibung der Kategorien kann den Eindruck erwecken, dass sie in der gewählten Form a priori festgelegt und an das Datenmaterial herangetragen wurden. Während die Kodierung der Daten anhand der Kategorien *Schüler, Buchausschnitt, Strukturelementtyp und Lehrervermittlung* vor dem Hintergrund der bisherigen Ausführungen evident ist, sind jedoch insbesondere die Kategorien *Salienz* und *Tätigkeit* das Ergebnis eines langen und mühsamen Prozesses des Fragenstellens und Vergleichens, der im vorigen Abschnitt (4.4.3) beschrieben wurde. Dieser Prozess wird am Ende des Abschnitts im Zusammenhang mit der Kategorie *Tätigkeit* (vgl. Abschnitt 4.4.4.6) exemplarisch dargestellt.

4.4.4.1　Kategorie *Schüler*

Jeder Nutzung wird der Schüler zugeordnet, der die Nutzung vollzogen hat. Bei den in der vorliegenden Arbeit verwendeten Namen von Probanden handelt es sich um Pseudonyme. Lediglich das Geschlecht der Probanden ist bei der Vergabe der Pseudonyme beibehalten worden.

4.4.4.2　Kategorie *Buchausschnitt*

In der Kategorie *Buchausschnitt* wird der Abschnitt kodiert, der im Buch markiert ist. Zur Angabe des Buchausschnitts zählen die Seitennummer, das Strukturelement in der Bezeichnung des genutzten Buches sowie eventuell ergänzende Angaben, z. B. ob sich der Abschnitt direkt unterhalb einer Überschrift befindet oder ob das Element nur ausschnittweise markiert wurde.

4.4.4.3　Kategorie *Strukturelementtyp*

Jedem markierten Buchausschnitt wird ein Strukturelementtyp zugewiesen. Zugrunde gelegt wird die im Zusammenhang mit der Analyse des Artefakts ‚Mathematikbuch' entwickelte Typologie der Strukturelemente von deutschen Mathematikschulbüchern (vgl. Kapitel 1). Aus den folgenden Tabellen kann entnommen werden, welches Strukturelement in den verwendeten Büchern welchem Strukturelementtyp zugeordnet wird:

Elemente der Mathematik (Griesel & Postel 2000; Griesel et al. 2003)		
Struktur-ebene	**Strukturelementbezeichnung im Buch**	**Strukturelementtyp**
Makrostruktur	Inhaltsverzeichnis	Inhaltsverzeichnis
	Aufgaben zur Vorbereitung auf die Abiturprüfung	kapitelübergreifende Aufgaben
	Lösungen zu Bist du fit?	Lösungen
	Maßeinheiten und ihre Zusammenhänge	Übersicht über Maße und Maßeinheiten
	Verzeichnis mathematischer Symbole	Verzeichnis mathematischer Symbole
	Stichwortverzeichnis	Stichwortverzeichnis

	Im Blickpunkt	Themenseite
Mesostruktur	Exkurs	Themenseite
	Aufgaben zur Vertiefung	lerneinheitenübergreifende Aufgaben
	Bist du fit?	lerneinheitenübergreifender Test
	Klausurtraining	lerneinheitenübergreifender Test
Mikrostruktur	<Textabschnitt direkt unterhalb der Überschrift einer Lerneinheit ohne eigene Bezeichnung>	Einleitung
	Einführung	Einstieg
	Aufgabe mit vollständiger Lösung	Aufgabe mit Lösung
	weiterführende Aufgabe	weiterführende Aufgaben
	Information	Kasten mit Merkwissen
	<Inhalte, die von einem Kasten eingerahmt sind, aber durch keine eigene Bezeichnung gekennzeichnet sind>	Kasten mit Merkwissen
	Übungsaufgaben	Übungsaufgaben
	Musterbeispiel	Musterbeispiel

Tabelle 14: Übersicht über die Zuordnung der Strukturelemente in der Buchreihe „Elemente der Mathematik" (Griesel & Postel 2000; Griesel et al. 2003) zu den Strukturelementtypen

Lambacher Schweizer (Baum et al. 2001; Hußmann et al. 2006)		
Struktur-ebene	**Strukturelementbezeichnung im Buch**	**Strukturelementtyp**
Makrostruktur	Inhaltsverzeichnis	Inhaltsverzeichnis
	Sachthema	Projekt
	Anregungen für Projekte	Projekt
	Rechentraining	kapitelübergreifende Aufgaben
	Aufgaben zur Vorbereitung des schriftlichen Abiturs	kapitelübergreifende Aufgaben
	Aufgaben zur Vorbereitung des mündlichen Abiturs	kapitelübergreifende Aufgaben

	Lösungen (zu den Aufgaben zum Üben und Wiederholen)	Lösungen
	Register	Sichtwortverzeichnis
Mesostruktur	Erkundungen	Aktivitäten
	(mathematische) Exkursion	Themenseite
	Wiederholen – Vertiefen – Vernetzen	lerneinheitenübergreifende Aufgaben
	Vermischte Aufgaben	lerneinheitenübergreifende Aufgaben
	Aufgaben zum Üben und Wiederholen	lerneinheitenübergreifende Aufgaben
	Rückblick	lerneinheitenübergreifende Zusammenfassung
	Training	lerneinheitenübergreifender Test
Mikrostruktur	Einstieg	Einstiegsaufgabe
	hinführende Aufgaben	Einstiegsaufgabe
	Informationstext	Lehrtext
	Merkkasten	Kasten mit Merkwissen
	Ergebnis	Kasten mit Merkwissen
	Beispiel	Musterbeispiel
	Aufgaben	Übungsaufgaben
	Bist du sicher?	Testaufgaben
	Kannst du das noch?	Aufgaben zur Wiederholung

Tabelle 15: Übersicht über die Zuordnung der Strukturelemente in der Buchreihe „Lambacher Schweizer" (Baum et al. 2001; Hußmann et al. 2006) zu den Strukturelementtypen

4.4.4.4 Kategorie *Lehrervermittlung*

Bei der Entwicklung der Datenerhebungsmethode wurde berücksichtigt, dass der Lehrer eine vermittelnde Rolle bei der Nutzung des Schulbuches einnehmen kann. Die teilnehmende Beobachtung des Unterrichts diente im Wesentlichen dazu, diese Variable bei der Datenerhebung zu erfassen. Notwendigerweise enthalten die Daten daher die Kategorie ‚Lehrervermittlung'. Anhand der Daten konnte die Dimension dieser Kategorie näher bestimmt werden.

Die Daten zeigen zwei Arten, wie der Lehrer die Nutzung des Schulbuches vermitteln kann. Sie werden im Folgenden mit ‚spezieller' und ‚allgemeiner Lehrervermittlung' bezeichnet. Beiden Arten ist gemein, dass der Lehrer sich in einer Äußerung auf das Schulbuch bezieht. Diese Äußerung hat in der Regel Aufforderungscharakter. Der Unterschied beider Arten besteht in der Art des Bezugs, der auf das Schulbuch genommen wird.

1.   spezielle Lehrervermittlung
     Bei spezieller Lehrervermittlung verweist die Lehrerin oder der Lehrer in der Äußerung explizit auf eine spezielle Stelle des Schulbuches. Zur Angabe der speziellen Stelle zählen die Seite und die Stelle, die genutzt werden soll.

     Beispiel:
     ▪   „Hausaufgabe für Montag: Seite 184, Nr. 5 b), e), h)." (vgl. Beobachtungsprotokoll GK, 28.02.2006)

     Als spezielle Lehrervermittlung wird auch gezählt, wenn der explizite Verweis auf eine spezielle Stelle des Schulbuches von einem Schüler als Reaktion auf einen Impuls des Lehrers erfolgt.

2.   allgemeine Lehrervermittlung
     Bei allgemeiner Lehrervermittlung verweist die Lehrerin oder der Lehrer in der Äußerung allgemein auf das Schulbuch bzw. auf eine Seite des Buches, ohne genau anzugeben, was auf dieser Seite genutzt werden soll.

     Beispiele:
     ▪   „Wenn ihr nicht wisst, wie es geht, dann seht im Buch nach." (vgl. Beobachtungsprotokoll 6a, 20.02.2006)
     ▪   „Ihr nehmt gleich Euer Schulbuch und bearbeitet die beiden Seiten erneut" (vgl. Beobachtungsprotokoll 6a, 21.02.2006)
     ▪   „Dies steht im Buch auf Seite 182" (vgl. Beobachtungsprotokoll GK, 20.02.2006)

Speziell vom Lehrer vermittelte Teile des Schulbuches können direkt anhand des Beobachtungsprotokolls kodiert werden. Allgemeine Lehrervermittlung hingegen lässt sich nur aus der Konstellation von Beobachtungsprotokoll und Schülerkommentaren erschließen. Anhand des Kommentars und des Datums bzw. der

Reihenfolge der Eintragungen im Kommentarheft der Schüler kann in der Regel auf den unterrichtlichen Kontext geschlossen werden. In dem Beobachtungsprotokoll der Unterrichtsbeobachtung ist zu erkennen, ob in dem jeweiligen unterrichtlichen Kontext die Verwendung des Buches allgemein vom Lehrer vermittelt wurde.

4.4.4.5   Kategorie *Salienz*

Bei der Nutzung von Schulbuchinhalten müssen Schüler Auswahlen treffen. In der Wahrnehmungspsychologie wird die Auswahl von Ausschnitten, auf die der Betrachter einer Szenerie seine Aufmerksamkeit richtet, im Wesentlichen auf drei Faktoren zurückgeführt (vgl. Goldstein 2008, S. 134):

1.   auf Eigenschaften der Szenerie,
2.   auf das Wissen des Betrachters über eine spezifische Art von Szenerie,
3.   auf die Aufgabe des Betrachters.

Im Zusammenhang mit den Eigenschaften der Szenerie (1) wird davon ausgegangen, dass auffällige Areale einer Szenerie die Aufmerksamkeit des Betrachters anziehen. In der Wahrnehmungspsychologie bezeichnet man derartige Areale als Areale mit einer hohen Stimulussalienz (vgl. Goldstein 2008, S. 134). Im Mathematikbuch können Überschriften und andere typografische Hervorhebungen, wie z. B. Kästen und Schattierungen sowie Abbildungen, als Areale mit einer hohen Stimulussalienz angesehen werden, da diese aus dem Gesamtbild einer Doppelseite herausstechen.

Findlay und Gilchrist (2003) gehen im Zusammenhang mit der Salienz auch davon aus, dass diese nicht nur als Bottom-Up-Prozess zu verstehen ist, d. h. allein von den Merkmalen der Szenerie beeinflusst wird, sondern auch als Top-Down-Prozess, bei dem die Ziele des Betrachters einer Szenerie die Salienz einzelner Areale beeinflussen:

> It is assumed that information feeds into this salience map[33] so that the level of activity corresponds to the level of evidence that the search target is present at any location. As a result, items sharing a feature with the target will generate a higher level of activation than items sharing no target feature. (Findlay & Gilchrist 2003, S. 115)

---

[33] In einer Salienzkarte sind die Areale einer Szenerie mit hoher Stimulussalienz dargestellt.

Auf Grundlage dieser Annahme kann davon ausgegangen werden, dass auch Ausschnitte im Mathematikbuch, die Eigenschaften aufweisen, bei denen sich ein Zusammenhang zur Aufgabe des Nutzers herstellen lässt, als Areale mit einer erhöhten Stimulussalienz anzusehen sind. Z. B. kann die Suche nach einem bestimmten Wort in einem Fließtext auf diese Weise erklärt werden. Bei Scannen des Textes haben Wörter eine erhöhte Stimulussalienz, deren spezifische Buchstabenkombination mit dem spezifischen Buchstabenmuster des gesuchten Wortes übereinstimmt.

Vor dem Hintergrund dieser Überlegungen ist es denkbar, dass die Salienz bei der Auswahl von Schulbuchinhalten eine Rolle spielt. Deshalb wird die Salienz von Schulbuchausschnitten in der gleichnamigen Kategorie kodiert. Als *Bottom-Up-Salienz (BUS)* werden dabei Schulbuchausschnitte kodiert, die aufgrund von Hervorhebungen irgendeiner Art, z. B. durch Farbe, Rahmung, Größe, Überschriften, Schriftauszeichnungen, Abbildungen, als Areale mit erhöhter Stimulussalienz anzusehen sind. Lässt sich die Auswahl direkt auf die Aufgaben des Nutzers zurückführen, dann wird der Kode *Top-Down-Salienz (TDS)* vergeben. Die oben beschriebene Suche eines bestimmten Wortes im Fließtext ist ein Beispiel für Top-Down-Salienz. Ein weiteres Beispiel, bei dem ein direkter Zusammenhang zur Aufgabe sichtbar wird, ist Adams (6a) Nutzung. Adam (6a) wählt folgenden Ausschnitt aus dem Schulbuch:

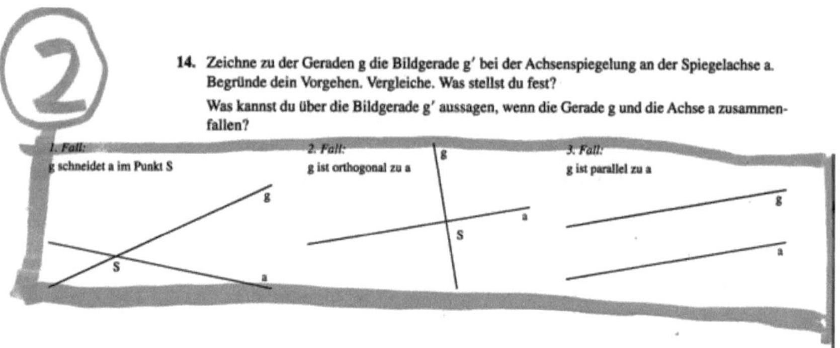

Abbildung 29:   Adams (6a) im Zusammenhang mit der Aufgabe 1 des Arbeitsblattes ‚Kongruenzabbildungen' genutzter Buchausschnitt (Griesel et al. 2003, S. 164)

Die Auswahl steht im Zusammenhang mit folgender Aufgabe eines Arbeitsblattes:

1) Was kannst du über die Bildgerade g' bei der Achsenspiegelung an a aussagen, wenn die Gerade g .....

  ..... die Achse a beliebig schneidet,

  ..... orthogonal zu a verläuft,

  oder parallel zu a verläuft?

Abbildung 30: Ausschnitt des Arbeitsblattes ‚Kongruenzabbildungen' aus dem Unterricht der Klasse 6a (vgl. Beobachtungsprotokoll 6a, 21.02.2006)

Der Schulbuchausschnitt visualisiert die drei in der Aufgabenstellung genannten Konfigurationen. Es wird davon ausgegangen, dass der Schulbuchausschnitt im Buch aufgrund des inhaltlichen Zusammenhangs zur Aufgabenstellung eine höhere Salienz aufweist als andere. Deshalb wird diesem Schulbuchausschnitt in Adams (6a) Daten der Kode *TDS* zugewiesen.

4.4.4.6 Kategorie *Tätigkeit*

Die Schülerinnen und Schüler wurden gebeten, zu jeder Nutzung Ihres Mathematikbuches einen Grund anzugeben. Die Angabe des Grundes für die Nutzung war durch die Vorgabe des Satzanfangs vorstrukturiert „Ich habe mir das im Buch Markierte Nr. ... angesehen, weil ...", den die Schüler vervollständigen sollten. Aufgrund dieser Vorgabe ist es nahe liegend, die Kommentare der Schülerinnen und Schüler in einer Kategorie *Grund* zu kodieren. Bei der Analyse der Schülerkommentare zum Grund ihrer Nutzung zeigte sich, dass die Begründungen der Schüler unterschiedlicher Art sind. Dies wird im Folgenden an den Begründungen von Anastasia (6k), Laura (6k) und Steffen (6a) näher erläutert.

 Ein häufiger Grund, den Schüler für ihre Nutzung des Mathematikbuches angeben, ist „... weil Herr H. das gesagt hat" (Laura, 6k)[34]. In dieser Begründung

---

[34] Zitate aus Schülerdaten (schriftliche Aufzeichnungen sowie Interviewdaten) und aus den Beobachtungsprotokollen sind ebenso wie Zitate aus anderen Quellen durch doppelte Anführungszeichen oder Einrückung und kleinere Schriftgröße kenntlich gemacht. Dabei wurden orthographische Fehler nicht korrigiert, sondern beibehalten. Als Quellenangabe wird entweder der Schülername mit Lerngruppe oder das Beobachtungsprotokoll mit Lerngruppe und Datum angegeben. Wenn aus dem Zusammenhang ersichtlich ist, von welchem Schüler das Zitat stammt, wird keine gesonderte Quel-

wird der äußere Anlass genannt, der zur Nutzung geführt hat: die Aufforderung des Lehrers. Andere Schüler beschreiben demgegenüber innere Beweggründe, die mit der Nutzung des Buches verbunden sind. So begründet beispielsweise Anastasia (6k) ihre Nutzung damit, dass sie das Markierte im Buch genutzt habe, „Um's zu verstehen". Die Nutzung des Buches wird bei Anastasia (6k) durch das Bedürfnis zu verstehen veranlasst. Das Verstehen des Inhalts kann gleichzeitig als das Ziel ihrer Nutzung angesehen werden.

Im Gegensatz zu Laura (6k) und Anastasia (6k) beschreibt Steffen (6a) seine Nutzung des Mathematikbuches mit dem Tätigkeitsverb ‚wiederholen': Er schreibt, dass er das Buch genutzt habe, weil er „die Regeln noch einmal wiederholen wollte" (Steffen, 6a). Steffen (6a) nennt also eine Tätigkeit[35], in deren Zusammenhang er das Buch genutzt hat. Das Motiv seiner Nutzung ist aber nicht erkennbar. Warum wollte der Schüler die Regel wiederholen? Hat er sie vergessen? Wollte er sich auf einen Test vorbereiten? Haben seine Eltern gesagt, er solle die Regel wiederholen?

Aufgrund der Beobachtung, dass Schüler in ihren Begründungen äußere Anlässe, innere Beweggründe, Nutzungsziele oder Tätigkeiten beschreiben, wurde in einem ersten Kodierungsdurchgang versucht, dieser Vielfalt durch die

---

lenangabe gemacht. Die entsprechenden Schülerdaten bzw. Beobachtungsprotokolle befinden sich in den Anhängen 2 bzw. 3.

[35] Bei den Tätigkeiten, die Schüler durch Tätigkeitsverben beschreiben, ist zu berücksichtigen, dass es sich dabei nicht um kollektive Tätigkeiten im Sinne der Tätigkeitstheorie handelt. Schüler beschreiben jeweils individuelle Tätigkeiten, in deren Zusammenhang sie das Mathematikbuch genutzt haben. Aus der Perspektive der Tätigkeitstheorie gibt es jedoch keine individuelle Tätigkeit (vgl. Engeström 1999, S. 81): „nur Handlungen sind individuell" (Engeström 1999, S. 81). Seit Leontjew wird in der Tätigkeitstheorie zwischen Operationen, Handlungen und Tätigkeiten unterschieden. Alle drei sind jedoch unmittelbar aufeinander bezogen: „Tätigkeiten werden durch zielgerichtete Handlungen realisiert, die bewussten Zwecken untergeordnet sind. [...] Die menschliche Tätigkeit existiert nicht anders als in Form einer Handlung oder einer Kette von Handlungen. [...] Die Methoden, mit denen die Handlung ausgeführt wird, nennt man Operationen" (Engeström 1999, S. 82). Der instrumentelle Akt Vygotskys, auf dem Rabardels instrumenteller Ansatz aufbaut, entspricht den Handlungen in Leontjews Terminologie. Aus der Sicht der Tätigkeitstheorie beschreiben Schüler also in ihren Begründungen instrumentell vermittelte Handlungen und keine Tätigkeiten. Rabardels instrumenteller Ansatz ist aufgrund der gewählten Analyseeinheit – die individuelle instrumentell vermittelte Handlung – nicht in einen tätigkeitstheoretischen Kontext einzuordnen, sondern weist grundsätzlich Ähnlichkeit zum soziokulturellen Ansatz von Wertsch auf. Die Verwendung der Bezeichnung ‚Tätigkeit' in der vorliegenden Arbeit läuft daher grundsätzlich nicht Gefahr auf das Konzept der Tätigkeit im Sinne der Tätigkeitstheorie bezogen zu werden. Zwei Gründe sprechen dafür, die instrumentell vermittelten Handlungen, die Schüler in ihren Kommentaren zur Nutzung des Mathematikbuches beschreiben, als ‚Tätigkeiten' zu bezeichnen:

1. Die Verben, die Schüler zum Beschreiben der instrumentell vermittelten Handlungen verwenden, gehören der Gruppe von Verben an, die als ‚Tätigkeitsverben' bezeichnet werden.

2. ‚Üben', ‚Wiederholen', ‚Lernen' u. dgl. werden in der einschlägigen didaktischen Literatur üblicherweise als ‚Tätigkeiten' bezeichnet.

Kodierung anhand der drei Kategorien *Motiv, Tätigkeiten* und *Ziel* gerecht zu werden. Die Unterscheidung von *Motiven, Tätigkeiten* und *Zielen* bei den Begründungen der Schüler wirft jedoch die Frage nach Zusammenhängen zwischen diesen Kategorien auf. Um Zusammenhänge zwischen den drei Kategorien zu finden, liegt es zunächst nahe zu überprüfen, ob bestimmte Kombinationen von *Motiven, Tätigkeiten* und *Zielen* in den Daten auftreten. Es zeigte sich allerdings, dass derartige Kombinationen die Ausnahme bilden. In der Regel benennen Schüler in ihren Kommentaren entweder ein *Motiv* oder eine *Tätigkeit* oder ein *Ziel*. Bei der Kodierung der Begründungen anhand von drei verschiedenen Kategorien muss daher ein enormer Aufwand betrieben werden, um die Tätigkeiten zu rekonstruieren, die von Schülern mit dem Schulbuch im Zusammenhang mit dem Lernen von Mathematik ausgeführt werden. Dieser Aufwand steht jedoch in keinem Verhältnis zu dem Erkenntnisgewinn, der mit dieser Rekonstruktion einhergeht. Daher wurde entschieden, die Daten neu zu kodieren und die Rekonstruktion der Tätigkeiten, in deren Zusammenhang das Schulbuch von Schülern genutzt wird, bereits in den Kodierungsprozess zu integrieren. Dabei wurde anhand des vom Schülers genannten Grundes der Nutzung in Verbindung mit dem Nutzungszeitpunkt und dem Beobachtungsprotokoll des Unterrichts rekonstruiert, im Rahmen welcher Tätigkeit im Zusammenhang mit dem Lernen von Mathematik (z. B. Üben, Wiederholen, Nacharbeiten, Aufgabebearbeiten) die Nutzung des Buches erfolgte. Als Tätigkeit werden in der vorliegenden Arbeit zielgerichtete Handlungen mit dem Mathematikbuch, die bewussten, auf das Lernen von Mathematik bezogenen Zwecken untergeordnet sind, verstanden. Aus dieser Definition folgt, dass verschiedene Tätigkeiten hinsichtlich der Ziele, die mit ihnen verfolgt werden, voneinander abzugrenzen sind und die Rekonstruktion der Tätigkeiten auf die Rekonstruktion der Ziele, die mit den Schulbuchnutzungen verfolgt werden, zurückgeführt werden kann.

Das übergeordnete Ziel aller betrachteten Tätigkeiten mit dem Mathematikbuch ist das Lernen von Mathematik. In Abschnitt 2.2.1 wurde dargestellt, dass die Tätigkeit des Lernens von Mathematik in der vorliegenden Arbeit induktiv durch die Handlungen der Schüler mit dem Mathematikbuch definiert werden soll, die auf mathematische Gegenstände gerichtet sind. Die Rekonstruktion der Tätigkeiten steht also in direktem Zusammenhang mit dem Begriff des Lernens von Mathematik in der vorliegenden Arbeit. Die Tätigkeit ‚Lernen von Mathematik mit dem Schulbuch' wird durch die einzelnen Tätigkeiten definiert, die in diesem Abschnitt rekonstruiert werden.

Um die Gegenstandsverankerung der vorliegenden Untersuchung zu gewährleisten, wurden die einzelnen *Tätigkeiten*, die Schüler nennen, aus den Daten heraus entwickelt. Dabei ist zu bedenken, dass die Schüler beim Beschreiben der *Tätigkeiten* die alltagssprachlichen Wortbedeutungen zugrunde legen und keine wissenschaftlichen Konzepte. Daher ist es sinnvoll, beim Benennen von Phänomenen in den Daten ebenfalls von der lexikalischen Bedeutung der verwendeten Wörter und nicht von bereits bestehenden wissenschaftlichen Konzepten auszugehen.

Die Kommentare der Schüler zum Grund ihrer Nutzung bilden den Ausgangspunkt für die Kodierung. Die Kodierung der Schülernutzungen in der Kategorie *Tätigkeit* erfolgte zunächst anhand von sprachlichen Indikatoren in den Begründungen der Schüler zu ihrer Nutzung. Z. B. kommt in vielen Schülerbegründungen der sprachliche Indikator ‚Aufgabe' vor: Justus (6a) verwendet das Buch, „weil es Hausaufgabe war"; Tim (6a) nutzt es, weil er „etwas für eine Mathehausaufgabe herausfinden wollte"; Leonie (LK) sucht im Buch „Hilfe zu den Hausaufgaben"; Beatrice (GK) verwendet das Buch, weil es ihr „zur Bearbeitung der Hausaufgabe diente". Von diesen Formulierungen, die den sprachlichen Indikator ‚Aufgabe' enthalten, beschreibt Beatrice (GK) die Tätigkeit, in deren Zusammenhang ihr das Schulbuch dienlich war, allgemein als ‚Bearbeiten von Aufgaben'. Aus ihrer Formulierung wurde daher die Kodebezeichnung abgeleitet, die für die Nutzung des Schulbuches im Zusammenhang mit Aufgaben vergeben wurde.

Bei der Analyse der Daten zeigte sich aber, dass eine Kodierung ausschließlich auf der Basis sprachlicher Indikatoren in den Kommentaren der Schülerinnen und Schüler zu falschen Zuordnungen führen kann. Z. B. deutet die Begründung „Veranschaulichung" (Anton, LK) darauf hin, Anton habe das Buch verwendet, um eine veranschaulichende Erklärung, Erläuterung oder Visualisierung zu erhalten. Anhand des Datums der Nutzung und der genutzten Stelle im Mathematikbuch zeigt sich jedoch unter Berücksichtigung des Beobachtungsprotokolls aus dem Unterricht, dass diese Stelle auf Aufforderung des Lehrers im Unterricht genutzt wurde. Das bedeutet, der Beweggrund der Nutzung war in diesem Fall die Aufforderung des Lehrers und der Schüler hat diese Aufforderung offenbar so interpretiert, dass die zu betrachtende Passage im Schulbuch der Veranschaulichung dienen sollte. Diese Beobachtung führte dazu, dass die Kodierung nicht allein auf der Basis von sprachlichen Indikatoren in den Begründungen der Schülerinnen und Schüler vorgenommen wurde, sondern jeweils noch der Nutzungskontext berücksichtigt wurde. Der Nutzungskontext wurde dabei einerseits anhand der Ausprägungen in anderen Kategorien, insbesondere *Datum* und *Lehrervermittlung*, in Verbindung mit den Beobachtungsprotokoll aus dem Unterricht rekonstruiert und andererseits mit Hilfe von Begründungen anderer Schüler, die dieselbe Stelle am selben Tag genutzt haben. Am Beispiel von Anton (LK) verlief die Rekonstruktion des Nutzungskontextes wie folgt: Die Stelle, die Anton (LK) aus dem Grund „Veranschaulichung" genutzt hat, wies in der Kategorie *Lehrervermittlung* den Code ‚direkt lehrervermittelt' auf. Anhand des Datums konnte die Lehrervermittlung durch das Beobachtungsprotokoll belegt werden. Zudem markierten mehrere andere Schüler dieselbe Stelle am gleichen Tag. Anhand der Kommentare dieser Schüler kann die Nutzung dieser Stelle auf Aufforderung des Lehrers ebenfalls bestätigt werden.

Die Rekonstruktion des Nutzungskontextes bei der Kategorisierung der Daten aus der ersten Phase der Datenerhebung konnte nicht anhand des Datums der Nutzung vorgenommen werden, da in der ersten Phase die Schülerinnen und Schüler nicht mit einer Datumsangabe dokumentieren mussten. Aus diesem Grund basiert die Rekonstruktion des Nutzungskontextes im Wesentlichen auf der Reihenfolge der Eintragungen. Anhand der Reihenfolge der Eintragungen lässt sich unter Berücksichtigung der mathematischen Inhalte und des Beobachtungsprotokolls der Nutzungskontext in vielen Fällen rekonstruieren[36]. War dies nicht möglich, so wurden die Daten nicht kodiert.

Durch dieses Vorgehen ist es möglich, einen großen Teil der Schülerbegründungen zu kodieren. Einige Begründungen der Schülerinnen und Schüler sind jedoch so vage, dass eine Kodierung schwierig ist. Eine Begründung, die von mehreren Schülern gegeben wurde, ist beispielsweise „... einfach nur so ...!" (Merle, 6k). Dieses Problem wurde beim ersten Durchgang der Studie erkannt. Beim zweiten Durchgang wurden daher zeitnahe Interviews mit den Schülern durchgeführt, die vergleichbare Begründungen gegeben haben. Ziel der Interviews war es, genauere Angaben zu Beweggrund oder Zweck der so begründeten Nutzungen zu erhalten. Für die Kodierung der Daten bedeutet dies aber, dass einige Kodierungen nicht nur anhand der Rekonstruktion des Nutzungskontextes mit Hilfe anderer Schülerbegründungen und der Beobachtungsprotokoll vorgenommen wurden, sondern dass auch Daten aus den Interviews bei der Kodierung herangezogen wurden[37].

Insgesamt konnten vier *Tätigkeiten* rekonstruiert werden, im Rahmen derer Schüler das Schulbuch als Instrument zum Lernen von Mathematik verwenden:

1.   Bearbeiten von Aufgaben,
2.   Festigen,
3.   Aneignen von Wissen,
4.   interessemotiviertes Lernen.

---

[36] Kodierungen, die wesentlich anhand der Rekonstruktion des Nutzungskontextes vollzogen wurden, sind in den Datensätzen in Anhang 2 durch Anmerkungen besonders begründet. Der Anhang ist im Internet über die URL http://www.viewegteubner.de zugänglich.

[37] Ebenso wie die Kategorisierungen, die wesentlich auf der Rekonstruktion des Nutzungskontextes beruhen, sind auch die Kodierungen, die auf der Basis von Interviewdaten vorgenommen wurden, durch Anmerkungen in den Datensätzen in Anhang 2 (http://www.viewegteubner.de) besonders begründet. Diese Begründungen dienen der besseren Nachvollziehbarkeit der Kodierung in der Kategorie *Tätigkeit*.

Im Folgenden werden die vier *Tätigkeiten* dargestellt und die Kodierregeln beschrieben, nach denen ein Schülerkommentar einer bestimmten *Tätigkeit* zugeordnet wurde.

Bearbeiten von Aufgaben

In der vorliegenden Untersuchung handelt es sich bei fast allen speziell lehrervermittelten Ausschnitten des Buches um Aufgaben. Entsprechend enthält eine Vielzahl von Begründungen der Schüler den sprachlichen Indikator ,Aufgabe', der darauf verweist, dass das Mathematikbuch im Zusammenhang mit dem Bearbeiten von Aufgaben verwendet wurde. Dazu gehört zum einen die Nutzung der lehrervermittelten Aufgaben selbst. Z. B. nutzt Steffen (6a) Aufgaben im Buch, weil „dies Hausaufgabe war"; Nicola (GK) kommentiert die Nutzung einer Aufgabe damit, dass „es eine Aufgabe in der Schule war".

Die Nutzung von speziell lehrervermittelten Aufgaben begründen Schüler teilweise auch ohne die Verwendung des sprachlichen Indikators ,Aufgabe'. Z. B. kommentieren mehrere Schüler die Nutzung von lehrervermittelten Aufgaben durch „Arbeitsauftrag" (Leonie, LK; Anton, LK; Melinda, LK; Anna, LK). Andere Schüler kommentieren die Nutzung lehrervermittelter Aufgaben durch „Besprochen in der Schule" (Jason, 6a), „Haben wir in der Schule gelöst" (Maria, 6a), „War im Unterricht" (David, 6k), „Herr S. es wollte" (Reni, LK). Neben den Schülerbegründungen, die den sprachlichen Indikator ,Aufgabe' enthalten, wurden auch alle Nutzungen von speziell lehrervermittelten Aufgaben der Tätigkeit *Bearbeiten von Aufgaben* zugeordnet.

Schüler nutzen im Buch jedoch nicht nur die lehrervermittelten Aufgaben, sondern auch weitere Ausschnitte, um Hilfe für das Bearbeiten der Aufgaben zu erhalten. Z. B.

- nutzt Charlotte (LK) weitere Inhalte aus dem Buch auf der „Suche nach Hilfestellung für Hausaufgaben";
- Melinda (LK) nutzt das Buch, „um Lösungsweg herauszufinden",
- Carsten (GK), weil er „Hilfe zu den Hausaufgaben brauchte" und
- Kathrin (GK) „zum Verstehen der Aufgabe".

Darüber hinaus zeigt sich auch, dass Schüler das Buch als Hilfe zum Bearbeiten von Aufgaben verwenden, die nicht aus dem Buch stammen. In diesem Zusammenhang findet sich in den Begründungen nicht nur der Aspekt der Hilfe, sondern auch mehrfach die Umschreibung der Handlung des Nachschlagens. Dies äußert sich entweder in der Verwendung der Tätigkeitsverben „nachschlagen"

(Beate 6a, Sven 6a), „herausfinden" (Tim, 6a); ‚etwas suchen' (vgl. Steffen, 6a; Christian, 6a; Tom, LK); „was nach gucken" (Lukas, 6a) oder in der Angabe, dass ein spezifischer Inhalt nachgelesen wurde:

- Tim (6a) nutzt das Buch, weil er „herausfinden wollte, wann eine Figur drehsymmetrisch ist";
- Lara (6k) nutzt das Buch, weil sie „nicht mehr wusste wie es geht";
- Steffen (6a) nutzt das Buch, weil er „für die HA wissen musste wie man dies macht."

Zwei Lehrer fordern die Schüler in der vorliegenden Studie auch explizit zur Verwendung des Buches als Hilfsmittel im Zusammenhang mit dem Bearbeiten von Aufgaben auf. Z. B. lässt der Lehrer der Klasse 6a die Schüler ein Arbeitsblatt zum Thema ‚Kongruenzabbildungen' im Unterricht zunächst in Einzelarbeit ohne Hilfsmittel und anschließend erneut, diesmal aber mit Hilfe des Buches zu bearbeiten (vgl. Beobachtungsprotokoll 6a, 21.02.2006). Das Arbeitsblatt besteht insgesamt aus 12 Aufgaben. Davon sind 6 Multiple-Choice-Aufgaben. 11 der 12 Aufgaben fragen Wissen über Kongruenzabbildungen oder Symmetrieeigenschaften von Figuren ab. Eine Aufgabe erfordert, eine gegebene Figur zu einer punktsymmetrischen zu ergänzen.

Die Begründungen der Nutzungen im Zusammenhang mit dem Arbeitsblatt enthalten häufig nicht den sprachlichen Indikator ‚Aufgabe', sondern verweisen auf das Arbeitsblatt. Z. B. gibt Michael (6a) an, er habe das Buch „In der Schule wegen einem Arbeitsblatt" genutzt und Adam (6a) begründet, dass er das Buch „für die bearbeitung [sic!] eines Zettels brauchte". Da das Arbeitsblatt jedoch aus Aufgaben besteht, werden Nutzungen, bei denen aufgrund der Begründungen oder aufgrund der Reihenfolge der Eintragungen rekonstruiert werden konnte, dass sie im Zusammenhang mit der Bearbeitung des Arbeitsblattes ‚Kongruenzabbildungen' stehen, ebenfalls der Tätigkeit *Bearbeiten von Aufgaben* zugeordnet.

In den Ausführungen zur Kategorie *Tätigkeit* wurde dargestellt, dass Tätigkeiten hinsichtlich der Ziele, die mit ihnen verbunden sind, unterschieden werden (vgl. Abschnitt 4.4.4.6). Im Zusammenhang mit dem Bearbeiten von Aufgaben ist das Ziel durch den Gegenstand der Tätigkeit – die Aufgabe – festgelegt. Fuchs und Blum (2008) sehen Aufgaben als „Aufforderungen zur gezielten Bearbeitung eines eingegrenzten, mehr oder minder problemhaltigen Themas" an (Fuchs & Blum 2008, S. 135). Für Pólya bedeutet eine Aufgabe haben, „bewußt nach einer Handlungsweise suchen, die dazu angetan ist, ein klar erfaßtes, aber nicht unmittelbar erreichbares Ziel zu erreichen" (Pólya 1979, S. 173). Nach Dörner (1979, S. 10) ist eine Aufgabe durch einen unerwünschten Anfangszustand, einen erwünschten Endzustand und eine Transformation gekennzeichnet, durch die der erwünschte Endzustand erreicht werden kann. Im Gegensatz zum Problem handelt es sich bei Aufgaben um „geistige Anforderungen für deren Bewältigung Methoden bekannt sind" (Dörner 1979, S. 10). Ein Problem ist gerade dadurch gekennzeichnet, dass die transformatorischen Operationen nicht zur Verfügung stehen (vgl. Dörner 1979, S. 10).

Gemeinsam ist allen drei Definitionen, dass Aufgaben durch ein vorgegebenes Ziel gekennzeichnet sind, das zu erreichen ist. Als Ziel der Tätigkeit *Bearbeiten von Aufgaben* kann daher das Lösen der Aufgabe angesehen werden. Die Nutzung des Buches ist ein Mittel, um die erforderliche „Handlungsweise" (Pólya 1979, S. 173) bzw. die „Transformation" (Dörner 1979, S. 10) oder die Art ihrer Anwendung zum Erreichen des Ziels herauszufinden. Daraus lässt sich schließen, dass die zu bearbeitende Aufgabe ein Problem für die Schüler darstellt. Sie können anscheinend die Lösung der Aufgaben nicht selbständig durchführen, sondern benötigen ergänzende Informationen, die ihnen bei der Transformation des Ausgangszustandes in den erwünschten Endzustand helfen. Die Suche nach hilfreichen Informationen im Buch kann daher als heuristische Strategie der Schüler im Rahmen eines Problemlöseprozesses angesehen werden. Das Ziel, das mit diesen Handlungsschemata im Zusammenhang mit dem *Bearbeiten von Aufgaben* verbunden ist, besteht darin, dass Problem zu lösen, d. h. die benötigten transformatorischen Operationen im Buch ausfindig zu machen und zum Lösen der Aufgabe zu verwenden. Die Nutzung des Buches als *Instrument* zum *Bearbeiten von Aufgaben* setzt in diesem Fall dann ein, wenn die Schüler erkannt haben, dass die Aufgabe ein Problem für sie darstellt.

Darüber hinaus zeigt sich in den Begründungen der Schüler aber auch, dass sie das Buch im Zusammenhang mit dem Bearbeiten von Aufgaben verwenden, um den Aufgabentext zu verstehen und um ihre Lösungen zu kontrollieren.

Insgesamt lassen sich die Ziele als Teilziele einzelner Phasen im Prozess des Lösens der Aufgaben auffassen. Pólya (1949, S. 19-28) unterscheidet z. B. vier Phasen: 1. Verstehen der Aufgabe, 2. Ausdenken eines Planes, 3. Ausführen des Planes, 4. Rückschau. Das Verstehen des Aufgabentextes lässt sich damit als Ziel von Phase 1 verstehen, das Herausfinden der erforderlichen Handlungsweisen bzw. Transformationen und ihrer Anwendung als Ziel der Phasen 2 und 3 und das Kontrollieren der Lösungen als Ziel der Phase 4.

Neben der Nutzung des Buches im Zusammenhang mit Aufgaben zeigt sich sowohl in den Schülerdaten als auch in den Beobachtungsprotokollen, dass Schüler das Mathematikbuch auch im Zusammenhang mit Fragen des Lehrers im Unterricht verwenden. Z. B. fragt die Lehrerin des Grundkurses im Unterricht nach Gesetzen aus der Differentialrechnung. Im Beobachtungsprotokoll ist dokumentiert, dass mehrere Schüler daraufhin im Buch anfangen zu blättern (vgl.

Beobachtungsprotokoll GK, 20.02.2006). Judith (GK) dokumentiert in diesem Zusammenhang die Nutzung des Inhaltsverzeichnisses mit der Begründung, dass sie es „im Unterricht auf die Frage nach dem Gesetz aus der Differentialrechnung" verwendet habe; Leopold (GK) nutzt das Stichwortverzeichnis und begründet, dass er „nach dem Stichwort ‚Differenzieren' gesucht habe, leider aber nichts fand".

Es ist sinnvoll, die Nutzung des Buches im Zusammenhang mit Fragen der Lehrer ebenfalls der Tätigkeit *Bearbeiten von Aufgaben* zuzuordnen. Die Fragen der Lehrer, die die Schulbuchnutzung auslösen, zielen darauf, spezifisches Wissen von den Schülern zu erfragen. Damit besteht grundsätzliche Ähnlichkeit zu den Aufgaben auf dem Arbeitsblatt ‚Kongruenzabbildungen'. Weiter oben wurde dargestellt, dass 11 der 12 Aufgaben auf dem Arbeitsblatt Wissen über Kongruenzabbildungen erfragen. Da die Nutzung des Buches in Verbindung mit dem Arbeitsblatt ‚Kongruenzabbildungen' der Tätigkeit *Bearbeiten von Aufgaben* zugeordnet wird, ist es daher sinnvoll, Nutzungen des Buches im Zusammenhang mit Fragen der Lehrer, die Wissen erfragen, ebenfalls dieser Tätigkeit zuzuordnen.

Fragen als Aufgaben zu betrachten, ist auch mit den weiter oben angeführten Definitionen dessen, was eine Aufgabe ist, vereinbar. Der Aufforderungscharakter, den Fuchs und Blum (2008) für Aufgaben herausstellen, ist auch für Fragen unmittelbar einsichtig. Ebenso wie die Aufgabe haben auch Fragen ein klares Ziel, das in der Beantwortung der Frage besteht. Entweder ist die Methode zur Beantwortung der Frage bekannt, d. h. das erforderliche Wissen kann reproduziert werden, oder die Frage wird zum Problem.

Festigen

Schüler beschreiben ihre Tätigkeit mit dem Schulbuch mehrfach durch das Tätigkeitsverb ‚wiederholen'. Z. B. begründet Steffen (6a) seine Nutzung des Buches damit, dass er „die Regeln noch einmal wiederholen wollte". Merle (6k) kommentiert, sie habe das Buch „zum nochmal angucken und wiederholen vom Unterricht" verwendet. David (6k) schreibt: „Habe wiederholt". Das Tätigkeitsverb ‚wiederholen' wird auch von den Schülern der Jahrgangsstufe 12 verwendet: Carsten (GK) nutzt das Buch, weil er „das im Unterricht besprochene Thema nochmal kurz wiederholen wollte", Sarah (GK) nutzt Ausschnitte aus dem Buch „als Wiederholung für die Arbeit" und Charlotte (LK) „Zur Wiederholung für Hausaufgaben".

An den Begründungen von Steffen (6a) und Merle (6k) zeigt sich, dass beide im Zusammenhang mit dem Tätigkeitsverb ‚wiederholen' das Adverb

‚nochmal' verwenden. Dieses Adverb wird auch von Schülern gebraucht, in deren Begründung das Tätigkeitsverb ‚wiederholen' nicht vorkommt. Z. B. begründet Bianca (6k) ihre Nutzung damit, dass sie es sich „noch mal durchlesen wollte". Die Verwendung des Adverbs ‚nochmal' wird auch als sprachlicher Indikator für die Tätigkeit ‚Wiederholen' angesehen.

Neben den Wörtern ‚Wiederholung' und ‚wiederholen' verwenden Schüler zur Begründung ihrer Nutzung des Schulbuches auch das Tätigkeitsverb ‚üben'. Z. B. schreibt Michael (6a), er habe eine Aufgabe „zu Hause zum Üben gelöst". Es lässt sich die Frage stellen, ob ‚Üben' und ‚Wiederholen' nicht möglicherweise zwei synonyme Umschreibungen derselben Tätigkeit sind. Andererseits besteht durchaus die Möglichkeit, dass Schüler mit den unterschiedlichen Wörtern zwei unterschiedliche Tätigkeiten beschreiben.

Eine andere Formulierung, die Schüler verwenden, um ihre Nutzung des Schulbuches zu begründen, ist, dass sie das Buch zum „Lernen" (Reni, LK 12) verwendet haben. Auch bei dieser Formulierung stellt sich die Frage der Abgrenzung zu den Tätigkeiten ‚Wiederholen' und ‚Üben'.

In beiden Kursen der Jahrgangsstufe 12 wurde direkt im Anschluss an den Beobachtungszeitraum eine Klausur geschrieben. Die Verwendung des Mathematikbuches zur Vorbereitung auf die Klausur wurde von den Schülern mit dokumentiert. Im Zusammenhang mit den sprachlichen Indikatoren ‚Klausur' bzw. ‚Arbeit' nennen Schüler in der vorliegenden Studie alle drei Tätigkeiten ‚Üben' (vgl. Sarah, GK; Marius, GK; Selin, LK; Melinda, LK; Yvonne, LK; Jennifer, LK; Antonia, LK), ‚Wiederholen' (vgl. Carsten, GK; Sarah, GK; Beatrice, GK; Kathrin, GK; Nicola, GK; Leonie, LK; Selin, LK; Antonia, LK) und ‚Lernen' (vgl. Carsten, GK; Kathrin, GK; Fabian, LK; Charlotte, LK; Reni, LK). Zusätzlich zu diesen drei Tätigkeiten nennen Schüler in Verbindung mit dem sprachlichen Indikator ‚Klausur' bzw. ‚Arbeit' noch die Tätigkeit ‚Vorbereiten' (vgl. Leopold, GK; Nicola, GK; Elias, GK; Gabriela, GK; Leonie, LK; Clara, LK; Melinda, LK; Jennifer, LK). Mehrere Schüler nennen auch mehr als eine dieser Tätigkeiten im Zusammenhang mit den sprachlichen Indikatoren ‚Klausur' bzw. ‚Arbeit'.

Es ist fraglich, ob ‚Lernen', ‚Wiederholen', ‚Üben' und ‚Vorbereiten' unterschiedliche Tätigkeiten beschreiben oder ob es sich um synonyme Bezeichnungen für dieselbe Tätigkeit handelt. Um diese Frage zu klären, wurden die Schüler des Leistungskurses gebeten, die Tätigkeiten ‚Üben', ‚Wiederholen', ‚Lernen' und ‚Vorbereiten' schriftlich voneinander abzugrenzen. Dazu erhielten sie folgende Aufgabe:

> ***Üben – Wiederholen – Lernen – Vorbereiten***
>
> Beschreibe Gemeinsamkeiten und Unterschiede der vier genannten Tätigkeiten in Bezug auf Mathematik.

Die Antworten der Schüler zeigen, dass letztlich kein einheitliches Verständnis der genannten Tätigkeiten bei den Schülern besteht[38]. Es lassen sich aber tendenzielle Unterschiede ausmachen.

Von den vier Begriffen versteht ein Teil der Schüler ‚Lernen' und ‚Vorbereiten' als Oberbegriff für die anderen Tätigkeiten. Z. B. ist für Leonie (LK)

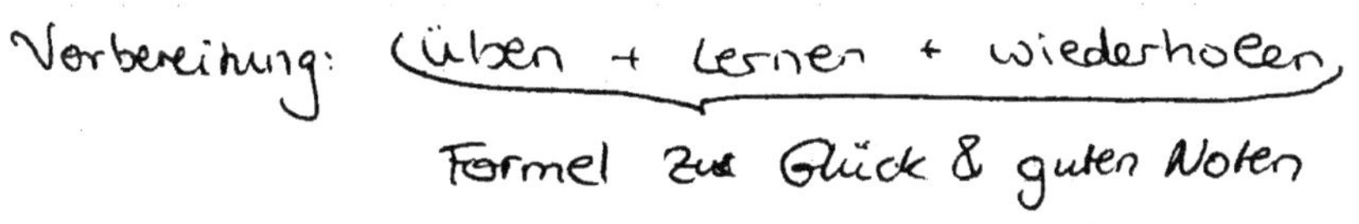

Vorbereitung: (üben + lernen + wiederhoeen,

Formel zur Glück & guten Noten

Abbildung 31: Leonies (LK) Konzept der Tätigkeit ‚Vorbereiten'

Andere Schüler grenzen ‚Lernen' und ‚Vorbereiten' von den anderen Tätigkeiten ab. Für einen Teil der Schüler bezieht sich ‚Lernen' im Unterschied zu den anderen Tätigkeiten insbesondere auf inhaltsvermittelnde Elemente im Mathematikbuch (vgl. Clara, LK; Yvonne, LK; Charlotte, LK; Anton, LK; Fabian, LK; Anna, LK; Thorsten, LK) und bei einigen dieser Schüler dabei insbesondere auf „neue Themengebiete" (Clara, LK).

‚Vorbereiten' bringen einige Schüler in Verbindung mit zukünftigen Ereignissen. Mehrfach wird „die nächste Unterrichtsstunde" (Anton, LK) im Zusammenhang mit ‚Vorbereiten' genannt (vgl. Melinda, LK; Anton, LK; Nadine, LK; Simon, LK) oder die Klausur (Yvonne, LK; Tom, LK; Anton, LK). In den Daten, die die tatsächliche Nutzung der Schüler dokumentieren, treten alle vier Tätigkeiten (Wiederholen, Üben, Lernen, Vorbereiten) in Verbindung mit dem sprachlichen Indikator ‚Klausur' bzw. ‚Arbeit' auf. Von diesen nennen die Schüler ‚Vorbereiten' als einzige Tätigkeit ausschließlich in Verbindung mit ‚Klausur'.

Zwischen ‚Üben' und ‚Wiederholen' lässt sich in den Daten der Befragung ein tendenzieller Unterschied feststellen: Während ‚Üben' fast ausschließlich mit Aufgaben in Verbindung gebracht wird (vgl. Leonie, LK; Melinda, LK; Jennifer, LK; Charlotte, LK; Antonia, LK; Anton, LK; Nadine, LK; Simon, LK; Fabian,

---

[38] vgl. Anhang 5. Der Anhang ist im Internet über die URL http://www.viewegteubner.de zugänglich.

LK; Anna, LK), kann sich ‚Wiederholen' auf Aufgaben und auf inhaltsvermittelnde Elemente beziehen (vgl. Tom, LK; Melinda, LK; Jennifer, LK; Charlotte, LK; Antonia, LK; Anton, LK; Nadine, LK; Simon, LK). Dabei werden hauptsächlich „Aufgaben, die schon einmal gemacht wurden" (Leonie, LK) wiederholt (vgl. Clara, LK; Leonie, LK; Melinda, LK; Jennifer, LK; Charlotte, LK; Anton, LK; Anna, LK) und „Aufgaben mit ähnlicher Aufgabestellung wie schon gerechnete" (Charlotte, LK) geübt (vgl. Melinda, LK; Charlotte, LK; Nadine, LK; Anna, LK).

Diese tendenzielle Unterscheidung von ‚Üben' und ‚Wiederholen', die sich als Ergebnis der Befragung festhalten lässt, spiegelt sich auch in den Daten zur Schulbuchnutzung. Bei dem Vergleich von Nutzungen, die Schüler mit dem Tätigkeitsverb ‚wiederholen' beschreiben, mit Nutzungen, die mit dem Tätigkeitsverb ‚üben' benannt werden, zeigt sich, dass Schüler zum ‚Wiederholen' überwiegend inhaltsvermittelte Teile des Schulbuches verwenden, während sie zum ‚Üben' vorwiegend Aufgaben nutzen. Diese Beobachtung deckt sich auch mit der Behandlung des Themas ‚Üben' in der einschlägigen Literatur. Vorstellungen zum ‚Üben' werden dort stets anhand von Beispielaufgaben verdeutlicht (vgl. Maier 1986; Winter 1984). Die Tätigkeit ‚Üben' scheint im Zusammenhang mit inhaltsvermittelnden Texten keine Rolle zu spielen.

Aus den Kommentaren der Schüler zur Nutzung ihres Buches wird deutlich, dass ‚Wiederholen' häufig in Verbindung mit einen Verweis auf die vorangehende Unterrichtsstunde genannt wird: Carsten (GK) nutzt sein Buch, weil er „das im Unterricht besprochene Thema nochmal kurz wiederholen wollte"; Antonia (LK) nutzt das Buch zur „Wiederholung der letzten Stunde (Nachbearbeitung)" und Merle (6k) „zum nochmal angucken und wiederholen vom Unterricht". Merle (6k) erläutert im Interview:

> wenn ich's im Unterricht noch nicht so richtig verstanden habe oder da noch 'ne Lücke ist, dass ich mir das dann nochmal angucke und versuche zu verstehen.

‚Wiederholen' muss sich aber nicht nur auf die Inhalte der vorangehenden Mathematikstunde beziehen. Dies zeigt sich insbesondere bei der Vorbereitung auf die Klausur, wo Schüler sämtliche klausurrelevanten Inhalte ‚wiederholen'.

Insgesamt zeigt die Befragung, dass die vier Tätigkeiten ‚Üben', ‚Wiederholen', ‚Lernen' und ‚Vorbereiten' insbesondere durch unterschiedliche *Instrumentalisierungen* von Strukturelementen des Mathematikbuches voneinander unterschieden werden. Während ‚Lernen' einerseits als Oberbegriff aufgefasst wird oder überwiegend an die *Instrumentalisierung* inhaltsvermittelnder Elemente des Mathematikbuches gebunden ist, wird ‚Üben' insbesondere mit der *Instrumentalisierung* von Aufgaben verbunden. ‚Wiederholen' nimmt eine Zwischenstellung zwischen ‚Lernen' und ‚Üben' ein und wird sowohl mit der *Instrumentalisierung* von Aufgaben als auch der von inhaltsvermittelnden Elementen in Verbindung gebracht.

Die Verbindungen mit unterschiedlichen *Instrumentalisierungen* des Mathematikbuches gibt jedoch keine Information darüber, ob es sich beim ‚Üben', ‚Wiederholen', ‚Lernen' und ‚Vorbereiten' um unterschiedliche Tätigkeiten handelt oder um synonyme Bezeichnungen für eine Tätigkeit. Grundsätzlich unterscheiden sich Tätigkeiten in den Zielen, die mit ihnen verfolgt werden. Sollte es sich bei ‚Lernen', ‚Üben', ‚Wiederholen' und ‚Vorbereiten' um Bezeichnungen für unterschiedliche Tätigkeiten handeln, müsste jede dieser Tätigkeit mit einem anderen Ziel verbunden sein.

In der allgemeinen schriftlichen Befragung zu Gemeinsamkeiten und Unterschieden der vier Tätigkeiten wurden keine Angaben zu Zielen gemacht. Um nähere Informationen zu den Zielen, die mit den vier Tätigkeiten verfolgt werden, wurden Schüler der Klasse 6k im Interview zu ihren Zielen befragt, die sie mit den Tätigkeiten ‚Üben', ‚Wiederholen', und ‚Lernen' verbinden.

Emma (6k) verwendet Aufgaben aus dem Buch und kommentiert ihre Nutzung mit „Übung + Unterricht". Im Interview erklärt sie auf die Frage, warum sie zusätzliche Aufgaben bearbeitet:

> Ja, damit ich das nochmal durchgehe, ob ich das kann, und ehm halt auch damit ich das ehm halt die Aufgaben damit ich da schneller werde und dass dann auch ehm irgendwie besser kann. (Emma, 6k)

Das Ziel ‚etwas besser zu können' beschreibt auch Laura (6k) auf die Frage, warum sie wiederholt:

> Also ehm die Aufgaben konnt' ich noch nicht so gut und dann hab' ich die ehm zu Hause nochmal gerechnet um das besser zu können. (Laura, 6k)

Ebenso wie Emma (6k) und Laura (6k) verfolgt auch Helena (6k) mit dem ‚Üben' das Ziel, „dass das noch 'n bißchen besser geht mit den Aufgaben, zur Arbeit auch so".

Lilli (6k) und David (6k) verweisen indirekt auf das Ziel der Verbesserung, indem beide auf ihre Leistungen im Fach verweisen. Lilli (6k) ‚lernt' mit der Begründung:

> Ja also in Mathe bin ich nich ganz so gut und ehm deswegen lern' ich dann halt zwischendurch mal was. (Lilli, 6k)

Ebenso ‚wiederholt' David (6k), um seine Leistungen im Fach ‚Mathematik' zu verbessern:

> Ehm, also ich hatte auf'n Zeugnis nich' so 'ne gute Note und da wur äh hab' ich 'nen Zettel bekommen beim Zeugnis und da w ehm ... ehm wurde geschrieben, dass ich das wiederholen soll also ein paar Sachen, die wir schon hatten. (David, 6k)

Merle (6k) ‚wiederholt' und Lisa (6k) ‚lernt' mit dem Ziel, die Unterrichtsinhalte besser zu verstehen:

> Wenn ich's im Unterricht noch nicht so richtig verstanden habe oder da noch 'ne Lücke ist, dass ich mir das dann nochmal angucke und versuche zu verstehen. (Merle, 6k)

> Ja, ehm, ja halt wenn ich was noch nicht verstanden hab' oder so, dann guck' ich das nochmal nach. (Lisa, 6k)

Laura (6k) ‚wiederholt' mit dem Ziel, ihr Wissen zu festigen. Sie prägt sich insbesondere Regeln ein:

> Ehm, dass ich das nich vergesse wieder und ehm halt die im Buch die Regeln sind auch gut aufgeschrieben und dann les' ich mir die öfters durch. (Laura, 6k)

Helene (6k) möchte dagegen etwas genauer wissen:

> ja weil ich das noch nicht ganz genau wusste. Und äh ja manchmal ... manchmal guck' ich dann halt nochmal ob ... ob ich das jetzt richtig habe mit den ganzen Sachen. (Helene, 6k)

Diesen Aussagen zu den Zielen, die mit dem ‚Üben', ‚Wiederholen' und ‚Lernen' verfolgt werden, ist das Streben nach Verbesserung gemeinsam. Emma (6k), Laura (6k) und Helena (6k) möchten etwas besser können, Lilli (6k) und David (6k) möchten allgemein ihre Leistung im Fach verbessern, Merle (6k) und Lisa (6k) möchten die Unterrichtsinhalte besser verstehen und Helene (6k) möchte etwas genauer wissen.

Das Ziel der Verbesserung wird in der einschlägigen Literatur mit den Tätigkeiten ‚Üben', ‚Wiederholen' und ‚Festigen' verbunden. Unabhängig davon, wie ‚Üben' definiert wird, formuliert Winter als übergreifendes Ziel des Übens, „daß man in zukünftigen einschlägigen Fällen besser agiert als bisher" (Winter 1984, S. 7):

Sinn des Übens ist es, das strukturelle Gefüge, das Schema (im Sinn von Aebli, Wittmann u. a.), zu stabilisieren, damit es möglichst in jeder einschlägigen Situation mit zunehmender Verbesserung herangezogen wird, um das Handlungsziel zu erreichen. (Winter 1984, S. 7)

Was ‚besser agieren' bzw. die ‚Verbesserung' konkret bedeutet, hängt Winter zufolge „von dem jeweiligen Ziel und den Umständen ab" (Winter 1984, S. 7). Winter unterscheidet vier Kategorien, denen sich die Ziele des Mathematikunterrichts zuordnen lassen: Fertigkeiten, begriffliches Wissen, Fähigkeiten, Haltungen / Einstellungen (vgl. Winter 1984, S. 8). „Im Mittelpunkt der Fertigkeitsschulung steht die Aneignung von Algorithmen oder doch halbalgorithmischen Prozeduren" (Winter 1984, S. 8). Sie können laut Winter nur „durch Üben zum Besitz werden" (Winter 1984, S. 8). „Wissen lässt sich kaum scharf von Fertigkeiten trennen" (Winter 1984, S. 8). Der Unterschied zwischen beiden besteht Winter zufolge in der Repräsentation beider:

Begriffliches Wissen über mathematische Zusammenhänge repräsentiert sich nämlich vornehmlich in offenen Netzwerken, Fertigkeiten sind dagegen am reinsten in geschlossenen und einsinning gerichteten Handlungsprogrammen darstellbar. [...] Damit dürfte klar sein, daß Wissen grundsätzlich nicht auf dieselbe Art eingeprägt und erinnert werden kann, wie man eine Fertigkeit schult. [...] Beim Einüben einer Fertigkeit kommt es auf das immer geläufiger werdende Abarbeiten eines festen Handlungsprogramms an, während es beim Einprägen von Wissen darauf ankommt, die Verbindungen zwischen den Wissensbestandteilen zu vermehren und zu festigen. (Winter 1984, S. 8)

Fähigkeiten stellen für Winter „komplexe Könnensschemata dar, die Fertigkeiten und Wissenstücke als wichtige Bestandteile enthalten, aber nicht auf diese reduzierbar sind" (Winter 1984, S. 9).

Die Kultivierung von Fähigkeiten ist das Hauptbetätigungsfeld für Übungen, denn das Ausüben von Fähigkeiten erfordert die flexible Koordination vieler unterschiedlicher Unterprogramme und auch die Steuerung emotionaler Einflüsse, was offensichtlich nur gelingen kann, wenn diese Fähigkeiten auch als solche eingeübt werden. (Winter 1984, S. 9)

Im Gegensatz zu Winter ist Maier (1986) der Ansicht, dass es nicht angebracht ist,

den Begriff ‚Übung' auch auf allgemeine mathematische Fähigkeiten (z. B. Fähigkeit zum Vergleichen, Klassifizieren, Argumentieren, Schließen, Problemlösen, usw.) auszudehnen, weil bei deren Aktivierung keine Grenze zwischen Lern- und Übungsphase auszumachen ist. (Maier 1986, S. 103)

Dies ist jedoch auch auf eine unterschiedliche Vorstellung über die Ziele, die mit dem ‚Üben' verbunden sind, zurückzuführen. Während Winter das Ziel des Übens darin sieht, „daß man in zukünftigen einschlägigen Fällen besser agiert als bisher" (Winter 1984, S. 7), beschreibt Maier „als generelles Ziel der Übung im Mathematikunterricht [...] die langfristige Sicherung von Kenntnissen" (Maier 1986, S. 103). Er unterscheidet insgesamt vier „Zielfelder" (Maier 1986, S. 103) des Übens: die Automatisierung, die Integration, die Konsolidierung und die Flexibilität (vgl. Maier 1986, S. 103-104).

Automatisierung soll erreichen, dass mathematische Sätze oder Verfahren „ohne Einschaltung von Vorstellung und Denken jederzeit rasch und sicher aus dem Gedächtnis abgerufen werden können" (Maier 1986, S. 103). Üben mit dem Ziel ‚Integration' bezweckt, „daß neu zu erwerbende Kenntnisse untereinander und mit den bereits vorhandenen verbunden werden" (Maier 1986, S. 103). Konsolidierendes Üben soll dazu beitragen, dass „das Verständnis für Sätze und Verfahren ausgebaut und vertieft" (Maier 1986, S. 103) wird. Durch Üben im Zusammenhang mit dem Zielfeld ‚Flexibilität' sollen die Schüler dazu geführt werden, „sich nicht an starre Ablaufmuster zu klammern, sondern erlernte Verfahren, je nach Art der Vorgaben und Zielstellung, so zu modifizieren, daß sie auf kürzerem oder sichererem Weg zum Ziel führen" (Maier 1986, S. 104).

Trotz der Unterscheidung von vier Zielfeldern des Übens zeigt sich insgesamt auch bei Maier, dass Verbesserung als allgemeines Ziel des Übens angesehen werden kann. Die Unterscheidung der vier Zielfelder trägt nur dazu bei, die Art und Weise der Verbesserung präziser zu beschreiben.

Insgesamt ergibt sich, dass sowohl in der Befragungen der Schüler zu den Tätigkeiten ‚Üben', ‚Wiederholen' und ‚Lernen' als auch in der einschlägigen Literatur die Verbesserung als übergeordnetes, gemeinsames Ziel dieser Tätigkeiten angesehen werden kann. Aufgrund des gemeinsamen übergeordneten Ziels, das mit dem ‚Üben', ‚Wiederholen', ‚Lernen' und ‚Vorbereiten' verbunden wird, ist es sinnvoll, diese Tätigkeiten zusammenzufassen. Maier (1986), Winter (1984), Zech (2002) und Bruder (2008) verwenden dabei ‚Üben' als Oberbegriff:

> Der Begriff ‚Üben' umfasst in diesem Sinn alle diejenigen Lerntätigkeiten, die – alleine oder gemeinsam mit anderen ausgeführt – darauf ausgerichtet sind, neue oder schon früher kennen gelernte (mathematische) Begriffe, Zusammenhänge und Verfahren sowie Vorgehensstrategien in variierenden Kontexten verfügbar zu haben und verständig verwenden zu können. (Bruder 2008, S. 4)

Lorenz und Pietzsch fassen die Tätigkeiten „Üben, Vertiefen, Anwenden, Systematisieren und Wiederholen" (Lorenz & Pietzsch 1977, S. 200) unter dem übergreifenden Konzept des ‚Festigens' zusammen, weisen aber darauf hin, dass man „zuweilen ‚Wiederholen' und wohl noch häufiger ‚Üben' in einem weiteren Sinne [...] synonym mit ‚Festigen' gebraucht" (Lorenz & Pietzsch 1977, S. 202).

Aufgrund des gemeinsamen Ziels, das Schüler mit dem ‚Üben', ‚Wiederholen', ‚Lernen' und ‚Vorbereiten' verfolgen, werden alle Schülerbegründungen, die die sprachlichen Indikatoren ‚üben' / ‚Übung', ‚wiederholen' / ‚Wiederholung', ‚Lernen' oder ‚vorbereiten' / ‚Vorbereitung' enthalten, einer gemeinsamen Tätigkeit zugeordnet. ‚Lernen' würde sich als Bezeichnung für Tätigkeiten mit dem Ziel der Verbesserung anbieten, da Schüler teilweise selbst ‚Lernen' als Obergriff ansehen. In der vorliegenden Untersuchung soll ‚Lernen' jedoch nicht als Bezeichnung für eine spezielle Tätigkeit verwendet werden, da ‚Lernen' in dieser Arbeit als übergeordnetes Ziel sämtlicher Tätigkeiten angesehen wird, in die das Schulbuch integriert ist. Diesem übergeordneten Lernbegriff spezifische Tätigkeiten mit der Bezeichnung ‚Lernen' unterzuordnen, würde nur Verwirrung stiften und hätte begriffliche Unschärfe zur Folge.

Obwohl die Bezeichnung ‚Üben' in der einschlägigen Literatur geläufiger ist, wird die Tätigkeit mit dem Ziel der Verbesserung in Anlehnung an Lorenz und Pietzsch (1977) in der vorliegenden Arbeit *Festigen* genannt. Der Grund dafür liegt darin, dass ‚Üben' als Bezeichnung für spezielle Gebrauchsschemata im Zusammenhang mit dem *Festigen* zur Verfügung stehen soll, die entsprechend der Ergebnisse der Befragung an die *Instrumentalisierung* von Aufgaben gebunden sind.

Aneignen von Wissen

Aus einigen Kommentaren von Schülern wird deutlich, dass sie das Mathematikbuch im Zusammenhang mit Tätigkeiten nutzen, deren Ziel es ist, sich neue Inhalte selbständig anzueignen. Dazu zählen insbesondere das Vorarbeiten und das Nacharbeiten von versäumtem Unterricht als auch das Erbringen besonderer Leistungsformen (z. B. Referate, Facharbeiten).

- Charlotte (LK) gibt als Begründung die für Nutzung ihres Buches „Nacharbeiten von verpasstem Unterricht" an.
- Merle (6k) gibt an, sie habe ihr Buch zum „zum voraus-lernen" genutzt.
- Mia (6k) schreibt, sie habe ihr Buch genutzt, weil „Ich's schon mal vorher wissen wollte".
- Judith (GK) nutzt das Buch im Zusammenhang mit der Facharbeit im Fach Mathematik.

Dass Schüler sich in Zusammenhang mit diesen Tätigkeiten selbständig neues Wissen aneignen, lässt sich an den genutzten Buchausschnitten bestätigen: Gemeinsam ist diesen Nutzungen, dass Schüler Inhalte aus dem Buch nutzen, die entweder (noch) nicht im Unterricht behandelt wurden oder deren Behandlung im Unterricht sie verpasst haben:

- Merle (6k), Mia (6k) und Jennifer (LK) greifen dem Gang des Unterrichts voraus und nutzen das Buch, um sich Inhalte anzueignen, die noch nicht Gegenstand des Unterrichts waren.
- Charlotte (LK) hat eine Unterrichtsstunde versäumt und versucht sich die Inhalte der Stunde selbständig mit dem Buch anzueignen.
- Judith (GK) verwendet das Mathematikbuch im Zusammenhang mit einer besonderen Leistungsform. Sie schreibt eine Facharbeit im Fach Mathematik und nutzt das Mathematikbuch, um sich die relevanten Inhalte anzueignen.

Teilweise lässt sich die Nutzung zum Vorarbeiten auch nur an den genutzten Ausschnitten erkennen:

- Marius (GK) und Jennifer (LK) nutzen im Zusammenhang mit der Vorbereitung auf die Klausur Elemente aus Lerneinheiten, die noch nicht im Unterricht behandelt wurden. Aus den Kommentaren dieser beiden Schüler lässt sich jedoch nicht erkennen, dass sie die Ausschnitte im Rahmen von Tätigkeiten nutzen, deren Ziel die Aneignung neuer Inhalte ist. Marius (GK) kommentiert, dass er die Ausschnitte genutzt habe, weil „es Grundlagen knapp zusammenfasst" bzw. weil „es als Vorbereitung auf die Klausur diente".
- Ebenso erläutert auch Jennifer (LK) ihre Nutzung nur als „Vorbereitung auf die Klausur". Anhand des Nutzungsdatums oder anhand der Reihenfolge der Eintragungen in Verbindung mit dem Beobachtungsprotokoll lässt sich aber rekonstruieren, dass die genutzten Ausschnitte Lerneinheiten angehören, die noch nicht Gegenstand des Unterrichts waren.

Das gemeinsame Ziel all dieser Nutzungen besteht darin, sich jeweils neue Inhalte selbständig mit Hilfe des Buches anzueignen. Nutzungen, bei denen anhand der Begründung deutlich wird, dass sie

- dem Gang des Unterrichts vorgreifen, d. h. sprachliche Marker wie z. B. ‚vorarbeiten', ‚vorauslernen', ‚vorher wissen wollen' enthalten;

- zum Nacharbeiten von verpasstem Unterricht dienen, d. h. sprachliche Marker wie z. B. ‚nacharbeiten', ‚nachholen' in Verbindung mit ‚verpasstem Unterricht', ‚Krankheit', ‚Fehlen' enthalten,

werden daher der Tätigkeit *Aneignen von Wissen* zugeordnet. Ebenfalls dieser Tätigkeit zugeordnet werden Nutzungen, bei denen sich anhand der genutzten Buchausschnitte und dem Nutzungsdatum bzw. der Reihenfolge der Eintragungen in Verbindung mit den Beobachtungsprotokollen rekonstruieren lässt, dass Schüler Ausschnitte aus Lerneinheiten nutzen, deren Inhalte bis zum Zeitpunkt der Nutzung noch nicht Gegenstand des Unterrichts waren.

Interessemotiviertes Lernen

In einigen Kommentaren von Schülern lassen sich sprachliche Marker erkennen, die darauf verweisen, dass die Nutzung des Buches auf kognitiven Antrieb (vgl. Ausubel *et al.* 1981) zurückzuführen ist:

- Lukas (6a) nutzt eine Übungsaufgabe „aus Spaß";
- Dominik (6a) nutzt eine Aufgabe „aus Interesse zu Hause";
- Beate (6a) nutzt verschiedene Ausschnitte mit der Begründung, dass sie „das interessant fand";
- Leonie (LK), Clara (LK) und Charlotte (LK) nutzen Ausschnitte aus dem Buch aus „Neugier" bzw. „aus Neugierde".

Darüber hinaus finden sich in den Daten mehrfach Kommentare, die darauf verweisen, dass Abbildungen das Interesse der Schüler geweckt haben:

- Titus (6k) begründet die Markierung eines Fotos, das einen Basketballspieler zeigt, damit, dass er „selber Basketball spiele";
- Beate (6a) nutzt Bilder zu Übungsaufgaben mit der Begründung, dass sie „die Bilder lustig fand";
- Ben (6k) markiert eine Comicfigur und schreibt, dass „es lustig war".

Ausubel u. a. sehen in der Neugier bzw. im kognitiven Antrieb „wenigstens potentiell, die wichtigste Motivation des Lernens in der Schule" (Ausubel *et al.* 1981, S. 467). Lernen, das durch kognitiven Antrieb motiviert ist, wird nicht erst aufgrund irgendeines Nutzens angeregt, sondern basiert auf bloßer Neugier. Damit einher geht, dass eine durch kognitiven Antrieb motivierte Tätigkeit nicht durch ein Ziel gekennzeichnet werden kann. Vielmehr ist der kognitive Antrieb beim Menschen ist „der Wunsch nach Kenntnis als Selbstzweck" (Ausubel *et al.* 1981, S. 467) bzw. „der Wunsch, eine Sache zu kennen und zu verstehen, Wissen zu beherrschen, Probleme zu formulieren und zu lösen" (Ausubel *et al.* 1981, S. 468).

In Anlehnung an Ausubel u. a. werden Kommentare von Schülern der Tätigkeit *interessemotiviertes Lernen* zugeordnet, die die sprachlichen Marker ‚Spaß', ‚Interesse', ‚interessant', ‚Neugier(de)', enthalten bzw. diese Motive umschreiben, indem sie darauf verweisen, dass Ausschnitte des Buches Interesse geweckt haben.

Vier Schüler (Marcel, 6a; Niclas, 6k; Maximilian, 6k; Evelyn, LK) verwenden in ihren Kommentaren den sprachlichen Marker ‚langweilig' bzw. ‚Langeweile':

- Marcel (6a) nutzt eine *Kasten mit Merkwissen*, weil ihm „langweilig wurde";
- Niclas (6k) nutzt eine *Einstiegsaufgabe* aus „langeweile"
- Evelyn (LK) kommentiert eine Markierung damit, dass ihr „Nachbar Langeweile hatte".

Aus den Begründungen der Schüler lässt sich schließen, dass die Nutzung des Buches durch die Langeweile motiviert ist. Das Ziel, das die Schüler mit der Nutzung verfolgen, besteht demnach vermutlich darin, sich die Langeweile durch das Lesen im Buch zu vertreiben. Im Buch zu lesen, wird von diesen Schülern anscheinend als interessanter angesehen als die Tätigkeit, in die sie gerade involviert sind. Aus dem Grund, dass das Lesen im Buch als Mittel angesehen wird die Langeweile zu vertreiben, werden Nutzungen, die den sprachlichen Indikator ‚langweilig' oder ‚Langeweile' enthalten, ebenfalls der Tätigkeit *interessemotiviertes Lernen* zugeordnet.

4.5 Fazit

Die intersubjektive Nachvollziehbarkeit des Forschungsweges ist eine grundlegende Bedingung zur Sicherung von Qualität wissenschaftlicher Erkenntnis. In diesem Sinne sind in diesem Kapitel die zentralen methodischen Entscheidungen und Vorgehensweisen dokumentiert.

Ein zentrales Problem der Erforschung der faktischen Nutzung von Mathematikbüchern liegt darin, valide Daten der Nutzung zu erheben. Kriteriengeleitet wurde ein Multimethodenansatz entwickelt, der verspricht, valide, dem Gegenstand und dem Erkenntnisziel angemessene Daten zu generieren. Die Datenerhebungsmethode besteht aus folgenden Teilen:

1. Schriftliche Befragung der Schüler (Markierung der genutzten Abschnitte im Buch, Angabe eines Nutzungszwecks)
2. Mündliche Befragung ausgewählter Schüler in Bezug auf einzelne Nutzungen (*stimulated recall*)
3. Unterrichtsbeobachtung

Problematisch ist die schriftliche Befragung der Schüler im Hinblick auf die ökologische Validität der Daten, da das Markieren von Abschnitten im Buch und die Angabe eines Nutzungsgrundes die Authentizität der Nutzungssituation beeinflussen. Im Verhältnis zu anderen Möglichkeiten wird dieses Problem bei der gewählten Methode jedoch geringer eingeschätzt.

Der Grad der Übereinstimmung von Schülerdaten und den Daten der Unterrichtsbeobachtung hinsichtlich der lehrervermittelten Nutzungen des Buches dient als Validitätskriterium. Die Diskussion der Gültigkeit der Daten zeigt, dass die Daten mit wenigen Ausnahmen auf der Grundlage des gewählten Validitätskriteriums als valide angesehen werden können. In den Schülerdaten konnten im Wesentlichen drei Arten von Fehlern festgestellt werden, die jeweils unterschiedliche Auswirkungen auf die Validität haben:

1. eine lehrervermittelte Nutzung des Schulbuches wurde nicht dokumentiert;
2. eine lehrervermittelte Nutzung des Schulbuches wurde dokumentiert, es wurde aber kein bzw. ein falsches Datum angegeben;
3. eine lehrervermittelte Nutzung wurde dokumentiert, es wurde aber kein bzw. ein falscher Grund angegeben.

Die Markierungen der Schüler zeigen, dass Schüler das Buch im Wesentlichen struktursensibel nutzen, d. h. zusammenhängend markierte Schulbuchausschnitte decken sich in der Regel mit einem Strukturelement.

Die Kodierung der Daten folgt den Kodiermethoden der Grounded Theory. Kategorien wurden auf der Grundlage der Methode des Fragenstellens und des Vergleichens aus den Daten heraus entwickelt. Im Hinblick auf die Analyse der Daten vor dem Hintergrund des instrumentellen Ansatzes Rabardels erweisen sich die folgenden Kategorien als sinnvoll: Schüler, Nutzungsdatum, Buchausschnitt, Strukturelementtyp, Salienz, Lehrervermittlung, Tätigkeit.

Die Kategorien *Schüler*, *Nutzungsdatum* und *Buchausschnitt* sind selbstevident. In der Kategorie *Strukturelementtyp* wird der genutzte Buchausschnitt einem in Kapitel 1 entwickelten Strukturelementtyp des Mathematikbuches zugeordnet. Auf diese Weise werden Nutzungen unterschiedlicher Bücher vergleichbar.

Buchausschnitte mit einer erhöhten Salienz ziehen die Aufmerksamkeit des Lesers an. Unterschieden wird zwischen *Bottom-Up-Salienz* und *Top-Down-Salienz*. *Bottom-Up-Salienz* ist ein Konzept, das in Eigenschaften von Schulbuchausschnitten gründet. Es bezieht sich auf Schulbuchausschnitte, die aufgrund typographischer Merkmale aus dem Umfeld hervorgehoben sind und dadurch die Aufmerksamkeit auf sich ziehen. *Top-Down-Salienz* ist ein Konzept, das den Zusammenhang zwischen dem Schulbuchausschnitt und der Aufgabe des Nutzers angibt. Es bezieht sich auf Schulbuchausschnitte, bei denen dieser Zusammenhang deutlich erkennbar ist.

Lehrervermittlung ist ein Konzept, das den Einfluss des Lehrers auf eine Nutzung des Schülers angibt. Unterschieden wird zwischen *spezieller* und *allgemeiner Lehrervermittlung*. Bei *spezieller Lehrervermittlung* verweist der Lehrer in der Äußerung explizit auf eine spezielle Stelle des Schulbuches; bei allgemeiner Lehrervermittlung handelt es sich um einen allgemeinen Verweis des Lehrers auf das Schulbuch bzw. auf eine Seite des Buches, ohne genau anzugeben, was auf dieser Seite genutzt werden soll.

In der Kategorie *Tätigkeit* wird kodiert, im Rahmen welcher Tätigkeit im Zusammenhang mit dem Lernen von Mathematik die Nutzung des Buches erfolgte. Anhand der Schülerbegründungen konnten vier Tätigkeiten identifiziert werden, in die das Mathematikbuch als Instrument zum Lernen von Mathematik verwendet wird: *Bearbeiten von Aufgaben, Festigen, Aneignen von Wissen* und *interessemotiviertes Lernen*. Diese Tätigkeiten unterscheiden sich hinsichtlich der mit ihnen verbundenen Ziele. Beim *Bearbeiten von Aufgaben* steht die Nutzung des Buches im Zusammenhang mit einer Aufgabe. Die Nutzung des Buches dient dazu, die Aufgabe zu lösen. *Festigen* bezieht sich auf Nutzungen des Buches, die der Verbesserung bereits erworbener Kenntnisse und Fähigkeiten dienen. Demgegenüber ist die Nutzung des Buches zum *Aneignen von Wissen* auf die Aneignung neuer Kenntnisse und Fähigkeiten gerichtet. Der Tätigkeit *interessemotiviertes Lernen* werden alle Nutzungen des Buches zugeordnet, die auf kognitiven Antrieb zurückzuführen sind.

Die vier Tätigkeiten (*Bearbeiten von Aufgaben, Festigen, Aneignen von Wissen* und *interessemotiviertes Lernen*) zeigen, in welchen Zusammenhängen und mit welchen Zielen Schüler das Buch als Instrument zum Lernen von Mathematik verwenden. Unklar ist jedoch, wie diese Nutzung im Rahmen der einzelnen Tätigkeiten im Detail erfolgt. Diese Frage zu beantworten, ist Gegenstand der folgenden Kapitel.

5 Das Mathematikschulbuch als Instrument zum Lernen von Mathematik

Der im vorangehenden Kapitel dargestellte Kodierungsprozess stellt zunächst eine Beschreibung und Klassifikation der Daten dar. Um über die bloße Beschreibung und Klassifikation der Daten hinaus zu kommen, müssen Beziehungen zwischen den Kategorien aufgedeckt und damit Interpretation und Erklärung der untersuchten Phänomene vorangetrieben werden. In Kapitel 1 wurde dargestellt, dass es im Zusammenhang mit der vorliegenden Untersuchung sinnvoll ist, das zu diesem Zweck in der Grounded Theory verwendete handlungs- und interaktionstheoretische Kodierparadigma durch den instrumentellen Ansatz der kognitiven Ergonomie (vgl. Rabardel 1995) zu ersetzen, da diese dem Gegenstand angemessene Konzepte zur Verfügung stellt, die geeignet sind, die Interaktion zwischen Menschen und Artefakten zu beschreiben (vgl. Abschnitt 2.2.2). Damit steht eine Begrifflichkeit zur Verfügung, die insgesamt die Interaktion zwischen Schülern und Mathematikbüchern spezifischer konzeptualisieren kann, als es die allgemeinen Kategorien des Kodierparadigmas erlauben, das Strauss (1994) vorschlägt.

Im vorliegenden Kapitel wird die selbständige Nutzung des Mathematikbuches durch Schüler als Instrument zum Lernen von Mathematik eingehend analysiert. Lehrervermittelte Nutzungen sind im Folgenden nur da von Interesse, wo sie die selbständige Nutzung des Buches durch Schüler beeinflussen. Im Rahmen der Analyse wird auf beide Prozesse – *Instrumentalisierung* und *Instrumentierung* – eingegangen. Im Zusammenhang mit der *Instrumentalisierung* wird dargestellt, welche Strukturelementtypen Schüler im Rahmen der einzelnen *Tätigkeiten* bevorzugt verwenden. Die Untersuchung der *Instrumentierung* besteht in der Analyse von Gebrauchsschemata des Mathematikbuches in Verbindung mit den einzelnen *Tätigkeiten*. Bei der Analyse der Gebrauchsschemata wird zwischen Auswahlschemata und instrumentell vermittelten Handlungsschemata (im Folgenden ‚Handlungsschemata') unterschieden. Auswahlschemata stellen im Sinne von *usage schemes* allgemeine Handhabungsweisen des Mathematikbuches dar, bei denen noch nicht auf die Zweckgerichtetheit eingegangen wird. Dagegen erhalten Handlungsschemata ihren Sinn erst durch die Tätigkeiten, in deren Zusammenhang sie ausgeführt werden. Daher werden die einzelnen Handlungsschemata jeweils vor dem Hintergrund der Tätigkeit betrachtet, in deren Kontext sie ausgeführt werden. Ausgehend von den vier, im vorangehenden Kapitel rekonstruierten *Tätigkeiten – Bearbeiten von Aufgaben, Festigen, Aneignen von Wissen, interessemotiviertes Lernen –* wird im vorliegenden Kapitel rekonstruiert, wie das Mathematikbuch konkret in diese *Tätigkeiten* als *Instrument* integriert ist.

Gegenstand des vorliegenden Kapitels sind ‚typische' selbständige Nutzungen des Mathematikbuches durch Schüler als Instrument zum Lernen von Mathematik. Typen sind bereits Generalisierungen individueller Handlungen und zeigen deren generelle Strukturen auf. Da Typen auf unterschiedliche Weise gebildet werden können, ist also zunächst der Typenbildungsprozess, d. h. der Weg vom Einzelfall zum Typus darzulegen. In diesem Zusammenhang ist insbesondere zu klären, welcher Art die gebildeten Typen sind und anhand welcher Kriterien sie gebildet werden.

Auf die Durchführung der Einzelfallanalysen und den Typenbildungsprozess wird in Abschnitt 5.1 näher eingegangen. In den Abschnitten 5.2 und 5.3 werden die Ergebnisse des Typenbildungsprozesses dargestellt: Abschnitt 5.2 behandelt *Instrumentierungstypen*. Im Sinne der Unterscheidung zwischen *usage schemes* und *instrument-mediated action schemes* im instrumentellen Ansatz (vgl. Rabardel 2002, S. 83) werden dabei Auswahlschematypen (Abschnitt 5.2.1) und Handlungsschematypen (Abschnitt 5.2.2) differenziert. *Instrumentalisierungstypen* sind Gegenstand von Abschnitt 5.3.

5.1 Individuelle Instrumentation und Instrumentationstyp

Die *instrumentelle Genese* ist trotz soziokultureller Einflüsse grundsätzlich ein individueller Prozess. Daher können die beiden Teilprozesse der *instrumentellen Genese – Instrumentalisierung* und *Instrumentierung –* zunächst nur auf der Ebene des einzelnen Subjekts betrachtet werden. Die Analyse der *instrumentellen Genese* des Mathematikbuches zum Lernen von Mathematik setzt daher auf der Ebene des einzelnen Subjekts an. Auf der Grundlage der Daten werden individuelle Zweckzuschreibungen zu Strukturelementen und individuelle Gebrauchsschemata der Schüler analysiert.

Weiterhin ist die *Instrumentierung* aufgrund der Situationsspezifität der Gebrauchsschemata situationsabhängig. Die Situation wird in der vorliegenden Studie durch das Situationsmodell bestimmt, das in Abschnitt 2.4.2 entwickelt wurde, d. h. durch die spezifische Interaktion zwischen Schüler, Lehrer, Mathematikbuch und Mathematik. Diese Interaktion konnte im vorangehenden Kapitel in Abschnitt 4.4.4.6 in Form von vier Tätigkeiten mit jeweils unterschiedlichen Zielen beschrieben werden:

1. Bearbeiten von Aufgaben
2. Festigen
3. Aneignen von Wissen
4. Interessemotiviertes Lernen

Die Situationsspezifität der Gebrauchsschemata zeigt sich also in ihrer Verbundenheit mit einer dieser vier Tätigkeiten.

Die Analyse der *Instrumentalisierung* und *Instrumentierung* basiert daher auf der Betrachtung wiederholter Nutzungen des Mathematikbuches einzelner Schüler im Rahmen derselben Tätigkeit. Dabei ist die Wiederholung als grundlegendes Kennzeichen eines Schemas anzusehen (vgl. Abschnitt 2.2.2.2). Anhand einer eingehenden Analyse der wiederholten Nutzungen wurde auf die kennzeichnenden Aspekte eines Schemas – Handlungsregeln, Handlungsziele, Schlussmöglichkeiten und *beliefs-in-action* (vgl. Abschnitt 2.2.2.2) – geschlossen. Methodisch orientiert sich die Analyse an den beiden, an anderer Stelle beschriebenen zentralen Verfahren der Grounded Theory: Fragenstellen und Vergleichen (vgl. Abschnitt 4.4.3). Die Analyse einer individuellen situationsspezifischen Instrumentation wird im folgenden Abschnitt exemplarisch dargestellt[39].

5.1.1 *Exemplarische Analyse einer individuellen Instrumentation*

Die Analyse einer individuellen *Instrumentalisierung* und *Instrumentierung* wird im Folgenden am Beispiel von Emmas (6k) Nutzung des Buches zum *Festigen* exemplarisch dargestellt. Dabei werden insbesondere Schlussprozesse expliziert, bei denen von den Daten auf konstitutive Charakteristika von Emmas (6k) Gebrauchsschema des Buches geschlossen wird.

Emma (6k) wählt zum *Festigen* einerseits Aufgaben aus, die im Unterricht bearbeitet wurden. Andererseits nutzt sie Aufgaben, die in der unmittelbaren Umgebung von lehrervermittelten Aufgaben stehen. Z. B. wurden im Unterricht auf S. 143 die Aufgaben Nr. 3, 4 und 5 bearbeitet (vgl. Beobachtungsprotokoll 6k, 20.02.2007). Emma (6k) wählt zusätzlich die Aufgaben Nr. 1, 6, 7, 8 und 9 zum *Festigen* aus. Aus dieser wiederholten Nutzung von Aufgaben lässt sich schließen, dass Emma (6k) Aufgaben zum *Festigen instrumentalisiert*. Der Kommentar zu ihrer Nutzung der Aufgaben lautet „Übung + Unterricht" bzw. „Übung / Hausaufgabe". Im Interview beschreibt sie ihr Vorgehen wie folgt:

---

[39] In Anhang 6 sind weitere individuelle situationsspezifische *Instrumentalisierungen* und *Instrumentierungen* dargestellt. Der Anhang ist im Internet zugänglich über die URL http://www.viewegteubner.de.

SR: Du hast ja ganz viel markiert und hast hier zwei Mal mehrere Sachen beschrieben als Übung und Unterricht beziehungsweise Übung und Hausaufgabe. Kannst du mir das noch'n bisschen erklären, wie das zu verstehen ist?

Emma: Ja, also, ehm, bei Übung und Unterricht da hab'n wir ehm auch die ehm die
Aufgaben im Unterricht entweder mündlich oder ehm schriftlich gemacht.
Das hab' ich dann zu Hause noch zur Übung gemacht oder einfach nur zur
Übung.

SR: Also die gleichen Aufgaben nochmal, die ihr im Unterricht gemacht habt.

Emma: Ja.

SR: Und hast du auch andere gemacht also noch mehr dann als im Unterricht?

Emma: Ja, ehm, dann ehm, ich hab' dann auch noch ehm welche gemacht, die wir
nicht im Unterricht gemacht haben.

SR: Und warum machst du noch mehr Aufgaben als die, die ihr im Unterricht
gemacht habt?

Emma: Ja, damit ich das nochmal durchgehe, ob ich das kann, und ehm halt auch
damit ich das ehm halt die Aufgaben damit ich da schneller werde und dass
dann auch ehm irgendwie besser kann.

SR: Und wie suchst du die dann aus, die Aufgaben?

Emma: Ehm, eigentlich unterschiedlich, ehm, wenn wir jetzt im Unterricht die
Nummer 4 gemacht haben, mach' ich vielleicht die Nummer 5, weil die ehm
so ähnlich ist und halt ich such' das dann so aus, dass ich also Textaufgaben
mach' ich nich' so gerne und dann mach' ich lieber solche wie die Nummer
5.

Emma (6k) beschreibt im Interview zwei Handlungsregeln:

1. Wenn im Unterricht Aufgaben bearbeitet wurden, dann bearbeite ich die
    Aufgaben noch einmal.
2. Wenn wir im Unterricht eine Aufgabe im Buch bearbeitet haben, dann bear-
    beite ich auch die benachbarte Aufgabe.

Grundsätzlich lässt Emmas (6k) Auswahl von Aufgaben auf einen *belief-in-action* ihres Gebrauchsschemas schließen:

> Zum Üben ist es sinnvoll lehrervermittelte Aufgaben zu bearbeiten und
> solche, die den lehrervermittelten Aufgaben ähneln.

Die zweite Handlungsregel leitet sich aus einem Schlussprozess ab, der der Auswahl der Aufgaben zugrunde liegt. Als Begründung für die Auswahl gibt Emma
(6k) an, dass sie die Aufgaben auswählt, weil sie den Aufgaben aus dem Unterricht ähnlich sind. Auf welcher Grundlage sie auf die Ähnlichkeit schließt, lässt

sich anhand der Aussage jedoch nicht abschließend klären. Zwei Deutungsmöglichkeiten liegen nahe:

1. Emma (6k) schließt aufgrund der Lage der Aufgaben auf deren Ähnlichkeit. Diesem Schema liegt folgender *belief-in-action* zugrunde:

> Wenn Aufgaben benachbart sind, dann sind sie sich ähnlich.

In Anbetracht der aufgabendidaktischen Struktur der Bücher, die im Zusammenhang mit der Analyse des Artefakts festgestellt werden konnte (vgl. Abschnitt 3.2), ist dieser Schluss sogar bedingt zulässig. Die aufgabendidaktische Struktur stellt für diesen Schluss sogar ein *affordance* des Buches dar.

Falls Emma (6k) von der gegenseitigen Lage der Aufgaben auf deren Ähnlichkeit schließt, hätte ihr Gebrauchsschema folgende Struktur:

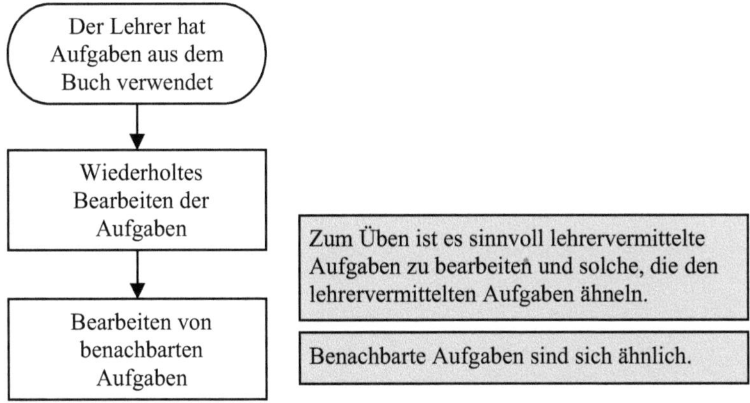

Abbildung 32: Flussdiagramm von Emmas (6k) Gebrauchsschema des Mathematikbuches im Zusammenhang mit dem Festigen (Alternative 1)

2. Demgegenüber besteht aber auch die Möglichkeit, dass Emma (6k) die Ähnlichkeit der Aufgaben auf der Grundlage anderer Kriterien als der Lage der Aufgaben feststellt. In diesem Fall würde Emma (6k) die benachbarten Aufgaben deshalb auswählen, weil sie zu dem Schluss gekommen ist, dass sich die Aufgaben – unabhängig von der Lage – ähneln.

In diesem Fall wäre in ihr Schema eine Schlussmöglichkeit integriert:

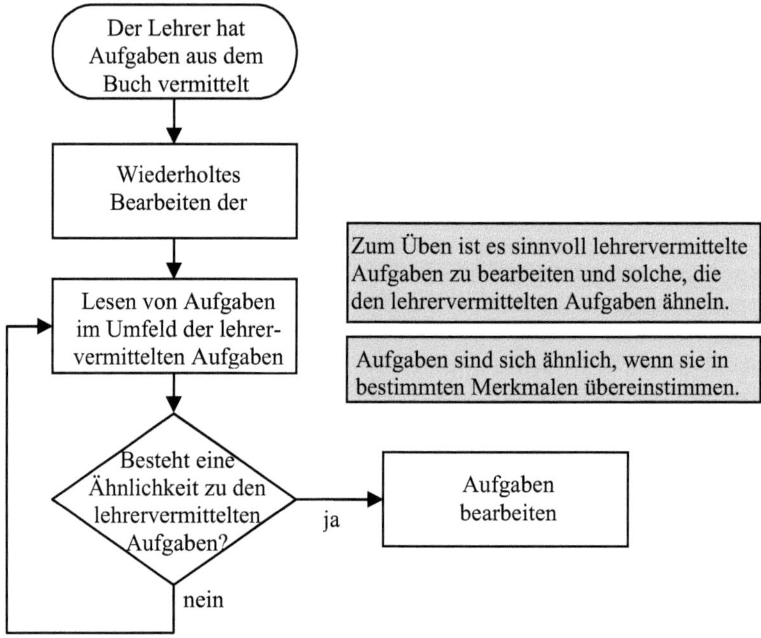

Abbildung 33:   Flussdiagramm von Emmas (6k) Gebrauchsschema des Mathematikbuches im Zusammenhang mit dem Festigen (Alternative 2)

Bei den Aufgaben, die Emma (6k) zum *Festigen* auswählt, kann allerdings keine nähere Ähnlichkeit zu den lehrervermittelten Aufgaben festgestellt werden als die, dass alle Aufgaben im Zusammenhang mit dem Multiplizieren von Dezimalzahlen stehen. Daher ist anzunehmen, dass Emma (6k) von der gegenseitigen Lage der Aufgaben auf deren Ähnlichkeit schließt.

5.1.2   *Von der individuellen Instrumentation zum Instrumentationstyp*

Ebenso wie am Beispiel von Emma (6k) dargestellt, wurden individuelle *Instrumentationen* des Mathematikbuchs im Zusammenhang mit den vier Tätigkeiten *Bearbeiten von Aufgaben, Festigen, Aneignen von Wissen, interessemotiviertes*

Lernen rekonstruiert[40]. Auch wenn derartige Einzelfallanalysen auf der Ebene des Individuellen und Einzigartigen ansetzen, soll die Analyse nicht auf dieser Ebene bleiben. Mit Einzelfallstudien ist stets das Ziel verbunden, im einzelnen Fall allgemeine Prinzipien zu erkennen.

> Wissenschaftliches Vorgehen hat auch im interpretativen Paradigma das Ziel, in irgendeiner Weise typische, als extrem-, ideal- oder durchschnittstypische Handlungsmuster zu identifizieren [...]. Es geht um Handlungsmuster, die zwar individuell festzumachen sind, aber keineswegs nur einmalig und individuenspezifisch wären. Vielmehr manifestieren sich in diesen Handlungen generellere Strukturen. (Lamnek 2005, S. 312)

Die Typisierung der Handlungsmuster dient dabei nicht nur der Erkenntnis durch die Strukturierung und Ordnung des Untersuchungsbereiches, sondern verfolgt vor allem das Ziel, durch das Aufdecken von regelmäßigen Beziehungen und Sinnzusammenhängen, die den Merkmalskombinationen jedes Typus zugrunde liegen, die Hypothesen- und Theoriebildung anzuregen.

Ein erster Schritt in diese Richtung besteht darin, die individuellen *Instrumentationen* des Mathematikbuches im Hinblick auf das zu untersuchen, was Lamnek ‚generelle Strukturen' nennt. Das Aufdecken von generellen Strukturen bei den individuellen Gebrauchsschemata erlaubt, die Gebrauchsschemata von der Ebene des Individuellen zu lösen und damit zu generalisieren. Das Ergebnis sind ‚typische' Gebrauchsschemata von Schülern bei der Nutzung des Mathematikbuches.

Dabei ist genauer zu klären, was als das Typische eines Gebrauchsschematyps angesehen werden kann. Im Zusammenhang mit der Typenbildung sind Kriterien festzulegen, die das Charakteristische bzw. das Typische eines Typus näher bestimmen. Damit einher geht die Frage nach der Art der zu bildenden Typen:

> Mit Hilfe durchschnittlicher oder idealer Typen kann nämlich der ‚Kern' und damit das ‚Wesen' eines Typus erfaßt und verdeutlicht sowie auf besonders charakteristische Fälle verwiesen werden. (Kluge 1999, S. 34)

Im oben angeführten Zitat von Lamnek (2005) werden bereits drei unterschiedliche Arten von Typen genannt: Extrem-, Ideal- und Durchschnittstypen. Darüber hinaus finden sich in der einschlägigen Literatur u. a. Realtypen, Prototypen, Constructed Types, Existential Types (vgl. Kluge 1999).

---

[40] vgl. Anhang 6- Der Anhang ist im Internet über die URL http://www.viewegteubner.de zugänglich.

Kluge zufolge zieht sich die Unterscheidung zwischen Real- und Idealtypen bzw. empirischen und heuristischen Typologien „wie ein Faden durch die Geschichte des Typusbegriffs" (Kluge 1999, S. 58). Kluge erörtert jedoch,

> daß eine strikte Trennung zwischen Real- und Idealtypen aus mehreren Gründen wenig sinnvoll ist. Zunächst einmal können weder Realtypen rein induktiv, noch Idealtypen rein deduktiv gebildet werden: Einerseits bedürfen Realtypen einer Reihe von theoretisch fundierten Entscheidungen, andererseits müssen die gebildeten Idealtypen Bezüge zur sozialen Realität aufweisen, wenn diese mit der Hilfe von Idealtypen veranschaulicht und erklärt werden soll. Deshalb basiert die Bildung von Idealtypen meist auf einer (mehr oder weniger umfangreichen) Auswertung empirischen Datenmaterials. Darüber hinaus ist eine Trennung zwischen empirischen und heuristischen Forschungsanteilen auch nicht sinnvoll, wenn man die soziale Realität möglichst umfassend erkennen will. Wie zahlreiche AutorInnen gezeigt haben, geht es vielmehr um eine Verbindung von Empirie und Theorie (Kluge 1999, S. 77).

Kluge schlägt daher vor, bei der Typenbildung sowohl empirisch als auch theoretisch ausgerichtete Auswertungsschritte miteinander zu verbinden. Die durch diese Vorgehensweise begründeten Typen bezeichnet sie als „empirisch begründet" (Kluge 1999, S. 87). Die *empirisch begründete Typenbildung* lässt sich Kluge zufolge in einem vierstufigen Auswertungsprozess realisieren (Kluge 1999, S. 90):

1. Erarbeitung relevanter Vergleichsdimensionen
2. Gruppierung der Fälle und Analyse empirischer Regelmäßigkeiten
3. Analyse inhaltlicher Sinnzusammenhänge und Typenbildung
4. Charakterisierung der gebildeten Typen

Diesem vierstufigen Modell folgend wurden in der vorliegenden Untersuchung auf der Grundlage individueller Gebrauchsschemata Auswahl- und Handlungsschematypen gebildet. Die bei der Typenbildung zugrunde gelegten Vergleichsdimensionen werden im folgenden Abschnitt 5.1.2.1 begründet (Stufe 1). Das Vorgehen im Zusammenhang mit den Stufen 2 und 3 wird im darauf folgenden Abschnitt 5.1.2.2 erläutert. Die Ergebnisse der Stufen 2 bis 4 des Typenbildungsprozesses werden in den Abschnitten 5.2 und 5.3 dargestellt.

5.1.2.1   Vergleichsdimensionen

Aus dem Stufenmodell der empirisch begründeten Typenbildung geht hervor, dass das Finden relevanter Vergleichsdimensionen ein wichtiges Teilziel im Prozess der Typenbildung ist (vgl. Kluge 1999, S. 89). Im Zusammenhang mit der vorliegenden Untersuchung bieten sich dafür grundsätzlich alle Dimensionen an, hinsichtlich derer die Schülerdaten kategorisiert wurden, d. h. insbesondere die Kategorien *Strukturelementtyp, Lehrervermittlung, Salienz* und *Tätigkeit*.

In Bezug auf die *Instrumentalisierung* des Mathematikbuches sind die genutzten Strukturelementtypen die relevante Vergleichsdimension. *Instrumentalisierungstypen* sind wiederholt auftretende Nutzungen spezifischer Strukturelementtypen in vergleichbaren Situationen, Vergleichbare Situationen sind durch Zugehörigkeit zur selben Tätigkeit gekennzeichnet.Im Hinblick auf die *Instrumentierung* sind typische Gebrauchsschemata zu identifizieren. Für die Charakterisierung von Schemata hebt Vergnaud grundsätzlich die Rolle der operationalen Invarianten hervor, da sie das Wissen beschreiben, auf dem das Schema beruht (vgl. Abschnitt 2.2.2.2). Aufgrund ihrer herausragenden Bedeutung für das in dieser Arbeit zugrunde gelegte Konzept des Schemas bieten sich die operationalen Invarianten eines Gebrauchsschemas als zentrale Vergleichsdimension bei der Bildung von Gebrauchsschematypen an. Typische *Instrumentierungen* des Mathematikbuches werden daher im Folgenden anhand des Vergleichs der *beliefs-in-action* der individuellen Gebrauchsschemata identifiziert.

5.1.2.2 Typenbildung

Das Typische der *Instrumentalisierungen* und *Instrumentierungen* des Mathematikbuches wird mit Hilfe der fallvergleichenden Kontrastierung herausgearbeitet. Einerseits werden sämtliche Fälle der vorliegenden Studie hinsichtlich der im Rahmen der einzelnen Tätigkeiten genutzten Strukturelementtypen miteinander verglichen. Wiederholte *Instrumentalisierungen* der gleichen Strukturelementtypen im Zusammenhang mit einer bestimmten Tätigkeit werden als ‚typisch' angesehen. Andererseits werden die individuellen Gebrauchsschemata der rekonstruierten Fälle hinsichtlich der ihnen zugrunde liegenden *beliefs-in-action* miteinander verglichen.

Da bei der fallvergleichenden Kontrastierung die individuellen Gebrauchsschemata der einzelnen Fälle aus unterschiedlichen Lerngruppen miteinander verglichen werden, werden individuelle Gebrauchsschemata verglichen, die von unterschiedlichen Nebenbedingungen abhängig sind. Die spezifischen Bedingungen des Einzelfalls sind in der vorliegenden Untersuchung insbesondere:

1. das Alter
2. der Lehrer bzw. die Zugehörigkeit zu einer bestimmten Lerngruppe
3. das verwendete Buch.

Ob diese Nebenbedingungen die individuellen Gebrauchsschemata beeinflussen, kann auf der individuellen Ebene nicht festgestellt werden, da hier jeweils Gebrauchsschemata unter den gegebenen Bedingungen analysiert wurden. Die fallvergleichende Kontrastierung wird jedoch zeigen, ob diese drei Nebenbedingungen die individuellen Gebrauchsschemata prägen. Der Grad der Unabhängigkeit analoger *Instrumentalisierungen* und *Instrumentierungen* von den spezifischen Bedingungen des Einzelfalls wird als Kriterium für die Allgemeingültigkeit angesehen. Sollte es *Instrumentalisierungen* und *Instrumentierungen* geben, die nur in einer Altersstufe, einer Lerngruppe oder im Zusammenhang mit einem Buch auftreten, dann spricht dies dafür, dass diese Typen von der jeweiligen Nebenbedingung abhängen, unter der sie festgestellt werden konnten. Zeigt die fallvergleichende Kontrastierung hingegen, dass ein Handlungsschematyp bei Schülern unterschiedlichen Alters und in unterschiedlichen Lerngruppen zu beobachten ist, in denen unterschiedliche Bücher verwendet werden, ist anzunehmen, dass dieser Typ unabhängig von diesen Nebenbedingungen ist.

In den folgenden Abschnitten 5.2 und 5.3 werden *Instrumentierungs-* und *Instrumentalisierungstypen* bei der Nutzung des Mathematikbuches dargestellt. Es handelt sich dabei jeweils um empirisch begründete Typen im Sinne Kluges (1999).

5.2 Instrumentierungstypen

Bei der Betrachtung der individuellen Gebrauchschemata zeigt sich, dass sich die Schemata grob in zwei Klassen einteilen lassen: 1. Auswahlschemata und 2. Handlungsschemata:

1. *Auswahlschemata*: Es gibt Schemata, deren Ziel das Auffinden und Auswählen bestimmter Inhalte im Buch ist. Z. B. nutzt Emma (6k) zunächst Inhalte im Buch, auf die sie der Lehrer verwiesen hat, und wählt von dort ausgehend weitere, benachbarte Inhalte aus. Steffen (6a) verwendet dagegen das Stichwortverzeichnis, um Informationen zum Thema ‚Kongruenzabbildungen' im Buch zu finden.

   Das Finden und Auswählen von Informationen im Buch ist einerseits aufgrund der spezifischen Modalität des Artefakts ‚Buch' vom Finden und Auswählen von Informationen bei anderen Medien, z. B. dem Internet, zu unterscheiden. Andererseits ergibt sich aus der Strukturanalyse von Mathematikschulbüchern in Kapitel 1, dass das Mathematikbuch ein besonderes Buch mit einer ihm eigenen, mathematikspezifischen Struktur ist. D. h., Schemata, die dem Auffinden und Auswählen von Informationen aus dem

Mathematikbuch dienen, erfordern bestimmte Handhabungsweisen des Buches, die nicht nur an die spezifische Modalität des Artefakts ‚Buch', sondern darüber hinaus an die spezifische Modalität des Artefakts ‚Mathematikschulbuch' gebunden sind. Schemata, die sich grundsätzlich auf die Handhabung des Artefakts beziehen, bezeichnet Rabardel als *usage schemes* (vgl. Rabardel 2002, S. 83). Sie werden im Zusammenhang mit dem Mathematikschulbuch als *Auswahlschemata* bezeichnet.

2. *Handlungsschemata*: Die Auswahlschemata finden sich als Bestandteile von Schemata wieder, die direkt im Zusammenhang mit bestimmten, auf das Lernen von Mathematik bezogenen Tätigkeiten stehen, den so genannten *Handlungsschemata*. Der Unterschied zu den Auswahlschemata besteht darin, dass die *Handlungsschemata* zweckgebunden sind. Ein *Handlungsschema* beschreibt demnach die Auswahl von Schulbuchinhalten zu einem bestimmten Zweck. Der Zweck ist in der vorliegenden Studie durch die Ziele der Tätigkeit determiniert, in deren Zusammenhang die Nutzung erfolgt. Z. B. dient Emmas (6k) Auswahl von Schulbuchinhalten dem *Festigen*, Steffens (6a) dagegen dem *Bearbeiten von Aufgaben*.
In der Terminologie Rabardels handelt es sich bei den Schemata, bei denen verschiedene *usage schemes* im Dienste eines übergeordneten Zwecks stehen, um *instrument-mediated-action-schemes*.

Im Folgenden werden *Auswahl-* und *Handlungsschematypen* im Zusammenhang mit der *Instrumentierung* des Mathematikbuches durch Schüler dargestellt. Neben der allgemeinen Struktur der einzelnen Schematypen wird jeweils auf ein prototypisches Beispiel näher eingegangen.

5.2.1 *Auswahlschematypen (*usage schemes*)*

Auswahlschemata beschreiben, wie Schüler Ausschnitte aus dem Schulbuch selbständig zur Nutzung auswählen. Die Auswahl von Inhalten aus dem Buch erfolgt aufgrund der Modalität des Artefakts ‚Buch' über die visuelle Wahrnehmung. In der Wahrnehmungspsychologie wird davon ausgegangen, dass visuelle Wahrnehmung immer selektiv ist, da einerseits eine pragmatische Notwendigkeit besteht, aus der Informationsflut auszuwählen, die auf die Sinne einströmt, und andererseits das visuelle System für eine derartige Arbeitsweise ausgelegt ist[41] (vgl. Goldstein 2008, S. 132).

---

[41] Der zweite Aspekt lässt sich z. B. anhand der Struktur der Retina verdeutlichen: „Sie [die Retina] enthält die ausschließlich Zapfenrezeptoren beinhaltende Fovea. Dieses Areal bietet hohe Detailauflösung, daher müssen wir die Fovea direkt auf Objekte ausrichten, die wir deutlich sehen wollen.

Die Frage, wonach sich die Selektion bei der Wahrnehmung richtet, d. h. wodurch die Augenbewegungen gesteuert werden, ist nicht nur aus wahrnehmungspsychologischer Perspektive von Interesse, sondern auch im Zusammenhang mit Auswahlschemata der Schüler. Bei der Auswahl von Schulbuchinhalten müssen Schüler die Seiten im Schulbuch scannen und für sie relevante Ausschnitte auswählen. Die Frage, welche Mechanismen die Augenbewegung beim Scannen der Seite steuern, ist also unmittelbar mit der Frage der Auswahlschemata verbunden.

Die Analyse der Gebrauchsschemata des Mathematikbuches von Schülern zeigt, dass ein Auswahlprozess in der Regel zweistufig zu modellieren ist: Schüler müssen zunächst einen relevanten Bereich im Schulbuch auswählen. Anschließend wählen sie innerhalb dieses relevanten Bereichs einen bestimmten Ausschnitt aus.

Dieser zweistufige Prozess zeigt sich besonders deutlich bei der Nutzung des Inhalts- bzw. Stichwortverzeichnisses. Mit Hilfe des Inhalts- oder Stichwortverzeichnisses wählen Schüler zunächst eine relevante Lerneinheit bzw. Seite im Schulbuch aus (vgl. Steffen, 6a; Lara, 6k; Leopold, GK; Tom, LK). Innerhalb der Lerneinheit bzw. auf der Seite wählen sie dann nochmals einen bestimmten Ausschnitt aus: Z. B. wählt Lara (6k) einen *Kasten mit Merkwissen*. Tom (LK) wählt dagegen eine Regel innerhalb eines Lehrtextausschnitts aus.

Es ist anzunehmen, dass Auswahlen im Schulbuch auch dann zweistufig sind, wenn keine Nutzung des Inhalts- oder Stichwortverzeichnisses dokumentiert sind. Schüler werden nicht das ganze Buch auf der Suche nach einer bestimmten Information durchblättern, sondern die Information in einem begrenzten Bereich suchen, in dem sie die Information vermuten.

Auf beide Stufen des Auswahlprozesses – Auswahl eines relevanten Bereichs und Auswahl innerhalb eines relevanten Bereichs – wird im Folgenden gesondert eingegangen.

5.2.1.1 Auswahl eines relevanten Bereichs

Wenn Schüler einen speziellen Inhalt im Schulbuch nutzen, müssen sie zunächst einen relevanten Bereich im Buch bestimmen, in dem sie die gewünschte Information suchen. Relevante Bereiche können sein:

Bedenken Sie hierbei weiterhin, dass die auf der Fovea abgebildete Information – verglichen mit außerhalb der Fovea abgebildeter Information – infolge des Vergrößerungsfaktors ein überproportionales Ausmaß an Verarbeitung erfährt. […] Einer der Mechanismen hinter der selektiven Aufmerksamkeit sind Augenbewegungen – das Scannen einer Szenerie zur Ausrichtung der Fovea auf Orte, die wir tiefer verarbeiten wollen." (Goldstein 2008, S. 132-133)

1. eine relevante (Doppel-)Seite im Buch, die z. B. mit Hilfe des Stichwortverzeichnisses ausgewählt wird (vgl. Leopold, GK; Steffen, 6a; Lara, 6k bzw. Beobachtungsprotokoll 6a, vom 21.02.2006).
2. eine relevante Lerneinheit bzw. ein relevantes Kapitel. Die Auswahl erfolgt hier z. B. mit Hilfe des Inhaltsverzeichnisses (vgl. Tom, LK bzw. Beobachtungsprotokoll 6a, vom 21.02.2006) oder über andere Orientierungspunkte. Solche Orientierungspunkte können u. a. lehrervermittelte Elemente aus dem Buch (z. B. Aufgaben) sein oder Abbildungen bzw. Textausschnitte, die durch Blättern im Buch ausfindig gemacht werden und mit einem gesuchten Inhalt in Beziehung stehen.

Was als relevanter Bereich anzusehen ist, ist von dem Zusammenhang abhängig, in dem Schüler das Buch verwenden. Verwenden Schüler das Buch z. B. im Zusammenhang mit dem Bearbeiten einer lehrervermittelten Aufgabe aus dem Buch, dann kann der relevante Bereich das Umfeld (Seite, Doppelseite bzw. Lerneinheit) der Aufgabe sein. Im Zusammenhang mit dem Arbeitsblatt ‚Kongruenzabbildungen' ist das gesamte Kapitel „Abbilden von Figuren – Symmetrien" (Griesel *et al.* 2003, S. 159) als relevanter Bereich anzusehen, da das Arbeitsblatt Aufgaben zum gesamten Kapitel umfasst.

Es lassen sich insgesamt drei *Auswahlschematypen* in Verbindung mit der Auswahl eines relevanten Bereichs unterscheiden:

1. *vermittlungsorientierte Auswahl eines relevanten Bereichs:* Die Auswahl des relevanten Bereichs erfolgt durch Orientierung an lehrervermittelten Elementen;
2. *begriffsorientierte Auswahl eines relevanten Bereichs:* Die Auswahl des relevanten Bereichs erfolgt mit Hilfe des Inhalts- bzw. Stichwortverzeichnisses;
3. Auswahl des relevanten Bereichs durch Blättern im Buch

Alle drei *Auswahlschematypen* werden im Folgenden erläutert.

Vermittlungsorientierte Auswahl eines relevanten Bereichs

Die individuellen Gebrauchsschemata zeigen: Wenn Schüler das Schulbuch im Zusammenhang mit lehrervermittelten Elementen (z. B. Aufgaben) nutzen, dann wählen sie häufig Ausschnitte aus dem Umfeld der lehrervermittelten Elemente aus. Das Umfeld bildet dabei in der Regel die Lerneinheit, aus der das lehrervermittelte Element stammt. Es wird davon ausgegangen, dass lehrervermittelte

Elemente bei der Auswahl eines relevanten Bereichs im Schulbuch als Orientierungspunkte dienen. Dieser Auswahlschematyp ist durch folgenden *belief-in-action* charakterisiert:

> Informationen und Aufgaben zu einem bestimmten Thema finde ich im Umfeld der Ausschnitte, die der Lehrer uns im Zusammenhang mit dem Thema vermittelt hat.

Erst wenn der Lehrer im Zusammenhang mit dem jeweiligen Thema noch keine Elemente im Schulbuch vermittelt hat, erfordert die Auswahl eines relevanten Bereichs andere Strategien. Emmas (6k) Auswahl von Aufgaben, die weiter oben rekonstruiert wurde (vgl. Abschnitt 5.1.1) wird als prototypisch für diesen Auswahlschematyp angesehen, da Emma (6k) zunächst auf lehrervermittelte Aufgaben zugreift und anschließend weitere Aufgaben im Umfeld der lehrervermittelten Aufgaben auswählt.

Im Flussdiagramm lässt sich die Auswahl des relevanten Bereichs im Zusammenhang mit lehrervermittelten Elementen wie folgt darstellen:

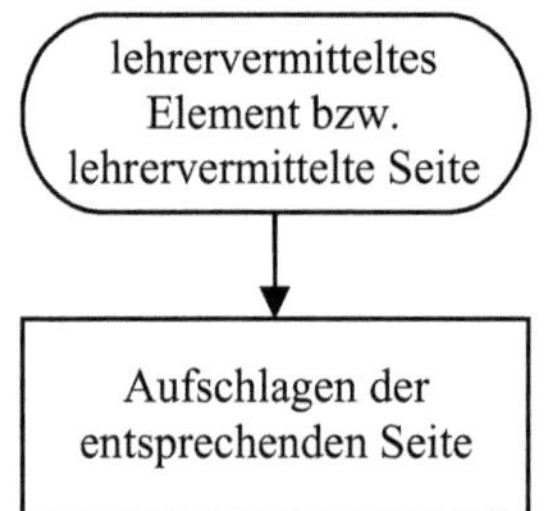

Abbildung 34: Flussdiagramm des Auswahlschematyps ‚vermittlungsorientierte Auswahl eines relevanten Bereichs'

Dieses Schema der Auswahl eines relevanten Bereichs wird in weiteren Gebrauchsschemata als Unterschema durch folgendes Symbol dargestellt:

> vermittlungsorientierte
> Auswahl eines
> relevanten Bereichs

Begriffsorientierte Auswahl eines relevanten Bereichs

In den Daten wurde mehrfach die *Instrumentalisierung* des Inhalts- bzw. Stichwortverzeichnisses dokumentiert (vgl. Steffen, 6a; Lara, 6k; Leopold, GK; Judith, GK; Tom, LK). Nutzungen anderer Schüler legen eine vorangehende *Instrumentalisierung* des Inhalts- bzw. Stichwortverzeichnisses nahe, obwohl diese nicht dokumentiert wurde (vgl. Carsten, GK; Gabriela, GK; Charlotte, LK). Zudem konnte die Nutzung des Inhalts- bzw. Stichwortverzeichnisses in der Klasse 6a im Zusammenhang mit der Bearbeitung des Arbeitsblattes ‚Kongruenzabbildungen' beobachtet werden (vgl. Beobachtungsprotokoll 6a vom 21.02.2006).

Voraussetzung für dieses Schema ist, dass die Schüler einen Begriff zur Verfügung haben, der im Inhalts- bzw. Stichwortverzeichnis nachgeschlagen werden kann. Aufgrund dieser Orientierung an einem Begriff wird das Schema *begriffsorientierte Auswahl eines relevanten Bereiches* genannt. In den Daten zeigt sich, dass die nachgeschlagenen Begriffe mit Ausnahme von zwei Fällen (Lara, 6a; Gabriela, GK) entweder einer Äußerung des Lehrers entstammen oder dem Aufgabentext entnommen wurden:

- Steffen (6a) schlägt im Stichwortverzeichnis den Begriff ‚Kongruenzabbildungen' nach, der Überschrift des Arbeitsblattes ist, welches mit Hilfe des Mathematikbuches bearbeitet werden soll.
- Im Unterricht des Grundkurses fragt die Lehrerin nach Differentiationsregeln (vgl. Beobachtungsprotokoll GK vom 20.02.2006). Judith (GK) schlägt daraufhin im Inhaltsverzeichnis nach und Leopold (GK) sucht erfolglos den Begriff ‚Differenzieren' im Stichwortverzeichnis.
- Tom (LK) nutzt das Inhaltsverzeichnis mit der Begründung „Suchen Det's". Die Bezeichnung Det's entstammt der Aufgabenformulierung, die der Lehrer an die Tafel geschrieben hat (vgl. Beobachtungsprotokoll LK vom 21.02.2007).
- Carsten (GK) liest auf einer Seite im Buch mitten im Lehrtext einen Satz, in dem der Begriff ‚Integrand' erklärt wird mit der Begründung, dass er „nicht wusste, was ein Integrand ist". Ebenso liest Charlotte (LK) mitten im Lehrtext einen Satz, in dem der Begriff ‚Koeffizienten' erklärt ist und kommentiert diese Nutzung mit „Worterklärung gesucht". In beiden Fällen ist die *Instrumentalisierung* des Stichwortverzeichnisses nicht dokumentiert. Das Stichwortverzeichnis verweist aber bei den jeweiligen Begriffen ausschließlich auf die genutzten Seiten. In beiden Fällen steht die Nutzung im Zusammenhang mit dem Bearbeiten von Aufgaben, die die jeweiligen Begriffe im Aufgabentext enthalten.

Dieser Auswahlschematyp lässt sich durch folgenden *belief-in-action* charakterisieren:

> Mit Hilfe des Inhalts- bzw. Stichwortverzeichnisses können Informationen zu einem bestimmten Begriff im Buch ausfindig gemacht werden.

Am Beispiel von Steffen (6a) konnte das Vorgehen bei der *begriffsorientierten Auswahl eines relevanten Bereichs* prototypisch rekonstruiert werden. Es wird im Folgenden dargestellt.

Steffen (6a) nutzt im Zusammenhang mit der Bearbeitung des Arbeitsblattes ‚Kongruenzabbildungen‘[42] das Stichwortverzeichnis. Er markiert im Stichwortverzeichnis die Eintragungen unter den Buchstaben ‚A‘ und ‚K‘ und gibt als Grund für die Nutzung an, dass er „nach Kongruenzabbildungen gesucht habe“. Seine Markierung im Stichwortverzeichnis legt im Zusammenhang mit dem Kommentar ein kompetentes Nutzen des Stichwortverzeichnisses nahe: Er hat das Wort ‚Kongruenzabbildungen‘ – die Überschrift des Arbeitsblattes – vermutlich zunächst direkt unter dem Buchstaben ‚K‘ gesucht. Als er nicht fündig geworden ist, hat er unter dem Buchstaben ‚A‘ wie ‚Abbildung‘ weiter gesucht.

Das Ziel, das mit dem Gebrauchsschema von Steffen (6a) verbunden ist, besteht darin, Informationen zum Thema ‚Kongruenzabbildungen‘ im Buch zu finden. Dass dieser Begriff relevant im Zusammenhang mit der vorliegenden Aufgabe ist, entnimmt er der Überschrift des Arbeitsblattes. Das erste Teilziel seines Schemas ist, das Wort im Stichwortverzeichnis zu finden. Seine Handlungsregel könnte lauten: Wenn ich Informationen zu einem bestimmten Wort / Thema suche, dann suche ich das Wort im Stichwortverzeichnis. Da Steffen (6a) das Wort im Stichwortverzeichnis nicht findet – sein Teilziel also nicht erreicht wird – eröffnet sich eine weitere Schlussmöglichkeit: Steffen (6a) kann schließen, dass es zu dem Thema keine Informationen im Schulbuch gibt, da das Wort nicht im Stichwortverzeichnis vorhanden ist. Sein Verhalten zeigt jedoch, dass er einen anderen Schluss zieht: Das Wort ist unter ‚K‘ nicht zu finden, also muss ich Informationen über Kongruenzabbildungen unter einem anderen Eintrag im Stichwortverzeichnis suchen. Er entscheidet, unter dem Buchstaben ‚A‘ weiterzusuchen – dem Anfangsbuchstaben der Konstituente ‚Abbildung‘ des Kompositums ‚Kongruenzabbildung‘. Steffen (6a) handelt offenbar nach folgender Regel: Wenn ich das gesuchte Wort nicht im Stichwortverzeichnis finde, dann suche ich nach einer Konstituente des Wortes. Das neue Teilziel lautet also, das

---

[42] Der Lehrer der Klasse 6a lässt die Schüler ein Arbeitsblatt zum Thema ‚Kongruenzabbildungen‘ im Unterricht zunächst in Einzelarbeit bearbeiten. Anschließend fordert der Lehrer die Schüler auf, das Arbeitsblatt erneut, diesmal aber mit Hilfe des Buches zu bearbeiten (vgl. Beobachtungsprotokoll 6a, 21.02.2007).

Wort ‚Abbildung' im Stichwortverzeichnis zu finden. Dieses Teilziel wird auch nicht erreicht und Steffen (6a) bricht die Suche im Stichwortverzeichnis ab. Aus seinen Daten lässt sich nicht erkennen, dass er nach einem anderen Schema weitersucht. Steffens (6a) Gebrauchsschema ist durch folgenden *belief-in-action* gekennzeichnet:

> Mit Hilfe des Stichwortverzeichnisses können Informationen zu einem bestimmten Begriff im Buch ausfindig gemacht werden.

Dieser *belief-in-action* zeigt, dass Steffens (6a) Gebrauchsschema lexikalisch orientiert ist. Die Struktur seines individuellen Gebrauchsschemas lässt sich zusammenfassend wie folgt darstellen:

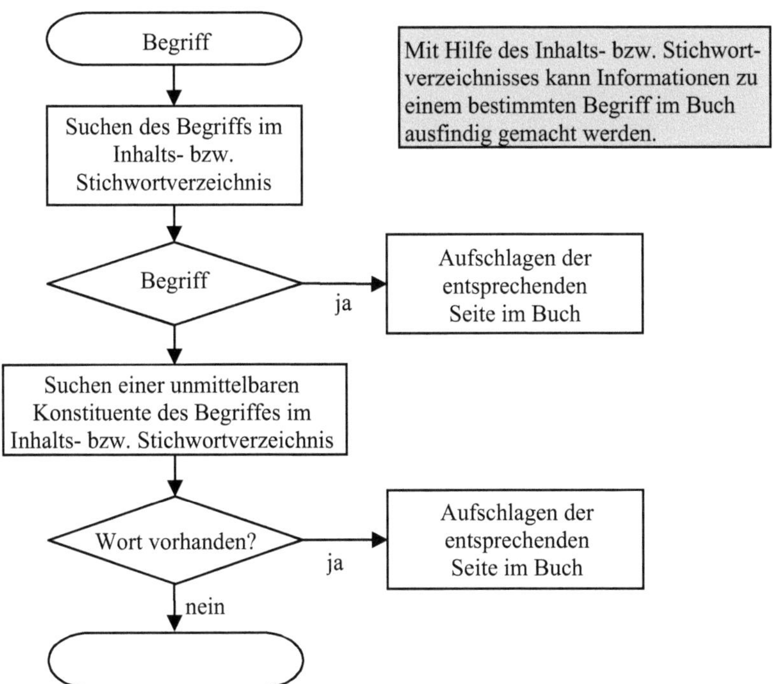

Abbildung 35: Flussdiagramm von Steffens (6a) begriffsorientierter Auswahl eines relevanten Bereichs

In weiteren individuellen Gebrauchsschemata bzw. Gebrauchsschematypen wird die *begriffsorientierte Auswahl eines relevanten Bereichs* als Unterschema durch folgendes Symbol dargestellt:

	begriffsorientierte Auswahl eines relevanten Bereichs	

Auswahl eines relevanten Bereichs durch Blättern

In der Klasse 6a konnte im Zusammenhang mit dem Arbeitsblatt ‚Kongruenzabbildungen' beobachtet werden, dass Schüler auf der Suche nach bestimmten Inhalten anfangen im Buch zu blättern. Dabei wird nicht davon ausgegangen, dass Schüler wahllos im Buch blättern, sondern auch hier zunächst einen relevanten Bereich auswählen. Dabei sind verschiedene Strategien denkbar:

- Die Schüler wissen bereits aufgrund von vorangegangenen Nutzungen, welche Lerneinheit im Zusammenhang mit dem aktuellen Thema relevant ist. Diese Vorgehensweise ist z. B. für einige Nutzungen im Leistungskurs anzunehmen: Am 20.02.2007 führt der Lehrer Determinanten und deren Anwendung bei der Berechnung der Lösungen linearer Gleichungssysteme (Cramer'sche Regel) ein. Die Schüler erhalten eine Hausaufgabe aus dem Buch zu dem Thema. Die nächste Unterrichtsstunde beginnt mit einer Einstiegsaufgabe – „Löse mit Det's" (vgl. Beobachtungsprotokoll LK vom 21.02.2007) –, die der Lehrer an die Tafel schreibt. Im Zusammenhang mit dieser Aufgabe nutzen mehrere Schüler (Leonie, LK; Anton, LK; Tom, LK; Vivian, LK; Anna, LK) Ausschnitte auf Seite 18 des Buches – d. h. Ausschnitte derselben Doppelseite, von der die Hausaufgaben stammen. Mit einer Ausnahme (Tom, LK) kann nicht nachvollzogen werden, wie Schüler die entsprechende Seite im Buch ausfindig machen. Es ist aber anzunehmen, dass sie aufgrund der Hausaufgabe wissen, dass Informationen zum Thema ‚Determinanten' auf dieser Seite zu finden sind.
- Schüler schlagen die Seite auf, die der Sitznachbar aufgeschlagen hat. Auch dieses Vorgehen könnte bei einigen Schülern im Leistungskurs die Nutzung der Ausschnitte auf S. 18 erklären.
- Schüler blättern zunächst zur zuletzt genutzten Lerneinheit im Buch und blättern von dort aus weiter bzw. Schülern blättern im Bereich der Seiten, die zuletzt genutzt wurden, und wählen anhand der Überschriften der Lerneinheiten die relevante Lerneinheit aus. Dieses Vorgehen ist z. B. bei einigen Schülern der Klasse 6k bei Nutzungen des Buches im Zusammenhang

mit dem neuen Thema ‚Multiplizieren von Dezimalzahlen' wahrscheinlich. Einige Schüler (Niclas, 6k; Merle, 6k; Helene, 6k; Denise, 6k) nutzen Ausschnitte aus der Lerneinheit „5 Multiplizieren von Dezimalzahlen" (Hußmann *et al.* 2006, S. 142), bevor der Lehrer das Buch im Zusammenhang mit dem neuen Thema verwendet. Eine Auswahl nach dem vermittlungsorientierten Auswahlschema entfällt daher. Falls die Schüler nicht das Inhalts- oder Stichwortverzeichnis nutzen und diese Nutzung nicht dokumentiert haben, ist denkbar, dass die Schüler von den zuletzt genutzten Lerneinheiten aus weiterblättern und die relevante Lerneinheit auswählen.

Eine Möglichkeit, die Auswahl eines relevanten Bereichs durch Blättern zu modellieren, zeigt das folgende Flussdiagramm. Bei diesem Schema handelt es sich um eine Hypothese. Anhand der Daten konnte kein spezifisches Vorgehen bei der Auswahl eines relevanten Bereichs durch Blättern rekonstruiert werden. Daher kann auch keine prototypische *Auswahl eines relevanten Bereichs durch Blättern* angegeben werden.

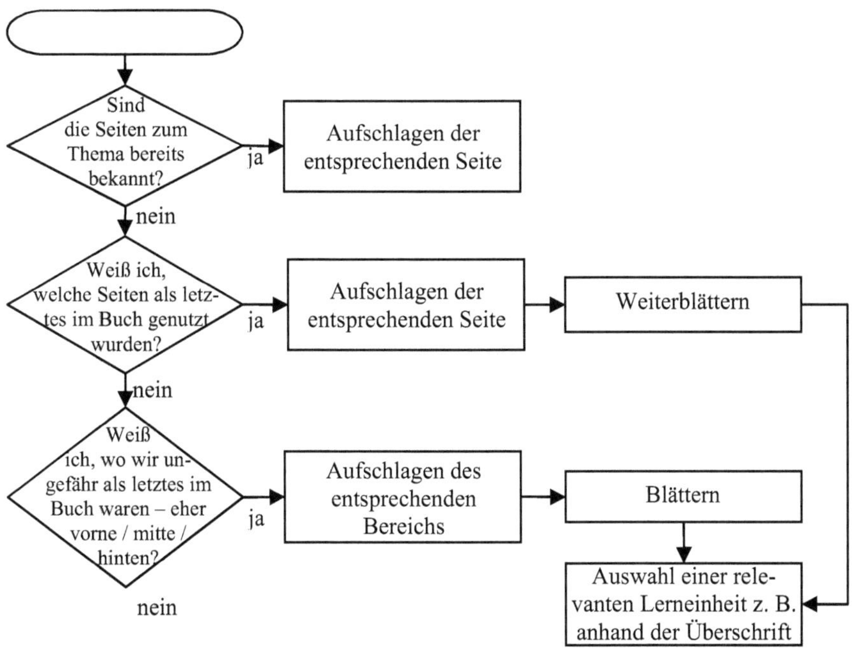

Abbildung 36: Flussdiagramm des Auswahlschematyps ‚Auswahl eines relevanten Bereichs durch Blättern'

In weiteren Schemata wird die Auswahl des relevanten Bereichs nur noch als Unterschema angegeben, auf das durch folgendes Symbol verwiesen wird:

<table>
<tr><td></td><td>Auswahl eines
relevanten Bereichs
durch Blättern</td><td></td></tr>
</table>

5.2.1.2   Auswahl innerhalb des relevanten Bereichs

Im Sinne der zweistufigen Modellierung des Auswahlprozesses folgt auf die Auswahl des relevanten Bereichs (Stufe 1) eine weitere Auswahl: Die Auswahl innerhalb des relevanten Bereichs (Stufe 2). Dieser Auswahlprozess bezieht sich auf die Auswahl eines spezifischen Ausschnitts, der im Zusammenhang mit der jeweiligen Tätigkeit verwendet werden soll. Die im Rahmen der Studie entwickelte Datenerhebungsmethode (vgl. Abschnitt 4.1.3) war vornehmlich auf die Dokumentation dieser Auswahl gerichtet.

Die Auswahl bestimmter Schulbuchinhalte ist ein visueller Selektionsprozess. Derartige Prozesse werden von der Wahrnehmungspsychologie untersucht. Einschlägige Erkenntnisse der Wahrnehmungspsychologie können daher Ansätze zur Modellierung der Auswahl innerhalb des relevanten Bereichs liefern. Im Folgenden werden daher kurz die wichtigsten Erkenntnisse zur Steuerung von Selektionsprozessen bei der visuellen Wahrnehmung zusammengefasst. Auf dieser Grundlage werden Überlegungen zur Modellierung der Auswahl innerhalb des relevanten Bereichs angestellt.

Im Zusammenhang mit der Kategorie *Salienz* (Abschnitt 4.4.4.5) wurde bereits darauf eingegangen, dass die Selektion in der Wahrnehmungspsychologie im Wesentlichen auf drei Faktoren zurückgeführt (vgl. Goldstein 2008, S. 134) wird:

1.   auf Eigenschaften der Szenerie
2.   auf das Wissen des Betrachters über eine spezifische Art von Szenerie
3.   auf die Aufgabe des Betrachters

Einerseits ziehen Areale mit einer erhöhten Stimulussalienz die Aufmerksamkeit des Betrachters an (1). Andererseits kann das Wissen eines Betrachters über die spezifische Art von Szenerie (2) seine Aufmerksamkeit beeinflussen. Dieses Wissen kann in Form eines Raumschemas vorliegen (Goldstein 2008, S. 134). Ein Raumschema enthält Wissen darüber, was in einer Szenerie üblicherweise vorzufinden ist. Das Konzept des Raumschemas ist insbesondere mit dem Konzept des Schemas verträglich, das in dieser Arbeit zur Beschreibung von Gebrauchsschemata zugrunde gelegt wird. Das Wissen, das in ein Raumschema integriert ist, lässt sich in der Terminologie Vergnauds als operationale Invariante des Raumschemas beschreiben. Auswahlschemata lassen sich also in Form von Raumschemata begreifen. Darüber hinaus zeigen neuere Experimente,

> dass die Augenbewegungen der Versuchsperson in erster Linie von der Aufgabe geleitet wurden. Die Versuchsperson führte keine Fixationen auf Objekten oder Arealen aus, die für die Aufgabe uninteressant waren. (Goldstein 2008, S. 135)

D. h. die Aufmerksamkeit wird auf Reize gerichtet, die für die momentanen Ziele des Betrachters besonders relevant erscheinen.

Zwischen diesen drei Faktoren, die die Aufmerksamkeit bei der Wahrnehmung lenken, bestehen Interdependenzen. Es ist z. B. einsichtig, dass das Wissen, das bei der Betrachtung einer Szenerie aktiviert wird, von den Zielen der Betrachtung beeinflusst wird. Findlay und Gilchrist (2003) gehen auch im Zusammenhang mit der Salienz davon aus, dass diese nicht nur als Bottom-Up-Prozess zu verstehen ist, d. h. allein von den Merkmalen der Szenerie beeinflusst wird, sondern auch als Top-Down-Prozess, bei dem die Ziele des Betrachters einer Szenerie die Salienz einzelner Areale beeinflusst (vgl. Abschnitt 4.4.4.5)

Vor diesem wahrnehmungspsychologischen Hintergrund lässt sich Emmas (6k) Auswahl von Aufgaben im Umfeld von lehrervermittelten Aufgaben (vgl. Abschnitt 5.1.1) auf ein Raumschema Emmas (6k) zurückführen. Kennzeichnend für Emmas (6k) Raumschema ist ihr spezifisches Wissen über die Szenerie, nämlich die Annahme, dass benachbarte Aufgaben ähnlich sind. Im Zusammenhang mit der Analyse von Emmas (6k) Gebrauchsschema wurde dieses Wissen in Form eines *beliefs-in-action* formuliert, der Emmas (6k) Schluss von der Lage der Aufgaben auf inhaltliche Merkmale zum Ausdruck bringt.

Neben derartigen Schlüssen, die auf die Lage der genutzten Elemente zurückzuführen sind, beruhen die Auswahlen von Schülern innerhalb des relevanten Bereichs auch auf *beliefs-in-action* über bestimmte Strukturelementtypen. In Bezug auf das Mathematikbuch lassen sich also bei Schülern im Wesentlichen zwei Typen von Raumschemata unterscheiden:

1. *lageorientierte* Auswahlschemata, die auf *beliefs-in-action* über die Ordnung von Inhalten im Mathematikbuch gründen und

2. *elementorientierte* Auswahlschemata, die auf *beliefs-in-action* über die Strukturelemente in Mathematikbüchern basieren.

Darüber hinaus lässt sich eine Vielzahl von Auswahlen der Schüler anhand der Stimulussalienz der ausgewählten Inhalte erklären. Der *lageorientierte* und der *elementorientierte Auswahlschematyp* wird daher um einen weiteren *Auswahl-schematypen* ergänzt:

3.   Beim *salienzorientierten Auswahlschematyp* werden Inhalte aufgrund ihrer Stimulussalienz ausgewählt.

Auf die drei Auswahlschematypen wird im Folgenden gesondert eingegangen.

Lageorientierter Auswahlschematyp

Beim *lageorientierten Auswahlschema* wird die Selektion von Schulbuchinhalten durch *beliefs-in-action* über die relative Lage zu einem Bezugspunkt gesteuert. Bezugspunkte können z. B. lehrervermittelte Elemente im Schulbuch sein, aber auch Überschriften oder spezifische Ausschnitte des Schulbuches, die hinsicht-lich bestimmter Merkmale mit einem gesuchten Inhalt korrespondieren. Bei der Auswahl von Schulbuchausschnitten wird die Aufmerksamkeit beim *lageorien-tierten Auswahlschema* auf eine bestimmte Lage im Verhältnis zu einem solchen Bezugspunkt im Buch gelenkt. Die Auswahl basiert auf einem Schluss, bei der von der Lage des Schulbuchausschnitts auf andere Eigenschaften des Ausschnitts geschlossen wird. Dieser Schluss wird von *beliefs-in-action* gesteuert, die einen Zusammenhang zwischen der Lage des Elements und den anderen Eigenschaften herstellen. Dies zeigt sich z. B. in Emmas (6k) Auswahl einer Aufgabe aus dem Umfeld einer lehrervermittelten Aufgabe, „weil die ehm so ähnlich ist". Emma (6k) schließt aufgrund der relativen Nähe zu einer lehrervermittelten Aufgabe darauf, dass die Aufgabe so ähnlich ist und damit geeignet für den von ihr ver-folgten Zweck. Der Schluss von der Lage des Elements auf die inhaltliche Ähn-lichkeit bestimmt der *belief-in-action* von Emmas (6k) Auswahlschema. Emmas (6k) Auswahl von Aufgaben ist prototypisch für den *lageorientierten Auswahl-schematyp.*

Merle (6k) nutzt einen *Kasten mit Merkwissen* der Lerneinheit „6 Dividie-ren von Dezimalzahlen" (Hußmann *et al.* 2006, S. 145), die auf die Lerneinheit „5 Multiplizieren von Dezimalzahlen" (Hußmann *et al.* 2006, S. 142) zum aktuellen Unterrichtsthema folgt, „zum voraus-lernen" (Merle, 6k). Merle (6k) schließt aufgrund der Lage der Lerneinheit, dass dieses Thema auch als nächstes im Unterricht behandelt wird. Der *belief-in-action* von Merles (6k) Auswahl-schema ist von dem Schluss geprägt, dass die Ordnung der Inhalte im Buch der Ordnung der Inhalte im Unterricht entspricht.

Christian (6a) findet im Buch eine Abbildung, die mit der Abbildung der zu bearbeitenden Aufgabe übereinstimmt. Er liest im Umfeld dieser Abbildung, weil er „was gesucht" (Christian, 6a) hat, das bei der Lösung der Aufgabe hilfreich ist. Auch seine Auswahl lässt sich durch den Schluss erklären, dass sich in unmittelbarer Nähe der Abbildung Informationen befinden, die in einem inhaltlichen Zusammenhang zur Abbildung stehen. Sein Raumschema entspricht in der vorliegenden Situation jedoch nicht der tatsächlichen Struktur des Buches. Die korrespondierende Abbildung, die Christian (6a) findet, gehört selbst zu einer Aufgabe, in deren näherer Umgebung sich keine Informationen finden, die hilfreich für das Bearbeiten der Aufgabe sein könnten.

Elementorientierter Auswahlschematyp

Anhand der individuellen Gebrauchsschemata[43] wird deutlich, dass einige Schüler zu bestimmten Zwecken bestimmte Strukturelemente auswählen. Z. B. ist Evas (LK) individuelles Gebrauchsschema dadurch gekennzeichnet, dass sie *Musterbeispiele* für das *Bearbeiten von Aufgaben* auswählt. Maria (6a) bevorzugt dahingegen *Kästen mit Merkwissen* im Zusammenhang mit dieser Tätigkeit.

Einige Schüler bestätigen in Interviewaussagen, dass ihre Aufmerksamkeit bei der Auswahl von Schulbuchausschnitten von *beliefs-in-action* über einzelne Strukturelemente im Mathematikbuch geleitet wird:

- Laura (6k) nutzt zusätzlich zu den vom Lehrer vermittelten Teilen des Schulbuches hauptsächlich *Kästen mit Merkwissen*, um sich die Regeln einzuprägen. Im Interview begründet Laura (6k) ihre bevorzugte Auswahl von *Kästen mit Merkwissen* im Buch wie folgt: „im Buch die Regeln sind auch gut aufgeschrieben und dann les' ich mir die öfters durch".
- Ihre Aufmerksamkeit wird also durch ihren *belief-in-action*, dass die Regeln im Buch gut aufgeschrieben sind, auf die *Kästen mit Merkwissen* gelenkt.
- Charlotte (LK) nutzt einen *Kasten mit Merkwissen*, „weil halt in den Kästen normalerweise wie gesagt also immer die wichtigsten Sachen noch mal drin zusammengefasst sind". Charlottes (LK) Aufmerksamkeit bei der Auswahl wird ebenso wie Lauras (6k) Aufmerksamkeit von einem *belief-in-action* über das Strukturelement gesteuert.
- Leonie (LK) nutzt vornehmlich *Musterbeispiele*, um Hilfe für das Bearbeiten von Aufgaben zu erhalten. Im Interview bringt Leonie (LK) zum Aus-

---

[43] vgl. Anhang 6- Der Anhang ist im Internet über die URL http://www.viewegteubner.de zugänglich.

druck, dass sie beim Bearbeiten von Aufgaben ihre Aufmerksamkeit immer auf dieses Strukturelement lenkt:

„ich hab' eigentlich immer wenn ich Hausaufgaben gemacht habe mir die Beispiele dazu angeguckt" (Leonie, LK).

Die Orientierung an Strukturelementen bei der Auswahl von Schulbuchinhalten wird als *elementorientiertes Auswahlschema* bezeichnet. Es setzt Wissen über das Vorhandensein bestimmter Strukturelemente und über deren Eigenschaften voraus. D. h. das *elementorientierte Auswahlschema* entspricht einem Raumschema im Sinne der Wahrnehmungspsychologie zu vergleichen. Das Wissen über das Vorhandensein und die Eigenschaften der Strukturelemente umfasst auch Wissen darüber, für welche Zwecke die einzelnen Strukturelemente geeignet sind. Dies wird am Beispiel von Leonie (LK) besonders deutlich. Leonie (LK) *instrumentalisiert* unterschiedliche Strukturelemente zu unterschiedlichen Zwecken. Zu einem bestimmten Zweck *instrumentalisiert* sie jedoch jeweils ein bestimmtes Strukturelement.

Neben Leonie (LK) zeigt sich dies auch bei Sarah (GK): Sarah (GK) verwendet *Aufgaben mit vollständiger Lösung* zum *Bearbeiten von Aufgaben*. Zur „Wiederholung für die Arbeit" (Sarah, GK) nutzt sie die inhaltsvermittelnden Elemente *Kasten mit Merkwissen* und *Aufgabe mit Lösung* und zur „Übung für die Arbeit" (Sarah, GK) *Aufgaben*. Das Inhaltsverzeichnis nutzt sie zur Strukturierung, „um einen Überblick fürs Lernen (Arbeit) zu bekommen" (Sarah, GK).

Anhand der *elementorientierten Auswahl* wird deutlich, dass *Instrumentalisierung* und *Instrumentierung* eng aufeinander bezogen sein können. Da die operationale Invariante des Gebrauchsschemas Wissen bezüglich eines bestimmten Strukturelements umfasst, ist die *Instrumentierung* untrennbar mit einer bestimmten *Instrumentalisierung* verbunden.

Die *Instrumentalisierung* bestimmter Strukturelemente zu bestimmten Zwecken ist keineswegs die Regel. Es lässt sich ebenso beobachten, dass Schüler zu einem Zweck mehrere verschiedene Strukturelemente verwenden bzw. zu verschiedenen Zwecken immer dasselbe Strukturelement. Z. B. nutzt Eva-Maria (6a) *Aufgaben, Kästen mit Merkwissen* und eine *Einführung* im Zusammenhang mit dem *Bearbeiten einer Aufgabe*.

Neben dem Wissen über das Vorhandensein des jeweiligen Strukturelements setzt das *elementorientierte Auswahlschema* auch Wissen über die visuelle Erscheinung des Strukturelements voraus. Um ein bestimmtes Strukturelement auswählen zu können, muss Wissen darüber vorhanden sein, wie es aussieht und wodurch es sich von anderen unterscheidet. Dieses Wissen lenkt die Aufmerksamkeit des Betrachters im Sinne eines Top-Down-Prozesses beim Scannen der

Seite auf Regionen, die mit dem gesuchten visuellen Schema übereinstimmen. D. h. ein *elementorientiertes Auswahlschema* ist immer in Verbindung mit einem *salienzorientierten Auswahlschema* zu sehen. Dieses wird im folgenden Abschnitt näher erläutert.

Salienzorientierter Auswahlschematyp

Neben der Auswahl auf der Grundlage von Raumschemata lassen sich andere Auswahlen über das Konzept der Salienz erklären. Die Auswahl auf der Grundlage von Salienz wird als *salienzorientiertes Auswahlschema* bezeichnet.

Weiter oben wurde darauf eingegangen, dass Salienz einerseits als Bottom-Up-Prozess verstanden werden kann, bei dem die Aufmerksamkeit durch Elemente mit einer hohen Stimulussalienz geleitet wird. Andererseits wird in der Wahrnehmungspsychologie davon ausgegangen, dass die Salienz durch die Ziele des Betrachters beeinflusst wird und daher auch als Top-Down-Prozess aufgefasst werden kann.

Die Salienz als Bottom-Up-Prozess liefert eine Erklärung für die mehrfach dokumentierte Auswahl von Abbildungen, die keinen Bezug zum Lernen von Mathematik erkennen lässt. Beates (6a) individuelles Gebrauchsschema ist prototypisch für die Auswahl von Schulbuchinhalten auf der Grundlage von Salienz im Sinne eines Bottom-Up-Prozesses. Es wird weiter unten beschrieben (Abschnitt 05.2.2.4). Neben Beate (6a) finden sich Beispiele für die salienzorientierte Auswahl von Abbildungen bei Mia (6k), Ben (6k), Titus (6k) und Merle (6k). Dieses Auswahlschema lässt sich vereinzelt auch in der Jahrgangsstufe 12 beobachten (vgl. z. B. Evelyn, LK)

Im Gegensatz zum Konzept der Salienz im Sinne eines Bottom-Up-Prozesses erklärt das Konzept der Salienz im Sinne eines Top-Down-Prozesses Auswahlen, bei denen Schüler aufgrund ihrer Nutzungsziele ihre Aufmerksamkeit auf bestimmte Aspekte im Schulbuch lenken. Dazu gehört u. a. Christians (6a) Auswahl von Schulbuchausschnitten. Sie kann als prototypisch für das salienzorientierte Auswahlschema angesehen werden. Christians (6a) Vorgehen wird im Folgenden dargestellt.

Christians (6a) Markierung lässt darauf schließen, dass er im Buch Hilfe für die Aufgabe 8) des Arbeitsblattes ,Kongruenzabbildungen' sucht, bei der eine gegebene Figur in Bezug auf ein gegebenes Symmetriezentrum zu einer punktsymmetrischen Figur zu ergänzen ist:

8) Ergänze das Sechseck durch Konstruktion zu einer punktsymmetrischen Figur. Z ist das Symmetriezentrum.

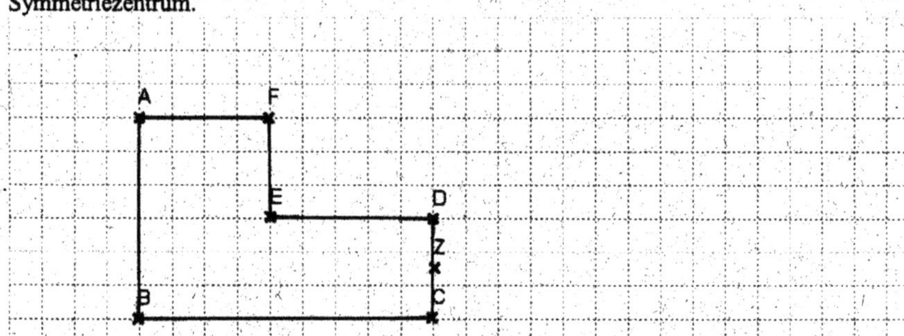

Abbildung 37:   Aufgabe 8 des Arbeitsblattes 'Kongruenzabbildungen' (vgl. Beobachtungsprotokoll 6a, 21.02.2006)

Abbildung 38 zeigt Christians (6a) Markierung im Schulbuch. Seine Markierung setzt bei einer Abbildung an, die mit der Abbildung auf dem Arbeitsblatt korrespondiert, und hört am Ende der Doppelseite auf.

Auf der Grundlage dieser Markierung lässt sich auf folgendes Gebrauchsschema Christians (6a) schließen: Auf der Suche nach Informationen, die für das Bearbeiten des Arbeitsblattes hilfreich sind, blättert Christian (6a) im Buch. Dabei findet er im Buch eine Abbildung, die mit einer Abbildung auf dem Arbeitsblatt übereinstimmt und liest ausgehend von der Abbildung linear weiter bis zum Ende der Doppelseite.

Da diese Abbildung im Buch ebenfalls Bestandteil einer Aufgabe ist, findet Christian (6a) keine Hinweise auf die Lösung. Christians (6a) Begründung seiner Nutzung, dass er „was gesucht habe", bringt die vergebliche Suche möglicherweise sogar zum Ausdruck.

Das Ziel, das mit Christians (6a) Gebrauchsschema verbunden ist, ist ebenfalls, im Buch Lösungshinweise für eine Aufgabe auf dem Arbeitsblatt zu finden. Ein Teilziel besteht offenbar darin, im Buch etwas zu finden, das mit Inhalten auf dem Arbeitsblatt identisch ist. Seine Handlungsregel besteht darin, im Buch solange zu blättern, bis er im Buch einen übereinstimmenden Inhalt gefunden hat. Bei jeder Abbildung, die er im Buch betrachtet, bietet sich die Schlussmöglichkeit, aufgrund einer festgestellten Übereinstimmung zur gesuchten Abbildung mit dem linearen Lesen zu beginnen, oder weiter zur nächsten Abbildung zu springen, wenn keine Übereinstimmung feststellbar ist.

172 ABBILDEN VON FIGUREN – SYMMETRIEN

Information

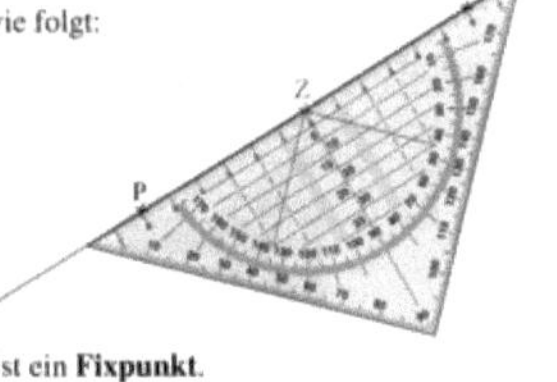

Spiegelung am Spiegelzentrum Z

Zu einem Punkt P erhältst du den Bildpunkt P' wie folgt:

(1) Zeichne die Gerade ZP.

(2) Markiere auf der anderen Seite von Z den Bildpunkt P' so, dass er
- auf der Geraden ZP liegt;
- von Z genauso weit entfernt ist wie P.

Das Spiegelzentrum Z bleibt an seiner Stelle; Z ist ein **Fixpunkt**.

Weiterführende Aufgaben

2. *Eigenschaften der Punktspiegelungen*

a) Entscheide, ob die grüne Figur das Bild der gelben Figur ist. Begründe. Gib gegebenenfalls das Spiegelzentrum an.

(1) 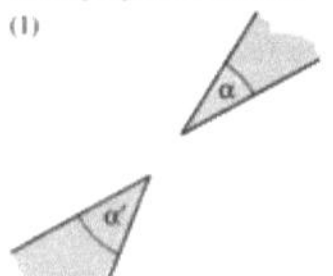

(2) 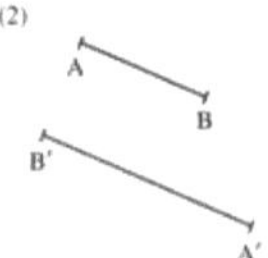

(3) 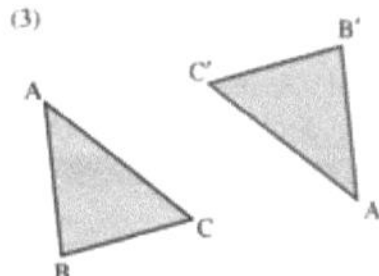

b) Du weißt: Bei einer Achsenspiegelung ändert sich die Länge einer Strecke und die Größe eines Winkels nicht. Dagegen ändert sich der Umlaufsinn eines Vielecks.
Welche dieser Eigenschaften gelten auch bei der Punktspiegelung, welche nicht?

Für jede *Punktspiegelung* gilt:

(1) Figur und Bildfigur sind deckungsgleich zueinander.

(2) Strecke und Bildstrecke sind gleich lang.

(3) Winkel und Bildwinkel sind gleich groß.

(4) Figur und Bildfigur haben denselben Umlaufsinn.

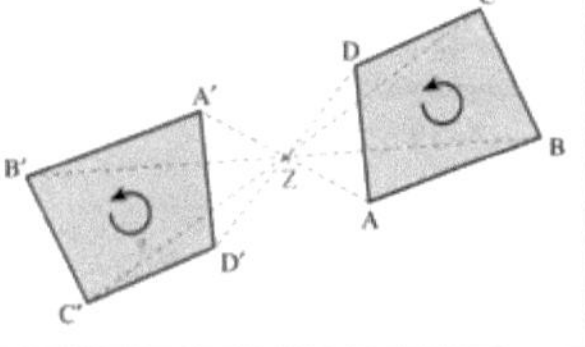

3. *Zusammenhang zwischen Punktspiegelung und Punktsymmetrie*

a) Ergänze das Sechseck zu einer punktsymmetrischen Figur mit dem Symmetriezentrum Z.

b) Spiegele die unter a) erhaltene punktsymmetrische Figur am Symmetriezentrum.
Was stellst du fest?

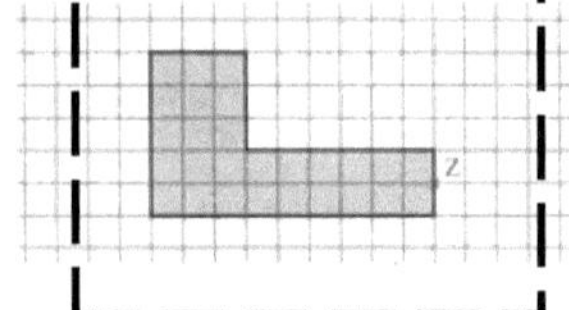

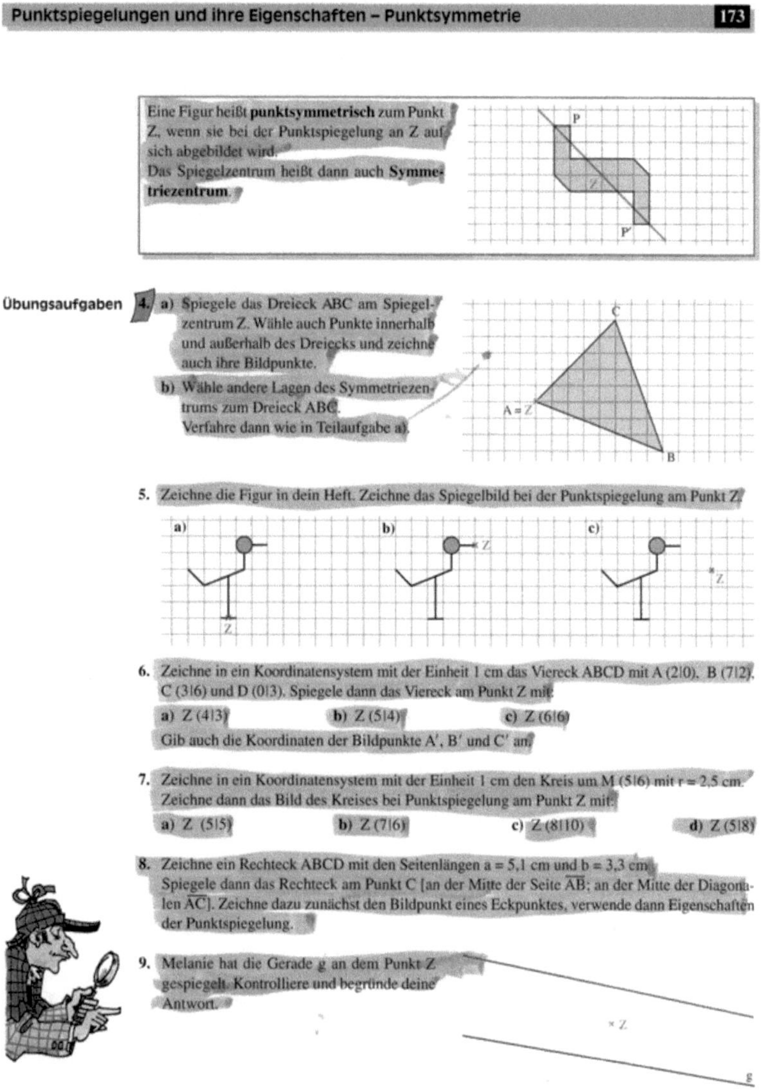

Punktspiegelungen und ihre Eigenschaften – Punktsymmetrie **173**

Eine Figur heißt **punktsymmetrisch** zum Punkt Z, wenn sie bei der Punktspiegelung an Z auf sich abgebildet wird.
Das Spiegelzentrum heißt dann auch **Symmetriezentrum**.

Übungsaufgaben 4. a) Spiegele das Dreieck ABC am Spiegelzentrum Z. Wähle auch Punkte innerhalb und außerhalb des Dreiecks und zeichne auch ihre Bildpunkte.

b) Wähle andere Lagen des Symmetriezentrums zum Dreieck ABC. Verfahre dann wie in Teilaufgabe a).

5. Zeichne die Figur in dein Heft. Zeichne das Spiegelbild bei der Punktspiegelung am Punkt Z.

a)   b)   c)

6. Zeichne in ein Koordinatensystem mit der Einheit 1 cm das Viereck ABCD mit A (2|0), B (7|2), C (3|6) und D (0|3). Spiegele dann das Viereck am Punkt Z mit:

a) Z (4|3)   b) Z (5|4)   c) Z (6|6)

Gib auch die Koordinaten der Bildpunkte A′, B′ und C′ an.

7. Zeichne in ein Koordinatensystem mit der Einheit 1 cm den Kreis um M (5|6) mit r = 2,5 cm. Zeichne dann das Bild des Kreises bei Punktspiegelung am Punkt Z mit:

a) Z (5|5)   b) Z (7|6)   c) Z (8|10)   d) Z (5|8)

8. Zeichne ein Rechteck ABCD mit den Seitenlängen a = 5,1 cm und b = 3,3 cm. Spiegele dann das Rechteck am Punkt C [an der Mitte der Seite $\overline{AB}$; an der Mitte der Diagonalen $\overline{AC}$]. Zeichne dazu zunächst den Bildpunkt eines Eckpunktes, verwende dann Eigenschaften der Punktspiegelung.

9. Melanie hat die Gerade g an dem Punkt Z gespiegelt. Kontrolliere und begründe deine Antwort.

Abbildung 38: Christians (6a) Auswahl im Buch im Zusammenhang mit der Aufgabe 8 des Arbeitsblattes ‚Kongruenzabbildungen' (Griesel et al. 2003, S. 172-173)

Christians (6a) Gebrauchsschema weist große Ähnlichkeit mit dem von Lithner als „identification of similarities" (Lithner 2003, S. 35) bezeichneten Verhalten auf, das er bei der Untersuchung von Begründungsprozessen im Zusammenhang mit dem Bearbeiten von Aufgaben aus dem Mathematikbuch beobachten konnte. Lithner beschreibt das Verhalten als „identifying similar surface properties in an example, theorem, rule, or some other situation described earlier in the text" (Lithner 2003, S. 35).

Christians (6a) *salienzorientierte Auswahl* führt nicht zum gewünschten Ziel. Um zu zeigen, dass das *salienzorientierte Auswahlschema* auch erfolgreich angewendet werden kann, wird zusätzlich auf Jennifers (LK) Auswahl von Aufgaben aus dem Buch eingegangen.

Die Auswahl einer Aufgabe von Jennifer (LK) im Rahmen der *Klausurvorbereitung* lässt sich auch dadurch erklären, dass Jennifer (K) sich an bestimmten Merkmalen eines gesuchten Inhalts orientiert. Jennifer (LK) wählt die folgende Aufgabe des mesostrukturellen Elements *lerneinheitenübergreifende Aufgaben*[44]:

9 Edelstahl ist eine Legierung aus Eisen, Chrom und Nickel; beispielsweise besteht V2A-Stahl zu 74 % aus Eisen, 18 % Chrom und 8 % Nickel. Aus den Legierungen I bis IV in Fig. 2 sollen 1000 kg V2A-Stahl hergestellt werden. Stellen Sie ein lineares Gleichungssystem auf und lösen Sie es.

	I	II	III	IV
Eisen	70 %	76 %	80 %	85 %
Chrom	22 %	16 %	10 %	12 %
Nickel	8 %	8 %	10 %	3 %

Fig. 2

Abbildung 39: Aufgabe Nr. 9 (Baum et al. 2001, S. 31)

Diese Aufgabe ist hinsichtlich der äußeren Erscheinung (Aufgabentext mit Tabelle, Prozentangaben in der Tabelle) und des Aufgabentyps (Lösen eines Mischungsproblems mit Hilfe linearer Gleichungssysteme) vergleichbar mit den beiden lehrervermittelten Aufgaben Nr. 1 auf Seite 21 und Nr. 7 auf Seite 22:

1 Für Düngeversuche sollen aus den drei Düngersorten I, II und III 10 kg Blumendünger gemischt werden, der 40 % Kalium, 35 % Stickstoff und 25 % Phosphor enthält. Welche Mengen werden benötigt?

	I	II	III
Kalium	40 %	30 %	50 %
Stickstoff	50 %	20 %	30 %
Phosphor	10 %	50 %	20 %

Abbildung 40: Aufgabe Nr. 1 (Baum et al. 2001, S. 21)

---

[44] Im verwendeten Buch heißt dieses Element „Aufgaben zum Üben und Wiederholen" (Baum *et al.* 2001, S. 31).

7   Die Tabelle in Fig. 2 gibt den Eiweiß-, Kohlenhydrate- und Fettgehalt von drei Speisebestandteilen A, B und C an.

a) Zeigen Sie, dass man aus A, B und C keine Speise mit 47 % Eiweiß, 35 % Kohlenhydrate und 18 % Fett zusammenstellen kann.

b) Untersuchen Sie, ob man Speisen mit 40 % Eiweiß und 40 % Kohlenhydrate aus A, B und C herstellen kann.

Fig. 1

	A	B	C
Eiweiß	30 %	50 %	20 %
Kohlenhydrate	30 %	30 %	70 %
Fett	40 %	20 %	10 %

Fig. 2

Abbildung 41:   Aufgabe Nr. 7 (Baum et al. 2001, S. 22)

In der letzten Unterrichtsstunde vor der Klausur gibt der Lehrer den Hinweis, dass Aufgaben dieses Typs relevant für die Klausur sind (vgl. Beobachtungsprotokoll LK, vom 06.03.2007). Jennifers (LK) Auswahl einer Aufgabe dieses Typs deutet darauf hin, dass sie eine derartige Aufgabe im Buch gesucht hat. Im Gegensatz zu Emma (6k) wählt Jennifer (LK) keine Aufgabe aus dem Umfeld der lehrervermittelten Aufgaben aus, sondern eine Aufgabe aus einem anderen mesostrukturellen Strukturelement, das sich ca. 10 Seiten weiter hinten im Buch befindet. Daher ist anzunehmen, dass die äußeren Merkmale des Aufgabentyps (Aufgabentext mit Tabelle, Prozentangaben in der Tabelle) ihre Aufmerksamkeit bei dieser Suche gelenkt haben.

Sowohl Christian (6a) als auch Jennifer (LK) wählen im Zusammenhang mit ihrer *salienzorientierten Auswahl* Elemente aus, die sich durch bestimmte Merkmale deutlich von ihrem Kontext unterscheiden lassen. Dies deutet darauf hin, dass auch die *salienzorientierte Auswahl* im Sinne eines Top-Down-Prozesses insbesondere im Zusammenhang mit der Auswahl von Elementen eine Rolle spielt, die sich aufgrund von typographischen Merkmalen von ihrem Kontext abheben.

5.2.2 Handlungsschematypen

Die *Auswahlschematypen*, die im vorangehenden Abschnitt dargestellt wurden, entsprechen *usage schemes* in der Terminologie Rabardels. Sie stellen grundlegende Schemata dar, wie Inhalte im Buch ausgewählt werden. Diese Schemata sind zunächst so allgemein formuliert, dass sie an keinen spezifischen Nutzungszweck gebunden sind. Zweckgebunden werden sie dann, wenn sie als Bestandteile in *Handlungsschemata* integriert werden.

Anhand der Schülerkommentare konnten vier Tätigkeiten ausgemacht werden, in die das Mathematikbuch als Instrument integriert ist (vgl. Abschnitt 4.4.4.6):

1.   Bearbeiten von Aufgaben
2.   Festigen
3.   Aneignen von Wissen
4.   interessemotiviertes Lernen

Im Folgenden werden Handlungsschematypen im Zusammenhang mit diesen vier *Tätigkeiten* dargestellt, die auf der Grundlage der individuellen Gebrauchsschemata von Schülern gebildet werden konnten. Bei den gebildeten Typen handelt es sich ebenso wie bei den Auswahlschematypen um empirisch begründete Typen (vgl. Kluge 1999), die sowohl auf den empirischen Daten als auch auf theoretischen Überlegungen basieren. Die Bildung der Typen erfolgt durch fallvergleichende Kontrastierung der individuellen Gebrauchsschemata im Zusammenhang mit den jeweiligen Tätigkeiten (vgl. Abschnitt 5.1.2.2).

Bei der Analyse der Auswahlschemata waren die operationalen Invarianten (*beliefs-in-action*) der individuellen Gebrauchsschemata Gegenstand des Vergleichs. Da die Auswahlschemata als Teile von Handlungsschemata anzusehen sind, können sie als Grundlage für die fallvergleichende Kontrastierung herangezogen werden. Ein Handlungsschematyp ist dann durch eine charakteristische Kombination an Auswahlschemata bestimmt. Welche Auswahlschemata ein individuelles Gebrauchsschema kennzeichnen, lässt sich anhand der jeweiligen operationalen Invarianten rekonstruieren.

5.2.2.1   Handlungsschematypen im Zusammenhang mit dem *Bearbeiten von Aufgaben*

Die zentrale Bedeutung, die Aufgaben im Mathematikunterricht spielen (vgl. Büchter & Leuders 2005, S. 9; Lenné 1969, S. 34-35), spiegelt sich auch in den Daten zur Nutzung des Schulbuches der vorliegenden Untersuchung wider. Die Lehrer, die an der vorliegenden Untersuchung teilgenommen haben, verwenden das Buch im Wesentlichen als Aufgabensammlung. Damit einher geht, dass auch die Schüler ihr Mathematikbuch vielfach zum *Bearbeiten von Aufgaben* verwenden. Schüler verwenden in diesem Zusammenhang aber nicht nur die lehrervermittelten Aufgaben aus dem Buch, sondern weitere Inhalte.

Es lassen sich insgesamt drei Ziele feststellen, die mit der Nutzung des Buches verfolgt werden:

1.   Schüler verwenden das Buch, um den Aufgabentext zu verstehen;
2.   Schüler verwenden das Buch, um Hilfen für die Lösung der Aufgabe zu erhalten;
3.   Schüler verwenden das Buch, um ihre Lösungen zu kontrollieren.

Diese drei Ziele sind jeweils im Zusammenhang mit unterschiedlichen Phasen bei der Bearbeitung der Aufgabe zu sehen (vgl. Abschnitt 0). Auf die Handlungsschemata im Zusammenhang mit den unterschiedlichen Zielsetzungen wird im Folgenden gesondert eingegangen.

Die Nutzung des Buches im Zusammenhang mit dem Bearbeiten von Aufgaben ist über die weiter oben genannten spezifischen Nebenbedingungen der individuellen Nutzung (Alter, Lehrer bzw. Lerngruppe und Buch) hinaus an folgende weitere Nebenbedingungen gebunden:

1.   Handelt es sich um eine Aufgabe aus dem Buch oder nicht aus dem Buch?
2.   Handelt es sich um Hausaufgaben oder um Aufgaben aus dem Unterricht?
3.   Wurde die Nutzung des Buches als Hilfsmittel für das Bearbeiten der Aufgaben durch den Lehrer vermittelt oder nicht?

Nebenbedingung 1 hat in jedem Fall Auswirkungen auf die *Instrumentierung*. Das Lesen des Aufgabentextes einer Aufgabe aus dem Buch erfordert bereits die Nutzung des Buches. Durch das Aufschlagen der Aufgabe im Buch wird bereits ein relevanter Bereich festgelegt, in dem hilfreiche Informationen für das Bearbeiten der Aufgaben zu finden sind. Im Zusammenhang mit der Auswahl des relevanten Bereichs wurde bereits darauf eingegangen, dass im Fall von lehrervermittelten Aufgaben aus dem Buch davon ausgegangen wird, dass die Auswahl des relevanten Bereichs vermittlungsorientiert ist, d. h. durch die lehrervermittelte Aufgabe bestimmt wird. Handelt es sich dahingegen um Aufgaben, die nicht aus dem Buch stammen, müssen die Schüler den relevanten Bereich selbständig anhand eines anderen Auswahlschemas auswählen.

Grundsätzlich ließen sich die Nebenbedingungen als Schlussmöglichkeiten in die Gebrauchsschematypen integrieren. Der Verlauf des Schemas würde dann von der jeweiligen Nebenbedingung abhängig sein. Dies soll im Folgenden anhand von Nebenbedingung 1 exemplarisch erörtert werden.

Z. B. könnte Nebenbedingung 1 in ein beliebiges Schema im Zusammenhang mit dem Bearbeiten von Aufgaben so integriert sein, dass der Verlauf des Schemas grundsätzlich davon abhängig ist, ob die Aufgabe aus dem Buch ist oder nicht. Ein Flussdiagramm, das eine derartige Integration von Nebenbedingung 1 veranschaulicht, ist in Abbildung 42 dargestellt.

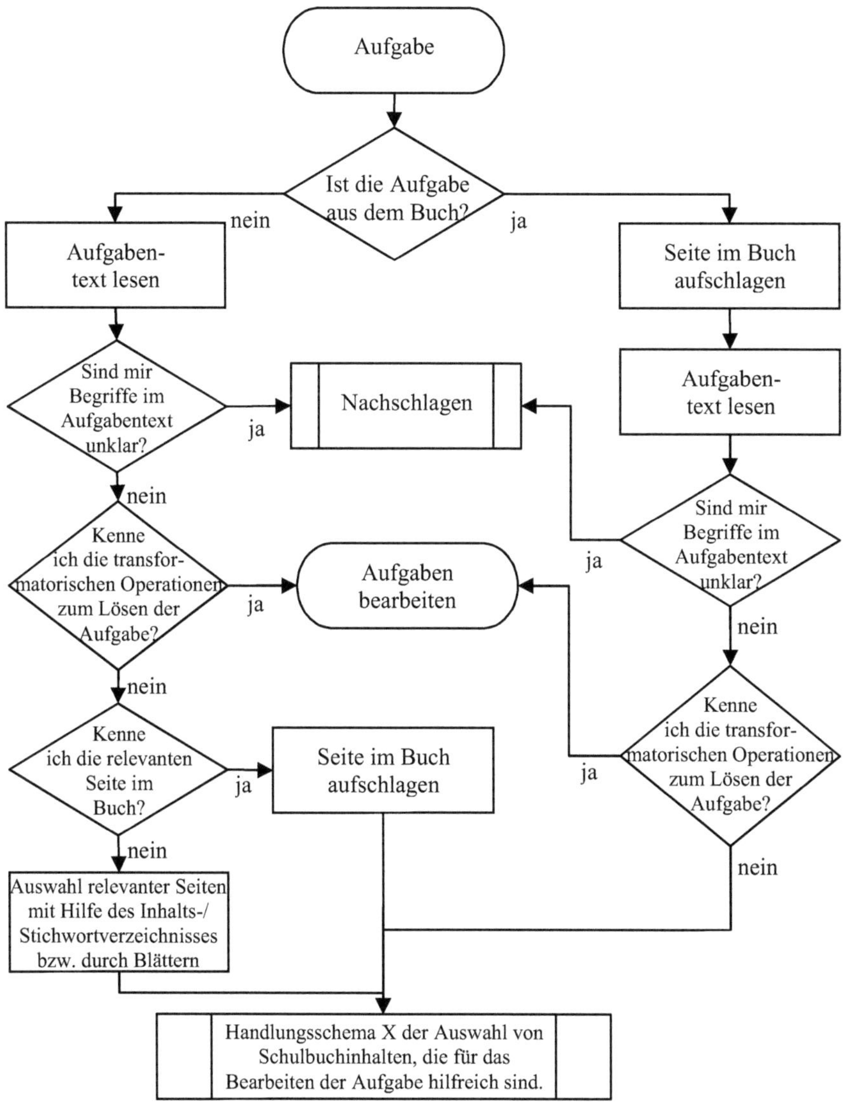

Abbildung 42: Vorschlag eines elementorientierten Handlungsschemas im Zusammenhang mit dem Bearbeiten von Aufgaben unter Berücksichtigung von Nebenbedingung 1

Dieses Schema legt jedoch nahe, dass die Nutzung des Buches in beiden Fällen – bei Aufgaben aus dem Buch und bei Aufgaben, die nicht aus dem Buch stammen – demselben Handlungsschema folgt. In den Daten zeigt sich jedoch, dass dem nicht so ist. Vielmehr scheinen Schüler abhängig von der Nebenbedingung, ob die Aufgabe aus dem Buch ist oder nicht, unterschiedliche Gebrauchsschemata des Buches zu haben. Dies lässt z. B. Leonies (LK) Nutzung des Buches erkennen. Der Lehrer des Leistungskurses verwendet überwiegend Aufgaben aus dem Buch. In diesen Fällen nutzt Leonie (LK) wiederholt *Musterbeispiele* – wählt also auf der Grundlage eines *elementorientierten Auswahlschemas* aus. Im Zusammenhang mit einer Einstiegsaufgabe am Anfang der Unterrichtsstunde vom 21.02.2007, die der Lehrer an die Tafel schreibt, nutzt sie jedoch einen Ausschnitt aus dem Lehrtext auf S. 18 des Buches, dessen Auswahl auf ein *salienzorientiertes Auswahlschema* schließen lässt.

Diese Beobachtung legt nahe, dass Leonies (LK) *elementorientiertes* Gebrauchsschema im Zusammenhang mit dem Bearbeiten von Aufgaben an die Nebenbedingung gebunden ist, dass die Aufgaben aus dem Buch stammen. Grundsätzlich lässt sich das *elementorientierte* Gebrauchsschema aber nicht nur im Zusammenhang mit Aufgaben aus dem Buch beobachten. Bei Maria (6a) konnte z. B. ein *elementorientiertes* Gebrauchsschema im Zusammenhang mit Aufgaben beobachtet werden, die nicht aus dem Buch stammen.

Ein *elementorientiertes Auswahlschema* lässt sich also sowohl in Verbindung mit Aufgaben aus dem Buch beobachten, als auch mit Aufgaben, die nicht aus dem Buch stammen. Allerdings zeigen einzelne Schüler das Schema nicht unbedingt in beiden Fällen. Aufgrund dieser Beobachtung ist eine Integration der Nebenbedingungen als Schlussmöglichkeit in Handlungsschematypen, wie in Abbildung 42 vorgeschlagen, nicht sinnvoll. Die individuellen Gebrauchsschemata der Schüler legen nahe, verschiedene Gebrauchsschemata im Zusammenhang mit dem *Bearbeiten von Aufgaben* zu unterscheiden, die jeweils an andere Nebenbedingungen gebunden sind.

Im Folgenden werden die unterschiedlichen, auf der Grundlage der Analyse individueller Nutzungen gebildeten Gebrauchsschematypen im Zusammenhang mit *Bearbeiten von Aufgaben* dargestellt. Die Darstellung folgt dabei der Reihenfolge der oben genannten Ziele, die mit den jeweiligen Handlungsschematypen verbunden sind. Auf die grundsätzliche Abhängigkeit von Nebenbedingungen wird jeweils im Zusammenhang mit den einzelnen Handlungsschematypen eingegangen.

Handlungsschematypen mit dem Ziel ‚Verstehen des Aufgabentextes'

Am Beispiel von Carsten (GK) und Charlotte (LK) zeigt sich, dass Schüler bereits in der Phase der Auseinandersetzung mit der Aufgabe[45] das Buch verwenden, um Begriffe, die im Aufgabentext vorkommen, im Buch nachzuschlagen: Carsten (GK) nutzt das Buch im Zusammenhang mit der Aufgabe „Berechne das Integral und gib jeweils eine Stammfunktion zum Integranden an" (Griesel & Postel 2000, S. 184) mit der Begründung, dass er „nicht wusste, was ein Integrand ist" (Carsten, GK). Charlotte (LK) begründet ihre Nutzung eines Lehrtextausschnittes in dem der Begriff ‚Koeffizienten' erklärt wird im Zusammenhang mit einer Aufgabe, in der der Begriff vorkommt, durch „Worterklärung gesucht". Aus beiden Nutzungen wird deutlich, dass das Ziel, das mit dem Nachschlagen verbunden ist, Begriffe des Aufgabentextes zu verstehen.

Der Handlungsschematyp *Nachschlagen*, der auf der Grundlage der individuellen Handlungsschemata gebildet werden konnte, wird im Folgenden erläutert.

Nachschlagen

Das Nachschlageschema ist durch ein *begriffsorientiertes Schema* bei der Auswahl des relevanten Bereichs gekennzeichnet. Darauf folgt ein weiterer Auswahlprozess auf der Ebene der Seite, auf die im Inhalts- bzw. Stichwortverzeichnis verwiesen wird. Anhand der Daten von Carsten (GK) und Charlotte (LK) lässt sich dieser Auswahlprozess als *salienzorientierte Auswahl* rekonstruieren. Beide wählen aus dem Lehrtext einen Satz aus, der den gesuchten Begriff enthält. Es ist anzunehmen, dass ihre Aufmerksamkeit beim Scannen der Seite durch das spezifische Buchstabenmuster des gesuchten Wortes im Sinne eines Top-Down-Prozesses geleitet wird.

Zusammenfassend lässt sich die Struktur des *Nachschlageschemas* durch ein Flussdiagramm darstellen, in dem die *begriffsorientierte* Auswahl eines relevanten Bereichs mit einem *salienzorientierten Auswahlschema* im relevanten Bereich kombiniert ist:

---

[45] Pólya nennt diese Phase „Verstehen der Aufgabe" (Pólya 1949, S. 19).

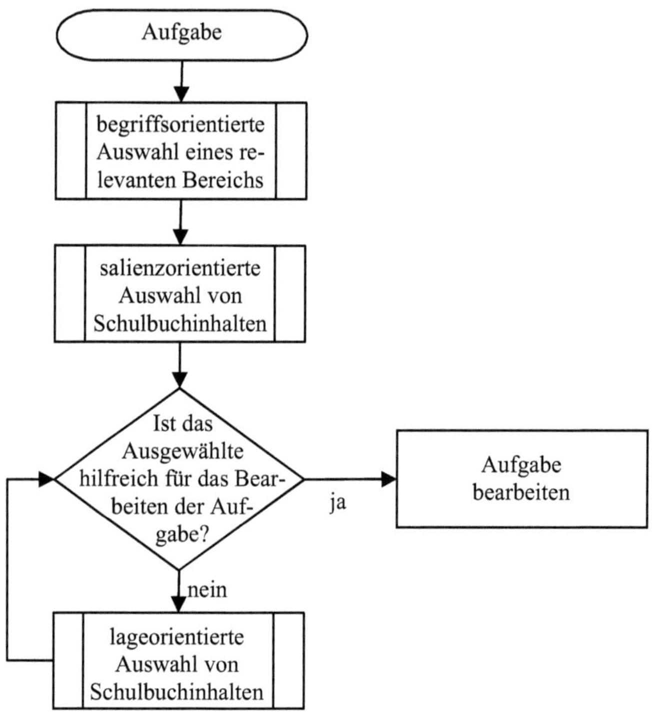

Abbildung 43: Flussdiagramm des Handlungsschematyps ‚Nachschlagen'

Das *Nachschlagen* lässt sich unabhängig von sämtlichen Nebenbedingungen in den Daten im Zusammenhang mit dem *Bearbeiten von Aufgaben* feststellen. Es zeigt sich sowohl im Zusammenhang mit Aufgaben aus dem Buch (vgl. Leopold, GK; Carsten, GK; Gabriela, GK; Charlotte, LK) als auch mit Aufgaben, die nicht aus dem Buch stammen (vgl. Steffen, 6a; Lara, 6k; Leopold, GK; Judith, GK; Tom, LK).

Beim *Nachschlagen* wird also bei Aufgaben aus dem Buch der relevante Bereich nicht durch die Aufgabe determiniert, sondern die Schüler gehen auch bei Aufgaben aus dem Buch zunächst zum Inhalts- bzw. Stichwortverzeichnis und wählen dort einen neuen relevanten Bereich aus.

Die Nutzung des Inhalts- bzw. Stichwortverzeichnisses zeigt sich weiterhin im Unterricht (vgl. Leopold, GK; Judith, GK; Tom, LK) – z. B. im Zusammenhang mit Fragen des Lehrers – und im Zusammenhang mit Hausaufgaben (vgl. Leopold, GK; Carsten, GK; Gabriela, GK; Charlotte, LK). Darüber hinaus zeigt sich die Nutzung des Inhalts- bzw. Stichwortverzeichnisses im Zusammenhang mit allgemeiner Lehrervermittlung des Buches als Hilfsmittel (vgl. Steffen, 6a) sowie unabhängig von allgemeiner Lehrervermittlung (vgl. Lara, 6k; Leopold, GK; Carsten, GK; Judith, GK; Gabriela, GK; Tom, LK; Charlotte, LK). Es wurde allerdings ausschließlich in Verbindung mit lehrervermittelten Aufgaben dokumentiert.

Anhand der angeführten Fälle zeigt sich weiterhin, dass das Nachschlagen unabhängig vom Alter, von der Lerngruppe und vom verwendeten Buch ist.

Das *Nachschlagen* ist das einzige Handlungsschema, das im Zusammenhang mit dem Verstehen der Aufgabe beobachtet werden konnte. Im Folgenden wird auf Handlungsschemata mit dem Ziel, die Aufgabe zu lösen, eingegangen.

Handlungsschematypen mit dem Ziel ‚Lösen der Aufgabe'

Schüler verweisen in den Begründungen ihrer Nutzungen häufig darauf, dass die genutzten Inhalte eine Hilfe für das Bearbeiten der Aufgaben darstellten. In Abschnitt 0 wurde die Nutzung des Buches daher als heuristische Strategie im Rahmen eines Problemlöseprozesses interpretiert, bei der Schüler die transformatorischen Operationen, die zum Lösen des Problems notwendig sind, im Buch suchen.

Die fallvergleichende Kontrastierung der verschiedenen individuellen Gebrauchsschemata des Mathematikbuches im Zusammenhang mit dem Ziel eine Aufgabe zu lösen zeigt, dass sich drei Handlungsschematypen unterscheiden lassen, die jeweils durch ein anderes Auswahlschema innerhalb des relevanten Bereichs gekennzeichnet sind:

- Handlungsschemata, die auf einem *elementorientierten Auswahlschema* beruhen,
- Handlungsschemata, die auf einem *lageorientierten Auswahlschema* beruhen und
- Handlungsschemata, die auf einem *salienzorientierten Auswahlschema* beruhen.

Im Folgenden wird auf die drei Handlungsschematypen *elementorientiertes*, *lageorientiertes* und *salienzorientiertes Bearbeiten von Aufgaben* gesondert eingegangen.

Elementorientiertes Bearbeiten von Aufgaben

Leonie (LK), Maria (6a), Steffen (6a) und Carsten (GK) instrumentalisieren wiederholt bestimmte Strukturelemente im Zusammenhang mit dem Bearbeiten von Aufgaben. Welches Strukturelement jeweils für das *Bearbeiten von Aufgaben* genutzt wird, betrifft die *Instrumentalisierung* des Artefakts. Von der Seite der *Instrumentierung* ist lediglich interessant, dass die Nutzung an bestimmte Strukturelemente gebunden ist. Gebrauchsschemata im Zusammenhang mit dem *Bearbeiten von Aufgaben*, die in diesem Sinne auf einem *elementorientierten Auswahlschema* beruhen, werden als *elementorientiertes Bearbeiten von Aufgaben* bezeichnet. Kennzeichnend für das *elementorientierte Bearbeiten von Aufgaben* ist, dass Schüler innerhalb des relevanten Bereichs zunächst bevorzugt nach einem *elementorientierten Auswahlschema* auswählen, um Hilfe für das Bearbeiten von Aufgaben zu erhalten.

Unabhängig davon, welches Strukturelement in den einzelnen Fällen *instrumentalisiert* wird, ist diesen individuellen Handlungsschemata ein *belief-in-action* gemeinsam, der auf ein bestimmtes Strukturelement bezogen ist. Dieser zentrale *belief-in-action elementorientierter* Gebrauchsschemata im Zusammenhang mit dem *Bearbeiten von Aufgaben* kann daher wie folgt formuliert werden:

Strukturelement X ist hilfreich für das Bearbeiten von Aufgaben.

Die individuellen Gebrauchsschemata von Gesine (6a) und Carsten (GK) deuten darauf hin, dass in das *elementorientierte Bearbeiten von Aufgaben* eine Schlussmöglichkeit integriert ist, die darin besteht, zu entscheiden, ob das ausgewählte Element tatsächlich hilfreich ist. Gegebenenfalls wählen Schüler daraufhin weitere Schulbuchausschnitte aus. Dies zeigt sich z. B. bei Carsten (GK), der zunächst *elementorientiert* den *Kasten mit Merkwissen* auswählt und anschließend noch vor dem *Kasten mit Merkwissen* liest, weil er zu dem *Kasten mit Merkwissen* „noch Erläuterungen brauchte" (Carsten, GK). Gesine (6a) wählt ebenfalls zunächst einen *Kasten mit Merkwissen*, geht dann zurück zur Überschrift der Lerneinheit und liest von dort ausgehend linear, bis sie die gesuchte Information findet. Anhand dieser beiden Beispiele wird deutlich: Falls das *elementorientiert* ausgewählte Element nicht hilfreich ist, folgt eine weitere Auswahl, die auf einem anderen Auswahlschema basieren kann. In den beiden angeführten Beispielen ist das jeweils ein *lageorientiertes Auswahlschema*.

Kennzeichnend für das *elementorientierte Bearbeiten von Aufgaben* ist daher nur, dass die erste Auswahl *elementorientiert* ist, die im Zusammenhang mit dem Bearbeiten einer Aufgabe erfolgt. Die Auswahl, die sich anschließt, kann durchaus einem anderen Auswahlschema folgen.

Der Verlauf des Handlungsschemas *elementorientiertes Bearbeiten von Aufgaben* ist von der Nebenbedingung abhängig, ob die Aufgabe aus dem Buch stammt oder nicht. Stammt die Aufgabe aus dem Buch, wird der relevante Bereich – die jeweilige Lerneinheit – durch die Aufgabe selbst markiert. Ansonsten muss die Auswahl eines relevanten Bereiches entweder nach der *begriffsorientierten* Auswahl mit Hilfe des Inhalts- oder Stichwortverzeichnisses erfolgen oder durch Blättern im Buch. Beide Varianten werden in einem Flussdiagramm zusammengefasst, indem das Schema für die Auswahl des relevanten Bereichs offen gelassen wird. Welches Auswahlschema hier zugrunde gelegt wird, ist abhängig von der Nebenbedingung, ob die Aufgabe aus dem Buch stammt oder nicht. Kennzeichnend für das *elementorientierte Bearbeiten von Aufgaben* ist lediglich die *elementorientierte Auswahl* innerhalb des relevanten Bereichs.

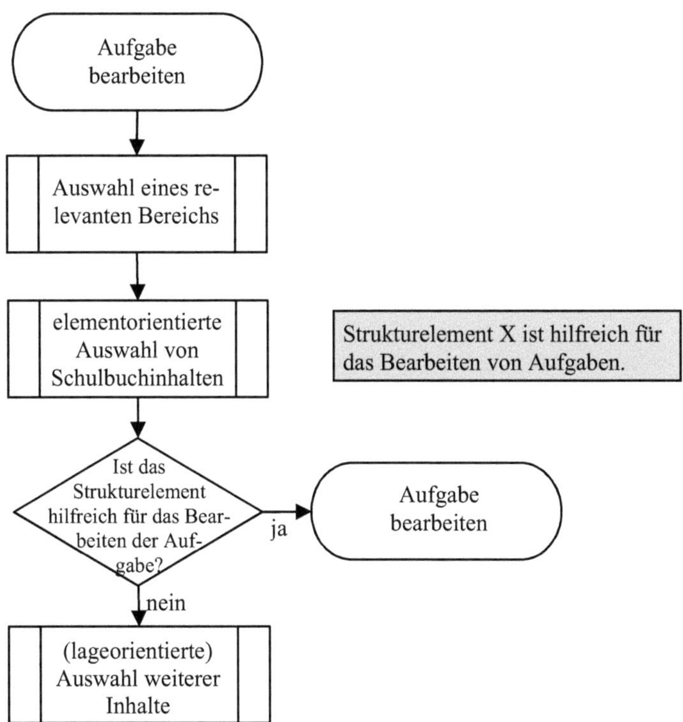

Abbildung 44: Flussdiagramm des Handlungsschematyps ‚elementorientiertes Bearbeiten von Aufgaben'

Beide *elementorientierten Gebrauchsschemata* konnten sowohl im Zusammenhang mit dem Bearbeiten von Hausaufgaben (Leonie, LK; Carsten, GK) als auch mit dem Bearbeiten von Aufgaben im Unterricht (Leonie, LK; Maria, 6a; Denise, 6k) beobachtet werden. Eine Abhängigkeit von der Vermittlung des Buches als Hilfsmittel durch den Lehrer lässt sich nicht feststellen. Maria (6a) und Carsten (GK) nutzen das Buch im Zusammenhang mit der Vermittlung des Lehrers, Denise (6k) und Leonie (LK) nutzen es unabhängig von der Lehrervermittlung.

Die Fälle, auf deren Grundlage der Handlungsschematyp *elementorientiertes Bearbeiten von Aufgaben* gebildet wurde, gehören vier unterschiedlichen Lerngruppen an, in denen Bücher unterschiedlicher Reihen genutzt wurde. Es zeigt sich daher keine Abhängigkeit des *elementorientierten Bearbeitens von Aufgaben* vom Alter, von der Lerngruppe bzw. vom verwendeten Buch.

Leonies (LK) Handlungsschema im Zusammenhang mit dem Bearbeiten von Aufgaben aus dem Buch ist prototypisch für das *elementorientierte Bearbeiten von Aufgaben*. Leonie (LK) instrumentalisiert *Musterbeispiele* im Zusammenhang mit dem Bearbeiten von lehrervermittelten Aufgaben aus dem Buch und kommentiert ihre Nutzung mit „Hilfe zu den Hausaufgaben", „Hilfe zu HA's" und „Hilfe zur Aufgabe aus dem Unterricht". Im Interview beschreibt Leonie ihr Vorgehen wie folgt:

> Wir hatten ja wohl vorher irgendwelche Aufgaben aufbekommen und da ich nich' jetzt also ich hab' eigentlich immer wenn ich Hausaufgaben gemacht habe mir die Beispiele dazu angeguckt (Leonie, LK).

Leonies (LK) Handlungsregel lautet demnach: Wenn ich Hausaufgaben mache, gucke ich mir die *Musterbeispiele* dazu an. Aus den schriftlichen Begründungen ihrer Schulbuchnutzung ist das Ziel erkennbar, das mit ihrem Gebrauchsschema verbunden ist: Sie nutzt die *Musterbeispiele*, um Hilfe für die Hausaufgaben zu erhalten. Ihr *belief-in-action* kann daher wie folgt formuliert werden:

> *Musterbeispiele* sind für das Bearbeiten von Hausaufgaben aus dem Buch hilfreich.

Lageorientiertes Bearbeiten von Aufgaben

Im Gegensatz zum *elementorientierten Bearbeiten von Aufgaben* lässt die Nutzung anderer Schüler darauf schließen, dass sie hilfreiche Informationen auf der Grundlage eines *lageorientierten Auswahlschemas* auswählen. Sarah (GK) springt von der lehrervermittelten Aufgabe aus dem Buch zurück zur letzten

Überschrift[46] und beginnt dort zu lesen. Dieses Zurückspringen zur letzten Überschrift wird so interpretiert, dass Sarah (GK) die hilfreichen Informationen am Anfang des letzten Abschnittes vermutet. Der Anfang eines Abschnitts wird dabei durch die Überschrift markiert. D. h., die Überschrift dient der Orientierung. Gebrauchsschemata im Zusammenhang mit dem *Bearbeiten von Aufgaben*, bei denen die Auswahl der hilfreichen Informationen auf ein *lageorientiertes Auswahlschema* zurückzuführen ist, werden als *lageorientiertes Bearbeiten von Aufgaben* bezeichnet.

Gesines (6a) Vorgehensweise im Fall, dass das *elementorientierte Bearbeiten von Aufgaben* nicht zum Erfolg führt, kann als Prototyp des *lageorientierten Bearbeitens von Aufgaben* angesehen werden. Es wird im Folgenden näher erläutert.

Gesine (6a) verwendet das Buch im Zusammenhang mit dem Bearbeiten des Arbeitsblattes ‚Kongruenzabbildungen' auf Aufforderung des Lehrers. Anhand einer markierten Stelle im Buch lässt sich schließen, dass Gesine die Antwort auf die Frage Nr. 10) „Durch welche Abbildung kann man die Punktspiegelung ersetzen?" (vgl. Beobachtungsprotokoll 6a, 21.02.2006) des Arbeitsblattes sucht.

Zunächst nutzt sie einen *Kasten mit Merkwissen*, in dem die Eigenschaften der Punktspiegelung aufgeführt sind. Die Markierung mit der nächst höheren Nummer liegt vor dem *Kasten mit Merkwissen*:

Abbildung 45: Gesines (6a) Nutzung im Zusammenhang mit einer Aufgabe des Arbeitsblattes ‚Kongruenzabbildungen' (Griesel et al. 2003, S. 171)

---

[46] Es handelt sich dabei nicht um den Anfang der Lerneinheit, sondern um eine Abschnittsüberschrift.

Sie beginnt unterhalb der Überschrift „Punktspiegelungen und ihre Eigenschaften – Punktsymmetrie" (Griesel *et al.* 2003, S. 171) und endet bei dem Satz „Statt Halbdrehung spricht man auch von Punktspiegelung" (Griesel *et al.* 2003, S. 171), der die Frage des Arbeitsblattes beantwortet.

Ihre Markierung lässt sich so interpretieren, dass Gesine (6a) unterhalb der Überschrift ansetzt linear zu lesen und dann aufhört, wenn sie die gesuchte Information gefunden hat. Ihre Handlungsregel kann anhand der Nutzung der Einführung wie folgt rekonstruiert werden: Wenn die Information im *Kasten mit Merkwissen* nicht hilfreich ist, dann gehe ich zurück zur Überschrift und fange dort an, die Lerneinheit linear durchzulesen. Das Ziel des linearen Lesens besteht darin, Informationen ausfindig zu machen, die für die Beantwortung der Frage hilfreich sind. Bei jedem gelesenen Satz bietet sich eine Schlussmöglichkeit: Entweder schließt Gesine (6a), dass die gelesene Information für das Beantworten der Frage hilfreich ist und bricht das lineare Lesen ab, oder sie schließt, dass die gelesene Information nicht hilfreich ist und liest weiter. Gesines (6a) Handlungsschema im Fall, dass das *elementorientierte* Schema im Zusammenhang mit dem *Bearbeiten von Aufgaben* nicht zum Erfolg führt, ist demnach durch einen *belief-in-action* geprägt, der sich auf die Informationsstruktur der Lerneinheit bezieht, und ist damit auf ein *lageorientiertes Auswahlschema* zurückzuführen:

> Die wichtigen Informationen zu einem Thema befinden sich am Anfang der Lerneinheit.

Der Anfang der Lerneinheit ist durch eine Überschrift markiert. Anhand der Markierungen von Adam (6a), Gesine (6a), Dominik (6a), Noah (GK), Sarah (GK) und Jennifer (LK) lässt sich schließen, dass die Überschrift bei der Orientierung eine wesentliche Rolle spielt, da die Markierung entweder mit der Überschrift oder direkt unterhalb der Überschrift beginnt. Teilweise gehen die Schüler auch nur zurück zur letzten Abschnittsüberschrift (vgl. Sarah, GK; Jennifer, LK).

Während der zentrale *belief-in-action* des *elementorientierten Bearbeitens von Aufgaben* dadurch gekennzeichnet ist, dass ein bestimmtes Strukturelement als hilfreich für das Bearbeiten der Aufgabe angesehen wird, bezieht sich der zentrale *belief-in-action* des *lageorientierten Bearbeitens von Aufgaben* auf die Lage der gesuchten Information:

> Informationen zu einem bestimmten Thema finde ich am Anfang des Abschnitts, der durch eine relevante Überschrift markiert ist.

Dieser *belief-in-action* wird insbesondere durch die Nutzungen von Adam (6a), Gesine (6a) und Dominik (6a) unterstützt. Alle drei fangen direkt unterhalb der Überschrift der Lerneinheit zum relevanten Thema an zu lesen und nutzen die Strukturelemente *Einleitung* und *Einführung* bzw. *Einstiegsaufgabe*, die ihren Funktionen entsprechend (vgl. Abschnitt 3.2.3.1) keine Hilfe für das *Bearbeiten von Aufgaben* darstellen. Vielmehr scheinen die Schüler hier von der Lage der ausgewählten Information auf deren Relevanz im Zusammenhang mit dem Bearbeiten der Aufgabe zu schließen.

Bei Gesine (6a) stellt das *lageorientierte* Handlungsschema eine Alternative dar, die sie wählt, als ihr *elementorientiertes* Handlungsschema nicht zum Ziel führt. Das *lageorientierte* Handlungsschema lässt sich in den Daten aber nicht nur als Alternative beobachten, sondern auch unmittelbar. Z. B. geht Sarah (GK) im Zusammenhang mit dem Bearbeiten der Aufgaben Nr. 3 a und b auf Seite 184 zurück zur letzten Überschrift und beginnt dort zu lesen. Leopold (GK) fängt im Zusammenhang mit einer Hausaufgabe an, die relevante Lerneinheit ab der Überschrift zu lesen, bricht dann aber ab und nutzt als nächstes den *Kasten mit Merkwissen*. Bei ihm lässt sich also genau das umgekehrte Verhalten beobachten wie bei Gesine (6a). Er geht zunächst *lageorientiert* vor und anschließend *elementorientiert*.

Während Sarah (GK) das *lageorientierte* Handlungsschema in Verbindung mit einer Hausaufgabe aus dem Buch zeigt, steht Gesines (6a) Nutzung des Buches im Zusammenhang mit einer Aufgabe, die im Unterricht bearbeitet wurde und nicht aus dem Buch stammt. Im Unterschied zu Gesine (6a) kann Sarah (GK) die relevante Überschrift durch Zurückblättern ausfindig machen. Gesine (6a) muss sich dagegen die relevante Überschrift zunächst suchen. Sie nutzt auf der Grundlage ihres *elementorientierten* Handlungsschemas zunächst einen *Kasten mit Merkwissen*. Von dort aus geht sie zurück zum Anfang der Lerneinheit. Der *Kasten mit Merkwissen* dient daher vermutlich als Orientierung bei der Auswahl des relevanten Bereichs. Im Fall von Sarah (GK) wird der relevante Bereich durch die lehrervermittelte Aufgabe bestimmt.

Zusammenfassend lässt sich das *lageorientierte Bearbeiten von Aufgaben* durch folgendes Flussdiagramm darstellen:

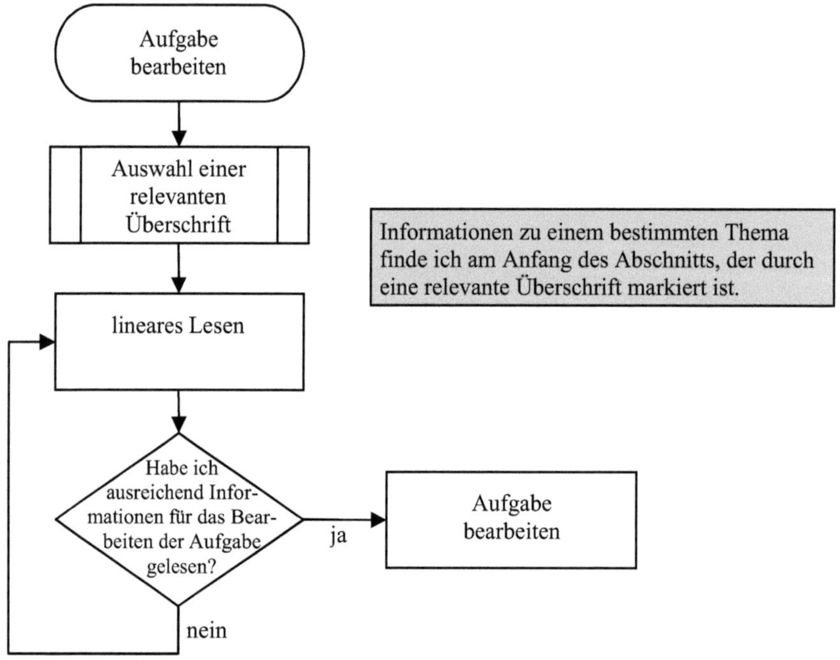

Abbildung 46:   Flussdiagramm des Handlungsschematyps ‚lageorientiertes Bearbeiten von Aufgaben'

Anhand der Fälle, bei denen sich aufgrund der Markierung auf eine Orientierung an Überschriften schließen lässt, zeigt sich, dass das *lageorientierte Bearbeiten von Aufgaben* unabhängig von der Lerngruppe und vom verwendeten Buch ist. Auf diesen Handlungsschematyp lassen sich sowohl Nutzungen in der Klasse 6a sowie im Grund- und Leistungskurs zurückführen. Während die individuellen Gebrauchsschemata von Schülern der Klasse 6a und des Grundkurses im Zusammenhang mit allgemeiner Lehrervermittlung stehen, bildet im Leistungskurs die Lehrervermittlung keine Nebenbedingung. Insgesamt kann das *lageorientierte Bearbeiten von Aufgaben* also als unabhängig von den genannten Nebenbedingungen angesehen werden.

Salienzorientiertes Bearbeiten von Aufgaben

Christian (6a) beginnt nicht bei der Überschrift mit dem linearen Lesen. Er wählt eine Abbildung, die Bestandteil einer Aufgabe im Buch ist, als Ausgangspunkt des linearen Lesens. Diese Abbildung stimmt mit einer Abbildung auf dem Arbeitsblatt überein, das er mit Hilfe des Buches bearbeitet. Die Übereinstimmung der Abbildung im Buch mit der Abbildung auf dem Arbeitsblatt hat vermutlich seine Aufmerksamkeit auf sich gezogen. Die Auswahl lässt sich demnach auf ein *salienzorientiertes Auswahlschema* zurückführen. Gebrauchsschemata im Zusammenhang mit dem Bearbeiten von Aufgaben, die wie bei Christian (6a) auf einem *salienzorientierten Auswahlschema* beruhen, werden als *salienzorientiertes Bearbeiten von Aufgaben* bezeichnet.

Auch Adam (6a) und Eva-Maria (6a) wählen Abbildungen im Buch aus, die für das Bearbeiten der Aufgaben hilfreich sind. Eva-Marias (6a) Auswahl kann dabei als prototypisch angesehen werden. Sie wird im Folgenden näher erläutert.

Eva-Maria (6a) wählt die folgende Aufgabe aus dem Mathematikbuch „Aufgrund der Hausaufgaben" aus:

Abbildung 47: Buchausschnitt, der von Eva-Maria (6a) im Zusammenhang mit einer Hausaufgabe genutzt wird (Griesel et al. 2003, S. 194)

Anhand der Reihenfolge der Eintragungen wird deutlich, dass Eva-Maria (6a) diese Aufgabe im Zusammenhang mit der folgenden Hausaufgabe verwendet hat, die der Lehrer den Schülern diktiert hat:

Nimm eine Flagge einer Nation, die an der bevorstehenden WM teilnimmt (nicht Deutschland) und untersuche sie auf Symmetrien hin. Zeichne in Word die Symmetrieachse(n) oder den Symmetriepunkt mit mindestens zwei Verbindungslinien zwischen Bild und Urbildpunkten ein. Stelle das Ergebnis bis Montag in den Ordner ‚Flaggensymmetrie'. Deine Flagge soll nur einmal vorkommen. (vgl. Beobachtungsprotokoll 6a, 03.03.2006).

Die von Eva-Maria (6a) gewählte Abbildung stellt tatsächlich eine Hilfe zur Bearbeitung dieser Hausaufgabe dar. Eva-Maria (6a) hat eine Auswahl von Flaggen gefunden, die sie noch auf die gewünschten Kriterien hin überprüfen muss und dann als Ausgangsmaterial zum Bearbeiten der Hausaufgabe verwenden kann.

Es ist unwahrscheinlich, dass Eva-Maria (6a) ausschließlich Aufgaben nach Flaggen durchgesehen hat. Vielmehr ist zu vermuten, dass sie das Buch im Hinblick auf Abbildungen von Flaggen durchgeblättert hat. Deshalb lässt sich bei ihr folgende Handlungsregel vermuten: Wenn ich Hilfe für die Bearbeitung von Aufgaben brauche, dann suche ich im Buch nach etwas, das hilfreich sein könnte. Die Aufmerksamkeit bei der Auswahl im Buch wird auf Ausschnitte gelenkt, die einen Zusammenhang zum Gesuchten aufweisen, und ist damit *salienzorientiert* im Sinne eines Top-Down-Prozesses.

Im Leistungskurs wählen mehrere Schüler (Anna, LK; Reni, LK; Anton, LK; Leonie, LK; Selin, LK; Tom, LK; Yvonne, LK) im Zusammenhang mit einer Einstiegsaufgabe, die der Lehrer an die Tafel schreibt (vgl. Beobachtungsprotokoll LK, 21.02.2007), eine Abbildung aus, die die Berechnung von Determinanten linearer Gleichungssysteme mit drei Gleichungen und drei Unbekannten anhand der Regel von Sarrus visualisiert:

$$\begin{vmatrix} a_{11} & a_{12} & a_{13} \\ a_{21} & a_{22} & a_{23} \\ a_{31} & a_{32} & a_{33} \end{vmatrix} = \begin{aligned} & a_{11}a_{22}a_{33} + a_{12}a_{23}a_{31} + a_{13}a_{21}a_{32} \\ & - a_{13}a_{22}a_{31} - a_{11}a_{23}a_{32} - a_{12}a_{21}a_{33} \end{aligned}$$

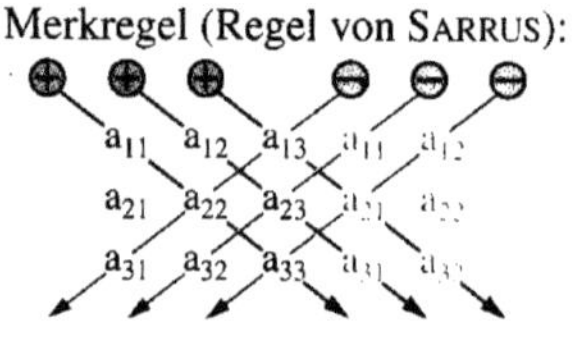

Abbildung 48: Darstellung der Regel von Sarrus (Baum et al. 2001, S. 18)

Die Aufgabe, die der Lehrer an die Tafel schreibt, lautet (vgl. Beobachtungsprotokoll LK, 21.02.2007):

Löse mit Det's
$$2x + 3y = 7$$
$$x - 5y = 9$$
$$2x + 4y = 8$$

Die Schüler sollen also ein Gleichungssystem mit drei Gleichungen und zwei Variablen mit Hilfe von Determinanten lösen. In der Unterrichtsstunde am Vortag wurde das Lösen von linearen Gleichungssystemen mit zwei Gleichungen und zwei Variablen mit Hilfe von Determinanten vom Lehrer an der Tafel eingeführt. Als Hausaufgabe sollten die Schüler zwei Aufgaben aus der entsprechenden Lerneinheit im Buch bearbeiten.

Die dargestellten Nutzungen Christians (6a), Eva-Marias (6a) und der Schüler im Leistungskurs lassen sich weder durch *element-* noch durch *lageorientierte Auswahlen* erklären. Gemeinsam ist ihnen, dass alle Schüler Abschnitte auswählen, bei denen eine Top-Down-Salienz rekonstruiert werden konnte. Daher lassen sich diese Nutzungen durch ein *salienzorientiertes Auswahlschema* erklären. Nach der Auswahl eines relevanten Bereichs suchen die Schüler nach hilfreichen Informationen für das Bearbeiten der Aufgaben und scannen den gewählten Bereich. Ihre Aufmerksamkeit wird dabei im Sinne eines Top-Down-Prozesses von der Aufgabe auf Ausschnitte gelenkt, die für das Bearbeiten der Aufgabe hilfreich sein könnten. Wird etwas gefunden, das in Beziehung zur Aufgabe steht, lesen die Schüler im unmittelbaren Umfeld weiter. D. h., die weitere Auswahl basiert auf einem *lageorientierten Auswahlschema*, bei dem hilfreiche Informationen für die Aufgabe in unmittelbarer Nachbarschaft zu dem Ausschnitt vermutetet werden, der in einem inhaltlichen Zusammenhang mit der Aufgabe steht.

Das *salienzorientierte Bearbeiten von Aufgaben* lässt sich also durch die Kombination eines *salienz-* und eines *lageorientierten Auswahlschemas* kennzeichnen. Abbildung 49 zeigt ein Flussdiagramm, das die Struktur des *salienzorientierten Bearbeitens von Aufgaben* veranschaulicht.

Anhand der zugrunde gelegten Fälle zeigt sich, dass das *salienzorientierte* Gebrauchsschema insbesondere im Zusammenhang mit buchunabhängigen Aufgaben zu beobachten ist. In den Daten lassen sich aber auch einzelne Fälle finden, bei denen die Nutzung des Buches im Zusammenhang mit Aufgaben aus dem Buch auf das *salienzorientierte Bearbeiten von Aufgaben* zurückgeführt werden kann (z. B. Vivian, LK). Außerdem zeigt sich die Nutzung des Buches nach diesem Gebrauchsschema bei Hausaufgaben (Eva-Maria, 6a) sowie bei Aufgaben im Unterricht (Christian, 6a; Adam, 6a). Am Beispiel von Eva-Marias (6a) Nutzung wird außerdem deutlich, dass dieses Gebrauchsschema nicht an die *allgemeine Lehrervermittlung* gebunden sein muss. Die Auswahl der Fälle zeigt weiterhin eine Unabhängigkeit von Alter, von der Lerngruppe und vom verwendeten Buch.

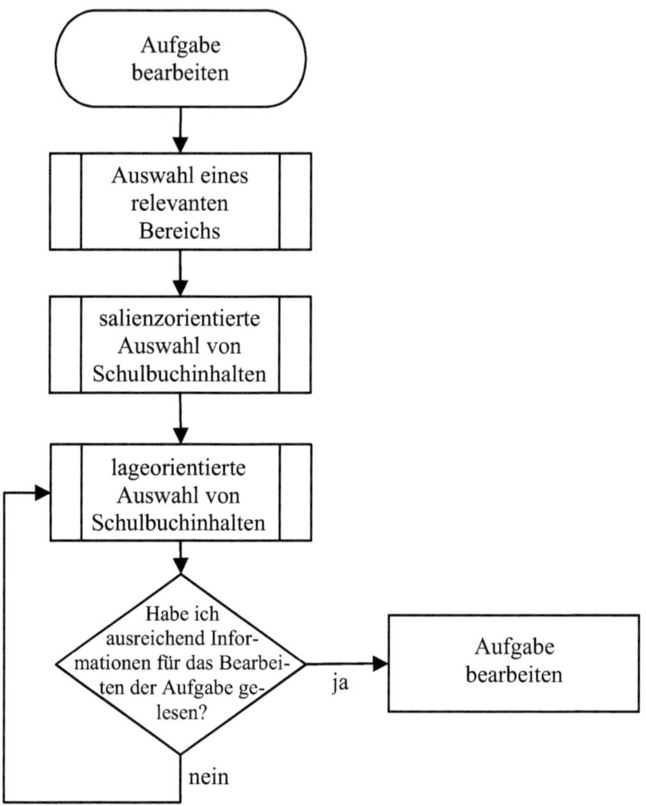

Abbildung 49:   Flussdiagramm des Handlungsschematyps ‚salienzorientiertes Bearbeiten von Aufgaben'

Anhand der Daten lässt sich erkennen, dass Abbildungen häufig Gegenstand *salienzorientierter* Auswahlen sind. Da Abbildungen sich gut vom Umfeld absetzen, eignen sie sich auch besonders für das *salienzorientierte Auswahlschema*.

Das *salienzorientierte* Gebrauchsschema im Zusammenhang mit dem *Bearbeiten von Aufgaben* lässt sich aber nicht nur in Verbindung mit Abbildungen beobachten. Es erklärt auch Nutzungen, bei denen sich die Auswahl anscheinend an bestimmten Begriffen orientiert. Jennifer (LK) beginnt z. B. bei einen *Kasten mit Merkwissen* zu lesen, der mit „Cramer'sche Regel" überschrieben ist, um sich „zu Erinnern, was Cramer'sche Regel ist". Diese Nutzung steht im Zusammenhang mit einer Aufgabe, die lautet:

Lösen Sie das LGS mit der Cramer'schen Regel, wenn es genau eine Lösung hat. (Baum *et al.* 2001, S. 19)

Der weiter oben dargestellte Handlungsschematyp *Nachschlagen* konnte auch im Zusammenhang mit dem Ziel des Lösens der Aufgabe beobachtet werden (vgl. Leopold, GK; Judith, GK; Tom, LK). Er stellt aufgrund der für ihn charakteristischen *salienzorientierten Auswahl* innerhalb des relevanten Bereichs ein Sonderfall des *salienzorientierten Bearbeitens von Aufgaben* dar, bei dem die Auswahl des relevanten Bereichs immer *begriffsorientiert* erfolgt.

Neben den drei Handlungsschematypen in Verbindung mit dem Ziel, die Aufgabe zu lösen, konnte ein Handlungsschematyp mit dem Ziel des Kontrollierens der Lösung der bearbeiteten Aufgabe festgestellt werden. Er wird im folgenden Abschnitt dargestellt.

Handlungsschematypen mit dem Ziel ‚Lösungen kontrollieren'

Die Nutzung des Buches in der Phase der „Rückschau" (Pólya 1949, S. 28) ist relativ selten in den Daten dokumentiert. Es konnte ein Handlungsschematyp im Zusammenhang mit dieser Phase gebildet werden. Das Ziel dieses Handlungsschematyps besteht darin, die Lösung der Aufgabe zu kontrollieren. Er wird im Folgenden dargestellt.

Lösung Kontrollieren

Am Beispiel des individuellen Gebrauchsschemas von Merle (6k) zeigt sich, dass Schüler *Selbstkontrollmöglichkeiten* im Zusammenhang mit dem *Bearbeiten von Aufgaben instrumentalisieren*. Merle (6k) nutzte eine *Selbstkontrollmöglichkeit*, die sich direkt neben einer lehrervermittelten Aufgabe in der Randspalte befindet. Ebenso wie Merle (6k) nutzt auch Emma (6k) dieses Element. Am Beispiel des individuellen Gebrauchsschemas von Lilli (6k) zeigt sich, dass sie Lösungen, die sich am Ende des Buches befinden, nicht nutzt, obwohl sie im Interview bestätigt, dass sie von der Existenz der Lösungen weiß.

   Aufgrund dieser Beobachtungen in den Daten ließe sich schließen, dass Merle (6k) und Emma (6k) die *Selbstkontrollmöglichkeit* zu den Aufgaben nutzen, weil sie sich direkt neben der Aufgabe befindet und durch farbige, unregelmäßig angeordnete Karten optisch hervorgehoben ist. Die Auswahl würde in diesem Fall auf ein *salienzorientiertes Schema* zurückgeführt, bei dem die optische Hervorhebung der *Selbstkontrollmöglichkeit* die Aufmerksamkeit der Schüler im Sinne eines Bottom-Up-Prozesses auf sich zieht. Da jedoch einerseits nur zwei Schülerinnen der Klasse die *Selbstkontrollmöglichkeit* nutzen und andererseits zwei Schülerinnen aus dem Leistungskurs (vgl. Leonie, LK; Yvonne, LK) die Nutzung von Lösungen am Ende des Buches im Zusammenhang mit der Nutzung von *lerneinheitenübergreifenden Aufgaben* dokumentieren, kann die Nutzung der Lösungen nicht allein auf die Salienz zurückzuführen sein. Vielmehr muss das Angebot der Selbstkontrolle auf das Interesse bei den Schülern treffen, die eigenen Lösungen selbst zu evaluieren. Daher ist anzunehmen, dass dieser Handlungsschematyp durch die allgemeine Disposition bedingt ist, Verantwortung für den eigenen Lernprozess zu übernehmen. Auf diese Disposition lässt sich z. B. anhand von Emmas (6k) Aussagen im Interview schließen:

> SR: Und hilft dir jemand dabei, beim Aussuchen?
> Emma: Nö, eigentlich nicht, das entscheid' ich spontan eigentlich.
> [...]   [...]
> SR: Und kontrolliert irgendjemand die Ergebnisse dann von dem Rechnen?
> Emma: Nö, eigentlich nich'.

Den Aussagen zufolge verwendet Emma (6k) ihr Mathematikbuch selbstreguliert zum *Festigen*. Diese Eigenverantwortung, die Emma (6k) für ihren Lernprozess übernimmt, ist möglicherweise Grund dafür, dass sie an einer Selbsteinschätzung ihres Lernerfolgs interessiert ist und daher die *Selbstkontrollmöglichkeit* zur Evaluation ihrer Lösungen nutzt. Aufgrund dieser Überlegung wird davon ausgegangen, dass das *Lösungen kontrollieren* nicht unbedingt auf ein *salienzorientiertes Auswahlschema* zurückzuführen ist, sondern auf folgendem *belief-in-action* basiert:

> Durch das Kontrollieren der Lösungen kann ich meinen Lernerfolg selbst einschätzen.

Damit wird die Nutzung der *Selbstkontrollmöglichkeit* einerseits abhängig von diesem *belief-in-action* und andererseits vom Vorhandensein des Strukturelements. Dieser *belief-in-action* ist auf das Strukturelement gerichtet, das ermöglicht, die Lösungen zu kontrollieren. Daher lässt es sich auf ein *elementorientiertes Auswahlschema* zurückführen. Auf diesen *belief-in-action* lässt sich auch die Nutzung von *Lösungen* am Ende des Buches zurückführen, die von zwei Schülerinnen im Leistungskurs dokumentiert wurde. Die Struktur des Handlungsschematyps *Lösungen kontrollieren* lässt sich durch folgendes Flussdiagramm veranschaulichen:

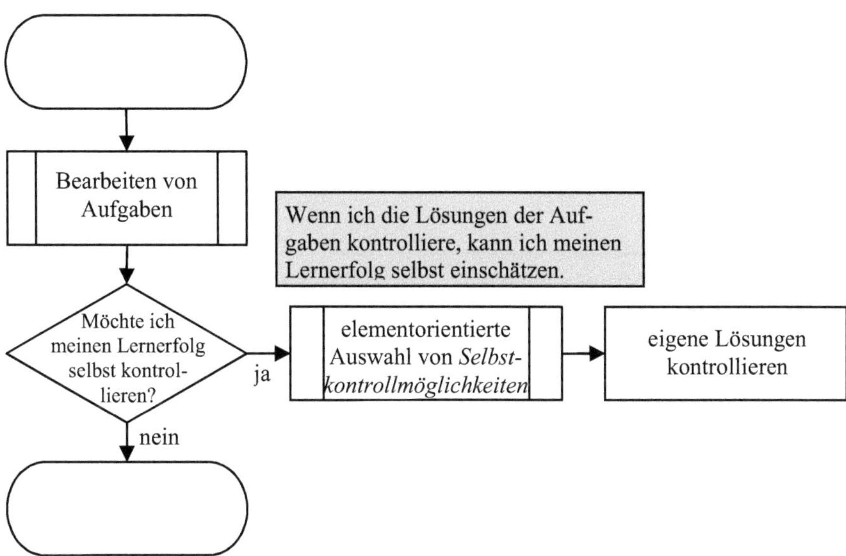

Abbildung 50: Flussdiagramm des Handlungsschematyps ‚Lösungen-
Kontrollieren'

Die Nutzung von *Selbstkontrollmöglichkeiten* ist zwangsläufig an Aufgaben aus
dem Buch gebunden. Sie zeigte sich in beiden Altersstufen, in unterschiedlichen
Lerngruppen, im Zusammenhang mit Hausaufgaben und Aufgaben aus dem
Unterricht sowie in Verbindung mit unterschiedlichen Büchern. Ein Zusammenhang mit Lehrervermittlung lässt sich nicht feststellen.

Fazit

Im Rahmen der Tätigkeit *Bearbeiten von Aufgaben* konnten insgesamt 5 Handlungsschematypen gebildet werden, die mit drei unterschiedlichen Zielen verbunden sind. Diese Ziele sind:

1. Verstehen des Aufgabentextes;
2. Lösen der Aufgabe;
3. Kontrollieren der Lösungen

Eine Zusammenstellung der Handlungsschematypen in Verbindung mit diesen drei Zielen, den jeweils zugrunde liegenden Auswahlschemata sowie den jeweiligen Nebenbedingungen gibt die folgende Übersicht.

Ziel	Handlungs-schematyp	zugrundeliegende Auswahlschema-typen	Abhängigkeit von Neben-bedingungen
Verstehen des Aufgabentextes	Nachschlagen	begriffsorientierte Auswahl eines relevanten Bereichs; salienzorientierte Auswahl	keine
Lösen der Aufgabe	elementorientiertes Bearbeiten von Aufgaben	elementorientierte Auswahl	keine
	lageorientiertes Bearbeiten von Aufgaben	lageorientierte Auswahl	keine
	salienzorientiertes Bearbeiten von Aufgaben	salienzorientierte Auswahl	keine
	Nachschlagen	begriffsorientierte Auswahl eines relevanten Bereichs; salienzorientierte Auswahl	keine
Kontrollieren der Lösung	Lösungen kontrollieren	elementorientierte Auswahl	Aufgaben aus dem Buch

Tabelle 16: Übersicht über die Handlungsschematypen im Zusammenhang mit dem Bearbeiten von Aufgaben

5.2.2.2 Handlungsschematypen im Zusammenhang mit dem *Festigen*

Im Zusammenhang mit den Kodierregeln für die Schülerkommentare (vgl. Abschnitt 4.4.4.6) wurde erörtert, dass Schüler mit Nutzungen ihres Schulbuches, die sie mit den Tätigkeitsverben ‚üben', ‚wiederholen', ‚lernen' und ‚vorbereiten' beschreiben, ein gemeinsames Ziel verfolgen: die Verbesserung ihrer Fähigkeiten. Aus diesem Grund wurden sämtliche Nutzungen, die mit diesen Tätigkeitsverben beschrieben wurden, einer Tätigkeit – dem *Festigen* – zugeordnet.

Sowohl in den Daten zur Schulbuchnutzung als auch in den Daten der Befragung zu den vier Tätigkeiten ‚Üben', ‚Wiederholen', ‚Lernen' und ‚Vorbereiten' zeigte sich, dass die Bezeichnung ‚Üben' überwiegend an die *Instrumentalisierung* von Aufgaben gebunden ist und sich die Bezeichnung ‚Wiederholen' sowohl auf Aufgaben als auch auf inhaltsvermittelnde Elemente des Mathematikbuches bezieht. Handlungsschematypen, die in Verbindung mit der *Instrumentalisierung* von Aufgaben beobachtet werden können, werden daher im Folgenden *Übeschematypen* genannt. Dagegen werden Handlungsschematypen, die im Zusammenhang mit der *Instrumentalisierung* inhaltsvermittelnder Elemente im Schulbuch auftreten, als *Wiederholungsschematypen* bezeichnet.

Bei der Darstellung wird ebenso wie im Zusammenhang mit den Handlungsschematypen des *Bearbeitens von Aufgaben* auf Nebenbedingungen der Nutzung eingegangen. Es handelt sich dabei um die vier Nebenbedingungen

1. Alter,
2. Lerngruppenzugehörigkeit bzw. Lehrer,
3. Lehrervermittlung,
4. verwendetes Buch.

Im Gegensatz zum *Bearbeiten von Aufgaben* konnte eine Nutzung des Buches zum *Festigen* nicht im Unterricht beobachtet werden. Diese Nutzungen finden also grundsätzlich außerhalb des Unterrichts statt.

Im Folgenden wird auf verschiedene *Übe-* und *Wiederholungsschematypen* eingegangen, die auf Grundlage der rekonstruierten individuellen *Instrumentierungen* des Mathematikbuches gebildet werden konnten, sowie auf die Nebenbedingungen, an die sie gebunden sind.

Übeschematypen

Sowohl in der Befragung der Schüler zu den Tätigkeiten ‚Üben', ‚Wiederholen', ‚Lernen' und ‚Vorbereiten' als auch in den Daten zur Nutzung des Schulbuches lässt sich die Tendenz erkennen, dass zum ‚Üben' insbesondere Aufgaben verwendet werden. Die im Folgenden dargestellten *Übeschematypen* sind also grundsätzlich durch ein *elementorientiertes Auswahlschema* gekennzeichnet. Über die Feststellung hinaus, dass Schüler Aufgaben zum *Üben* auswählen, ist von Interesse, wie Schüler die Aufgaben jeweils auswählen. Bei der Bildung von *Übeschematypen* ist demnach die Frage von Interesse, ob sich neben der *elementorientierten Auswahl* weitere Auswahlschemata beobachten lassen. Es zeigt sich, dass Schüler Aufgaben entweder *lageorientiert* oder *salienzorientiert* auswählen. Die beiden Handlungsschematypen werden daher als *lage-* bzw. *salienzorientiertes Üben* bezeichnet. Beide werden im Folgenden näher erläutert.

Lageorientiertes Üben

In den individuellen Gebrauchsschemata von Emma (6k) und Beatrice (GK) im Zusammenhang mit dem Festigen zeigt sich als gemeinsamer Baustein, dass lehrervermittelte Aufgaben erneut bearbeitet werden. Emmas (6k) wiederholte Nutzung von lehrervermittelten Aufgaben wurde auf den folgenden *belief-in-action* zurückgeführt:

> Zum Üben ist es sinnvoll die Aufgaben aus dem Unterricht zu wiederholen und solche, die diesen Aufgaben ähneln.

Der *belief-in-action*, auf den Beatrices (GK) wiederholte Nutzung von lehrervermittelten Aufgaben zurückgeführt wurde, lautet:

> Als Vorbereitung auf eine Klausur ist es sinnvoll, die lehrervermittelten Aufgaben zu wiederholen.

Jennifer (LK) nutzte zur Vorbereitung auf die Klausur nicht die Aufgaben, die bereits zuvor bearbeitet wurden, sondern einerseits Aufgaben, die der Lehrer zur Vorbereitung auf die Klausur empfohlen hat. Diese Nutzung kann auf den folgenden *belief-in-action* zurückgeführt werden:

> Zum Üben für die Klausur ist es sinnvoll, die Aufgaben zu bearbeiten, die der Lehrer zu diesem Zweck vermittelt hat.

Andererseits nutzte Jennifer (LK) Aufgaben im Umfeld von lehrervermittelten Aufgaben oder solche, die eine Ähnlichkeit zu lehrervermittelten Aufgaben aufweisen. Diese Nutzung lässt sich durch den folgenden *belief-in-action* kennzeichnen:

> Zur Vorbereitung auf die Klausur ist es sinnvoll, Aufgaben zu bearbeiten, die so ähnlich sind wie die, die der Lehrer vermittelt hat.

Ebenso wie Jennifer (LK) bearbeitet Lilli (6k) Aufgaben, die der Lehrer zum *Festigen* empfohlen hat. Lilli (6k) hat sich im Gegensatz zu Jennifer (LK) diese Empfehlung jedoch selbst erfragt. Ihr Gebrauchsschema wurde auf den folgenden *belief-in-action* zurückgeführt:

> Zum Lernen ist es sinnvoll, den Lehrer zu fragen, was sich für diesen Zweck eignet.

Allen fünf *beliefs-in-action* ist gemeinsam, dass sie sich auf die Vermittlung des Lehrers beziehen. Die *Lehrervermittlung* ist in allen fünf Fällen das entscheidende Kriterium bei der Auswahl von Aufgaben zum *Festigen*. Es werden jeweils Aufgaben ausgewählt, die der Lehrer selbst vermittelt hat, oder solche, die diesen ähnlich sind. Alle fünf *beliefs-in-action* lassen sich in folgendem zusammenfassen:

> Zum Üben eignen sich besonders Aufgaben, die der Lehrer vermittelt hat, oder Aufgaben, die diesen ähnlich sind.

Aufgaben, die der Lehrer vermittelt hat, können dabei sowohl Aufgaben sein, die im Unterricht bearbeitet wurden als auch Aufgaben, die der Lehrer zum Üben empfohlen hat.

Der *belief-in-action* dieses *Übeschemas* hat zur Folge, dass die *Instrumentalisierung* des Buches zum Üben davon abhängig ist, dass der Lehrer Aufgaben im Schulbuch vermittelt. In den Daten lässt sich erkennen, dass einige Schüler nur dann üben, wenn der Lehrer durch die Verwendung von Aufgaben im Schulbuch einen Orientierungspunkt gibt: In der Klasse 6a verwendet der Lehrer hauptsächlich Aufgaben, die nicht aus dem Buch sind. Erst gegen Ende der Beobachtungsphase, als er die Aufgaben Nr. 2, 3 und 4 auf S. 192 aus dem Buch bearbeiten lässt, übt u. a. Maria (6a) anhand von 8 weiteren Aufgaben auf den Seiten 192-194. In diesem Zusammenhang ist daher die Nutzung des Artefakts durch den Lehrer ein *finalization-constraint*, der die Nutzung durch den Schüler beeinflusst. Wenn der Lehrer keine Aufgaben im Buch vermittelt, verwenden einige Schüler das Buch nicht zum Üben.

Dieses Übeschema hat auch zur Folge, dass Schüler nur Aufgaben aus den Aufgabenteilen selbständig auswählen, aus denen der Lehrer Aufgaben verwendet. Aufgaben aus gesonderten Aufgabenteilen, die in Schulbüchern speziell für selbständiges Üben enthalten sind und deren Lösungen im Schulbuch enthalten sind, werden von Schülern, die nach diesem Schema üben, nicht genutzt. Nur im Leistungskurs nutzten sechs Schüler (Leonie, Selin, Simon, Yvonne, Jennifer, Reni) Aufgaben aus Strukturelementen, zu denen die Lösungen der Aufgaben im Buch enthalten sind, zur Vorbereitung auf die Klausur. Im Grundkurs wurde dieses Strukturelement dagegen von keinem einzigen Schüler zur Vorbereitung auf die Klausur genutzt. Da Grundkurs und Leistungskurs sowohl von anderen Lehrern unterrichtet wurden als auch andere Bücher verwendeten, lassen sich hier leider keine Rückschlüsse auf mögliche Ursachen ziehen.

Im Zusammenhang mit Emmas (6k) individuellem *Übeschema* wurde diskutiert, ob die Auswahl von ähnlichen Aufgaben auf einem *lageorientierten* Auswahlschema beruht, oder ob Emma (6k) wie Jennifer (LK) auf der Grundlage anderer Kriterien auf die Ähnlichkeit der Aufgaben schließt (vgl. Abschnitt 5.1.1). Ein Vergleich sämtlicher Nutzungen zum *Üben* zeigt, dass Schüler in der Regel Aufgaben aus dem direkten Umfeld der lehrervermittelten Aufgaben auswählen. Außer bei Emma (6k) kann dieses Schema noch bei Anastasia (6k), Helena (6k), Maria (6a), Marcel (6a), Dominik (6a), Leopold (GK 12), Jennifer (LK 12) beobachtet werden sowie bei Carsten (GK), Nicola (GK), Charlotte (LK 12) und Antonia (LK 12) im Rahmen der Klausurvorbereitung. Daher wird angenommen, dass Schüler üblicherweise von der Lage der Aufgaben auf deren Ähnlichkeit schließen. D. h., die Auswahl der Aufgaben beruht typischerweise auf einem *lageorientierten Auswahlschema*. Emmas (6k) weiter oben dargestellte *Instrumentierung* des Buches zum *Üben* (vgl. Abschnitt 5.1.1) ist daher prototypisch für das *lageorientierte Üben*. Die gezielte Auswahl von Aufgaben aufgrund von Ähnlichkeiten, wie sie bei Jennifer (LK) rekonstruiert werden konnte, ist daher als Sonderfall anzusehen.

Dieser *Übeschematyp* ist dadurch gekennzeichnet, dass die Auswahl der Aufgaben aus dem Buch entweder überhaupt nicht auf einem Auswahlschema der Schüler basiert, da es sich um eine durch den Lehrer vermittelte Auswahl der Aufgaben handelt, oder die Auswahl ist zumindest an der lehrervermittelten Elementen orientiert

Die Aufzählung der Schüler, die nach einem *lageorientierten Übeschema* üben, zeigt, dass die Schüler allen vier untersuchten Lerngruppen angehören. Damit einher geht, dass sich das *lageorientierte Übeschema* beiden Altersgruppen und in Verbindung mit unterschiedlichen Büchern beobachten ließ. Im Geltungsrahmen der Studie lässt sich also behaupten, dass es sich um eine vom Alter, vom Lehrer und vom verwendeten Mathematikbuch unabhängige *Instrumentierung* des Mathematikbuches zum *Üben* durch Schüler handelt.

Die Struktur des *lageorientierten Übeschemas* lässt sich insgesamt durch folgendes Flussdiagramm darstellen:

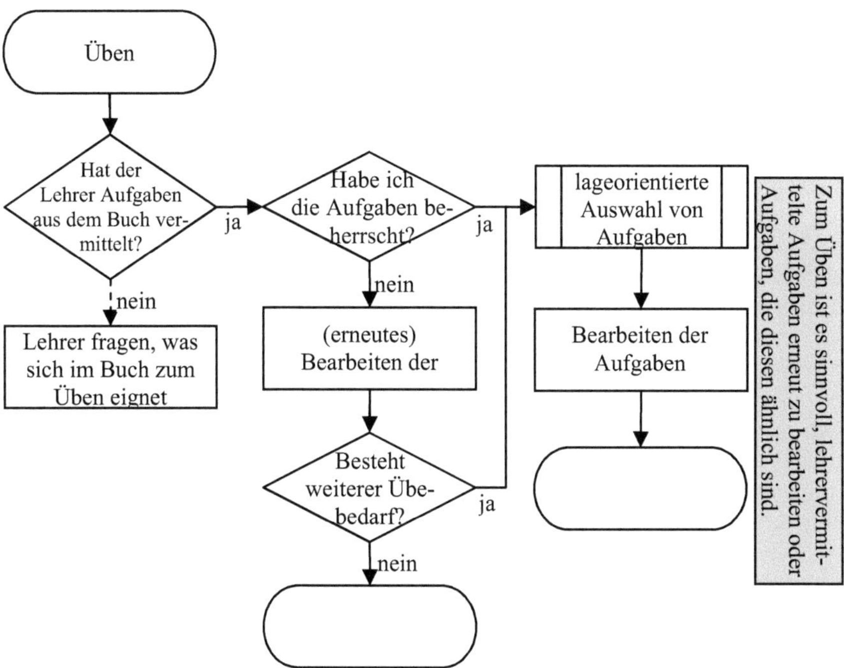

Abbildung 51: Flussdiagramm des Handlungsschematyps ‚lageorientiertes Üben'

Es ist zu vermuten, dass dieses *Übeschema* durch die aufgabendidaktische Struktur der Mathematikbücher bedingt ist, die für die Struktur deutscher Mathematikbücher kennzeichnend ist (vgl. Abschnitt 3.2). Gerade die Zusammenfassung von Aufgaben desselben Aufgabentyps in einer Lerneinheit, sowie die paradigmatische Lösung einer Aufgabe dieses Typs sind aufgabendidaktische Charakteristika von Mathematikbüchern, die sich die Schüler bei der Auswahl nach einem *lageorientierten Auswahlschema* zunutze machen. In diesem Sinne ist die aufgabendidaktische Struktur der Bücher im Zusammenhang mit diesem

Schema als *affordance* des Mathematikbuches anzusehen, da es die *lageorientierte Auswahl* von Aufgaben desselben Typs ermöglicht.

Salienzorientiertes Üben

Die Auswahl einer Aufgabe zum *Üben* von Jennifer (LK) (vgl. Abschnitt 0) konnte auf ein *salienzorientiertes Auswahlschema* zurückgeführt werden, bei dem bestimmte äußere Eigenschaften der Aufgabe Jennifers (LK) Aufmerksamkeit bei der Auswahl lenken. Jennifers (LK) Nutzung des Buches zum *Üben* wird als Prototyp des *salienzorientierten Übens* angesehen.

Aufgrund der inhaltlichen und äußeren Übereinstimmung der von Jennifer (LK) ausgewählten Aufgabe zu einer lehrervermittelten Aufgabe lässt sich schließen, dass Jennifers (LK) Ziel darin bestand, eine Aufgabe auszuwählen, die der lehrervermittelten Aufgabe ähnlich ist. Das *salienzorientierte Übeschema* ist also grundsätzlich durch den gleichen *belief-in-action* gekennzeichnet, wie das *lageorientierte Übeschema*. Beide beziehen sich auf eine Auswahl von Aufgaben, die lehrervermittelten Aufgaben ähnlich sind. Der Unterschied besteht jedoch in den Kriterien, auf deren Grundlage auf die Ähnlichkeit der Aufgaben geschlossen wird. Beim *lageorientierten Übeschema* wird von der Lage der Aufgaben auf deren Ähnlichkeit geschlossen, beim *salienzorientierten Übeschema* basiert dieser Schluss auf äußeren Ähnlichkeiten.

Die Auswahl von ähnlichen Aufgaben auf der Grundlage eines *salienzorientierten Auswahlschemas* erfordert eine Orientierung an der lehrervermittelten Aufgabe. Die lehrervermittelte Aufgabe bildet demnach den Ausgangspunkt der Suche. Daraus lässt sich schließen, dass die Auswahl des relevanten Bereiches grundsätzlich *vermittlungsorientiert* ist.

Im Zusammenhang mit dem *lageorientierten Üben* wurde bereits darauf eingegangen, dass Jennifers (LK) Auswahl von Aufgaben aufgrund von äußeren Ähnlichkeiten eine Ausnahme darstellt. In den vorliegenden Daten ist eine *salienzorientierte Auswahl* von Aufgaben zum Üben im Sinne eines Top-Down-Prozesses nur bei Jennifer (LK) und David (6k) rekonstruierbar. Aufgrund der Zugehörigkeit zu unterschiedlichen Lerngruppen und unterschiedlichen Jahrgangsstufen dieser beiden Schüler lässt sich die Hypothese aufstellen, dass dieser Handlungsschematyp unabhängig vom Lehrer und vom Alter ist. Da eine *salienzorientierte Auswahl* im Sinne eines Top-Down-Prozesses grundsätzlich an der Aufgabe und nicht an besonderen Eigenschaften des Buches orientiert ist, ist zu vermuten, dass dieses Schema auch nicht vom Strukturtyp des Buches abhängt.

Abbildung 52 zeigt ein Flussdiagramm, das die Struktur des *salienzorientierten Übens* veranschaulicht:

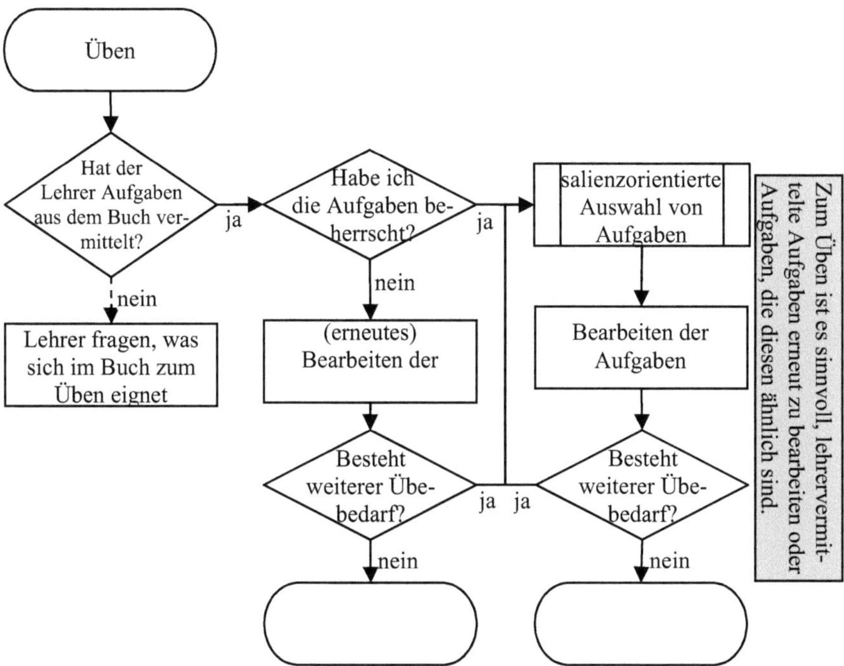

Abbildung 52: Flussdiagramm des salienzorientierten Übeschematyps

Wiederholungsschematypen

Ebenso wie im Zusammenhang mit dem *Üben* lassen sich auf der Grundlage der individuellen *Instrumentierungen* durch Fallkontrastierung *Wiederholungsschematypen* bilden. Im Gegensatz zu den *Übeschematypen* sind diese nicht grundsätzlich mit einem bestimmten Strukturelementtyp verbunden.

Anhand der individuellen Nutzungen konnten insgesamt zwei *Wiederholungsschematypen* gebildet werden: das *elementorientierte Wiederholen* und das *Vertiefen*. Beide Handlungsschematypen werden im Folgenden näher erläutert.

Elementorientiertes Wiederholen

Beatrice (GK) nutzt zur Vorbereitung auf die Klausur nicht nur Aufgaben, sondern auch *Kästen mit Merkwissen*. Ihr Gebrauchsschema im Zusammenhang mit der Tätigkeit *Festigen* ist also nicht ein reines *Übeschema*, das allein an die *Instrumentalisierung* von Aufgaben gebunden ist. Während sich ihre Nutzung von Aufgaben durch das *Übeschema* erklären lässt, ist ihre Nutzung der *Kästen mit Merkwissen* mit dem individuellen Gebrauchsschema Lauras (6k) vergleichbar, das prototypisch für das *elementorientierte Wiederholen* ist.

Laura (6k) *instrumentalisiert* regelmäßig *Kästen mit Merkwissen*. Die *Kästen mit Merkwissen*, die sie nutzt, stehen nicht nur im Zusammenhang mit dem jeweils aktuellen Unterrichtsthema, sondern beziehen sich auch auf frühere Themen. Laura (6k) begründet ihre Nutzung damit, dass sie sich „öfters nochmal Regeln durchlese". Im Interview gibt sie auf die Frage, warum sie sich öfters noch einmal Regeln durchlese, folgende Erläuterung:

> Ehm, dass ich das nich vergesse wieder und ehm halt die im Buch die Regeln sind auch gut aufgeschrieben und dann les' ich mir die öfters durch.

In ihrer Erklärung nennt Laura (6k) explizit den *belief-in-action*, der ihr Gebrauchsschema kennzeichnet:

Die Regeln im Buch sind gut aufgeschrieben.

Auch das Ziel, das mit ihrem Gebrauchsschema verbunden ist, wird in ihrer Erklärung deutlich: Sie möchte die Regeln nicht vergessen, d. h. sie möchte sie sich einprägen. Da Laura (6k) sich fast immer, wenn sie das Buch nutzt, ausschließlich die Regeln durchliest, lässt sich auf einen weiteren *belief-in-action* schließen, der Lauras (6k) Gebrauchsschema bestimmt:

Mathematiklernen bedeutet sich die Regeln einzuprägen.

Beide *beliefs-in-action* bestimmen ihre Handlungsregel: Wenn ich Mathematik lerne, dann präge ich mir die Regeln im Buch ein.

Anhand von einer weiteren Nutzung kann darauf geschlossen werden, dass Lauras (6k) Gebrauchsschema an die visuelle Gestaltung des Strukturelements gebunden ist. Neben den *Kästen mit Merkwissen* nutzt sie eine „Info" (Hußmann *et al.* 2006, S. 141), die ebenfalls durch einen Kasten optisch hervorgehoben ist und begründet mit einer analogen Formulierung, wie bei den *Kästen mit Merkwissen*: „Maßstäbe lese ich mir öfters durch". Der Kasten, den sie nutzt, trägt die

Überschrift „Maßstäbe" (Hußmann *et al.* 2006, S. 141) und thematisiert Karten-maßstäbe. Der Name des Strukturelements ist jedoch „Info" (Hußmann *et al.* 2006, S. 141). Ihre Nutzung dieses Kastens in Verbindung mit ihrer Erläuterung deutet darauf hin, dass Lauras (6k) Auswahl sich an der typographischen Ge-staltung orientiert. Sie wählt durch Kästen optisch hervorgehobene Ausschnitte im Mathematikbuch aus.

Der Vergleich mit weiteren Fällen zeigt[47], dass die *elementorientierte* Nut-zung von *Kästen mit Merkwissen* als typisches *Wiederholungsschema* angesehen werden kann. Charlotte (LK) gibt im Interview an, dass sie die *Kästen mit Merkwissen* nutzt, „weil halt in den Kästen normalerweise wie gesagt also immer die wichtigsten Sachen noch mal drin zusammengefasst sind" (Charlotte, LK). Diese Aussage verweist direkt auf Charlottes (LK) *belief-in-action:*

> In den *Kästen mit Merkwissen* sind die wichtigsten Inhalte eines The-mas zusammengefasst.

Dieser *belief-in-action* bezieht sich ebenso wie der erste *belief-in-action* Lauras (6k) auf bestimmte qualitative Eigenschaften des Strukturelements *Kasten mit Merkwissen.* Auf der Grundlage dieser *beliefs-in-action* kann bei beiden auf ein *elementorientiertes Auswahlschema* geschlossen werden. Ebenso wie Laura (6k) schließt Charlotte (LK) ausgehend von diesem *belief-in-action,* dass es sinnvoll ist, die *Kästen mit Merkwissen* zu nutzen. Dies bringt sie im Interview explizit zum Ausdruck:

> Ich dachte einfach, weil die Kästen, das is ... sind ja immer so wichtige Sachen, und da dacht' ich naja, kann ich mir das ja auch noch mal durchlesen (Charlotte, LK).

Das was Charlotte (LK) als ‚wichtige Sachen' bezeichnet, nennt Laura (6k) ex-plizit ‚Regeln'. Aufgrund von Lauras (6k) zweitem *belief-in-action* kann davon ausgegangen werden, dass Laura (6k) Regeln für die ‚wichtigen Sachen' im Zusammenhang mit dem Lernen von Mathematik hält. Anderenfalls würde sie sich kaum die Mühe machen, sich die Regeln einzuprägen. Charlottes (LK) *belief-in-action* kann daher als Verallgemeinerung von Lauras (6k) *belief-in-action* angesehen werden. Charlottes (LK) *belief-in-action* wird daher als der zentrale *belief-in-action* des *Wiederholungsschemas* angesehen, das an die *Instrumentalisierung* von *Kästen mit Merkwissen* gebunden ist.

---

[47] Steffen (6a), Lisa (6k), Bianca (6k), Oliver (6k), Helena (6k), Leopold (GK), Sarah (GK), Marius (GK), Nicola (GK), Gabriela (GK), Selin (LK), Melinda (LK), Charlotte (LK), Jennifer (LK), Antonia (LK).

Die *elementorientierte Auswahl* von Schulbuchinhalten zum *Wiederholen* lässt sich nicht nur auf der Ebene der *Mikrostruktur* beobachten, sondern auch auf *mesostruktureller* Ebene. Vereinzelt nutzen Schüler zum *Wiederholen lerneinheitenübergreifende Zusammenfassungen* und *lerneinheitenübergreifende Aufgaben*[48], die speziell zum Üben und Wiederholen für Schüler gedacht sind. Zu den lerneinheitenübergreifenden Aufgaben gibt es Lösungen am Ende des Buches (vgl. Baum *et al.* 2001, S. 5), die von einigen Schülern auch genutzt werden.

Die Nutzung dieser Strukturelemente der Mesostruktur ist relativ selten in den Daten der vorliegenden Studie dokumentiert. Sie findet sich bei Leonie (LK), Selin (LK), Melinda (LK), Yvonne (LK) und Sarah (GK). Alle Nutzungen stehen im Zusammenhang mit der Vorbereitung auf eine Klausur.

Von der Nutzung der speziell für diesen Zweck gedachten Strukturelemente wird auf einen *belief-in-action* geschlossen, der sich speziell auf die Eigenschaften des Elements bezieht:

> Als Vorbereitung auf eine Klausur ist es sinnvoll, die *lerneinheitenübergreifenden Zusammenfassungen* und *Tests* zu den Inhalten der relevanten Kapitel zu nutzen.

Ebenso wie die Nutzung der Kästen mit Merkwissen ist dieser belief-in-action kennzeichnend für ein elementorientiertes Auswahlschema.

Dieser Handlungsschematyp wurde auf der Grundlage der individuellen *Instrumentierungen* von Laura (6k), Beatrice (GK), Sarah (GK), Selin (LK), Melinda (LK), Yvonne (LK) und Charlotte (LK) entwickelt. Diese Schüler gehören unterschiedlichen Jahrgangsstufen und verschiedenen Lerngruppen an, in denen Bücher unterschiedlicher Strukturtypen verwendet wurden. Daher ist eine Unabhängigkeit des Handlungsschematyps *elementorientiertes Wiederholen* von Alter, Lehrer und Buch anzunehmen. Eine Abhängigkeit von der Vermittlung des Lehrers konnte ebenfalls nicht festgestellt werden.

Insgesamt lässt sich die Struktur des *elementorientierten Wiederholens* durch das Flussdiagramm in Abbildung 53 darstellen:

---

[48] Im verwendeten Buch heißen diese Elemente „Rückblick" bzw. „Aufgaben zum Üben und Wiederholen" (Baum *et al.* 2001, S. 30f, 70f).

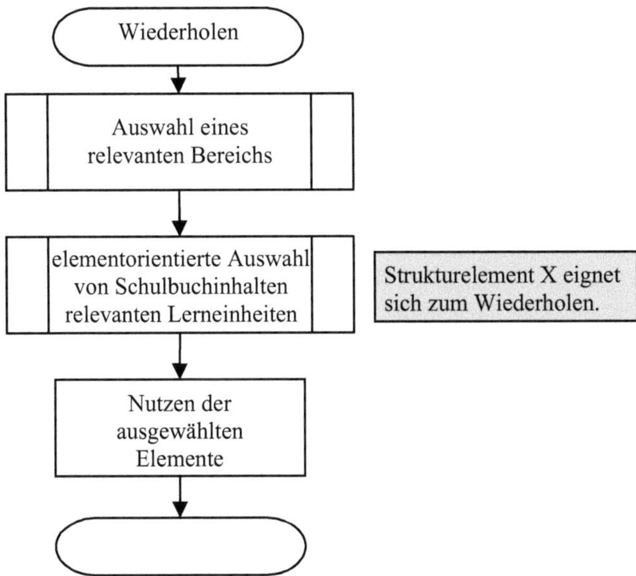

Abbildung 53: Flussdiagramm des Handlungsschematyps ‚elementorientiertes
Wiederholen'

Vertiefen

Die Nutzungen von Merle (6k), Clara (LK) und Charlotte (LK) zum *Festigen*
lassen nicht die *Instrumentalisierung* bestimmter Strukturelemente erkennen.
Diese Schülerinnen wählen verschiedene inhaltsvermittelnde Elemente des
Schulbuches zum *Wiederholen* aus, z. B. Lehrtextausschnitte und *Musterbei-*
spiele. Alle drei lesen auszugsweise die Lerneinheit zu einem Thema, das jeweils
aktuell im Unterricht behandelt wird. Clara (LK) liest sogar direkt im Unterricht
in der entsprechenden Lerneinheit. Charakteristisch ist, dass weder wiederholt
dasselbe Strukturelement, noch bevorzugt Areale mit einer erhöhten Stimulussalienz ausgewählt werden.

Das Ziel, das Merle (6k), Clara (LK) und Charlotte (LK) mit ihrem Gebrauchsschema verbinden, besteht darin, ihr Verständnis des jeweiligen Inhalts
zu vertiefen. Der Vergleich der drei individuellen Handlungsschemata[49] zeigt,

---

[49] vgl. Anhang 6- Der Anhang ist im Internet über die URL http://www.viewegteubner.de zugänglich.

dass sich alle drei durch die beiden folgenden *beliefs-in-action* kennzeichnen lassen:

> Im Mathematikbuch sind die Inhalte erklärt.
> Das Lesen von inhaltsvermittelnden Elementen im Buch kann dazu beitragen, die Inhalte besser zu verstehen.

Vergleichbare Nutzungen lassen sich auch in Verbindung mit Büchern des anderen Strukturtyps, u. a. bei Marcel (6a), Beatrice (GK) und Gabriela (GK), feststellen. Insgesamt lässt sich damit keine Abhängigkeit von Lehrer, Alter oder Buch feststellen. Eine Abhängigkeit von der Vermittlung des Lehrers lässt sich ebenfalls nicht beobachten. Die Struktur des Gebrauchsschematyps lässt sich wie folgt darstellen:

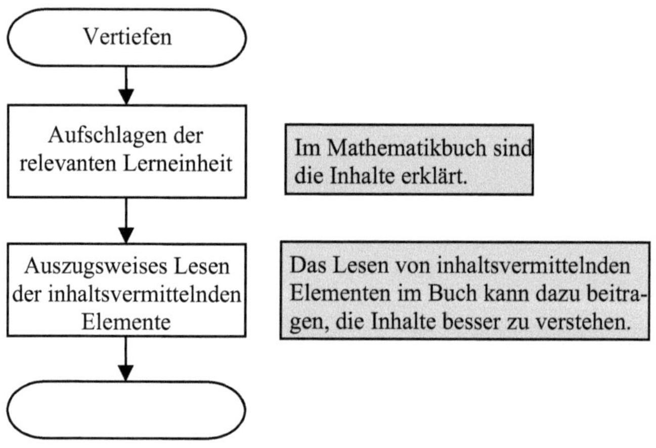

Abbildung 54: Flussdiagramm des Handlungsschematyps ‚Vertiefen'

Fazit

Insgesamt konnten vier Handlungsschematypen im Zusammenhang mit dem *Festigen* gebildet werden. Das übergeordnete Ziel, das mit allen vier Handlungsschematypen verbunden ist, besteht in der Verbesserung der mathematischen Kenntnisse und Fertigkeiten. Grundsätzlich konnten Handlungsschemata zum *Festigen* in zwei Kategorien unterteilt werden:

1. *Übeschemata*, die ausschließlich mit der *Instrumentalisierung* von Aufgaben verbunden sind und

2. *Wiederholungsschemata*, die vornehmlich auf inhaltsvermittelnde Strukturelementtypen gerichtet sind.

Der folgenden Übersicht können die jeweils charakteristischen Auswahlschemata sowie die jeweiligen Nebenbedingungen entnommen werden:

Ziel		Handlungsschematyp	zugrundeliegende Auswahlschematypen	Abhängigkeit von Nebenbedingungen
Verbessern mathematischer Kenntnisse und Fertigkeiten	Übeschematypen	lageorientiertes Üben	elementorientiert lageorientiert	Lehrervermittlung von Aufgaben aus dem Buch
		salienzorientiertes Üben	elementorientiert salienzorientiert	Lehrervermittlung von Aufgaben aus dem Buch
	Wiederholungsschematypen	elementorientiertes Wiederholen	elementorientiert	keine
		Vertiefen	nicht nachvollziehbar	keine

Tabelle 17: Übersicht über die Handlungsschematypen im Zusammenhang mit dem Festigen

5.2.2.3 Handlungsschematypen im Zusammenhang mit dem *Aneignen von Wissen*

In ihrem Aufsatz „Zur Theorie des Lehrbuchs" sprechen Griesel und Postel (1983) dem Mathematikbuch grundsätzlich ab, dass es zum selbständigen Erwerb von Wissen und Fertigkeiten für Schüler geeignet ist:

> Das Lehrbuch ist kein Lernprogramm im Sinne des programmierten Unterrichts, durch das sich der Schüler selbständig Wissen und Fertigkeiten aneignen kann. [...]

> Das Lehrbuch kann daher auch i. allg. nicht das Mittel sein, mit dem ein Schüler allein ohne andere Hilfe einen bestimmten Stoff nachholt, den er z. B. wegen Krankheit versäumt hat. (Griesel & Postel 1983, S. 288)

In den Daten der vorliegenden Studie zeigt sich, dass Schüler dennoch versuchen, das Mathematikbuch zu diesem Zweck zu instrumentalisieren. Im Zusammenhang mit der Kodierung der Schülerkommentare wurde erläutert, dass die Nutzung von Schulbuchinhalten, die entweder nicht im Unterricht behandelt wurden oder deren Behandlung im Unterricht von den Schülern versäumt wurde, als ein Merkmal der Tätigkeit *Aneignen von Wissen* angesehen wird. In dieser Hinsicht unterscheidet sich die Tätigkeit *Aneignen von Wissen* von der Tätigkeit *Festigen*.

Charlotte (LK) ist die einzige Schülerin im Rahmen der vorliegenden Studie, die das Buch zum „Nacharbeiten von verpasstem Unterricht" verwendet. In ihren Daten lassen sich keine Angaben über das Ziel ihrer Tätigkeit finden. Allgemein lässt sich jedoch annehmen, dass ihr Ziel darin besteht, neues Wissen zu erwerben, um ihr eigenes Wissen dem Wissen der Lerngruppe anzupassen.

Ebenfalls im Zusammenhang mit dem *Aneignen von Wissen* steht das Vorarbeiten, bei dem Schüler Lerneinheiten nutzen, deren Inhalte noch nicht Gegenstand des Unterrichts waren. In diesem Zusammenhang finden sich mehrere Nutzungen in den Daten der vorliegenden Studie:

- Merle (6k) nutzt das Buch „zum voraus-lernen"
- Mia (6k) verwendet es, weil sie es „schon mal vorher wissen wollte"

Auch bei diesen Schülerinnen wird das Ziel darin gesehen, sich neues Wissen anzueignen.

Im Zusammenhang mit dem *Aneignen von Wissen* konnten alle Nutzungen des Mathematikbuches zum Vorarbeiten anhand der Daten auf einen Handlungsschematyp zurückgeführt werden.

Zum Nacharbeiten ist in den Daten nur eine Nutzung dokumentiert (vgl. Charlotte, LK). Charlottes (LK) individuelles Handlungsschema entspricht jedoch einem erwarteten Vorgehen. Es wird daher als Prototyp des Nacharbeitens dargestellt.

Vorarbeiten

Merles (6k) Nutzung des Buches „zum voraus-lernen" wird als Prototyp des Handlungsschematyps *Vorarbeiten* angesehen. Es wird im Folgenden dargestellt.

Im Unterricht des 13.02.2007 und 15.02.2007 wird das Thema ‚Multiplizieren von Dezimalzahlen' behandelt. Merle (6k) nutzt am 15.02.2007 einen *Kasten mit Merkwissen* und die Randspalte aus der Lerneinheit „6 Dividieren von Dezimalzahlen" (Hußmann *et al.* 2006, S. 145), die auf die Lerneinheit mit dem Thema „5 Multiplizieren von Dezimalzahlen" (Hußmann *et al.* 2006, S. 142) folgt. Als Grund für ihre Nutzung gibt sie „zum voraus-lernen" an. Ausgehend von ihrer Nutzung kann auf folgende Handlungsregel geschlossen werden: Wenn ich wissen möchte, was als nächstes im Unterricht behandelt wird, dann schaue ich mir die Lerneinheit an, die an das aktuelle Thema anschließt. Diese Handlungsregel basiert auf folgendem *belief-in-action*:

> Der thematische Fortgang des Unterrichts folgt der Reihenfolge im Schulbuch.

Der Vergleich der Nutzungen von Merle (6k), Marius (GK) und Jennifer (LK) im Zusammenhang mit dem *Aneignen von Wissen* zeigt als Gemeinsamkeit, dass Ausschnitte aus der Lerneinheit *instrumentalisiert* werden, die an die Lerneinheit mit den jeweils aktuellen Unterrichtsinhalten angrenzt. Diese individuellen *Instrumentierungen* lassen sich also alle auf den folgenden *belief-in-action* zurückführen:

> Der Unterrichtsinhalt, der an den zuletzt behandelten anschließt, wird im Buch in der Lerneinheit behandelt, die an die zuletzt behandelte Lerneinheit angrenzt.

Dieser *belief-in-action* ist durch einen Schluss charakterisiert, bei dem anhand der Lage auf die Relevanz der gewählten Inhalte geschlossen wird. Die Auswahl von Schulbuchinhalten zum *Vorarbeiten* ist daher durch ein *lageorientiertes Auswahlschema* charakterisiert. Die Struktur des Handlungsschematyps *Vorarbeiten* lässt sich daher durch das Flussdiagramm in Abbildung 55 beschreiben.

Der Handlungsschematyp *Vorarbeiten* wurde auf Grundlage der individuellen *Instrumentierungen* von Merle (6k), Marius (GK) und Jennifer (LK) konstruiert. Alle drei Schüler gehören verschiedenen Jahrgangsstufen und Lerngruppen an, in denen Bücher unterschiedlichen Strukturtyps verwendet wurden. Eine Abhängigkeit von Alter, Lehrer oder Buch lässt sich daher nicht feststellen.

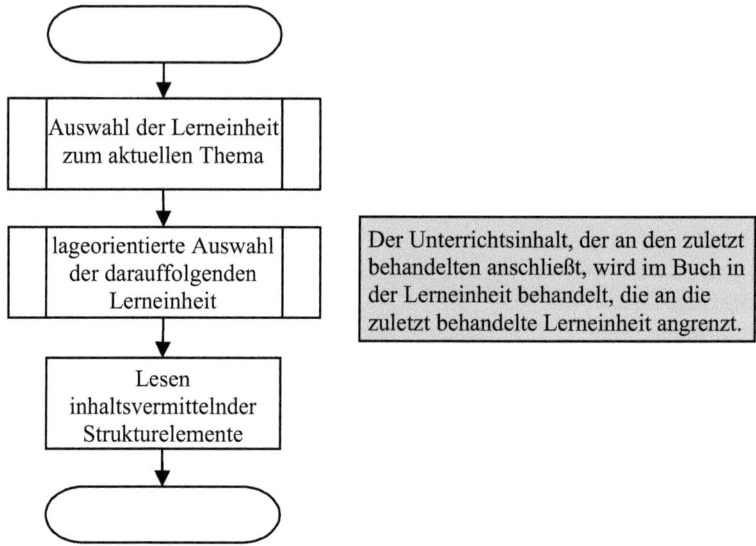

Abbildung 55: Flussdiagramms des Handlungsschematyps ‚Vorarbeiten'

Nacharbeiten

Charlotte (LK) ist die einzige Schülerin, die angibt, dass sie das Buch zum „Nacharbeiten von verpasstem Unterricht" verwendet. Zu diesem Zweck *instrumentalisiert* sie die Aufgaben, die in der verpassten Unterrichtsstunde behandelt wurden, sowie die gesamte Lerneinheit, die den Kontext der Aufgabe bildet.

Anhand der Nutzung der Aufgaben, die in der verpassten Unterrichtsstunde bearbeitet wurden, lässt sich auf ihre Handlungsregel schließen. Charlotte (LK) scheint sich zu erkundigen, was in der verpassten Unterrichtsstunde behandelt wurde. Ihre Handlungsregel lautet demnach: Wenn ich eine Unterrichtsstunde verpasst habe, dann erkundige ich mich, welche Aufgaben behandelt wurden und arbeite die Aufgaben sowie die entsprechende Lerneinheit im Buch nach. Das Ziel, das mit ihrem Gebrauchsschema verbunden ist, besteht darin die verpassten Inhalte anzueignen.

Auf der Grundlage der Nutzung der inhaltsvermittelnden Teile der Lerneinheit zum *Nacharbeiten* kann folgender *belief-in-action* formuliert werden:

> Anhand der Lerneinheiten im Buch kann man verpassten Unterricht nacharbeiten.

Ihr Gebrauchsschema hat insgesamt folgende Struktur:

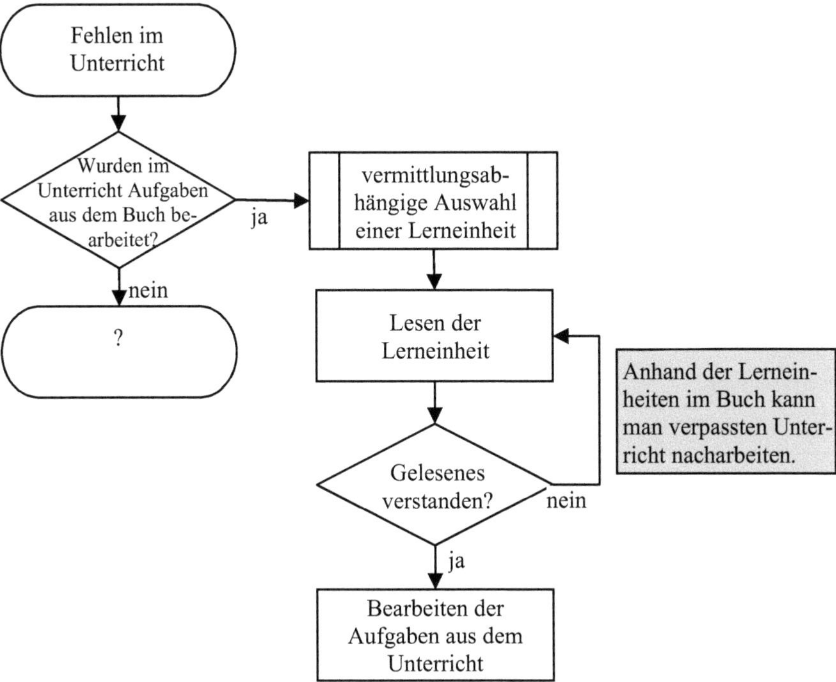

Abbildung 56: Flussdiagramm von Charlottes (LK) Nacharbeitsschema

Aus der Reihenfolge von Charlottes (LK) Eintragungen lässt sich schließen, dass sie tatsächlich zunächst die Inhalte der Lerneinheit nacharbeitet und anschließend die Aufgaben bearbeitet. Ein Teilziel ihres Gebrauchsschemas ist also, die Inhalte der verpassten Unterrichtsstunde zu verstehen. Erst dann bearbeitet sie die Aufgaben. Dieses Teilziel wurde als Schlussmöglichkeit in ihr Schema integriert.

Über die Struktur von Charlottes (LK) Gebrauchsschema im Fall, dass keine Aufgaben aus dem Buch im Unterricht bearbeitet wurden, lässt sich auf der Grundlage der Daten keine Aussage machen.

Fazit

Handlungsschematypen im Zusammenhang mit der Tätigkeit *Aneignen von Wissen* sind mit dem Ziel verbunden, sich neue Kenntnisse bzw. Fertigkeiten anzueignen. Zwei Handlungsschematypen konnten auf der Grundlage individueller *Instrumentierungen* gebildet werden: Das *Vorarbeiten* und das *Nacharbeiten*. Da das *Nacharbeiten* nur ein Mal in den Daten dokumentiert ist, konnte nur das rekonstruierte individuelle Handlungsschema als Prototyp angegeben werden. Zugrunde liegende Auswahlschemata und Nebenbedingungen können der folgenden Übersicht entnommen werden.

Ziel	Handlungsschematyp	zugrundeliegende Auswahlschematypen	Abhängigkeit von Nebenbedingungen
Aneignung neuer Kenntnisse und Fertigkeiten	Vorarbeiten	vermittlungsorientiert lageorientiert	keine
	Nacharbeiten	vermittlungsorientiert	Lehrervermittlung von Aufgaben aus dem Buch

Tabelle 18: Handlungsschematypen im Zusammenhang mit dem Aneignen von Wissen

5.2.2.4 Handlungsschematypen im Zusammenhang mit *interessemotiviertem Lernen*

In mehreren Kommentaren von Schülern lässt sich erkennen, dass sie das Buch „aus Spaß" (Lukas, 6a), „aus Interesse" (Judith, GK), aus „Neugier" (Leonie, LK; Clara, LK) oder aber aus „Langeweile" (Niclas, 6k) nutzen. Diese Begründen lassen darauf schließen, dass die Nutzung des Buches durch kognitiven Antrieb motiviert ist.

Im Zusammenhang mit der Kodierung der Schülerkommentare wurde bereits darauf eingegangen, dass Ausubel u. a. in der Neugier bzw. im kognitiven Antrieb „wenigstens potentiell, die wichtigste Motivation des Lernens in der Schule" (Ausubel *et al.* 1981, S. 467) sehen. Lernen, das durch kognitiven Antrieb motiviert ist, wird nicht erst aufgrund irgendeines Nutzens angeregt, sondern basiert auf bloßer Neugier. Der kognitive Antrieb beim Menschen ist „der Wunsch nach Kenntnis als Selbstzweck" (Ausubel *et al.* 1981, S. 467) bzw. „der

Wunsch, eine Sache zu kennen und zu verstehen, Wissen zu beherrschen, Probleme zu formulieren und zu lösen" (Ausubel *et al.* 1981, S. 468). Das Ziel der Tätigkeit *interessemotiviertes Lernen* kann demnach im Lernen selbst gesehen werden. Nutzungen, die auf kognitiven Antrieb zurückgeführt werden konnten, wurden der Tätigkeit *interessemotiviertes Lernen* zugeordnet.

Im Zusammenhang mit der Tätigkeit *interessemotiviertes Lernen* konnte im Wesentlichen die Nutzung von Abbildungen beobachtet werden. Dabei zeigte sich, dass einige Schüler ausschließlich die Abbildungen nutzen, andere aber auch Texte lesen, die mit der Abbildung in Verbindung stehen. Diese beiden Nutzungen konnten auf zwei Handlungsschematypen zurückgeführt werden. Sie werden als *salienzorientierte Zerstreuung* und als *salienzorientiertes interessemotiviertes Lernen* bezeichnet. Beide werden im Folgenden dargestellt.

Salienzorientierte Zerstreuung

Im Zusammenhang mit dem *salienzorientierten Auswahlschema* wurde bereits darauf eingegangen, dass sich die mehrfach zu beobachtende Nutzung von Bildern im Mathematikbuch durch das Konzept der Salienz im Sinne eines Bottom-Up-Prozesses erklären lässt (vgl. Abschnitt 0). Bei den Bildern handelt es sich um Areale mit einer erhöhten Stimulussalienz, die die Aufmerksamkeit des Betrachters auf sich ziehen.

Gemeinsam ist diesen Nutzungen von Bildern, dass diese keinen Zusammenhang zum Lernen von Mathematik erkennen lassen[50]. Schüler markieren nur die Bilder und nehmen in ihrem Kommentar Bezug auf den Unterhaltungswert des Bildes. Dies zeigt sich in der Verwendung sprachlicher Marker, wie z. B. „lustig" (Beate, 6a; Ben, 6k; Mia, 6k), „witzig" (Mia, 6k) oder „Spaß" (Merle, 6k).

Beates (6a) individuelles Gebrauchsschema kann als Prototyp der *salienzorientierten Zerstreuung* angesehen werden. Die Abbidlungen, die Beate (6a) auswählt, weil sie „die Bilder lustig fand", zeigt Abbildung 57. Sie befinden sich nicht im Umfeld des Themas, das während des Beobachtungszeitraums Gegenstand des Unterrichts ist. Demnach lässt sich schließen, dass Beate (6a) beim Blättern im Buch eher zufällig auf diese Abbildungen gestoßen ist.

---

[50] Aus diesem Grund ist dieser Gebrauchsschematyp im Zusammenhang mit der vorliegenden Untersuchung eigentlich nicht von Interesse. Da aber gerade die Verwendung und Funktion von Abbildungen in Schulbüchern in der einschlägigen Literatur kontrovers diskutiert wird (vgl. z. B. Pettersson 2008), wurde dieser Gebrauchsschematyp mit berücksichtigt.

22. Herr Bleibtreus Garten ist $4\frac{1}{2}$ a groß. Auf $\frac{2}{3}$ dieser Fläche hat Herr Bleibtreu Rasen gesät. Wie viel a sind das?

23. Fleisch besteht zu $\frac{2}{3}$ aus Wasser. Wie viel kg Wasser enthalten

a) $\frac{3}{4}$ kg,   b) $\frac{1}{2}$ kg,   c) $\frac{3}{8}$ kg,

d) $2\frac{1}{2}$ kg,   e) $1\frac{1}{4}$ kg,   f) $1\frac{4}{5}$ kg

Fleisch?

24. Wie viel ist

a) die Hälfte von einem halben Liter;

b) ein Viertel von einem halben Kilogramm;

c) ein Drittel von einer Dreiviertelstunde;

d) zwei Drittel von einer Viertelstunde;

e) das Anderthalbfache von einem dreiviertel Liter?

32. In einem Kartenspiel sind $\frac{3}{8}$ aller Karten Bildkarten; $\frac{1}{4}$ aller Bildkarten sind Herzkarten. Wie groß ist der Anteil der Herz-Bildkarten im gesamten Spiel?

33. a) Sieben gleich schwere Pakete wiegen zusammen $12\frac{1}{4}$ kg. Wie viel kg wiegt jedes Paket?

b) Vier Geschwister teilen sich $1\frac{1}{2}$ l Milch. Wie viel l bekommt jeder?

c) Fünf Goldgräber teilen sich $18\frac{3}{4}$ Unzen Goldstaub. Wie viel Unzen Goldstaub erhält jeder?

Abbildung 57:   Beates (6a) Auswahl von Abbildungen (Griesel et al. 2003, S. 128-129)

Die Markierung des Schweins lässt keinen Zusammenhang zum Lernen von Mathematik erkennen. Beate (6a) markiert ausschließlich das Bild. Ihr Interesse scheint von dem Bild geweckt worden zu sein. Es geht aber nicht soweit, dass sie im Umfeld der Abbildung liest, um zu erfahren, in welchem Zusammenhang das Bild steht. Bei der anderen Abbildung verhält es sich anders. Sie liest eine Teilaufgabe, die sich neben der Abbildung befindet. Dabei handelt es sich allerdings nicht um die Teilaufgabe, die im Zusammenhang mit der Abbildung steht. Aufgrund dieser semantischen Diskrepanz zwischen Abbildung und Aufgabentext wird vermutet, dass Beate (6a) die Aufgabe nicht weiter bearbeitet hat. Auch hier ist anzunehmen, dass die Abbildung Beates (6a) Interesse zwar kurzfristig geweckt hat, es aber nicht aufrecht erhalten konnte.

Von Beates (6a) Nutzung von Abbildungen im Buch in Verbindung mit ihrer Begründung, dass sie „die Bilder lustig fand" lässt sich auf kein Ziel ihres Gebrauchsschemas schließen, das im Zusammenhang mit dem Lernen von Mathematik steht. Ihre Daten sprechen dafür, dass sie im Buch blättert und sich die

Bilder ansieht. D. h. für ihr Gebrauchsschema lässt sich folgende Handlungsregel rekonstruieren: Wenn ich im Buch blättere, dann sehe ich mir die Bilder an. Erst die Ziellosigkeit ermöglicht letztlich, dass sie ihre Aufmerksamkeit durch Areale mit einer größeren Stimulussalienz im Sinne eines Bottom-Up-Prozesses anziehen lässt. Eine operationale Invariante ihres Gebrauchsschemas lässt sich in diesem Zusammenhang nicht rekonstruieren.

Die *salienzorientierte Zerstreuung* lässt sich fast ausschließlich bei Schülern der Jahrgangsstufe 6 beobachten. In dieser Jahrgangsstufe lässt sich aber keine Abhängigkeit vom Buch oder vom Lehrer feststellen.

Salienzorientiertes interessemotiviertes Lernen

Im Gegensatz zur *salienzorientierten Zerstreuung* lässt sich hinter der Nutzung anderer Schüler ein Ziel vermuten, das mit dem Lernen von Mathematik verbunden ist. Diese Schüler nutzen nicht nur Abbildungen, sondern auch Textausschnitte, die in Verbindung mit den Abbildungen stehen:

- Lukas (6a) nutzte eine Aufgabe „aus Spaß";
- David (6k) blätterte im Buch und wählt verschiedene Aufgaben aus, „weil es interessant war" bzw. weil er „neugierig" war;
- Evelyn (LK) liest Informationen in der Randspalte „aus Interesse".

Aufgrund der sprachlichen Marker ‚Interesse', ‚Spaß' und ‚Neugier' wurden diese Nutzungen auf die Motivation durch kognitiven Antrieb zurückgeführt und der Tätigkeit *interessemotiviertes Lernen* zugeschrieben.

Abgesehen von der gemeinsamen Motivation ist diesen Nutzungen gemein, dass sie auf ein *salienzorientiertes Auswahlschema* zurückzuführen sind. Lukas (6a) und Evelyn (LK) wählen Ausschnitte aus, die jeweils Abbildungen mit lebensweltlichem Bezug haben:

- Bei Lukas (6a) handelt es sich um Symbole der Lebenswelt (Verkehrsschilder);
- Evelyn (LK) liest in der Randspalte den Text, der die Abbildung eines Kristalls umgibt;

Davids (6k) und Evelyns (LK) Nutzung steht dabei jeweils im Zusammenhang mit einer anderen Nutzung des Buches:

- David (6a) blättert bei der Bearbeitung der Hausaufgaben weiter nach hinten im Buch;
- Evelyn (LK) liest die Information in der Randspalte im Zusammenhang mit Nutzungen des Buches im Unterricht.

Die Nutzung im Zusammenhang mit anderen Nutzungen wird daher als charakteristisch für den Handlungsschematyp des *salienzorientierten interessemotivierten Lernens* angesehen. Schüler wählen dabei im Umfeld einer anderen Nutzung – d. h. *lageorientiert* – Ausschnitte aus dem Schulbuch nach einem *salienzorientierten Auswahlschema* aus. Die andere Nutzung bestimmt dabei die Auswahl des relevanten Bereichs. In den Daten zeigt sich, dass die andere Nutzung in der Regel lehrervermittelt ist. Die Auswahl des relevanten Bereichs lässt sich daher auf ein *vermittlungsorientiertes Auswahlschema* zurückführen. Im relevanten Bereich wird dann jeweils *salienzorientiert* ausgewählt.

Ein analoges Gebrauchsschema lässt sich bei den Nutzungen des Buches feststellen, die durch Langeweile motiviert sind. Schüler nutzen in diesem Zusammenhang *Einstiegsaufgaben* (vgl. Niclas, 6k; Evelyn, LK) und *Kästen mit Merkwissen* (vgl. Marcel, 6a; Maximilian, 6k). Aufgrund der Nutzung von Textausschnitten kann hier im Gegensatz zur *salienzorientierten Zerstreuung* ein Zusammenhang zum Lernen von Mathematik vermutet werden. Sämtliche genutzten Schulbuchausschnitte stehen jeweils im Zusammenhang mit dem aktuellen Unterrichtsthema. Die Salienz der genutzten Ausschnitte ist jeweils entweder durch Bilder, Rahmen oder Schattierungen erhöht. Aus den beiden zuvor genannten Gründen wird vermutet, dass die Nutzungen jeweils im Unterricht stattfinden und Schüler aus Langeweile in das vor ihnen aufgeschlagene Buch schauen. Dabei wird ihre Aufmerksamkeit auf Areale mit erhöhter Stimulussalienz gelenkt. Daher werden diese Nutzungen ebenfalls auf eine *vermittlungsorientierte Auswahl* des relevanten Bereichs und ein *salienzorientiertes Auswahlschema* innerhalb des relevanten Bereichs zurückführt.

Das *salienzorientierte interessemotivierte Lernen* lässt sich bei Schülern unterschiedlicher Lerngruppen und Jahrgangsstufen feststellen (vgl. z. B. Lukas, 6a, Niclas, 6k; Evelyn, LK). Daraus wird geschlossen, dass dieser Handlungsschematyp grundsätzlich unabhängig vom Alter, vom Lehrer und vom verwendeten Buch ist. Das *salienzorientierte interessemotivierte Lernen* ist jedoch an andere Nutzungen des Buches gekoppelt. Häufig handelt es sich dabei um lehrervermittelte Nutzungen.

Die Struktur des Instrumentationstyps *salienzorientiertes interessemotiviertes Lernen* lässt sich wie folgt veranschaulichen:

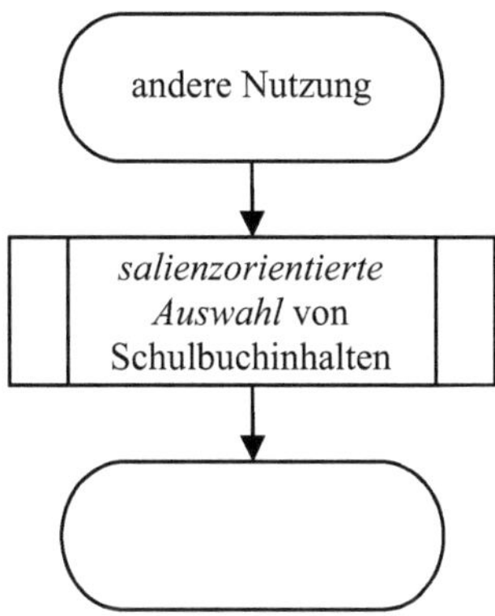

Abbildung 58: Flussdiagramm des Handlungsschematyps ‚salienzorientiertes
interessemotiviertes Lernen'

Fazit

Nutzungen des Mathematikbuches im Zusammenhang mit dem interessemoti-
vierten Lernen sind auf kognitiven Antrieb zurückzuführen. Im Rahmen von
Tätigkeiten, die durch kognitiven Antrieb motiviert sind, wird Lernen zum
Selbstzweck. Ein klar umrissenes Ziel lässt sich nicht angeben. Der überwie-
gende Teil der Nutzungen im Zusammenhang mit dem *interessemotivierten
Lernen* lässt sich auf den Handlungsschematyp *salienzorientierte Zerstreuung*
zurückführen. Dieser Handlungsschematyp lässt keinen Bezug zum Lernen von
Mathematik erkennen.

Der zweite Handlungsschematyp – das *salienzorientierte interessemotivierte Lernen* –, der auf der Grundlage der individuellen *Instrumentierungen* der
Schüler gebildet werden konnte, lässt den Bezug zum Lernen von Mathematik
dagegen erkennen.

Tabelle 19 zeigt die charakteristischen Auswahlschemata und Nebenbedingungen.

Ziel	Handlungs-schematyp	zugrundeliegende Auswahlschema-typen	Abhängigkeit von Nebenbedingungen
–	salienzorientierte Zerstreuung	salienzorientiert	keine
Lernen als Selbstzweck	salienzorientiertes interessemotiviertes Lernen	salienzorientiert	andere Nutzung des Buches

Tabelle 19: Handlungsschemata im Zusammenhang mit dem interessemotivierten Lernen

5.3 Instrumentalisierungstypen

In Abschnitt 5.2 wurde die Nutzung des Mathematikbuchs als Instrument zum Lernen von Mathematik nur von der Seite der *Instrumentierung* betrachtet. D. h. es wurden Gebrauchsschemata der Schüler bei der Nutzung des Buches analysiert und typisiert. Die *Instrumentalisierung* wurde jeweils dort thematisiert, wo sie im engen Zusammenhang mit der *Instrumentierung* stand. Eine systematische Darstellung der *Instrumentalisierung* des Buches fehlt bislang. Sie bildet den Gegenstand des vorliegenden Abschnitts. Im Folgenden wird also der Frage nachgegangen, wie Schüler das Mathematikbuch zum Lernen von Mathematik *instrumentalisieren*, d. h. welche Funktionen sie dem Buch bzw. seinen einzelnen Strukturelementen im Zusammenhang mit dem Lernen von Mathematik zuschreiben. Diese Frage lässt sich auf verschiedenen Ebenen beantworten: Auf der Ebene des ganzen Buches und auf der Ebene der Strukturelementtypen.

Auf der Ebene des ganzen Buches lautet die Frage: Welche Funktionen schreiben die Schüler dem Mathematikbuch im Zusammenhang mit dem Lernen von Mathematik zu? Diese Frage lässt sich auf der Grundlage der *Tätigkeiten* beantworten, in deren Kontext das Mathematikbuch verwendet wird (vgl. Abschnitt 4.4.4.6). Schüler verwenden ihr Mathematikbuch demnach zum *Bearbeiten von Aufgaben*, zum *Festigen*, zur *Aneignen von Wissen* und zum *interessemotivierten Lernen*.

In Abschnitt 2.2.2.1 wurde dargelegt, dass die vorliegende Untersuchung jedoch darauf abzielt, zu analysieren, welche Funktionen einzelnen Teilen des Mathematikbuches im Zusammenhang mit dem Lernen von Mathematik zugeschrieben werden. In Kapitel 1 wurde diese Frage dahingehend präzisiert, dass Strukturelementtypen als Teile des Mathematikbuches angesehen werden können. Die Frage lautet dann: Welche Strukturelementtypen verwenden Schüler im Zusammenhang mit den einzelnen Tätigkeiten?

Die Analyse und Typisierung der Auswahlschemata zeigt bereits, dass die Frage nach den genutzten Strukturelementtypen nur bedingt zu beantworten ist. Schüler wählen nur bei Auswahlen nach dem *elementorientierten Auswahlschema* gezielt bestimmte Strukturelemente aus und schreiben diesen spezifische Funktionen zu. Bei Auswahlen auf der Grundlage des *lage-* bzw. *salienzorientierten Auswahlschemas* ist die Auswahl nicht von Funktionen geleitet, die einem bestimmten Strukturelementtyp zugeschrieben werden, sondern die Auswahl basiert auf Schlüssen, bei denen entweder von der Lage oder den äußeren Eigenschaften eines Schulbuchausschnitts auf dessen Relevanz im Zusammenhang mit der jeweiligen Tätigkeit geschlossen wird. Daher ist es nicht sinnvoll zu analysieren, welche Funktionen Strukturelementtypen zugeschrieben werden, die nach einem *lage-* oder *salienzorientierten Auswahlschema* ausgewählt wurden. Im Zusammenhang mit Handlungsschematypen, die auf einem *lage-* oder *salienzorientierten Auswahlschema* beruhen, müssen die *instrumentalisierten* Schulbuchausschnitte daher hinsichtlich ihrer Lage bzw. ihrer visuellen Eigenschaften charakterisiert werden.

Durch fallvergleichende Kontrastierung wird im Zusammenhang mit den einzelnen Handlungsschematypen analysiert, welche Strukturelementtypen von den Schülern jeweils *instrumentalisiert* werden. Wiederholt auftretende *Instrumentalisierungen* des gleichen Strukturelementtyps bei unterschiedlichen Schülern werden dabei als Hinweis auf typische *Instrumentalisierungen* gedeutet.

Auf der Grundlage der typischen *Instrumentalisierungen* in Verbindung mit den jeweiligen Handlungsschematypen werden *Instrumentationstypen* gebildet. Die *Instrumentationstypen* beschreiben typische Nutzungen des Mathematikbuchs als Instrument zum Lernen von Mathematik und kombinieren jeweils typische *Instrumentalisierungen* mit dem jeweiligen Handlungsschematyp:

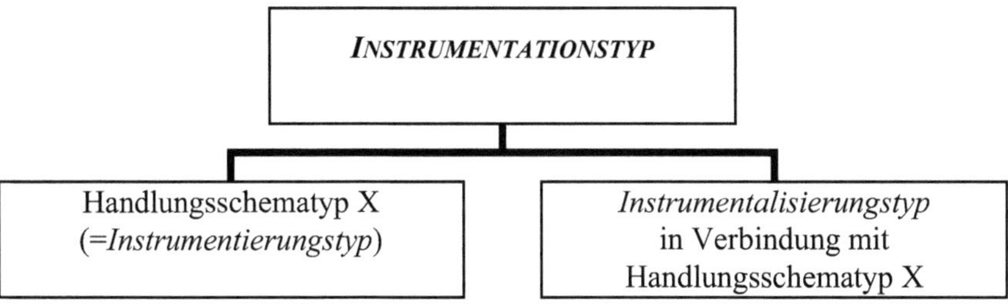

Abbildung 59: Darstellung des Zusammenhangs zwischen Instrumentationstyp, Instrumentalisierungstyp und Instrumentierungstyp

Die Darstellung erfolgt dabei geordnet nach den jeweiligen Tätigkeiten, die den Kontext der Handlungsschematypen bilden.

5.3.1 Instrumentalisierungen *im Zusammenhang mit dem* Bearbeiten von Aufgaben

Im Zusammenhang mit dem Bearbeiten von Aufgaben konnten insgesamt fünf Handlungsschematypen gebildet werden: das Nachschlagen, das elementorientierte Bearbeiten von Aufgaben, das lageorientierte Bearbeiten von Aufgaben, das salienzorientierte Bearbeiten von Aufgaben und das Lösungen kontrollieren. Auf typische Instrumentalisierungen in Verbindungen mit diesen Handlungsschematypen wird im Folgenden eingegangen.

5.3.1.1 *Instrumentalisierungen* im Zusammenhang mit dem *Nachschlagen*

Das *Nachschlagen* ist durch eine *begriffsorientierte Auswahl* des relevanten Bereichs und eine *salienzorientierte Auswahl* innerhalb des relevanten Bereichs gekennzeichnet. Die *begriffsorientierte Auswahl* des relevanten Bereichs ist an die *Instrumentalisierung* des Inhalts- bzw. Stichwortverzeichnisses gebunden, d. h. an einen Strukturelementtypen der Makrostruktur. Innerhalb des relevanten Bereichs werden keine bestimmten Strukturelemente ausgewählt, sondern zunächst ein Wort, das mit dem gesuchten Begriff übereinstimmt. *Instrumentalisiert* werden Ausschnitte im Umfeld dieses Wortes. Der zugehörige *Instrumentationstyp* wird als NACHSCHLAGEN bezeichnet. Die Kapitälchenschreibweise soll verdeutlichen, dass es sich um eine andere Ebene – die Ebene der *Instrumentation* – handelt. Das NACHSCHLAGEN setzt sich zusammen aus dem Handlungsschematyp *Nachschlagen* und den damit verbundenen typischen *Instrumentalisierungen* des Inhalts- bzw. Stichwortverzeichnisses sowie von Schulbuchausschnitten im Umfeld von Wörtern, die aufgrund ihrer Übereinstimmung mit dem gesuchten Begriff eine erhöhte Stimulussalienz aufweisen.

5.3.1.2 Instrumentalisierungen im Zusammenhang mit dem *elementorientierten Bearbeiten von Aufgaben*

Der Handlungsschematyp *elementorientiertes Bearbeiten von Aufgaben* ist durch die *Instrumentalisierung* bestimmter Strukturelementtypen zum Bearbeiten von Aufgaben gekennzeichnet. In den Daten zeigt sich, dass Schüler im Wesentlichen zwei Strukturelementtypen im Zusammenhang mit dem *elementorientierten Bearbeiten von Aufgaben* nutzen: *Kästen mit Merkwissen* (vgl. Maria, 6a; Gesine, 6a; Denise ,6k; Carsten, GK) und *Musterbeispiele* (vgl. Leonie, LK). Ebenso wie Leonie (LK) *instrumentalisieren* sowohl mehrere Schüler aus dem Leistungskurs (Fabian, Clara, Melinda, Vivian, Charlotte, Yvonne, Jennifer, Anna) *Musterbeispiele* im Zusammenhang mit dem *Bearbeiten von Aufgaben* als auch Schüler aus anderen Lerngruppen (z. B. Beatrice, GK; Elias, GK; Dominik, 6a; Linda, 6a). Im Grundkurs und in der Klasse 6a ist diese *Instrumentalisierung* jedoch nicht so deutlich ausgeprägt. In diesen Lerngruppen gibt es auch Schüler, die ausschließlich *Kästen mit Merkwissen* als Hilfsmittel zum *Bearbeiten von Aufgaben instrumentalisieren* (z. B. bei Tim, 6a; Adam, 6a; Leopold, GK; Marius, GK) oder beide Strukturelementtypen nutzen (Eva-Maria, 6a; Carsten, GK; Beatrice, GK; Kathrin, GK). Da dieses Phänomen in zwei Lerngruppen mit unterschiedlichem Lehrer auftritt, ist es unwahrscheinlich, dass dieses Phänomen durch den Lehrer bedingt ist. Sowohl in der Klasse 6a als auch im Grundkurs wurde das Buch *Elemente der Mathematik* (Griesel & Postel 2000; Griesel *et al.* 2003) verwendet. In diesen Büchern gibt es nur vereinzelt *Musterbeispiele*, die sich direkt auf bestimmte Aufgaben beziehen. Bei der Analyse der Mikrostruktur des Buches wurde darauf hingewiesen, dass die Rolle der *Aufgabe mit Lösung* ambivalent ist. Sie übernimmt teilweise die Rolle des *Musterbeispiels*. Im Gegensatz zu den *Musterbeispielen* befindet sich die *Aufgabe mit Lösung* jedoch nicht vor den Übungsaufgaben, sondern am Anfang der Lerneinheit. Darüber hinaus ist sie oft umfangreicher als *Musterbeispiele* in anderen Büchern und nicht typographisch hervorgehoben. Daher liegt die Vermutung nahe, dass die andere Position der *Aufgabe mit Lösung* und ihre Modalität dazu führen, dass Schüler diesen Strukturelementtypus nicht zwangsläufig als Hilfe für die Bearbeitung der Übungsaufgaben *instrumentalisieren*. In diesem Fall würden die Position des Strukturelementtyps innerhalb der Lerneinheit und seine Gestaltung für einige Schüler einen *finalization-constraint* bilden.

Aufgrund der beiden Strukturelementtypen *Kasten mit Merkwissen* und *Musterbeispiel*, die im Zusammenhang mit dem *elementorientierten Bearbeiten von Aufgaben instrumentalisiert* werden, werden im Folgenden zwei *Instrumentationstypen* unterschieden:

1. **kastenorientiertes Bearbeiten von Aufgaben**, d. h. die Instrumentalisierung von Kästen mit Merkwissen im Zusammenhang mit dem Handlungsschematyp elementorientiertes Bearbeiten von Aufgaben und

2. **beispielorientiertes Bearbeiten von Aufgaben**, d. h. die Instrumentalisierung von Musterbeispielen im Zusammenhang mit dem Handlungsschematyp elementorientiertes Bearbeiten von Aufgaben.

5.3.1.3 *Instrumentalisierungen* im Zusammenhang mit dem *lageorientierten Bearbeiten von Aufgaben*

Im Zusammenhang mit dem Handlungsschematyp *lageorientiertes Aufgabenbearbeiten instrumentalisieren* Schüler Schulbuchausschnitte, die sich unterhalb einer Überschrift befinden. Dies kann sowohl eine Überschrift einer Lerneinheit, als auch eine Abschnittsüberschrift innerhalb einer Lerneinheit sein. Aufgrund der weitgehenden Kongruenz der Anordnung der Strukturelementtypen auf mikrostruktureller Ebene in deutschen Mathematikschulbüchern (vgl. Abschnitt 3.2.3.2) ist die *Instrumentalisierung* von Schulbuchausschnitten unterhalb einer Überschrift häufig mit der *Instrumentalisierung* der Strukturelementtypen *Einleitung, Einstieg* oder *Einstiegsaufgabe* gleichzusetzen. Da Schüler aber solange lesen, bis sie die gesuchte Information gefunden haben, werden auch daran anschließende Strukturelementtypen, z. B. *Aufgaben mit Lösung* (vgl. z. B. Sarah, GK) oder *Lehrtext* (vgl. z. B. Jennifer, LK), instrumentalisiert.

Die *Instrumentalisierung* von Schulbuchausschnitten unterhalb einer Überschrift in Verbindung mit dem Handlungsschematyp *lageorientiertes Aufgabenbearbeiten* wird zum *Instrumentationstyp* LAGEORIENTIERTES AUFGABENBEARBEITEN zusammengefasst.

5.3.1.4 *Instrumentalisierungen* im Zusammenhang mit dem *salienzorientierten Bearbeiten von Aufgaben*

Kennzeichnend für das *salienzorientierte Aufgabenbearbeiten* ist, dass Schüler keine spezifischen Strukturelementtypen *instrumentalisieren*, sondern Schulbuchausschnitte, die aufgrund äußerer Merkmale einen Zusammenhang zur Aufgabe erkennen lassen. Häufig enthalten diese Ausschnitte Abbildungen, die den Zusammenhang zur Aufgabenstellung auf visueller Ebene darstellen (vgl. Adam, 6a; Christian, 6a). Es lässt sich daher vermuten, dass die Abbildungen beim *salienzorientierten Aufgabenbearbeiten* eine Orientierungsfunktion haben.

Der *Instrumentationstyp*, der sich aus der *Instrumentalisierung* von Schulbuchausschnitten, die aufgrund äußerer Merkmale einen Zusammenhang zur Aufgabe erkennen lassen, und dem Handlungsschematyp *salienzorientiertes Aufgabenbearbeiten* zusammensetzt, wird als SALIENZORIENTIERTES AUFGABENBEARBEITEN bezeichnet.

5.3.1.5 *Instrumentalisierungen* im Zusammenhang mit dem *Lösungen kontrollieren*

Der Handlungsschematyp *Lösungen kontrollieren* ist mit der *Instrumentalisierung* von *Selbstkontrollmöglichkeiten* verbunden. Emma (6k) und Merle (6k) nutzen *Selbstkontrollmöglichkeiten*, die sich direkt neben der Aufgabe in der Randspalte befinden. Im Leistungskurs konnte dagegen auch die Nutzung von *Selbstkontrollmöglichkeiten* auf der Ebene der Makrostruktur beobachtet werden (vgl. Leonie, LK; Yvonne, LK).

Der Instrumentationstyp, der aus der Instrumentalisierung von Selbstkontrollmöglichkeiten in Verbindung mit dem Handlungsschematyp Lösungen kontrollieren besteht, wird als LÖSUNGEN KONTROLLIEREN bezeichnet.

5.3.2 Instrumentalisierungen *im Zusammenhang mit dem* Festigen

In Verbindung mit der Tätigkeit *Festigen* wurde grundsätzlich zwischen *Übe-* und *Wiederholungsschematypen* unterschieden. Die Unterscheidung beruhte darauf, dass Schüler zum *Üben* grundsätzlich Aufgaben *instrumentalisieren*. Sowohl das *lage-* als auch das *salienzorientierte Üben* sind daher mit der *Instrumentalisierung* von Aufgaben verbunden. Die jeweiligen *Instrumentationstypen* werden als *LAGE-* bzw. *SALIENZORIENTIERTES ÜBEN* bezeichnet.

Darüber hinaus konnten zwei Wiederholungsschematypen gebildet werden: das *elementorientierte Wiederholen* und das *Vertiefen*. *Instrumentalisierungen* im Zusammenhang mit diesen beiden Handlungsschematypen werden im Folgenden erläutert.

5.3.2.1 *Instrumentalisierungen* im Zusammenhang mit dem *elementorientierten Wiederholen*

In Verbindung mit dem *elementorientierten Wiederholen* lassen sich zwei typische *Instrumentalisierungen* feststellen:

1. Die Instrumentalisierung von Kästen mit Merkwissen und
2. Die Instrumentalisierung von lerneinheitenübergreifenden Wiederholungen und lerneinheitenübergreifenden Aufgaben.

Die *Instrumentalisierung* von *Kästen mit Merkwissen* zum *Wiederholen* zeigt sich prototypisch bei Jasmin (6k), die diesen Strukturelementtyp regelmäßig nutzt, um sich die Regeln einzuprägen (vgl. Abschnitt 0). Dieser *Instrumentalisierungstyp* ist in allen Lerngruppen festzustellen.

Die Instrumentalisierung von lerneinheitenübergreifenden Wiederholungen und lerneinheitenübergreifenden Aufgaben ist dagegen relativ selten in den Daten dokumentiert. Im Gegensatz zur Instrumentalisierung von Kästen mit Merkwissen zum Wiederholen konnte dieser Instrumentalisierungstyp nur in der Jahrgangsstufe 12 dokumentiert werden (vgl. Sarah, GK; Leonie, LK; Selin, LK; Melinda, LK; Yvonne, LK).

Auf der Grundlage der beiden oben genannten typischen *Instrumentalisierungen* werden die beiden folgenden *Instrumentationstypen* gebildet:

1. **Regellernen**, d. h. die Instrumentalisierung von Kästen mit Merkwissen in Verbindung mit dem Handlungsschematyp elementorientiertes Wiederholen;
2. **elementorientiertes Festigen**, d. h. die Instrumentalisierung von lerneinheitenübergreifenden Wiederholungen bzw. lerneinheitenübergreifenden Aufgaben in Verbindung mit dem Handlungsschematyp elementorientiertes Wiederholen.

5.3.2.2 *Instrumentalisierungen* im Zusammenhang mit dem *Vertiefen*

Der Handlungsschematyp *Vertiefen* ist mit der *Instrumentalisierung* von inhaltsvermittelnden Strukturelementtypen verbunden. Schüler nutzen im Wesentlichen *Einführungen* (vgl. z. B. Beatrice, GK), *Lehrtexte* (vgl. z. B. Merle, 6k; Charlotte, LK; Jennifer, LK), *Aufgaben mit vollständiger Lösung, Kästen mit Merkwissen* (vgl. z. B. Merle, 6k; Charlotte, LK; Jennifer, LK) und *Musterbeispiele* (vgl. z. B. Merle, 6k; Charlotte, LK; Jennifer, LK) im Zusammenhang mit diesem Handlungsschematyp. Charakteristisch ist, dass Schüler nicht einen spezifischen Strukturelementtypus nutzen, sondern jeweils mehrere verschiedene. Dies wird insbesondere bei Merle (6k), Charlotte (LK) und Jennifer (LK) deutlich, die jeweils *Lehrtextausschnitte, Kästen mit Merkwissen* und *Musterbeispiele* im Zusammenhang mit dem *Festigen* nutzen.

Die Instrumentalisierung von inhaltsvermittelnden Strukturelementtypen (z. B. Einführungen, Lehrtexte, Aufgaben mit vollständiger Lösung, Kästen mit Merkwissen, Musterbeispiele) in Verbindung mit dem Handlungsschematyp Vertiefen wird zum Instrumentationstyp VERTIEFEN zusammengefasst.

5.3.3 Instrumentalisierungen *im Zusammenhang mit dem* Aneignen von Wissen

Im Zusammenhang mit dem *Aneignen von Wissen* konnte nur der Handlungsschematyp *Vorarbeiten* gebildet werden. Ebenso wie beim *Vertiefen* instrumentalisieren Schüler in Verbindung mit dem *Vorarbeiten* inhaltsvermittelnde Strukturelementtypen (z. B. *Einführungen, Lehrtexte, Aufgaben mit vollständiger Lösung, Kästen mit Merkwissen, Musterbeispiele*). Im Unterschied zum *Vertiefen* handelt es sich hier jedoch um Ausschnitte einer Lerneinheit, deren Inhalte noch nicht Gegenstand des Unterrichts war. Die *Instrumentalisierung* inhaltsvermittelnder Strukturelementtypen von Lerneinheiten, deren Inhalte im Unterricht noch nicht behandelt wurden, in Verbindung mit dem Handlungsschematyp *Vorarbeiten* wird zum *Instrumentationstyp VORARBEITEN* zusammengefasst.

5.3.4 Instrumentalisierungen *im Zusammenhang mit dem* interessemotivierten Lernen

Im Zusammenhang mit dem *interessemotivierten Lernen* konnten zwei Handlungsschematypen gebildet werden: die *salienzorientierte Zerstreuung* und das *salienzorientierte interessemotivierte Lernen*. Auf typische Instrumentalisierungen in Verbindung mit diesen beiden Handlungsschematypen wird im Folgenden eingegangen.

5.3.4.1 *Instrumentalisierungen* im Zusammenhang mit der *salienzorientierten Zerstreuung*

Kennzeichnend für die *salienzorientierte Zerstreuung* ist, dass Schüler Abbildungen im Schulbuch nach einem *salienzorientierten Auswahlschema* auswählen. Die *salienzorientierte Zerstreuung* ist demnach typischerweise mit der *Instrumentalisierung* von Abbildungen verbunden. Der entsprechende *Instrumentationstyp* wird als *SALIENZORIENTIERTE ZERSTREUUNG* bezeichnet.

5.3.4.2 *Instrumentalisierungen* im Zusammenhang mit dem *salienzorientierten interessemotivierten Lernen*

Ebenso wie die *salienzorientierte Zerstreuung* ist das *salienzorientierte interessemotivierte Lernen* auf die Auswahl *von* typographisch hervorgehobenen Schulbuchausschnitten zurückzuführen. Im Unterschied zur *salienzorientierten*

Zerstreuung werden hier jedoch auch Textausschnitte *instrumentalisiert*, so dass hier ein Zusammenhang zum Lernen von Mathematik vermutet werden kann.

Die *Instrumentalisierung* von Abbildungen und Textausschnitten im Umfeld der Abbildungen in Verbindung mit dem Handlungsschematyp *salienzorientiertes interessemotiviertes Lernen* werden zum Instrumentationstyp *SALIENZORIENTIERTES INTERESSEMOTIVIERTES LERNEN* zusammengefasst.

5.4 Fazit

In diesem Kapitel wurde das Ergebnis eines Typenbildungsprozesses dargestellt, dessen Ziel das Aufdecken genereller Strukturen in den individuellen *Instrumentalisierungen* und *Instrumentierungen* des Mathematikbuches war. Dieses Vorgehen stellte einen ersten Schritt im Hinblick auf die angestrebte Theoriebildung dar. Die Gebrauchsschemata wurden durch die Typenbildung von der Ebene des Individuellen gelöst und damit generalisiert. Im Hinblick auf die *Instrumentierung* des Mathematikbuches konnten einerseits Auswahlschematypen und andererseits Handlungsschematypen der Nutzung des Mathematikbuches durch Schüler gebildet werden. Auswahlschematypen beziehen sich auf die Auswahl von Schulbuchinhalten und sind mit *usage schemes* im Sinne Rabardels vergleichbar. Der Auswahlprozess im Schulbuch wurde zweistufig modelliert. Es besteht zunächst aus der Auswahl eines relevanten Bereichs, in dem die gesuchte Information vermutet wird. Innerhalb des relevanten Bereichs werden dann bestimmte Schulbuchausschnitte zur Nutzung ausgewählt. Folgende Auswahlschematypen konnten gebildet werden:

Auswahl eines relevanten Bereichs:
- begriffsorientierte Auswahl eines relevanten Bereichs
- vermittlungsorientierte Auswahl eines relevanten Bereichs
- Auswahl eines relevanten Bereichs durch Blättern

Auswahl innerhalb des relevanten Bereichs:
- elementorientierte Auswahl von Schulbuchinhalten
- lageorientierte Auswahl von Schulbuchinhalten
- salienzorientierte Auswahl von Schulbuchinhalten

Auf der Grundlage dieser Auswahlschematypen wurden Handlungsschematypen gebildet. Handlungsschematypen setzen sich aus einer Kombination von Auswahlschematypen zusammen und beschreiben die *Instrumentierung* des Mathematikbuches zu einem bestimmten Zweck.

Die *Instrumentalisierung* des Mathematikbuches lässt sich auf zwei Ebenen beschreiben: Die *Instrumentalisierung* des Buches an sich und die *Instrumentalisierung* bestimmter Strukturelementtypen. Die Funktionen, die dem Buch an sich im Zusammenhang mit dem Lernen von Mathematik zugeschrieben werden, lassen sich anhand der Tätigkeiten erkennen, in die das Buch als Instrument integriert ist: Es wird zum *Bearbeiten von Aufgaben*, zum *Festigen*, zum *Aneignen von Wissen* und zum *interessemotivierten Lernen* funktionalisiert.

Auf der Ebene der Strukturelementtypen zeigt sich, dass die *Instrumentalisierung* bestimmter Strukturelementtypen nur dann sinnvoll zu beschreiben ist, wenn Schüler gezielt bestimmte Strukturelementtypen auswählen – ihrer Auswahl also ein *elementorientiertes Auswahlschema* zugrunde liegt. Im Einzelnen ließ sich die *Instrumentalisierung* von *Kästen mit Merkwissen* und *Musterbeispielen* zum *Bearbeiten von Aufgaben* sowie die *Instrumentalisierung* von *Selbstkontrollmöglichkeiten* im Zusammenhang mit dem Handlungsschematyp *Lösungen kontrollieren* feststellen. *Übeschematypen* sind grundsätzlich mit der *Instrumentalisierung* von Aufgaben verbunden. Typische *Instrumentalisierungen* im Zusammenhang mit dem Handlungsschematyp *elementorientiertes Wiederholen* sind die Nutzung von *Kästen mit Merkwissen* bzw. *lerneinheitenübergreifenden Wiederholungen* oder *lerneinheitenübergreifenden Aufgaben*.

Im Zusammenhang mit Handlungsschematypen, die auf ein *lage-* bzw. *salienzorientiertes Auswahlschema* zurückzuführen sind, sind die instrumentalisierten Schulbuchausschnitte hinsichtlich ihrer Lage bzw. ihrer äußeren Merkmale zu beschreiben.

Durch die Verbindung typischer *Instrumentalisierungen* mit den Handlungsschematypen wurden *Instrumentationstypen* gebildet. Die folgende Tabelle gibt einen Überblick über die *Instrumentationstypen*, die jeweils zugrunde liegende *Instrumentierung* und *Instrumentalisierung* sowie die jeweils verfolgten Ziele.

Instrumen- tationstyp	Ziel	Handlungs- schematyp	zugrunde liegende Auswahl- schematypen	Instrumentalisierte Schulbuchausschnitte
NACH- SCHLAGEN	Verstehen des Aufga- bentextes; Lösen der Aufgabe	Nachschlagen	begriffs- orientiert salienz- orientiert	Inhalts-, Stichwortver- zeichnis; Ausschnitte, die aufgrund der Über- einstimmung mit dem gesuchten eine erhöhte Stimulussalienz auf- weisen
KASTEN- ORIENTIERTES AUFGABEN- BEARBEITEN	Lösen der Aufgabe	elementorien- tiertes Aufga- benbearbeiten	element- orientiert	Kästen mit Merkwissen
BEISPIEL- ORIENTIERTES AUFGABEN- BEARBEITEN				Musterbeispiele
LAGE- ORIENTIERTES AUFGABEN- BEARBEITEN		lageorientier- tes Aufgaben- bearbeiten	lageorientiert	Schulbuchausschnitte unterhalb einer relevan- ten Überschrift
SALIENZ- ORIENTIERTES AUFGABEN- BEARBEITEN		salienzorien- tiertes Aufga- benbearbeiten	salienz- orientiert lageorientiert	Ausschnitte, die auf- grund äußerer Merkmale einen Zusammenhang zur Aufgabe erkennen lassen und deren Umfeld
LÖSUNGEN KONTROL- LIEREN	Evaluation der Lösung	Lösungen kontrollieren	element- orientiert	Lösungen auf mikro- oder makrostruktureller Ebene
LAGE- ORIENTIERTES ÜBEN	Festigen	lageorientier- tes Üben	vermittlungs- orientiert element- orientiert lageorientiert	Aufgaben im Umfeld von lehrervermittelten Aufgaben

Instrumen- tationstyp	Ziel	Handlungs- schematyp	zugrunde liegende Auswahl- schematypen	Instrumentalisierte Schulbuchausschnitte
SALIENZ- ORIENTIERTES ÜBEN		salienzorien- tiertes Üben	element- orientiert salienz- orientiert	Aufgaben, die aufgrund äußerer Merkmale eine Ähnlichkeit zu lehrer- vermittelten Aufgaben aufweisen
REGELLERNEN		elementorien- tiertes Wie- derholen	element- orientiert	Kästen mit Merkwissen
ELEMENT- ORIENTIERTES FESTIGEN				Lerneinheitenübergrei- fende Wiederholungen; lerneinheitenübergrei- fende Aufgaben
VERTIEFEN		Vertiefen	-	inhaltsvermittelnde Strukturelementtypen einer relevanten Lern- einheit
VORARBEITEN	Aneignung neuer Kennt- nisse und Fertigkeiten	Vorarbeiten	vermittlungs- orientiert lageorientiert	inhaltsvermittelnde Strukturelementtypen der nächsten Lerneinheit
SALIENZ- ORIENTIERTE ZERSTREUUNG		salienz- orientierte Zerstreuung	salienz- orientiert	Abbildungen
SALIENZ- ORIENTIERTES INTERESSE- MOTIVIERTES LERNEN	Lernen	salienzorien- tiertes interes- semotiviertes Lernen	salienz- orientiert	Ausschnitte mit einer erhöhten Stimulussalienz aufgrund lebenswelt- licher Abbildungen und Textausschnitte im Umfeld der Abbildungen

Tabelle 20: Übersicht über die Instrumentationstypen

Die Analyse von *Instrumentationen* des Mathematikbuches kann als abgeschlossen angesehen werden, wenn es in einem zweiten Schritt möglich ist, die Einzelfälle auf Grundlage der in Tabelle 20 dargestellten Instrumentationstypen zu rekonstruieren. Darauf aufbauend könnte die Theoriebildung in einem dritten und letzten Schritt in eine Typologie der Nutzer des Mathematikbuches münden. Anhand der Nutzertypologie müssten sich schließlich die Sinnzusammenhänge der Kombination von Gebrauchsschematypen erschließen lassen, die einen einzelnen Typus kennzeichnet.

6 Fallrekonstruktion auf Grundlage der Instrumentationstypen

Im vorangehenden Kapitel wurden auf der Grundlage individueller *Instrumentalisierungen* und *Instrumentierungen* des Mathematikbuches zunächst *Instrumentalisierungs-* und *Instrumentierungstypen* gebildet. *Instrumentalisierungstypen* sind typische Verwendungen bestimmter Strukturelemente zu bestimmten Zwecken. *Instrumentierungstypen* sind typische Gebrauchsschemata von Schülern bei der Nutzung des Mathematikbuches. Hier wurden zunächst Auswahlschematypen gebildet, die im Sinne von *usage schemes* als Bestandteile in Handlungsschematypen eingehen. Die *Instrumentalisierungs-* und *Instrumentierungstypen* wurden schließlich zu *Instrumentationstypen* zusammengefasst. Ein *Instrumentationstyp* setzt sich aus einem Handlungsschematypen und einer damit verbundenen typischen *Instrumentalisierung* zusammen (vgl. Abbildung 59). In diesem Sinne sind *Instrumentationstypen* generelle, individuenübergreifende Muster der Nutzung des Mathematikbuches im Rahmen einzelner Tätigkeiten. Sie geben jedoch kein Bild davon, wie der einzelne Schüler insgesamt das Buch als Instrument zum Lernen von Mathematik verwendet. Gegenstand dieses Kapitels ist, ein Gesamtbild der Nutzung des Mathematikbuches eines einzelnen Schülers zu geben. Zu diesem Zweck werden die individuellen Nutzungen des einzelnen Schülers mit Hilfe von *Instrumentationstypen* beschrieben. Auf diese Weise kann die gesamte Nutzung des Mathematikbuches eines Schülers auf der Grundlage von *Instrumentationstypen* rekonstruiert werden.

Die Fallrekonstruktion auf der Grundlage der *Instrumentationstypen* verfolgt nicht nur das Ziel, ein Gesamtbild von der Nutzung des Mathematikbuches eines Schülers zu geben, sondern auch ein theoretisches Ziel: die Sättigung der Theorie (vgl. Glaser & Strauss 1967, S. 61-62; Strauss & Corbin 1996). Dieses theoretische Ziel ist mit der Frage verbunden, wann die Einbeziehung weiterer Fälle durch theoretisches Sampling bei einer Grounded-Theory-Studie als abgeschlossen angesehen werden kann. Eine Sättigung der Theorie ist dann erreicht, „wenn eine zusätzliche Analyse nicht mehr dazu beiträgt, daß noch etwas Neues an einer Kategorie entdeckt wird" (Strauss 1994, S. 49).

Die theoretischen Kategorien, die in der vorliegenden Studie gegenstandsverankert entwickelt wurden, sind die *Instrumentationstypen* des Mathematikbuches von Schülern. Die theoretische Sättigung ist in der vorliegenden Studie also dann erreicht, wenn die Einbeziehung weiterer Fälle nicht dazu beiträgt, dass

1. neue wesentliche Erkenntnisse in Bezug auf die bereits beschriebenen *Instrumentationstypen* generiert werden und
2. noch weitere *Instrumentationstypen* entdeckt werden

Sollte es möglich sein, den überwiegenden Teil der Nutzungen des Mathematikbuches durch die Schüler anhand der *Instrumentationstypen* zu rekonstruieren, dann kann dies als Indiz dafür gewertet werden, dass die Theorie einen gewissen Sättigungsgrad erreicht hat. Die Theorie ist dann soweit gesättigt, dass sie die vollständige Rekonstruktion der vorliegenden Fälle ermöglicht. In einem weiteren Schritt muss dann noch gezeigt werden, dass die Theorie auch zur Beschreibung neuer Fälle ausreicht.

Die Rekonstruktion der Nutzungen des Mathematikbuches durch die Schüler anhand von *Instrumentationstypen* erfordert Regeln, nach denen die individuellen Nutzungen den *Instrumentationstypen* zugeordnet werden. Diese Regeln werden in Abschnitt 6.1 beschrieben. In Abschnitt 6.2 wird die Einzelfallrekonstruktion auf der Grundlage der *Instrumentationstypen* exemplarisch anhand von vier Fällen dargestellt. Die Frage der Sättigung der Theorie wird in Abschnitt 6.3 behandelt.

6.1 Kodierregeln für die Fallrekonstruktion

Die Zuordnung der individuellen Nutzungen einzelner Schüler zu *Instrumentationstypen* erfordert Regeln festzulegen, nach denen diese Zuordnung erfolgt. In diesem Abschnitt werden diese Kodierregeln beschrieben. Dabei wird für jeden *Instrumentationstyp* das spezifische Muster in den Daten beschrieben, das zur Zuordnung zum jeweiligen *Instrumentationstyp* führt. Unter einem Muster wird dabei eine bestimmte Kombination von bestimmten Ausprägungen in den verschiedenen Kategorien verstanden, auf deren Grundlage die Daten kodiert wurden. Im Einzelnen sind dies die Kategorien *Nutzungsnummer*, *Nutzungsdatum*, *Strukturelementtyp*, *Salienz*, *Lehrervermittlung* und *Tätigkeit*.

6.1.1 Speziell lehrervermittelte Nutzungen

Nutzungen des Mathematikbuches, die auf *spezielle Lehrervermittlung* zurückzuführen sind, sind maßgeblich durch Gebrauchsschemata des Lehrers bestimmt. Der zentrale Fokus der Arbeit liegt jedoch auf selbständigen Nutzungen der Schüler, die über die speziell lehrervermittelten Nutzungen hinausgehen. Daher werden Nutzungen, die auf *spezielle Lehrervermittlung* zurückzuführen sind, keinem Instrumentationstyp zugeordnet.

Eine Ausnahme bilden hier Nutzungen, bei denen aus der Begründung deutlich wird, dass Schüler selbständig speziell lehrervermittelte Ausschnitte im Buch wiederholt nutzen. Diese Nutzungen stehen im vorliegenden Datensatz alle im Zusammenhang mit der Tätigkeit *Festigen*, d. h. sie weisen in der Kategorie *Tätigkeit* den Code *Festigen* auf.

6.1.2 Bearbeiten von Aufgaben

In diesem Abschnitt werden Nutzungen des Schulbuches betrachtet, die im Zusammenhang mit der Tätigkeit *Bearbeiten von Aufgaben* stehen. Diesen Nutzungen ist der Code *Bearbeiten von Aufgaben* in der Kategorie *Tätigkeit* gemein. Im Zusammenhang mit dieser Tätigkeit konnten sechs *Instrumentationstypen* des Mathematikbuches gebildet werden:

- NACHSCHLAGEN
- KASTENORIENTIERTES BEARBEITEN VON AUFGABEN
- BEISPIELORIENTIERTES BEARBEITEN VON AUFGABEN
- LAGEORIENTIERTES BEARBEITEN VON AUFGABEN
- SALIENZORIENTIERTES BEARBEITEN VON AUFGABEN
- LÖSUNGEN KONTROLLIEREN

Im Folgenden wird erläutert, anhand welcher Muster in den anderen Kategorien diese sechs *Instrumentationstypen* unterschieden werden.

Nachschlagen

Der Instrumentationstyp NACHSCHLAGEN setzt sich aus einer begriffsorientierten Auswahl des relevanten Bereichs im Inhalts- oder Stichwortverzeichnis und einer salienzorientierten Auswahl innerhalb des relevanten Bereichs zusammen. Nutzungen des Strukturelementtyps *Inhalts-* bzw. *Stichwortverzeichnis*, die der Tätigkeit *Aufgabebearbeiten* zugeordnet wurden in Verbindung mit der Nutzung eines Ausschnitts einer Seite, auf die im *Inhalts-* bzw. *Stichwortverzeichnis* verwiesen wird, werden dem Instrumentationstyp NACHSCHLAGEN zugeordnet.

Kastenorientiertes Bearbeiten von Aufgaben

Das *KASTENORIENTIERTE BEARBEITEN VON AUFGABEN* ist dadurch gekennzeichnet, dass Schüler wiederholt *Kästen mit Merkwissen* im Zusammenhang mit der Tätigkeit *Bearbeiten von Aufgaben* nutzen. Alle Nutzungen, die in der Kategorie *Tätigkeit* als *Aufgabebearbeiten* kodiert wurden, in der Kategorie *Strukturelementtyp* die Ausprägung *Kasten mit Merkwissen* aufweisen und nicht *speziell lehrervermittelt* sind werden als *KASTENORIENTIERTES BEARBEITEN VON AUFGABEN* kodiert.

Beispielorientiertes Bearbeiten von Aufgaben

Ebenso wie das *KASTENORIENTIERTE BEARBEITEN VON AUFGABEN* ist das *BEISPIELORIENTIERTE BEARBEITEN VON AUFGABEN* durch die wiederholte Nutzung desselben Strukturelementtyps im Zusammenhang mit der Tätigkeit *Bearbeiten von Aufgaben* gekennzeichnet. Der Unterschied besteht im genutzten Strukturelementtyp. Beim *BEISPIELORIENTIERTEN BEARBEITEN VON AUFGABEN* nutzen Schüler wiederholt *Musterbeispiele* in Verbindung mit dem *Bearbeiten von Aufgaben*. Alle Nutzungen, die in der Kategorie *Tätigkeit* als *Aufgabebearbeiten* kodiert wurden, in der Kategorie *Strukturelementtyp* die Ausprägung *Musterbeispiel* aufweisen und nicht *speziell lehrervermittelt* sind werden als *BEISPIELORIENTIERTES BEARBEITEN VON AUFGABEN* kodiert.

Lageorientiertes Bearbeiten von Aufgaben

Charakteristisch für das *LAGEORIENTIERTE BEARBEITEN VON AUFGABEN* ist, dass Schüler am Anfang eines durch eine Überschrift markierten Abschnitts ansetzen im Buch zu lesen. Als *LAGEORIENTIERTES BEARBEITEN VON AUFGABEN* werden alle Nutzungen kodiert, die in der Kategorie *Tätigkeit* als *Aufgabebearbeiten* kodiert wurden, nicht *speziell lehrervermittelt* sind und bei denen Schüler direkt unterhalb einer Überschrift anfangen zu lesen. Dass die Markierung der Schüler mit oder direkt unterhalb einer Überschrift beginnt, ist in der Kategorie *Buchausschnitt* durch den Vermerk ‚ab Überschrift' gekennzeichnet.

Salienzorientiertes Bearbeiten von Aufgaben

In Abschnitt 5.2.1.2 wurde erläutert, dass *salienzorientierte Auswahlen* einerseits im Sinne eines Bottom-Up-Prozesses von den Eigenschaften einer Szenerie evoziert werden können und andererseits im Sinne eines Top-Down-Prozesses von der Aufgabe des Betrachters beeinflusst werden. Während sich *salienzorientierte Auswahlen* im Sinne eines Bottom-Up-Prozesses im Buch hauptsächlich auf graphische Elemente beziehen und damit gut anhand der ausgewählten Ausschnitte festmachen lassen, ist die Rekonstruktion von *salienzorientierten Auswahlen* im Sinne eines Top-Down-Prozesses schwer, da anhand der Daten nicht feststellbar ist, wonach der Nutzer des Buches gesucht hat. Unter der Annahme, dass Schüler im Zusammenhang mit dem Bearbeiten von Aufgaben hilfreiche Informationen für das Bearbeiten der jeweiligen Aufgabe suchen, kann davon ausgegangen werden, dass Schüler Ausschnitte aus dem Buch *salienzorientiert* auswählen, die in einem inhaltlichen Zusammenhang zur Aufgabe stehen. Diese Ausschnitte sind in der Kategorie *Salienz* durch den Code *Top-Down-Salienz (TDS)* ausgewiesen.

Dem Instrumentationstyp *SALIENZORIENTIERTES BEARBEITEN VON AUFGABEN* werden Nutzungen des Mathematikbuches von Schülern zugeordnet, die im Rahmen der Tätigkeit *Aufgabebearbeiten* erfolgten, nicht *speziell lehrervermittelt* sind und bei denen Schüler Ausschnitte nutzen, die in der Kategorie *Salienz* den Code *TDS* aufweisen.

Lösungen-Kontrollieren

Dem Instrumentationstyp *LÖSUNGEN-KONTROLLIEREN* werden alle Nutzungen des Strukturelementtyps *Selbstkontrollmöglichkeit* auf mikro- und makrostruktureller Ebene im Rahmen der Tätigkeit *Aufgabebearbeiten* zugeordnet.

6.1.3 Festigen

Nutzungen des Mathematikbuches zum *Festigen* sind in der Kategorie *Tätigkeit* durch den Code *Festigen* gekennzeichnet. Im Zusammenhang mit dieser Tätigkeit konnten fünf Instrumentationstypen gebildet werden:

- LAGEORIENTIERTES ÜBEN
- SALIENZORIENTIERTES ÜBEN
- REGELLERNEN
- VERTIEFEN
- ELEMENTORIENTIERTES FESTIGEN

Im Folgenden werden die Code-Muster dargestellt, die Grundlage für die Zuordnung der Nutzungen im Zusammenhang mit der Tätigkeit *Festigen* zu einem dieser fünf Instrumentationstypen sind.

Lageorientiertes Üben

Charakteristisch für das *LAGEORIENTIERTE ÜBEN* ist die wiederholte Nutzung von lehrervermittelten Aufgaben oder von Aufgaben, die im unmittelbaren Umfeld von lehrervermittelten Aufgaben stehen. Diese Nutzungen sind in den Daten einerseits durch die Ausprägung *Festigen* und andererseits durch die Ausprägung *Aufgabe* in den Kategorien *Tätigkeit* bzw. *Strukturelementtyp* gekennzeichnet.

Die wiederholte Nutzung von lehrervermittelten Aufgaben ist in der Kategorie *Tätigkeit* durch die Zuordnung zu zwei Tätigkeiten erkennbar: *Aufgabenbearbeiten* und *Festigen*. Die Nutzung von Aufgaben im Umfeld von lehrervermittelten Aufgaben lässt sich in den Daten anhand der Kategorien *Lehrervermittlung* und *Buchausschnitt* erkennen. Die genutzten Aufgaben sind einerseits dadurch ausgewiesen, dass sie nicht lehrervermittelt sind, d. h. in der Kategorie *Lehrervermittlung* keinen Eintrag haben. Andererseits lässt sich in der Kategorie *Buchausschnitt* anhand der Seite und der Nummer der Aufgaben erkennen, dass die Aufgaben im Umfeld von lehrervermittelten Aufgaben liegen.

Salienzorientiertes Üben

Das *SALIENZORIENTIERTE ÜBEN* zeichnet sich dadurch aus, dass Schüler Aufgaben zum *Festigen* auswählen, bei denen sich eine inhaltliche oder äußere Ähnlichkeit zu lehrervermittelten Aufgaben feststellen lässt. Diese Aufgaben sind der Tätigkeit *Festigen* zugeordnet, sie sind nicht speziell lehrervermittelt und weisen in der Kategorie *Salienz* den Code *Top-Down-Salienz (TDS)* auf. Nutzungen mit diesem Kodierungsmuster werden dem Instrumentationstyp *SALIENZORIENTIERTES ÜBEN* zugeordnet.

Regellernen

Das *REGELLERNEN* ist durch die Nutzung von *Kästen mit Merkwissen* aus mehreren relevanten Lerneinheiten gekennzeichnet. Allen nicht lehrervermittelten Nutzungen im Zusammenhang mit der Tätigkeit *Festigen*, bei denen Schüler in mehreren Lerneinheiten ausschließlich den Strukturelementtypen *Kasten mit Merkwissen* verwenden, wird der Instrumentationstyp *REGELLERNEN* zugewiesen.

Elementorientiertes Festigen

Die selbständige Nutzung von lerneinheitenübergreifenden Zusammenfassungen, lerneinheitenübergreifenden Aufgaben oder lerneinheitenübergreifenden Tests, die speziell zum Festigen für Schüler gedacht sind, ist kennzeichnend für das ELEMENTORIENTIERTE FESTIGEN. Daher werden alle nicht lehrervermittelten Nutzungen mit dem Code Festigen in der Kategorie Tätigkeit und einen der Codes lerneinheitenübergreifende Zusammenfassung, lerneinheitenübergreifende Aufgaben oder lerneinheitenübergreifender Test in der Kategorie Strukturelementtyp dem Instrumentationstypen ELEMENTORIENTIERTES FESTIGEN zugewiesen.

Vertiefen

Kennzeichnend für das *VERTIEFEN* ist, dass Schüler nicht nur *Kästen mit Merkwissen* nutzen, sondern verschiedene inhaltsvermittelnde Elemente der Lerneinheit zu bestimmten Unterrichtsthemen. Nicht speziell lehrervermittelte Nutzungen ganzer Lerneinheiten bzw. mehrerer inhaltsvermittelnder Strukturelementtypen wie *Kasten mit Merkwissen, Musterbeispiel, Lehrtext oder Einführung* im Zusammenhang mit der Tätigkeit *Festigen* werden dem Instrumentationstypen *VERTIEFEN* zugeordnet.

6.1.4 Aneignen von Wissen

Im Zusammenhang mit der Tätigkeit *Aneignen von Wissen* konnte lediglich der Instrumentationstyp *VORARBEITEN* identifiziert werden.

Vorarbeiten

Charakteristisch für den Instrumentationstypen *VORARBEITEN* ist, dass Schüler inhaltsvermittelnde Elemente aus Lerneinheiten nutzen, die an die Lerneinheit zum jeweils aktuellen Unterrichtsgegenstand anschließen. Nutzungen werden also dann als *VORARBEITEN* kodiert, wenn sie in der Kategorie *Tätigkeit* die Ausprägung *Aneignen von Wissen*, in der Kategorie *Lehrervermittlung* keinen Eintrag, in der Kategorie *Strukturelement* den Code für ein inhaltsvermittelndes Strukturelement wie *Einführung, Lehrtext, Kasten mit Merkwissen* oder *Musterbeispiel* aufweisen und anhand des Nutzungsdatums in Verbindung mit dem Beobachtungsprotokoll rekonstruiert werden kann, dass die genutzten Ausschnitte der Lerneinheit angehören, die auf die Lerneinheit mit dem jeweils aktuellen Unterrichtsthema folgt.

6.1.5 Interessemotiviertes Lernen

Im Zusammenhang mit der Tätigkeit interessemotiviertes Lernen wurden die beiden Instrumentationstypen SALIENZORIENTIERTE ZERSTREUUNG und SALIENZORIENTIERTES INTERESSEMOTIVIERTES LERNEN beschrieben.

Salienzorientierte Zerstreuung

Der Instrumentationstyp *SALIENZORIENTIERTE ZERSTREUUNG* ist durch die Nutzung von Abbildungen im Buch im Zusammenhang mit anderen Nutzungen des Buches gekennzeichnet.

Alle Nutzungen von Abbildungen, die der Tätigkeit *interessemotiviertes Lernen* zugeordnet sind und bei denen sich anhand des Nutzungsdatums bzw. der Reihenfolge der Eintragungen ein Zusammenhang zu anderen Nutzungen herstellen lässt, werden dem Instrumentationstypen *SALIENZORIENTIERTE ZERSTREUUNG* zugewiesen.

Salienzorientiertes interessemotiviertes Lernen

Der Instrumentationstyp *SALIENZORIENTIERTES INTERESSEMOTIVIERTES LERNEN* ist dadurch gekennzeichnet, dass Schüler im Umfeld von anderen Nutzungen des Mathematikbuches Elemente nach einem *salienzorientierten Auswahlschema* auswählen. Im Gegensatz zur *salienzorientierten Zerstreuung* nutzen Schüler jedoch nicht nur Abbildungen, sondern auch Textausschnitte. Nutzungen des

Mathematikbuches werden also dann dem Instrumentationstyp *SALIENZORIEN-TIERTES INTERESSEMOTIVIERTES LERNEN* zugewiesen, wenn

1. es sich um eine nicht speziell lehrervermittelte Nutzung handelt, die der Tätigkeit *interessemotiviertes Lernen* zugeordnet ist;
2. anhand des Nutzungsdatums bzw. der Reihenfolge der Eintragungen im Kommentarheft ein Zusammenhang zu anderen Nutzungen rekonstruiert werden kann;
3. die Nutzung in relativer Nähe zu der anderen Nutzung liegt;
4. die genutzten Ausschnitte als Areale mit erhöhter Stimulussalienz anzusehen sind (z. B. aufgrund von Abbildungen), d. h. in der Kategorie *Salienz* den Code ,BUS' (*Bottom-Up-Salienz*) aufweisen

6.1.6 Individuelle Nutzungen

Neben Instrumentationstypen gibt es in den Daten Nutzungen einzelner Schüler, die ausschließlich bei diesem Schüler vorkommen. Da auf der Grundlage einer einzelnen Nutzung keine Typenbildung mittels fallvergleichender Kontrastierung möglich ist, sind diese Nutzungen nicht in der Typologie der Instrumentationen des Mathematikbuches berücksichtigt. Diese Nutzungen werden in den Daten durch den Code ,individuell' in der Kategorie *Instrumentationstyp* gekennzeichnet.

6.1.7 Unspezifische Nutzungen

Neben individuellen Nutzungen des Mathematikbuches gibt es auch Nutzungen, die kein Schema erkennen ließen. Für diese Nutzungen wird der Code ,unspezifisch' in der Kategorie *Instrumentationstyp* vergeben.

6.2 Exemplarische Fallrekonstruktion

Die Zuordnung sämtlicher Nutzungen des Mathematikbuches eines Schülers zu *Instrumentationstypen* anhand der im vorigen Abschnitt beschriebenen Kodierregeln wird als ,Fallrekonstruktion' bezeichnet. Der Fall besteht dabei aus sämtlichen in den Daten dokumentierten Nutzungen des Mathematikbuches eines Schülers.

Diese Typisierung der Nutzungen bietet gegenüber der genauen Rekonstruktion der individuellen Nutzungen den Vorteil, dass die Einzelfälle untereinander vergleichbar werden. Auf der Grundlage des Vergleichs der Einzelfälle soll im folgenden Kapitel untersucht werden, ob es Nutzer gibt, die analoge Muster von *Instrumentationstypen* aufweisen. Nutzer mit analogen Mustern von Instrumentationstypen werden einem Nutzertyp zugeordnet. Die Nutzertypen bilden die Grundlage um Zusammenhänge bzw. gegenseitige Abhängigkeiten zwischen den Instrumentationstypen zu analysieren.

Der Prozess der Fallrekonstruktion soll in diesem Abschnitt exemplarisch anhand eines Schülers aus jeder Lerngruppe verdeutlicht werden[51]. Die Zuordnung der einzelnen Nutzungen zu den Instrumentationstypen findet sich in jedem einzelnen Datensatz in der Spalte ‚Instrumentationstyp'.

Um die Allgemeinheit der Instrumentationstypen exemplarisch zu demonstrieren, werden für die Fallrekonstruktion Schüler ausgewählt, die nicht als Prototypen einzelner Gebrauchsschematypen angeführt wurden.

6.2.1 *Justus (6a)*

Nr.	Buchausschnitt	Strukturelementtyp	Salienz	LV[52]	Schülerformulierung	Tätigkeit	Instrumentationstyp
1	S. 164, 14+Fälle	Aufgabe mit Hinweis		s[53]	wir es im Unterricht lesen sollten.	Aufgabebearbeiten	
2	S. 192, 2	Aufgaben zur Vertiefung		s	weil es Hausaufgabe war	Aufgabebearbeiten	
3	S. 192, 3	Aufgaben zur Vertiefung		s	weil wir es im Unterricht machen sollten	Aufgabebearbeiten	
4	S. 192, 4	Aufgaben zur Vertiefung		s	weil es Hausaufgabe war	Aufgabebearbeiten	

Tabelle 21: Kodierung von Justus' (6a) Nutzungen des Mathematikbuches

---

[51] Für die restlichen Fälle kann das Ergebnis der Typisierung im Anhang 2 nachgelesen werden. Der Anhang ist im Internet über die URL http://www.viewegteubner.de zugänglich.
[52] ‚LV' steht für die Kategorie ‚Lehrervermittlung' (vgl. Abschnitt 4.4.4.4)
[53] ‚s' steht für den Code ‚spezielle Lehrervermittlung' (vgl. Abschnitt 4.4.4.4)

Justus (6a) wurde als Extremfall ausgewählt. Er nutzt das Buch nur in Verbindung mit *spezieller Lehrervermittlung*. D. h., in seiner Nutzung spiegelt sich ausschließlich die *Instrumentalisierung* des Mathematikbuches durch den Lehrer. Keine seiner Nutzungen lässt sich daher einem Instrumentationstyp zuordnen.

6.2.2 Helena (6k)

Nr.	Datum	Buchausschnitt	Strukturelementtyp	Salienz	LV	Schülerformulierung	Tätigkeit	Instrumentationstyp
1	13.02.07	S. 146, 3	Aufgabe			einfach so! Zur Übung, der Kommaversetzung	Festigen	unspez.
2	13.02.07	S. 147, 9, a, b	Aufgabe			Angeguckt zur Übung	Festigen	unspez.
3	13.02.07	S. 147, 10, 11, 12	Aufgabe			Zur Übung	Festigen	unspez.
4	20.02.07	S. 143, 4	Aufgabe		s	Im Unterricht.	Aufgabebearbeiten	
5	20.02.07	S. 142, Kasten	Kasten			Zur Kontrolle der Regel	Festigen	Regellernen
6	20.02.07	S. 143, 5, a, b, c, d	Aufgabe		s	Weil es Herr H. gesagt hat.	Aufgabebearbeiten	
7	20.02.07	S. 143, 6	Aufgabe		s	Hausaufgabe	Aufgabebearbeiten	
8	26.02.07	S. 144, 13	Aufgabe		s	Herr H. hat es gesagt.	Aufgabebearbeiten	
9	26.02.07	S. 144, 14, a	Aufgabe		s	Weil es Herr H. gesagt hat, als HA	Aufgabebearbeiten	
10	27.02.07	S. 145, Kasten	Kasten			Einfach so zur Überprüfung	Festigen	Regellernen
11	04.03.07	S. 139, Kasten	Kasten			Einfach so	Festigen	Regellernen
12	04.03.07	S. 147, 6, e, f, h	Aufgabe		s	Aufgabe im Unterricht	Aufgabebearbeiten	

Tabelle 22: Kodierung von Helenas (6k) Nutzungen des Mathematikbuches

In Helenas (6k) Datensatz lässt sich erkennen, dass sie ihr Mathematikbuch im Zusammenhang mit den Tätigkeiten *Aufgabebearbeiten* und *Festigen* nutzt. Sämtliche ihrer Nutzungen in Verbindung mit der Tätigkeit *Bearbeiten von Aufgaben* sind jedoch *speziell lehrervermittelt*. Entsprechend der Kodierregel für speziell lehrervermittelte Nutzungen (vgl. 6.1.1) wird diesen Nutzungen kein Instrumentationstyp zugewiesen.

Zum *Festigen* nutzt Helena (6k) einerseits *Übungsaufgaben* (Nr. 1-3) und *Kästen mit Merkwissen* (Nr. 5, 10, 11). Die *Übungsaufgaben*, die Helena (6k) nutzt, stehen im unmittelbaren Umfeld von speziell lehrervermittelten Aufgaben (Nr. 12). Damit entspricht das Datenmuster den Kodierregeln für das *LAGEORIENTIERTE ÜBEN*. Allerdings findet die Nutzung der Aufgaben am 13.02.2007 statt, während die spezielle Vermittlung der Aufgaben durch den Lehrer erst am 04.03.2007 stattfindet. Aufgrund dieser zeitlichen Diskrepanz zwischen den Nutzungen können die Aufgaben Nr. 1-3 also nicht dem *LAGEORIENTIERTEN ÜBEN* entsprechen. Da Helena (6k) am 13.02.2007 Aufgaben einer Lerneinheit nutzt, deren Inhalte erst am 27.02.2007 im Unterricht thematisiert werden (vgl. Beobachtungsprotokoll 6k, 27.02.2007), besteht die Möglichkeit, dass Helenas (6k) Nutzung der Tätigkeit *Aneignen von Wissen* zuzuordnen ist und nicht der Tätigkeit *Festigen*, auf die die sprachlichen Marker des Kommentars verweisen. Dem widerspricht jedoch ihre Interviewaussage, wo sie ihr Vorgehen explizit im Sinne des *LAGEORIENTIERTEN ÜBENS* beschreibt:

> SR: Und wenn ihr hier Aufgaben aussucht, wir können ja mal grad gucken ihr habt hier zur Übung zum Beispiel auf Seite 147 diese hier unten, 10, 11, 12, zur Übung gemacht. Wie suchst du die dann aus, die du zur Übung machst?
>
> Helena: Also ehm wenn wir als Hausaufgabe auf der Seite was aufhatten dann guck ich dann noch so weil das sind dann ja ähnliche Aufgaben weil die ja in einem ... in ei ... in dem gleichen Kapitel sind und dann guck ich noch so'n bisschen was da noch für Übungen sind die mich interessieren oder ... wozu ich dann irgendwie Lust habe oder das dann nochmal vor der Arbeit machen möchte.

Aufgrund dieser Widersprüchlichkeit in den Daten lassen sich Helenas (6k) Nutzung Nr. 1-3 nicht rekonstruieren. Sie werden daher als *unspezifisch* kodiert.

Anders sieht es mit den Nutzungen der *Kästen mit Merkwissen* aus. Helena (6k) nutzt drei Mal das Strukturelement *Kasten mit Merkwissen* zum *Festigen* (Nr. 5, 10, 11). Die wiederholte nicht *speziell lehrervermittelte* Nutzung dieses Strukturelements in Zusammenhang mit der Tätigkeit *Festigen* führt entsprechend der Kodierregeln zur Zuordnung zum Instrumentationstyp *REGELLERNEN*.

6.2.3 *Marius (GK)*

Nr.	Buchausschnitt	Strukturelementtyp	Salienz	LV	Schülerformulierung	Tätigkeit	Instrumentationstyp
1	S. 182	Einleitung, Einführung		a[54]	unsere Lehrerin es als Hausaufgabe aufgegeben hatte		Vertiefen
2	S. 183, Information	Kasten		a	konnte mir bei den Hausaufgaben helfen	Aufgabebearbeiten	elemento. AB
3	S. 184, 3 a, b	Übungsaufgaben		s	weil wir die Aufgaben als Hausaufgabe aufbekommen haben	Aufgabebearbeiten	
4	S. 127, 18 c, e, g, h	Übungsaufgaben		s	vorbereitende Übung für die Klausur	Festigen	lageo. Üben
4	S. 136, 5 b	Übungsaufgaben		s	vorbereitende Übung für die Klausur	Festigen	lageo. Üben
5	S. 135, Satz 15	Kasten		a	zentrale Aussagen als Grundlage für die Klausur	Festigen	Regellernen
5	S. 135, Satz 16	Kasten			zentrale Aussagen als Grundlage für die Klausur	Festigen	Regellernen
6	S. 184, 5 a, b, e, g, h, i	Übungsaufgaben		s	es Hausaufgabe war	Aufgabebearbeiten	
7	S. 186, Kasten	Kasten			es Grundlagen knapp zusammenfasst	Aneignen von Wissen	Vorarbeiten
8	S. 187, 7 h, k	Übungsaufgaben			es als Vorbereitung zur Klausur diente	Aneignen von Wissen	Vorarbeiten
9	S. 198	Einführungstext			es ein zentrales Thema gut einleitet	Festigen	Vertiefen

Tabelle 23: Kodierung von Marius' (GK) Nutzungen des Mathematikbuches

---

[54] ,a' steht für den Code ,allgemeine Lehrervermittlung' (vgl. Abschnitt 4.4.4.4)

Marius (GK) nutzt das Mathematikbuch in Verbindung mit den Tätigkeiten *Bearbeiten von Aufgaben, Festigen* und *Aneignen von Wissen*.

Im Zusammenhang mit dem *Bearbeiten von Aufgaben* nutzt Marius (GK) mehrere Teilaufgaben von zwei *speziell lehrervermittelten* Aufgaben (Nr. 3 und 6). Der Nutzung von *speziell lehrervermittelten* Aufgaben wird den Kodierregeln entsprechend kein *Instrumentationstyp* zugeordnet. Neben diesen Aufgaben nutzt Marius (GK) aber auch noch einen *allgemein lehrervermittelten Kasten mit Merkwissen* (Nr. 2). Die ausschließliche Nutzung des Strukturelements *Kasten mit Merkwissen* deutet auf ein *ELEMENTORIENTIERTES BEARBEITEN VON AUFGABEN* hin. Diese Hypothese lässt sich nicht anhand weiterer Nutzungen im Zusammenhang mit dem *Bearbeiten von Aufgaben* bestätigen, da keine derartigen Nutzungen dokumentiert sind. Dennoch wird die Nutzung des *Kastens mit Merkwissen* hier dem *ELEMENTORIENTIERTEN BEARBEITEN VON AUFGABEN* zugeordnet, da sie grundsätzlich den Kodierregeln entspricht.

Nutzungen Nr. 4 und 5 wurden der Tätigkeit *Festigen* zugeordnet. Marius nutzt zwei *Übungsaufgaben* (Nr. 4) und zwei *Kästen mit Merkwissen* derselben Lerneinheit, aus der die eine *Übungsaufgabe* stammt. Beide *Übungsaufgaben* sind durch *spezielle Lehrervermittlung* gekennzeichnet, d. h., sie wurden bereits im Unterricht behandelt. Die Bearbeitung von *speziell lehrervermittelten* Aufgaben in Verbindung mit der Tätigkeit *Festigen* wurde als Kodierregel für den Instrumentationstyp *LAGEORIENTIERTES ÜBEN* beschrieben. Die nicht lehrervermittelte Nutzung von *Kästen mit Merkwissen* in Zusammenhang mit der Tätigkeit *Festigen* wurde hingegen als kennzeichnend für den Instrumentationstyp *REGELLERNEN* beschrieben.

Darüber hinaus nutzt Marius (GK) im Zusammenhang mit dem *Festigen* zwei Mal eine Einführung (Nr. 1 und 9). Einmal handelt es sich um die Einführung zu einer Lerneinheit, das andere Mal um die Einführung zu einem Kapitel. Im ersten Fall wurde die Lerneinheit von der Lehrerin *allgemein vermittelt*, im zweiten Fall liegt keine *Lehrervermittlung* vor. Marius (GK) nutzt in beiden Fällen das gleiche Strukturelement. Da es sich dabei jedoch weder um *Kästen mit Merkwissen* noch *lerneinheitenübergreifende Zusammenfassungen* handelt, sind diese Nutzungen weder dem *REGELLERNEN* noch dem *ELEMENTORIENTIERTEN FESTIGEN* zuzuordnen. In beiden Fällen handelt es sich jedoch um inhaltsvermittelnde Elemente. Daher werden beide Nutzungen dem Instrumentationstyp *VERTIEFEN* zugeordnet.

Bei dieser Zuordnung zeigt sich, dass Typen im Gegensatz zu Klassifikationen eine gewisse Unschärfe zeigen. Kluge beschreibt diese Unschärfe gerade als ein Charakteristikum von Typen:

> Obwohl der einzelne Typus nämlich anhand seiner Merkmalskombinationen be-
> schrieben werden kann, ist es gerade das Charakteristikum von Typen, daß ihre
> Elemente nicht alle Merkmalsausprägungen aufweisen, die den Typus kenneichnen.
> (Kluge 1999, S. 85)

In der Nutzung nur eines inhaltsvermittelnden Elements – nicht mehrerer verschiedener – zeigt sich eine gewisse Distanz zum Instrumentationstyp
VERTIEFEN. Als Kodierregel für diesen Typ wurde gerade die Nutzung mehrerer
inhaltsvermittelnder Elemente einer Lerneinheit angegeben. Anhand der Abgrenzung zu den beiden Typen *REGELLERNEN* und *ELEMENTORIENTIERTES
FESTIGEN* wurde jedoch gezeigt, dass Marius' (GK) Nutzung der beiden *Einführungen* am ehesten dem Typus *VERTIEFEN* nahe kommt.

Diese Abweichung vom Typus zeigt sich bei Marius (GK) auch im Zusammenhang mit der Tätigkeit *Aneignen von Wissen*. Marius nutzt zur Vorbereitung
auf die Klausur einen *Kasten mit Merkwissen* (Nr. 7) und zwei Teilaufgaben
einer Übungsaufgabe (Nr. 8) einer Lerneinheit, die noch nicht Gegenstand des
Unterrichts war. Dies zeigt sich u. a. an Nutzung Nr. 6: Die letzten Aufgaben, die
im Unterricht behandelt wurden, stammen von S. 184 im Buch und gehören dem
Abschnitt „5.2.1 Das Verfahren der partiellen Integration" (Griesel & Postel
2000, S. 182) an. Der nächste Abschnitt „5.2.2 Das Substitutionsverfahren"
(Griesel & Postel 2000, S. 185) beginnt auf S. 185. Aufgrund der Nutzung von
Inhalten, die noch nicht Gegenstand des Unterrichts waren, wurden diese beiden
Nutzungen der Tätigkeit *Aneignen von Wissen* zugeordnet. Hier kommen sie
dem Typ *VORARBEITEN* nahe. Für diesen Typ wurde allerdings die Nutzung in-
haltsvermittelnder Strukturelemente als kennzeichnend beschrieben. Marius
(GK) nutzt aber neben einem *Kasten mit Merkwissen* auch Übungsaufgaben. Die
Nutzung von Elementen, deren Inhalte noch nicht im Unterricht behandelt wurden, wird in diesem Fall aber als ausschlaggebend angesehen, so dass beide Nutzungen dem Instrumentationstyp *VORARBEITEN* zugeordnet werden.

Marius (GK) zeigt in seiner Nutzung des Mathematikbuches eine Vielzahl
von Instrumentationstypen. Er nutzt das Buch im Zusammenhang mit drei in
dieser Studie identifizierten Tätigkeiten, in denen Schüler das Mathematikbuch
als Instrument einsetzen. In Verbindung mit der Tätigkeit *Bearbeiten von Aufgaben* ließ sich seine Nutzung dem *ELEMENTORIENTIERTEN BEARBEITEN VON
AUFGABEN* zuschreiben. Beim *Festigen* lässt sich seine Nutzung durch drei Instrumentationstypen beschreiben: *VERTIEFEN, REGELLERNEN* und *LAGE-
ORIENTIERTES ÜBEN*. Im Zusammenhang mit dem *Aneignen von Wissen* kam
seine Nutzung dem *VORARBEITEN* nahe.

6.2.4 Yvonne (LK)

Nr.	Datum	Buchaus-schnitt	Struktur-element-typ	Sali-enz	L V	Schüler-formulie-rung	Tätigkeit	Instru-menta-tionstyp
1	14.02.07	S. 10, 6	Aufgabe		s	Aufgabe von Herrn S.	Aufgabe-bearbeiten	
2	16.02.07	S. 13, 5, a, b	Aufgabe		s	Aufgabe von Herrn S.	Aufgabe-bearbeiten	
3	17.02.07	S. 12, 2, a	Aufgabe		s	Hausaufgabe	Aufgabe-bearbeiten	
3	17.02.07	S. 12, 3, a, b	Aufgabe		s	Hausaufgabe	Aufgabe-bearbeiten	
4	17.02.07	S. 11, Bsp. 1	Muster-beispiel		a	Hilfe zur Hausaufgabe	Aufgabe-bearbeiten	elemento. AB
5	20.02.07	S. 13, 8, a	Aufgabe		s	Aufgabe	Aufgabe-bearbeiten	
6	20.02.07	S. 19, 2	Aufgabe		s	Hausaufgabe	Aufgabe-bearbeiten	
6	20.02.07	S. 19, 3	Aufgabe		s	Hausaufgabe	Aufgabe-bearbeiten	
7	21.02.07	S. 18, Lehrtext	Lehrtext (Merk-regel)	TDS[55]		Hilfe zu Aufgabe im Unterricht	Aufgabe-bearbeiten	salienzo. AB
8	21.02.07	S. 19, 4, a	Aufgabe		s	Aufgabe	Aufgabe-bearbeiten	
9	22.02.07	S. 19, 4, b, c	Aufgabe		s	Hausaufgabe	Aufgabe-bearbeiten	
9	22.02.07	S. 21, 1	Aufgabe		s	Hausaufgabe	Aufgabe-bearbeiten	
10	23.02.07	S. 22, 7	Aufgabe		s	Aufgabe	Aufgabe-bearbeiten	
11	23.02.07	S. 33, 2	Aufgabe		s	Aufgabe	Aufgabe-bearbeiten	
12	23.02.07	S. 34, Info	Zusatz-informa-tion		s	Erklärung / Zusatz von Herrn S.		

---

[55] ‚TDS' steht für den Code ‚Top-Down-Salienz' (vgl. Abschnitt 4.4.4.5)

13	23.02.07	S. 33, 3	Aufgabe		s	Hausaufgabe	Aufgabebearbeiten	
13	23.02.07	S. 33, 4	Aufgabe		s	Hausaufgabe	Aufgabebearbeiten	
13	23.02.07	S. 33, 5	Aufgabe		s	Hausaufgabe	Aufgabebearbeiten	
14	23.02.07	S. 33, Bsp. 2	Musterbeispiel			Hilfe zur Hausaufgabe	Aufgabebearbeiten	elemento. AB
15	28.02.07	S. 41, 4	Aufgabe		s	Aufgabe	Aufgabebearbeiten	
16	28.02.07	S. 44, 2	Aufgabe		s	Aufgabe	Aufgabebearbeiten	
17	28.02.07	S. 44, 3	Aufgabe		s	Hausaufgabe	Aufgabebearbeiten	
17	28.02.07	S. 44, 4	Aufgabe		s	Hausaufgabe	Aufgabebearbeiten	
17	28.02.07	S. 45, 9	Aufgabe		s	Hausaufgabe	Aufgabebearbeiten	
18	02.03.07	S. 45, 10	Aufgabe		s	Aufgabe	Aufgabebearbeiten	
19	02.03.07	S. 45, 13	Aufgabe		s	Aufgabe	Aufgabebearbeiten	
20	02.03.07	S. 46, 14	Aufgabe		s	Aufgabe	Aufgabebearbeiten	
20	02.03.07	S. 46, 15	Aufgabe		s	Aufgabe	Aufgabebearbeiten	
20	02.03.07	S. 46, 16	Aufgabe		s	Aufgabe	Aufgabebearbeiten	
21	02.03.07	S. 46, 17	Aufgabe		s	Hausaufgabe	Aufgabebearbeiten	
21	02.03.07	S. 46, 18	Aufgabe		s	Hausaufgabe	Aufgabebearbeiten	
22	02.03.07	S. 24, 1	Vermischte Aufgaben		a	Übung für Klausur	Festigen	lageo. Üben
22	02.03.07	S. 24, 2	Vermischte Aufgaben		a	Übung für Klausur	Festigen	lageo. Üben

22	02.03.07	S. 24, 3, a, b	Ver-mischte Aufgaben			a	Übung für Klausur	Festigen	lageo. Üben
23	03.03.07	S. 31, 1	lernein-heiten-übergrei-fende Aufgaben				Übung für Klausur (+Lösungen)	Festigen	elemento. Festigen
23	03.03.07	S. 31, 2	lernein-heiten-übergrei-fende Aufgaben				Übung für Klausur (+Lösungen)	Festigen	elemento. Festigen
23	03.03.07	S. 31, 3	lernein-heiten-übergrei-fende Aufgaben				Übung für Klausur (+Lösungen)	Festigen	elemento. Festigen
23	03.03.07	S. 252 (S. 31, 1, 2, 3)	Selbst-kontroll-möglich-keit				Übung für Klausur (+Lösungen)	Festigen	elemento. Festigen
24	04.03.07	S. 31, 5, a, b	lernein-heiten-übergrei-fende Aufgaben				Übung für Klausur (+Lösungen)	Festigen	elemento. Festigen
24	04.03.07	S. 31, 6, a, b	lernein-heiten-übergrei-fende Aufgaben				Übung für Klausur (+Lösungen)	Festigen	elemento. Festigen
24	04.03.07	S. 31, 9	lernein-heiten-übergrei-fende Aufgaben				Übung für Klausur (+Lösungen)	Festigen	elemento. Festigen
24	04.03.07	S. 252 (S. 31, 5, 6, 9)	Selbst-kontroll-möglich-keit				Übung für Klausur (+Lösungen)	Festigen	elemento. Festigen

25	06.03.07	S. 71, 1, a, b, d	lerneinheitenübergreifende Aufgaben			Übung für Klausur (+Lösungen) S. 71	Festigen	elemento. Festigen
25	06.03.07	S. 71, 2	lerneinheitenübergreifende Aufgaben			Übung für Klausur (+Lösungen) S. 71	Festigen	elemento. Festigen
25	06.03.07	S. 71, 3	lerneinheitenübergreifende Aufgaben			Übung für Klausur (+Lösungen) S. 71	Festigen	elemento. Festigen
25	06.03.07	S. 252 (S. 71, 1, 2, 3)	Selbstkontrollmöglichkeit			Übung für Klausur (+Lösungen) S. 72	Festigen	elemento. Festigen

Tabelle 24: Kodierung von Yvonnes (LK) Nutzungen des Mathematikbuches

Yvonne (LK) nutzt ihr Buch im Zusammenhang mit den beiden Tätigkeiten *Bearbeiten von Aufgaben* und *Festigen*. Dabei ist der Großteil der Nutzungen im Zusammenhang mit der Tätigkeit *Bearbeiten von Aufgaben speziell lehrervermittelt*, d. h. es handelt sich dabei um Aufgaben (vgl. Kategorie *Strukturelementtyp*), die auf Aufforderung des Lehrers genutzt wurden. Drei Nutzungen im Zusammenhang mit der Tätigkeit *Bearbeiten von Aufgaben* sind nicht *speziell lehrervermittelt* (Nr. 4, 7, 14). Bei diesen Nutzungen handelt es sich also um eigenständige Nutzungen Yvonnes (LK). Sie nutzt zwei Mal den Strukturelementtypen *Musterbeispiel* (Nr. 4, 14) und ein Mal einen Ausschnitt aus dem *Lehrtext* (Nr. 7). Da Yvonne (LK) zwei Mal im Zusammenhang mit der Tätigkeit *Bearbeiten von Aufgaben* das gleiche Strukturelement (*Musterbeispiel*) nutzt, wird diesen beiden Nutzungen der Instrumentationstyp *BEISPIELORIENTIERTES BEARBEITEN VON AUFGABEN* zugewiesen.

Nutzung Nr. 7 entspricht diesem Typ nicht, da Yvonne hier im Zusammenhang mit einer Aufgabe, die nicht aus dem Buch stammt, einen Ausschnitt eines anderen Strukturelements nutzt. Dieser Ausschnitt ist auch nicht durch eine spezifische Lage gekennzeichnet. Die Ausprägung *TDS* in der Kategorie *Salienz* entspricht der Kodierregel für das *salienzorientierte Bearbeiten von Aufgaben*.

Daher wird dieser Nutzung (Nr. 7) der Instrumentationstyp *SALIENZORIENTIERTES BEARBEITEN VON AUFGABEN* zugewiesen. Bei den Nutzungen Nr. 4 und 14 lässt sich ein Zusammenhang zum Bearbeiten von Aufgaben aus dem Buch rekonstruieren, da die *Musterbeispiele* jeweils am gleichen Tag wie lehrervermittelte Aufgaben aus derselben Lerneinheit genutzt werden. Ein derartiger Zusammenhang lässt sich bei Nutzung Nr. 7 nicht feststellen[56]. Yvonnes (LK) Nutzung des Mathematikbuches im Zusammenhang mit dem *Bearbeiten von Aufgaben* ist also bei Aufgaben aus dem Buch durch ein *BEISPIELORIENTIERTES* und bei Aufgaben, die nicht aus dem Buch stammen, durch ein *SALIENZORIENTIERTES BEARBEITEN VON AUFGABEN* gekennzeichnet.

Im Zusammenhang mit der Tätigkeit *Festigen* nutzt Yvonne (LK) einerseits Aufgaben, die der Lehrer *allgemein vermittelt* hat (Nr. 22) und andererseits Aufgaben des Strukturelements *lerneinheitenübergreifende Aufgaben* mit *Selbstkontrollmöglichkeit* (Nr. 23-25). Die Nutzung von *lehrervermittelten Aufgaben* in Verbindung mit der Tätigkeit *Festigen* (Nr. 22) ist Bestandteil der Kodierregel für das *LAGEORIENTIERTE ÜBEN*, wohingegen die Nutzung des Strukturelements *lerneinheitenübergreifende Aufgaben* mit *Selbstkontrollmöglichkeit* als Merkmal des *ELEMENTORIENTIERTEN FESTIGENS* beschrieben wurde. Die Nutzung von *Selbstkontrollmöglichkeiten* ist darüber hinaus Kennzeichen des Instrumentationstyps *LÖSUNGEN-KONTROLLIEREN*, sodass Yvonnes (LK) Nutzung des Mathematikbuches zum *Festigen* insgesamt durch drei Instrumentationstypen charakterisiert werden kann: das *LAGEORIENTIERTE* und das *ELEMENTORIENTIERTE FESTIGEN* sowie das *LÖSUNGEN KONTROLLIEREN*.

6.3 Sättigung

Im vorangehenden Abschnitt wurde exemplarisch die Rekonstruktion von Einzelfällen auf der Grundlage der in Kapitel 1 gebildeten Instrumentationstypen dargestellt. In diesem Abschnitt wird dargestellt, inwiefern die Instrumentationstypen ausreichend sind, um die Fälle[57] der vorliegenden Untersuchung zu rekonstruieren. Genügen die Instrumentationstypen, um einen Großteil der individuellen Nutzungen der Schüler zu rekonstruieren, kann die Untersuchung insofern als gesättigt angesehen werden, dass eine umfassende Beschreibung der vorhandenen Daten möglich ist.

---

[56] In Verbindung mit dem Beobachtungsprotokoll lässt sich ein Zusammenhang zur Einstiegsaufgabe des Unterrichts vom 21.02.2007 rekonstruieren.

[57] Ein Fall besteht in diesem Zusammenhang aus sämtlichen Nutzungen des Mathematikbuches eines Schülers.

Tabelle 25 gibt eine Übersicht über die absolute und relative Anzahl der Nutzungen, die auf der Grundlage der gebildeten Instrumentationstypen rekonstruiert werden konnten.

Lern-gruppe	Anzahl valider Nutzun-gen	davon bestimmten Tätigkeiten zugeordnet		Anzahl nicht speziell lehrer-vermittelter Nutzungen	davon Instrumen-tationstypen zugeordnet	
		abs.	%		abs.	%
6a	196	192	98,0%	134	95	70,9%
6k	266	264	99,2%	100	93	93,0%
GK	230	230	100,0%	124	116	93,5%
LK	599	597	99,7%	170	170	100,0%
Summe	1291	1283	99,4%	528	474	89,8%

Tabelle 25: Übersicht über die absoluten und relativen Anzahlen der durch Instrumentationstypen rekonstruierten Nutzungen

Aus Tabelle 25 ist ersichtlich, dass etwa 90% aller validen, nicht speziell lehrer-vermittelten Nutzungen der Schüler Instrumentationstypen zugeordnet werden konnten. D. h. etwa 90% aller validen, eigenständigen Nutzungen des Mathematikbuches der Schüler konnten auf die Instrumentationstypen zurückgeführt werden, die in Kapitel 1 auf Grundlage der Daten entwickelt wurden. Die Typologie ist damit geeignet, 90% der validen, eigenständigen Nutzungen des Mathematikbuches der Schüler, die an der vorliegenden Studie beteiligt waren, zu rekonstruieren. Aufgrund dieses hohen Anteils an eigenständigen Nutzungen, die auf der Grundlage der Instrumentationstypen erklärbar sind, kann von einer relativen Sättigung der Theorie ausgegangen werden. Die Theorie ist soweit gesättigt, dass sie die vorliegenden Daten zu 90% erklären kann.

Darüber hinaus wurde durch theoretisches Sampling versucht, die Nutzung des Mathematikbuches durch Schüler unter den üblichen Bedingungen zu dokumentieren. In der einschlägigen Literatur wird die Vermittlung der Schulbuchnutzung durch den Lehrer als Haupteinflussquelle auf die Nutzung des Schulbuches durch den Schüler angesehen. In Abschnitt 2.4.2.2 wurde dargestellt, dass Untersuchungen zur Nutzung des Mathematikbuches durch den Lehrer bislang ergeben haben, dass Lehrer das Mathematikbuch im Unterricht vornehmlich als Aufgabensammlung verwenden. Alle vier an der vorliegenden Studie beteiligten

Lehrer verwendeten das Mathematikbuch als Aufgabensammlung. Der Lehrer der Klasse 6k und der Lehrer des Leistungskurses setzten es dabei vorwiegend als Aufgabensammlung ein. D. h. in Bezug auf die Lehrervermittlung der Schulbuchnutzung kann davon ausgegangen werden, dass die Nutzung des Mathematikbuches durch Schüler unter den üblichen Bedingungen dokumentiert wurde.

Charakteristisch für die Lehrerin des Grundkurses und den Lehrer der Klasse 6a war, dass beide über die Nutzung des Mathematikbuches als Aufgabensammlung hinaus die Schüler zur Nutzung des Mathematikbuches als Ergänzung zum Unterricht und als Hilfsmittel zum Bearbeiten von Aufgaben anregten. Der Lehrer der Klasse 6a erläuterte im Gespräch, dass er mit den Schülern die Verwendung des Mathematikbuches gezielt übt (vgl. Beobachtungsprotokoll 6a, 21.02.2006). Den bisherigen Erkenntnissen zur Verwendung des Mathematikbuches durch den Lehrer zufolge handelt es sich dabei bereits um eine Lehrervermittlung der Schulbuchnutzung, die über das Übliche hinausgeht. Im Rahmen der vorliegenden Untersuchung kann also davon ausgegangen werden, dass die Nutzung des Mathematikbuches durch Schüler im Hinblick auf die Lehrervermittlung der Schulbuchnutzung nicht nur unter üblichen Bedingungen, sondern darüber hinaus auch unter der besonderen Bedingung einer gesteigerten Lehrervermittlung der Schulbuchnutzung dokumentiert wurde. Aus diesem Grund können die entwickelten Instrumentationstypen in Bezug auf die Nebenbedingung der Lehrervermittlung der Schulbuchnutzung ebenfalls als gesättigt angesehen werden.

Ebenfalls als gesättigt können die vorliegenden Instrumentationstypen in Bezug auf das Alter und das Leistungsniveau der Schüler angesehen werden. Es wurden sowohl Schüler am Beginn der Sekundarstufe I als auch Schüler der Sekundarstufe II in der Studie berücksichtigt. Durch diese Spanne wurde versucht, einen möglichen Einfluss des Alters der Nutzer auf die *Instrumentalisierung* und *Instrumentierung* des Mathematikbuches mit zu berücksichtigen. Die Fallrekonstruktion anhand der Instrumentationstypen zeigt, dass sich fast alle Typen sowohl in der Jahrgangsstufe 6 als auch in der Jahrgangsstufe 12 feststellen lassen. Es ist unwahrscheinlich, dass Schüler nach der Jahrgangsstufe 6 neue Instrumentationen entwickeln, die sie bis zur Jahrgangsstufe 12 wieder verlieren.

Aufgrund der Annahme, dass die ausgeprägteste selbständige Nutzung des Mathematikbuches an einem Schultyp zu beobachten sein wird, wo die Lesekompetenz und die Bereitschaft zu selbstreguliertem Lernen am höchsten einzuschätzen ist, wurden Daten ausschließlich am Gymnasium erhoben. Durch theoretisches Sampling wurde das Leistungsniveau der Schüler innerhalb des Gymnasiums variiert. Aus diesem Grund wurden ein Grundkurs und ein Leistungskurs ausgewählt. Die Fallrekonstruktion anhand der Instrumentationstypen zeigt, dass es keine gravierenden Unterschiede in der Instrumentation des Mathematikbuches zwischen Grund- und Leistungskurs gibt.

In den Lerngruppen, in denen die Studie durchgeführt wurde, wurden Mathematikbücher aus zwei unterschiedlichen Schulbuchreihen von zwei unterschiedlichen Verlagen verwendet. Die beiden verwendeten Reihen wurden durch theoretisches Sampling so ausgewählt, dass sie unterschiedlichen Strukturtypen angehören (vgl. Abschnitt 4.2). Die jeweils verwendeten Bücher können als prototypische Vertreter jeweils unterschiedlicher Strukturtypen angesehen werden. Bei der Entwicklung der Instrumentationstypen wurde stets auf die Abhängigkeit vom genutzten Buch eingegangen. Dabei zeigte sich, dass die entwickelten Instrumentationstypen unabhängig von der Nebenbedingung des genutzten Buches sind. In Kapitel 1 konnte gezeigt werden, dass die für die deutsche Schulbuchlandschaft repräsentative Auswahl an Büchern entweder dem einen oder dem anderen Strukturtyp zuzuordnen sind. Aus diesem Grund ist anzunehmen, dass die in Kapitel 1 dargestellten Instrumentationstypen auch bei der Verwendung anderer Mathematikbücher ihre Gültigkeit behalten. Daher kann die Studie auch im Hinblick auf die Nebenbedingung des genutzten Mathematikbuches als gesättigt angesehen werden.

Zusammenfassend lässt sich festhalten, dass in der Studie durch theoretisches Sampling

- Lehrer ausgewählt wurden, die die Nutzung des Mathematikbuchs den bisherigen Erkenntnissen zufolge einerseits auf typische Weise und andererseits über das übliche Maß hinaus vermitteln;
- Mathematikbücher verwendet wurden, die prototypisch einen der beiden Strukturtypen repräsentieren;
- Lerngruppen unterschiedlichen Alters und Leistungsniveaus ausgewählt wurden.

Die auf der Grundlage dieser Daten entwickelten Instrumentationstypen ermöglichen, etwa 90% der selbständigen Nutzungen des Mathematikbuches zu erklären. Aufgrund der durch theoretisches Sampling bei der Datenerhebung berücksichtigten Nebenbedingungen ist wahrscheinlich, dass auch neu erhobene Daten keinen wesentlichen Erkenntnisgewinn mehr liefern, da die dort dokumentierten Nutzungen des Mathematikbuches in überwiegendem Maße durch die in Kapitel 1 dargestellten Instrumentationstypen erklärbar sein werden. Darüber hinaus werden individuelle und unspezifische Instrumentationen immer vereinzelt zu beobachten sein.

7 Nutzertypologie

Im vorangehenden Kapitel wurde gezeigt, dass sich etwa 90% der selbständigen Nutzungen des Mathematikbuches von Schülern auf die im Kapitel 1 entwickelten Instrumentationstypen zurückführen lassen. D. h., die in dieser Arbeit entwickelten Instrumentationstypen sind geeignet, einen Großteil der Verwendung des Mathematikbuches der Schüler dieser Studie im Zusammenhang mit den vier Tätigkeiten *Bearbeiten von Aufgaben, Festigen, Aneignen von Wissen* und *interessemotiviertes Lernen* zu beschreiben.

Qualitative Forschung erschöpft sich jedoch nicht in der Beschreibung der Einzelfälle, sondern ist darüber hinaus auf Theorieentwicklung gerichtet. Die Theorieentwicklung basiert dabei auf der Erkenntnis allgemeiner Strukturen im untersuchten Bereich. Um allgemeine Strukturen in den Daten erkennen zu können, ist es zunächst sinnvoll, den Untersuchungsbereich zu strukturieren. Im strukturierten Untersuchungsbereich können dann inhaltliche Zusammenhänge näher betrachtet werden. Lamnek beschreibt in diesem Zusammenhang die Bildung von Typen als „gängige Auswertungsmethode innerhalb der qualitativen Forschungspraxis" (Lamnek 2005, S. 230):

> Typen werden in deskriptiver und in theoretischer Absicht gebildet. Auf deskriptiver Ebene dienen sie dazu, den Untersuchungsgegenstand überschaubar zu machen und dessen Charakteristika hervorzuheben, sodass zentrale Gemeinsam- oder Ähnlichkeiten sowie bedeutsame Unterschiede im Datenmaterial deutlich werden, die wiederum dazu anregen, über die ihnen möglicherweise zugrunde liegenden Mechanismen nachzudenken. Hierin liegt der heuristische Wert von Typen; sie geben der Hypothesenbildung eine Richtung. (Lamnek 2005, S. 230)

Die Bildung von Instrumentationstypen stellte einen ersten Schritt bei der Strukturierung des Untersuchungsbereichs dar. Durch die Entwicklung von Instrumentationstypen konnten *Instrumentalisierungen* und *Instrumentierungen* (Gebrauchsschemata) von der Ebene des Individuellen gelöst werden. Damit bilden die Instrumentationstypen die Grundlage, auf der einzelne Nutzungen verschiedener Nutzer verglichen werden können.

Im Folgenden soll im Sinne der Theorieentwicklung der Untersuchungsbereich weiter strukturiert werden. Das Ziel des zweiten Strukturierungsschritts ist es festzustellen, ob sich bei den Schülern der vorliegenden Studie wiederkehrende Kombinationen unterschiedlicher Instrumentationstypen erkennen lassen.

Schüler, bei denen sich vergleichbare Muster von Instrumentationstypen zeigen, werden zu einem Nutzertyp zusammengefasst. Ebenso wie bei der Bildung der Instrumentationstypen wird auch hier eine empirisch begründete Typenbildung im Sinne Kluges (1999) angestrebt. Die Gliederung der Darstellung orientiert sich dabei an den vier Stufen der empirisch begründeten Typenbildung (vgl. Kapitel 1).

7.1 Vergleichsdimensionen

Entsprechend des von Kluge (1999) beschriebenen vierstufigen Prozesses bei der Typenbildung (vgl. Kapitel 1) ist die Erarbeitung relevanter Vergleichsdimensionen grundlegend für den Typenbildungsprozesses. Im Zusammenhang mit der vorliegenden Studie bieten sich die Instrumentationstypen als Vergleichsdimensionen an. Diese Instrumentationstypen sind bereits Ergebnis eines Typenbildungsprozesses und fassen mehrere Kategorien zusammen, anhand derer die Daten kodiert wurden, insbesondere die Kategorien *Tätigkeit* und *Strukturelementtyp* sowie die zugrunde liegenden Auswahlschemata. Eine Typenbildung auf Grundlage der *Instrumentationstypen* stellt daher die konsequente Fortführung des bisherigen Vorgehens dar. Sie kann im Hinblick auf die Theoriebildung, die mit der Typenbildung angestrebt wird, ermöglichen, eventuelle Zusammenhänge zwischen den Instrumentationstypen aufzuzeigen.

Insgesamt konnte die Nutzung des Mathematikbuches von Schülern in der vorliegenden Untersuchung auf 14 Instrumentationstypen (vgl. 5.2.2) zurückgeführt werden. Darüber hinaus konnten bei einigen Schülern individuelle Gebrauchsschemata festgestellt werden, die nur jeweils von dem einzelnen Schüler gezeigt wurden. Bei wenigen Nutzungen ließ sich kein Schema erkennen. Diese wurden mit dem Code *unspezifisch* markiert. Da eine Typenbildung auf der Grundlage eines einzelnen Schemas nicht sinnvoll ist, wurden diese Schemata mit dem Code *individuell* markiert und gingen nicht in den Typenbildungsprozess ein. Im Rahmen einer Nutzertypologie ist jedoch grundsätzlich denkbar, dass es einen Nutzertyp gibt, der sich durch unspezifische Nutzungsweisen bzw. durch individuelle Gebrauchsschemata auszeichnet. Aus diesem Grund werden diese beiden Nutzungsweisen als zwei weitere Dimensionen zur Kennzeichnung eines Nutzers hinzugefügt. Damit lässt sich jeder einzelne Fall auf der Grundlage seiner Instrumentationstypen bzw. seiner unspezifischen oder individuellen Nutzungsweisen als Punkt in einem 16-dimensionalen Raum auffassen.

Im Zusammenhang mit der Darstellung eines Nutzers als Punkt in einem 16-dimensionalen Raum ist die Frage nach dem Skalenniveau der einzelnen Dimensionen zu stellen. Grundsätzlich gibt es hier verschiedene Möglichkeiten:

1. <u>Binärkodierung:</u> Jedem Schüler wird ein 16-Tupel zugeordnet, das ausschließlich das Vorhanden- und Nichtvorhandensein eines Instrumentationstyps anzeigt. Zeigt ein Schüler einen Instrumentationstyp, erhält der Schüler in der entsprechenden Dimension eine 1, zeigt er einen Instrumentationstyp nicht, wird dies durch eine 0 kodiert. Diese Binärkodierung berücksichtigt ausschließlich das Vorhanden- und Nichtvorhandensein der einzelnen Instrumentationstypen bei einem Fall. Ob ein Instrumentationstyp verstärkt vorkommt und ein anderer nur vereinzelt, wird durch diese Kodierung nicht berücksichtigt.

Soll das Gewicht der einzelnen Instrumentationstypen berücksichtigt werden, ist eine der beiden folgenden Kodierungen zu wählen, die auf ein anderes Skalenniveau führen:

2. <u>Kodierung entsprechend der absoluten Häufigkeiten:</u> In jeder Dimension des 16-Tupels wird die absolute Anzahl der Nutzungen eingetragen, die dem jeweiligen Instrumentationstyp zugeordnet wurden. Diese Kodierung führt auf ein ordinales Skalenniveau der einzelnen Dimensionen.

3. <u>gewichtete Kodierung:</u> In den einzelnen Dimensionen werden nicht die absoluten Häufigkeiten eingetragen, mit der ein Instrumentationstyp bei einem Fall auftritt, sondern es wird eine Gewichtung der einzelnen Instrumentationstypen vorgenommen. Denkbar ist z.B. folgender Code:
0: Instrumentationstyp tritt nicht auf
1: Instrumentationstyp tritt vereinzelt auf
2: Gebrauchsschematyp tritt mehrfach auf.
Diese Kodierung führt auf ein ordinales Skalenniveau der einzelnen Instrumentationstypen. Es kommt hier insbesondere auf eine geeignete Wahl eines Gewichtungsfaktors an.

Welche dieser drei Möglichkeiten ist nun im Zusammenhang mit der vorliegenden Studie als sinnvoll zu erachten? Zunächst ist zu berücksichtigen, dass die Datenerhebung in Verbindung mit einem qualitativen Forschungsdesign erfolgte. Grundsätzlich ist daher eine nachträgliche quantitative Nutzung im Sinne der absoluten Häufigkeiten von Kodierung 2 fragwürdig. Der Beobachtungszeitraum von ca. drei Wochen kann nicht ohne weiteres als repräsentativ für die Quantität der einzelnen Instrumentationstypen eines Falles angesehen werden. In Abhängigkeit vom Thema kann die Nutzungshäufigkeit des Mathematikbuches bei einzelnen Schülern durchaus variieren. Die Studie ist auch nicht im Hinblick auf quantitative Aussagen über das Vorkommen der Instrumentationstypen angelegt, sondern bestand darin, qualitative Aussagen über den Gebrauch des Mathematikbuches zu machen. Darüber hinaus zeigt ein Blick auf die Definition der Analyseeinheiten in Abschnitt 4.4.2, dass eine quantitative Interpretation der Daten zu einer Verzerrung führen kann. In Abschnitt 4.4.2 wird eine zusammenhängende Markierung, der ein Kommentar zugeordnet ist, als Kodiereinheit definiert. Eine Ausnahme stellen Aufgaben dar. Markieren Schüler mehrere aufeinander folgende Aufgaben und weisen dieser zusammenhängenden Markierung einen Kommentar zu, dann werden die einzelnen Aufgaben trotzdem einzeln kodiert. Eine Kodierung entsprechend der absoluten Häufigkeiten der Instrumentationstypen kann demnach zu einer Übergewichtung der *Übeschemata* führen. Dieses Problem besteht auch bei einer gewichteten Kodierung im Sinne von Möglichkeit 3. Zudem ist zu berücksichtigen, dass im Unterschied zu den beiden sechsten Klassen in den beiden Kursen der Jahrgangsstufe 12 Klausuren im Anschluss an den Beobachtungszeitraum geschrieben wurden und die Vorbereitung auf die Klausur mit Hilfe des Buches in beiden Fällen dokumentiert wurde. Auch dies kann zu einer quantitativen Verzerrung des Auftretens von Instrumentationstypen im Zusammenhang mit dem *Festigen* führen.

Aus den genannten Gründen scheint eine Binärkodierung des Auftretens von Instrumentationstypen die einzige zu sein, die sich vor dem Hintergrund des Forschungsdesigns rechtfertigen lässt. Darüber hinaus ist eine Binärkodierung für das Ziel, das mit der Gruppierung verfolgt wird, ausreichend, da die Binärkodierung Hinweise auf das gemeinsame Auftreten bestimmter Instrumentationstypen gibt und damit eine Analyse inhaltlicher Zusammenhänge der einzelnen Kombinationen erlaubt. Jedem Fall wird also ein 16-Tupel zugeordnet, dessen einzelne Dimensionen entweder eine 1 oder eine 0 enthalten. Dabei zeigt eine 1 das Auftreten des jeweiligen Instrumentationstyps an und eine 0 das Nichtauftreten.

7.2 Gruppierung der Fälle und Analyse empirischer Regelmäßigkeiten

Die Aufgabe beim Entwickeln einer Nutzertypologie des Mathematikbuches besteht darin, die Einzelfälle miteinander auf der Grundlage der von ihnen gezeigten Instrumentationstypen zu vergleichen und so zu gruppieren, dass sich die Elemente innerhalb eines Typus möglichst ähnlich sind, die einzelnen Typen sich aber möglichst stark voneinander unterscheiden. Kennzeichnend für Typologien ist allerdings, dass die Einzelfälle den einzelnen Typen nicht immer eindeutig zugeordnet werden können, sondern einem Typ mehr oder weniger nahe stehen (vgl. Kluge 1999, S. 33). Darin unterscheiden sich Typologien von Klassifikationen, bei denen die Zuordnung der Einzelfälle zu den einzelnen Klassen eindeutig ist (vgl. Kluge 1999, S. 32).

Der Vergleich von 16 Dimensionen bei 69 Fällen ist eine komplexe Aufgabe. Zum Bewältigen derartiger Aufgaben hat die Statistik eine Vielzahl clusteranalytischer Methoden entwickelt. Auf der Grundlage der oben beschriebenen Binärkodierung des Auftretens- und Nichtauftretens von Instrumentationstypen bei den einzelnen Fällen bietet sich an, einen Vorschlag für die Typenbildung mit Hilfe einer entsprechenden Software auszuarbeiten. Allerdings basiert keine der heute verfügbaren Clustermethoden auf einer Theorie, die gewährleistet, dass die beste Strukturierung der Objekte realisiert wird (vgl. Bortz 1993, S. 522). Daher muss dieser Vorschlag anschließend dahingehend geprüft werden, ob eine sinnvolle Strukturierung des Untersuchungsbereichs enthält, die sich inhaltlich interpretieren lässt.

In der vorliegenden Arbeit wurden für die Typenbildung Clusteranalyseprozeduren des Datenanalysesoftwarepakets SPSS Statistics 17 verwendet, das weltweit sehr weite Verbreitung gefunden hat (vgl. Backhaus *et al.* 2006, S. 3). Da kein optimaler Clusteralgorithmus existiert, wurden zwei verschiedene Clustermethoden verwendet. Auf diese Weise können die Ergebnisse beider Methoden gegenübergestellt und miteinander verglichen werden. Übereinstimmungen bei der Clusterbildung auf der Grundlage unterschiedlicher Methoden können dabei auf stabile Strukturen in den Daten verweisen, wohingegen Unterschiede auf variable Gruppierungen hindeuten.

7.2.1 Clustermethoden

Im Zuge der Clusterbildung ist die Festlegung eines Distanzmaßes erforderlich, auf dessen Grundlage die Ähnlichkeit der Fälle bestimmt werden kann. ‚Ähnlichkeit' wird als geringer Abstand hinsichtlich des gewählten Distanzmaßes quantifiziert. Durch die Festlegung eines Distanzmaßes werden die 16-Tupel zu Elementen eines metrischen Raumes. Aufgrund der Binärkodierung können die einzelnen Elemente als Punkte auf dem Einheitswürfel des metrischen Raumes aufgefasst werden. Die Wahl des Distanzmaßes ist von der gewählten Clustermethode abhängig und wird im Folgenden im Zusammenhang mit den gewählten Methoden erläutert.

Die Daten wurden zunächst auf Grundlage der Ward-Methode gruppiert. Die Ward-Methode ist ein hierarchisches Clusterverfahren, bei dem zunächst jeder Fall ein einzelnes Cluster bildet. In jedem Iterationsschritt werden dann jeweils zwei Cluster so zusammengefasst, dass ein vorgegebenes Heterogenitätsmaß innerhalb der Gruppe möglichst wenig erhöht wird. Auf diese Weise entstehen relativ homogene Cluster. Hier liegt der Grund, warum das Ward-Verfahren unter den hierarchischen Clusterverfahren bei der vorliegenden Untersuchung ausgewählt wurde.

Das Heterogenitätsmaß, auf dem die Clusterbildung beim Ward-Verfahren basiert, ist die Fehlerquadratsumme. Damit beide für die Clusterbildung wesentlichen Maße – Heterogenitätsmaß und Distanzmaß – verträglich sind, erscheint es sinnvoll die quadrierte euklidische Distanz als Distanzmaß zugrunde zu legen. D. h., Heterogenitäts- und Distanzmaß basieren auf einem anderen Skalenniveau als die Merkmalskoordinaten der einzelnen Fälle. Dennoch führt das Ward-Verfahren auch bei binär kodierten Zufallsvariablen i. d. R. zu guten Ergebnissen (vgl. Bortz 1993, S. 535).

Als zweites Clusterverfahren wurde die K-Means-Methode gewählt, die zu den iterativ-partitionierenden Verfahren zählt. Dabei werden die einzelnen Fälle im ersten Iterationsschritt einer vorgegebenen Anzahl zufällig gewählter Clusterzentren so zugeordnet, dass der euklidische Abstand zum jeweiligen Clusterzentrum minimal ist. Anschließend werden die Clusterzentren neu berechnet und die Zuordnung erfolgt erneut.

Um die Gruppierungen beider Clustermethoden – dem Ward-Verfahren und dem K-Means-Verfahren – besser vergleichen zu können, wurde darauf geachtet, dass beide auf vergleichbaren Distanzmaßen basieren. Ein weiterer Grund für die Wahl des quadrierten euklidischen Abstands als Distanzmaß bei der Ward-Methode liegt darin, dass die Zuordnung zu den Clusterzentren bei der K-Means-Methode auf der euklidischen Distanz basiert.

Bei hierarchischen Clusterverfahren muss im Gegensatz zu iterativ-partitionierenden Verfahren die Anzahl der Cluster nicht von vorneherein festgelegt werden. Daher wurde das hierarchische Verfahren in der vorliegenden Studie zuerst angewandt, um u. a. die optimale Anzahl von Clustern zu bestimmen. Zunächst wurde ein Intervall von vier bis zehn Clustern betrachtet. Die Analyse der Clusterbildung in diesem Intervall zeigt, dass eine Anzahl von neun Clustern eine optimale Gruppierung der Fälle hervorbringt. Während bei zehn Clustern ein Cluster mit nur zwei Fällen entsteht, das sich nur geringfügig von einem bestehenden Cluster unterscheidet, gibt es bei acht Clustern eine relativ große Gruppe von Fällen, die vereinzelte Instrumentationstypen aufweisen. Bei neun Clustern werden aus dieser Gruppe noch einmal fünf Fälle abgespalten, die durch einen gemeinsamen Instrumentationstyp gekennzeichnet sind. Demnach kann die Bildung von mehr als zehn Clustern als zu feine Strukturierung des Untersuchungsbereichs angesehen werden und die Bildung von acht Clustern als zu grobe Unterteilung. Die Anzahl von neun Clustern, die auf der Grundlage eines hierarchischen Verfahrens als günstig ermittelt wurde, wurde als Ausgangspunkt für die Clusteranzahl bei dem iterativ-partitionierenden Verfahren gewählt[58].

7.2.2 Beschreibung der Cluster

An dieser Stelle sollen die einzelnen Cluster beschrieben werden sowie die Gemeinsamkeiten und Unterschiede, die sich bei der Clusterbildung auf der Grundlage der beiden Methoden zeigen.

Tabelle 26 zeigt, welche Gemeinsamkeiten die Fälle der neun Cluster W1 bis W9 aufweisen, die nach der Ward-Methode gebildet wurden. Als Gemeinsamkeit wird sowohl das Vorhandensein als auch das Nicht-Vorhandensein eines Instrumentationstyps aufgefasst. Eine ‚1' in der Tabelle besagt, dass fast alle Fälle[59] des Clusters diesen Instrumentationstyp aufweisen, eine ‚0' bedeutet, dass fast alle Fälle des Clusters diesen Instrumentationstyp nicht zeigen. Weisen einige Fälle des Clusters einen Instrumentationstyp auf und einige nicht, dann bleibt das Feld leer.

In Tabelle 27 sind demgegenüber die neun Clusterzentren K1 bis K9 dargestellt, die sich nach 20 Iterationen bei der Clusterbildung nach der K-Means-Methode ergeben haben. Die Clusterzentren sind ein eindeutig festgelegter Punkt im metrischen Raum. Daher ist im Gegensatz zur obigen Tabelle jede Koordinate eindeutig angegeben. Leerstellen treten in der Tabelle nicht auf.

Die Gegenüberstellung der Cluster, die aus den beiden verwendeten Methoden resultieren, zeigt, dass offenbar sechs relativ stabile Cluster existieren. Einerseits weisen die Cluster W1 und K1, W2 und K2, W3 und K3, W5 und K4, W8 und K8 sowie W9 und K9 nahezu identische Muster hinsichtlich der vorhandenen und nicht vorhandenen Instrumentationstypen auf. Andererseits zeigt der Vergleich der Fälle, die den Clustern jeweils zugeordnet sind, dass auch hier eine große Übereinstimmung besteht. Die Cluster W1 und K1 sowie W8 und K8 sind hinsichtlich der ihnen zugeordneten Fälle kongruent. Den Clustern W2, K3 und K4 wurde jeweils ein Fall mehr zugeordnet als den jeweils entsprechenden Clustern K2, W3 bzw. W5.

---

[58] Die Zuordnung der einzelnen Fälle zu den vier bis zehn Clustern, die auf Grundlage der Ward-Methode gebildet wurden, sowie die Gruppierung zu neun Clustern nach der K-Means-Methode können Anhang 7 entnommen werden. Der Anhang ist im Internet zugänglich über die URL http://www.viewegteubner.de.

[59] ‚Fast alle Fälle' bedeutet ‚mehr als drei Viertel der Fälle'.

Instrumentationstyp	Cluster								
	W1	W2	W3	W4	W5	W6	W7	W8	W9
kasteno. AB[60]	1	0	0	0	1	0	0	0	0
beispielo. AB	0	(1)[61]	0	0	0	(1)[62]	0	0	0
lageo. AB	0	(1)	0	0	(1)[63]	0	0	0	
salienzo. AB	0	(1)	0	0	(1)	(1)	0	0	0
Nachschl.		0	0	0	0	0	1	0	0
Lsg. kontroll.	0	0	0	0	0	0	0	0	0
lageo. Üben	1	1		0			0		0
salienzo. Üben	0	0	0	0	0	0	0	0	0
elemento. Festigen	0		0	0	0		0	0	0
Regellernen	1	1	0	1	0	0	0	0	0
Vertiefen	1	1	1	0	0		0	0	0
Vorarbeiten	0	0	0	0	0	0	0		0
salienzo. Zerstreuung	0	0	0	0	0	0	0	1	0
salienzo. interessem. L.	0	0	0	0	0	0	0	0	
unspez.	0	0	0		0	0	0	0	0
individuell	0		0	0	0	0	0	0	0

Tabelle 26: Clusterspezifische Muster von Instrumentationstypen bei der Clusterbildung nach dem Ward-Verfahren (1: bei fast allen Fällen vorhanden, 0: bei fast keinem Fall vorhanden, leer: bei einigen Fällen vorhanden, bei anderen nicht)

---

[60] ‚AB' steht für ‚Aufgabenbearbeiten'.

[61] Die Klammern bedeuten, dass fast alle Fälle mindestens einen der durch ‚(1)' markierten Gebrauchsschematypen aufweisen. Insgesamt weisen 5 von 9 Fällen genau einen und 2 von 9 Fällen mehr als einen dieser drei Gebrauchsschematypen auf.

[62] Die Klammern bedeuten, dass fast alle Fälle mindestens einen der durch ‚(1)' markierten Gebrauchsschematypen aufweisen. Insgesamt weisen 5 von 11 Fällen genau einen und 6 von 11 Fällen beide Gebrauchsschematypen auf.

[63] Die Klammern bedeuten, dass fast alle Fälle mindestens einen der durch ‚(1)' markierten Gebrauchsschematypen aufweisen. Insgesamt weisen 6 von 9 Fällen genau einen und 1 von 9 Fällen beide Gebrauchsschematypen auf.

Instrumentationstyp	Cluster								
	K1	K2	K3	K4	K5	K6	K7	K8	K9
kasteno. AB	1	0	0	1	0	1	0	0	0
beispielo. AB	0	0	0	0	1	0	1	0	0
lageo. AB	0	0	0	0	0	1	1	0	0
salienzo. AB	0	1	0	0	1	0	1	0	0
Nachschl.	1	0	0	0	0	1	0	0	0
Lsg. kontroll.	0	0	0	0	0	0	0	0	0
lageo. Üben	1	1	0	0	0	0	1	0	0
salienzo. Üben	0	0	0	0	0	0	1	0	0
elemento. Festigen	0	0	0	0	1	0	0	0	0
Regellernen	1	1	0	0	0	0	1	0	0
Vertiefen	1	1	1	0	1	0	1	0	0
Vorarbeiten	0	0	0	0	0	0	1	0	0
salienzo. Zerstreuung	0	0	0	0	0	1	0	1	0
salienzo. interessem. L.	0	0	0	0	0	0	0	0	0
unspez.	0	0	0	0	0	1	0	0	0
individuell	0	0	0	0	0	1	0	0	0

Tabelle 27: Clusterzentren der K-Means-Methode nach 20 Iterationen

Deutliche Unterschiede in der Clusterbildung der beiden Verfahren zeigen sich bei den Clustern W4, W6, W7, K5, K6, K7. Diese Cluster unterscheiden sich sowohl hinsichtlich des spezifischen Musters an vorhandenen und nicht vorhandenen Instrumentationstypen als auch hinsichtlich der jeweils zugeordneten Fälle. Während die drei genannten W-Cluster nur durch das Vorhandensein einzelner Instrumentationstypen charakterisiert sind, kennzeichnet die drei K-Clusterzentren eine Vielzahl vorhandener Gebrauchsschematypen. Es zeigt sich jedoch, dass den drei genannten K-Clustern nur jeweils eine geringe Anzahl an Fällen zugeordnet wurden: K5 wurden drei Fälle, K7 wurde ein Fall und K6 wurden zwei Fälle zugeordnet. Eine Clusterbildung mit drei und weniger Fällen ist allerdings fraglich, wenn die Diskrepanz zu den anderen Fällen diese Clusterbildung nicht rechtfertigt. Das Ziel der Typenbildung besteht ja gerade in der Bildung möglichst homogener untereinander jedoch möglichst heterogener Gruppen. Auf Grundlage der Clusterbildung nach der Ward-Methode zeigt sich, dass diese insgesamt sechs Fälle durchaus Ähnlichkeiten zu anderen Fällen im Datenmaterial aufweisen. Die Zuordnung dieser sechs Fälle zu drei eigenen Clustern scheint daher nicht gerechtfertigt.

Die Verteilung von sechs Fällen auf drei Cluster hat zur Folge, dass die anderen 63 Fälle auf sechs Cluster verteilt werden müssen. Dadurch ergibt sich bei der Clusterbildung nach der K-Means-Methode ein Cluster (K9), dem insgesamt 26 Fälle zugeordnet werden. Ein Vergleich dieser Fälle untereinander zeigt, dass die Forderung nach möglichst großer Homogenität der Fälle innerhalb eines Clusters nicht erfüllt wird. Die Verteilung dieser 26 Fälle auf vier Cluster, die sich bei Anwendung des Ward-Verfahrens ergibt, führt zu einer wesentlich größeren Homogenität innerhalb der einzelnen Cluster.

Zusammenfassend kann daher festgehalten werden, dass sechs von neun Clustern, die auf der Grundlage zweier unterschiedlicher Clusterverfahren ermittelt wurden, nahezu kongruent hinsichtlich des charakteristischen Musters an vorhandenen und nicht vorhandenen Instrumentationstypen und hinsichtlich der ihnen zugeordneten Fälle sind. Die übrigen drei Cluster fallen bei beiden Verfahren sowohl hinsichtlich des charakteristischen Musters an vorhandenen und nicht vorhandenen Instrumentationstypen als auch hinsichtlich der jeweils zugeordneten Fälle sehr unterschiedlich aus. Im Hinblick auf die Anzahl der jeweils einem Cluster zugeordneten Fälle, deren Differenz zu anderen Fällen im Datenmaterial sowie der Homogenität innerhalb der einzelnen Cluster erscheint die Clusterbildung nach dem Ward-Verfahren sinnvoller. Für die inhaltliche Analyse der einzelnen Cluster wird daher das Ergebnis der hierarchischen Clusterbildung nach dem Ward-Verfahren zugrunde gelegt.

7.3 Analyse inhaltlicher Zusammenhänge

Mit der Clusteranalyse wurde das Ziel verfolgt, Fälle zu Gruppen zusammenzufassen, bei denen vergleichbare Muster in den zugeordneten Instrumentationstypen festgestellt werden konnten. Im vorangehenden Abschnitt wurde gezeigt, dass derartige Gruppen existieren. Die Existenz dieser Gruppen kann ein Hinweis darauf sein, dass es Zusammenhänge zwischen den Instrumentationstypen oder den Fällen in einer Gruppe gibt, die erklären können, warum die Instrumentationstypen wiederholt in bestimmten Kombinationen auftreten. Ziel dieses Abschnitts ist es, solche Zusammenhänge aufzuzeigen, um sie zur Charakterisierung von Nutzertypen des Mathematikbuches zu verwenden. Die Analyse inhaltlicher Zusammenhänge zwischen den Clustern erfolgt dabei in drei Stufen:

1. Analyse von Zusammenhängen zwischen den Instrumentationstypen eines Clusters (Abschnitt 7.3.1)
2. Analyse von Zusammenhängen zwischen den Fällen eines Clusters (Abschnitt 7.3.2)
3. Prüfen von Hypothesen über theoretisch mögliche Zusammenhänge (Abschnitt 7.3.3)

7.3.1 Zusammenhänge zwischen den Instrumentationstypen

Zusammenhänge zwischen den Instrumentationstypen können nur in den Clustern analysiert werden, für die mehrere Instrumentationstypen kennzeichnend sind. Nur vier der neun Cluster weisen überhaupt ein spezifisches Muster mehrerer Instrumentationstypen auf (W1, W2, W5, W6). Für fünf der neun Cluster ist das Auftreten maximal eines Instrumentationstyps charakteristisch (W3, W4, W7, W8, W9). In fast allen dieser Cluster gibt es jedoch mehrere Fälle, die bestimmte weitere Instrumentationstypen aufweisen. Diese nur teilweise in den einzelnen Clustern auftretenden Instrumentationstypen werden bei der Analyse der Zusammenhänge zwischen den einzelnen Instrumentationstypen mitberücksichtigt.

Die Analyse von Zusammenhängen zwischen den einzelnen Instrumentationstypen erfolgt dabei in zwei Schritten:

1. Es werden Zusammenhänge zwischen den verschiedenen Instrumentationstypen innerhalb einer Tätigkeit untersucht.
2. Es werden Zusammenhänge zwischen den Instrumentationstypen unterschiedlicher Tätigkeiten untersucht.

7.3.1.1 Zusammenhänge zwischen den Instrumentationstypen einer Tätigkeit

Bearbeiten von Aufgaben

Im Zusammenhang mit dem Bearbeiten von Aufgaben wurden insgesamt sechs Instrumentationstypen anhand der Daten entwickelt (kasten-, beispiel-, lage-, salienzorientiertes Aufgabenbearbeiten, Nachschlagen und Lösungen kontrollieren)[64]. Von diesen sechs Instrumentationstypen tritt der Typ Lösungen kontrollieren so selten in den Daten auf, dass er für keines der Cluster eine Relevanz besitzt. Er wird daher bei den folgenden Überlegungen vernachlässigt. Die anderen Instrumentationstypen im Zusammenhang mit dem Bearbeiten von Aufgaben sind kennzeichnend für die Cluster W1, W2, W5, W6 und W7. In diesen fünf Clustern lassen sich 13 der insgesamt 31 möglichen Kombinationen der fünf Instrumentationstypen im Zusammenhang mit dem Bearbeiten von Aufgaben wieder finden: In W1 tritt das kastenorientierte Aufgabenbearbeiten sowohl einzeln als auch in Kombination mit dem Nachschlagen auf. W2 ist gekennzeichnet durch das einzelne und kombinierte Auftreten der drei Instrumentationstypen beispiel-, lage- und salienzorientiertes Aufgabenbearbeiten. Anhand von Cluster W5 lässt sich erkennen, dass auch das kastenorientierte Aufgabenbearbeiten in Verbindung mit dem lage- oder salienzorientierten Aufgabenbearbeiten auftreten kann. Für W6 ist das beispiel- als auch das salienzorientierte Aufgabenbearbeiten charakteristisch, die jeweils einzeln oder in Kombination auftreten können. W7 ist schließlich allein durch das Nachschlagen gekennzeichnet. Es fehlen die Kombination von mehr als 3 Instrumentationstypen innerhalb eines Clusters, alle Kombinationen, in denen das kastenorientierte mit dem beispielorientierten Aufgabenbearbeiten auftritt, sowie alle Kombinationen des Nachschlagens mit einem anderen Instrumentationstyp außer dem kastenorientierten Aufgabenbearbeiten.

Insgesamt zeigt der Vergleich der möglichen Kombinationen mit den in den Clustern realisierten Kombinationen:

1. Schüler, die das Buch im Zusammenhang mit dem *Bearbeiten von Aufgaben* nutzen, kombinieren grundsätzlich durchaus mehrere Instrumentationstypen. Cluster, in denen ausschließlich ein Instrumentationstyp im Zusammenhang mit dem *Bearbeiten von Aufgaben* auftritt, sind die Ausnahme (z. B. W7). Kombinationen von mehr als drei Instrumentationstypen treten jedoch in keinem Cluster auf.
2. Das *Nachschlagen* tritt ausschließlich einzeln oder in Kombination mit dem *kastenorientierten Aufgabenbearbeiten* auf.
3. *Kasten-* und *beispielorientiertes* Aufgabenbearbeiten treten nicht als Kombination auf.

Beobachtung 1 lässt darauf schließen, dass Schüler, die das Mathematikbuch im Zusammenhang mit dem *Bearbeiten von Aufgaben* nutzen, in der Regel über ein

---

[64] In diesem Kapitel wird auf die Kapitälchenschreibweise der Instrumentationstypen aus Gründen der besseren Lesbarkeit verzichtet, da keine Verwechslungsgefahr mit Handlungsschematypen mehr besteht.

kleines Repertoire an Instrumentationstypen verfügen. Die Beobachtung 2 deutet auf einen möglichen Zusammenhang zwischen dem *kastenorientierten Aufgabenbearbeiten* und dem *Nachschlagen* hin. Auf der Grundlage von Beobachtung 3 lässt sich schließen, dass es Schüler gibt, die beim Bearbeiten von Aufgaben lediglich grundlegende Regeln und Begriffe benötigen, die sie selbständig auf die Aufgaben übertragen. Andere Schüler benötigen eher eine exemplarische Lösung einer Aufgabe und versuchen den Lösungsweg auf die Aufgabe zu übertragen. Diese Interpretation könnte auch erklären, warum das *Nachschlagen* nicht im Zusammenhang mit dem *beispielorientierten Aufgabenbearbeiten* auftritt: Auf *Musterbeispiele* kann über das Inhalts- oder Stichwortverzeichnis nur indirekt zugegriffen werden. Begriffe und Regeln lassen sich dagegen direkt im Inhalts- oder Stichwortverzeichnis nachschlagen.

Auf der Grundlage der Beobachtungen 2 und 3 wird daher folgende Hypothese formuliert: Im Zusammenhang mit dem Bearbeiten von Aufgaben lassen sich zwei Typen unterscheiden:

1. *Regelorientierte Aufgabenbearbeiter*, die Definitionen, Regeln und Sätze als hilfreiche Information für das Bearbeiten von Aufgaben ansehen und die Informationen selbständig beim Lösen der Aufgabe anwenden.
2. *Beispielorientierte Aufgabenbearbeiter*, die exemplarische Beispiele als hilfreiche Information für das Bearbeiten von Aufgaben ansehen und exemplarische Lösungswege beim Lösen der Aufgabe imitieren bzw. übertragen.

Vertiefen

Insgesamt wurden fünf Instrumentationstypen im Zusammenhang mit dem Vertiefen entwickelt (lageorientiertes Üben, salienzorientiertes Üben, elementorientiertes Festigen, Regellernen und Vertiefen). Das salienzorientierte Üben tritt dabei so vereinzelt in den Daten auf, dass es für keines der Cluster relevant ist. Es wird daher bei den folgenden Überlegungen vernachlässigt. Die übrigen vier Instrumentationstypen treten in sieben von insgesamt 15 möglichen Kombinationen auf. Die Kombination aus lageorientiertem Üben, Regellernen und Vertiefen ist dabei kennzeichnend für zwei Cluster (W1 und W2). In anderen Clustern treten die fünf Instrumentationstypen auch vereinzelt oder in Zweierkombinationen auf (W3, W4, W5, W6). In den nicht auftretenden acht Kombinationen lässt sich jedoch keine Struktur erkennen, die darauf vermuten lässt, dass bestimmte Instrumentationstypen nicht gemeinsam auftreten. Dies wird insbesondere dadurch gestützt, dass die Kombination aller vier Instrumentationstypen in Cluster W2 zwei Mal vorkommt.

Die Struktur der Cluster lässt sich eher durch quantitative Aspekte erklären. Die Kombination aus *lageorientiertem Üben, Regellernen* und *Vertiefen* tritt am häufigsten in den Daten auf. Daher ist sie kennzeichnend für zwei Cluster (W1 und W2). Da diese drei Instrumentationstypen diejenigen unter den Fällen sind, die am weit verbreitetsten sind, treten sie auch einzeln oder in unterschiedlichen Kombinationen in den anderen Clustern auf. Das *elementorientierte Festigen* tritt dagegen relativ selten in den Daten auf. Deshalb kommt es nur in zwei Clustern vor und ist für keines der beiden kennzeichnend.

Aneignen von Wissen

Im Zusammenhang mit der Tätigkeit *Aneignen von Wissen* konnte nur das *Vorarbeiten* als einziger Instrumentationstyp auf Grundlage der Daten entwickelt werden. Es tritt so vereinzelt in den Daten auf, dass es für keinen der Cluster charakteristisch ist.

Interessemotiviertes Lernen

Von den beiden Instrumentationstypen, die im Zusammenhang mit dem *interessemotivierten Lernen* auf Grundlage der Daten entwickelt werden konnten, ist die *salienzorientierte Zerstreuung* kennzeichnend für Cluster W8. Das *salienzorientierte interessemotivierte Lernen* tritt dagegen so vereinzelt in den Daten auf, dass es lediglich einige Fälle in Cluster W9 aufweisen. In Kombination mit der *salienzorientierten Zerstreuung* tritt es überhaupt nicht auf.

7.3.1.2 Zusammenhänge zwischen Instrumentationstypen verschiedener Tätigkeiten

Der Vergleich der neun Cluster W1 – W9 zeigt zunächst, dass es einerseits Cluster gibt, in denen nur Instrumentationstypen vorkommen, die im Zusammenhang mit einer Tätigkeit stehen: In W3 und W4 treten nur Instrumentationstypen im Zusammenhang mit dem *Festigen* auf; W7 ist durch den Instrumentationstyp *Nachschlagen* gekennzeichnet, der in Verbindung mit der Tätigkeit *Aufgabenbearbeiten* steht; W8 ist allein durch den Instrumentationstyp *salienzorientierte Zerstreuung* charakterisiert, der im Zusammenhang mit dem *interessemotivierten Lernen* steht. Diese Cluster werden als *tätigkeitsspezifische Cluster* bezeichnet. Andererseits gibt es Cluster, in denen Instrumentationstypen verschiedener Tätigkeiten auftreten: W1, W2, W5 und W6 umfassen Instrumentationstypen der beiden Tätigkeiten *Aufgabebearbeiten* und *Festigen*. Diese Cluster werden als *tätigkeitsübergreifende Cluster* bezeichnet.

Ob es Zusammenhänge zwischen den Instrumentationstypen *tätigkeitsspezifischer* Cluster gibt, wurde im vorangehenden Abschnitt bereits untersucht. Bei Clustern, für die nur ein einzelner Instrumentationstyp kennzeichnend ist, erübrigt sich die Frage nach Zusammenhängen zwischen den Instrumentationstypen ohnehin. Im Folgenden sollen daher Zusammenhänge zwischen den Instrumentationstypen *tätigkeitsübergreifender* Cluster untersucht werden.

Die Cluster W1 und W2 weisen die gleiche charakteristische Kombination von Instrumentationstypen im Zusammenhang mit dem *Festigen* auf. Der Unterschied der beiden Cluster besteht darin, dass sie jeweils mit anderen Instrumentationstypen im Zusammenhang mit dem *Aufgabenbearbeiten* kombiniert sind: Während in W1 das *kastenorientierte Aufgabenbearbeiten* mit den drei Instrumentationstypen *lageorientiertes Üben, Regellernen* und *Vertiefen* kombiniert ist, ist es in W2 mindestens einer der drei Instrumentationstypen *beispiel-, lage- oder salienzorientiertes Aufgabenbearbeiten*. Die Kombination verschiedener *Instrumentationstypen* des *Bearbeitens von Aufgaben* mit denselben *Instrumentationstypen* des *Festigens* deutet darauf hin, dass es keine Zusammenhänge zwischen diesen Instrumentationstypen gibt. Vielmehr scheint es beliebige Kombinationen dieser Instrumentationstypen zu geben.

Diese Beobachtung wird durch die Cluster W5 und W6 bestätigt. Im Vergleich zu den Clustern W1 und W2 treten hier nur vereinzelt Instrumentationstypen im Zusammenhang mit dem Festigen auf. Diese treten wiederum in Kombination mit unterschiedlichen *Aufgabenbearbeitungstypen* auf. Auch hier lassen sich keine charakteristischen Kombinationen festmachen.

Als einzige Regelmäßigkeit beim Vergleich der Cluster W1, W2, W5 und W6 hinsichtlich der charakteristischen Instrumentationstypen-Muster zeigt sich, dass das *elementorientierte Festigen* nicht in Kombination mit dem *kastenorientierten Aufgabenbearbeiten* auftritt. Das *elementorientierte Festigen* tritt jeweils bei zwei Fällen in den Clustern W2 und W6 auf. Für diese Cluster ist charakteristisch, dass sie im Zusammenhang mit dem *Aufgabenbearbeiten* nicht den Instrumentationstyp *kastenorientiertes Aufgabenbearbeiten* aufweisen.

Generell deutet die Unterscheidung zwischen *tätigkeitsspezifischen* und *tätigkeitsübergreifenden Clustern* darauf hin, dass es einerseits Nutzertypen gibt, die das Mathematikbuch nur im Zusammenhang mit ausgewählten Tätigkeiten als Instrument verwenden und andererseits solche, die es im Zusammenhang mit mehreren Tätigkeiten nutzen. Dabei fällt zunächst die Kombination der beiden Tätigkeiten *Aufgabebearbeiten* und *Festigen* auf, die in jedem *tätigkeitsübergreifenden* Cluster auftritt. Die Kombination von *interessemotiviertem Lernen* mit anderen Tätigkeiten lässt sich nur vereinzelt in den Daten beobachten. Charakteristische Kombinationen einzelner Instrumentationstypen lassen sich jedoch nicht beobachten.

7.3.2 Zusammenhänge zwischen den Fällen eines Clusters

Zusammenhänge innerhalb der Cluster lassen sich nicht nur auf der Ebene der Instrumentationstypen untersuchen, sondern auch auf der Ebene der Fälle, die jeweils einem Cluster zugeordnet wurden. Sollten sich auf dieser Ebene Regelmäßigkeiten z. B. hinsichtlich der Lerngruppenzugehörigkeit oder der Jahrgangsstufenzugehörigkeit zeigen, lässt sich dies als Indiz dafür deuten, dass die Wahl der Instrumentationstypen durch Faktoren beeinflusst wird, die die Fälle eines Clusters jeweils gemeinsam haben (z. B. den Lehrer, das Alter, das Buch).

Anhand der Lerngruppenzugehörigkeit lässt sich sowohl auf lerngruppenspezifische Cluster als auch auf jahrgangsstufenspezifische Cluster schließen. Darüber hinaus können anhand der Lerngruppenzugehörigkeit auch Hypothesen über einen möglichen Einfluss des verwendeten Buchs aufgestellt werden. Alle drei Faktoren sind durch spezifische Muster in der Lerngruppenzugehörigkeit der Fälle eines Clusters gekennzeichnet:

1. Lerngruppenspezifische Cluster lassen sich daran erkennen, dass einem Cluster nur Fälle zugeordnet wurden, die einer Lerngruppe angehören.
2. Jahrgangsstufenspezifische Cluster lassen sich daran erkennen, dass dem Cluster zwar Fälle verschiedener Lerngruppen zugeordnet wurden, die Lerngruppen aber einer der beiden untersuchten Jahrgangsstufen angehören.
3. Buchspezifische Cluster lassen sich daran erkennen, dass einem Cluster nur Fälle der Lerngruppen 6a und GK bzw. 6k und LK angehören. In den Lerngruppen 6a und GK wurden Bücher aus der Reihe ‚Elemente der Mathematik' (Griesel & Postel 2000; Griesel *et al.* 2003) verwendet, in den Lerngruppen 6k und LK Bücher aus der Reihe ‚Lambacher Schweizer' (Baum *et al.* 2001; Hußmann *et al.* 2006).

Ein weiterer Faktor, der eventuell bei der Clusterzugehörigkeit eine Rolle spielen kann, ist das Geschlecht. Aus diesem Grund wird neben der Lerngruppenzugehörigkeit auch noch das Geschlecht mitberücksichtigt.

Tabelle 28 gibt einen Überblick über die Lerngruppenzugehörigkeit der Fälle, die den einzelnen Clustern zugeordnet wurden. Zusätzlich wird innerhalb jeder Lerngruppe die Geschlechtsverteilung berücksichtigt.

Lern-gruppe	Geschlecht	Cluster								
		W1	**W2**	**W3**	**W4**	**W5**	**W6**	**W7**	**W8**	**W9**
6a	w					4				1
	m	1			1	3	2	1		3
6k	w		1	6	3	1		2	3	2
	m			2	1				2	3
GK	w	1	3			1		1		
	m	3								2
LK	w		5				6			1
	m						3	1		

Tabelle 28: Lerngruppen- und Geschlechtsverteilung in den einzelnen Clustern (Die Zahlen in den einzelnen Zellen geben die jeweilige Anzahl von Schülern mit der spezifischen Cluster-Lerngruppen-Geschlechts-Kombination wieder)

Anhand der Tabelle ergibt sich folgendes Bild:

- Den Clustern W3 und W8 wurden nur Fälle der Klasse 6k zugeordnet. In den Clustern W1 und W4 ist nur jeweils einer von insgesamt jeweils fünf Fällen aus einer anderen Lerngruppe. Ebenso sind nur zwei von insgesamt elf Fällen des Clusters W6 nicht aus dem Leistungskurs.
- Neben den Clustern W1, W3, W4 und W8 gehören den Clustern W2 und W5 fast ausschließlich[65] Fälle einer Jahrgangsstufe an. Dabei wurden dem Cluster W5 überwiegend Fälle der Jahrgangsstufe 6 zugeordnet, während dem Cluster W2 überwiegend Fälle der Jahrgangsstufe 12 angehören.
- Dem Cluster W2 gehören nur Schülerinnen an, dem Cluster W1 fast ausschließlich Schüler.
- Cluster W1 ist der einzige, der ein buchspezifisches Muster aufweist. Cluster W1 wurden nur Fälle zugeordnet, die Lerngruppen angehören, in

---

[65] ‚fast ausschließlich' bedeutet ‚alle bis auf ein Fall'.

denen ein Buch aus der Reihe ‚Elemente der Mathematik' (Griesel & Postel 2000; Griesel *et al.* 2003) genutzt wurde.

Wird von einzelnen Ausnahmen abgesehen, dann zeigt Tabelle 28 insgesamt, dass der Großteil der Cluster relativ lerngruppenhomogen ist. Nur die Cluster W7 und W9 weisen eine relativ große Varianz hinsichtlich der Lerngruppenzugehörigkeit auf. Bei allen anderen Clustern gehören mindestens sieben Neuntel der Fälle einer Lerngruppe an. Diese Beobachtung spricht dafür, dass lerngruppenspezifische Faktoren einen großen Einfluss auf die Instrumentation des Mathematikbuches der Schüler haben. Mögliche Faktoren in diesem Zusammenhang können die folgenden sein:

- die in der einschlägigen Literatur vielfach betonte vermittelnde Rolle des Lehrers bei der Nutzung des Mathematikbuches,
- Aspekte des jeweiligen Unterrichts (das Unterrichtsthema, die Unterrichtsgestaltung),
- gruppendynamische Prozesse.

Die Analyse der Fallstruktur der jeweiligen Cluster zeigt dagegen, dass sich weder deutliche buchspezifische noch ausgeprägte geschlechtsspezifische Strukturen in der Clusterbildung widerspiegeln.

7.3.3 *Prüfen von Hypothesen über mögliche Zusammenhänge*

In den beiden vorangehenden Abschnitten wurden die gebildeten Cluster auf spezifische Muster untersucht. Eine andere Vorgehensweise besteht darin, Hypothesen über bestimmte Zusammenhänge zwischen den Instrumentationstypen in den einzelnen Clustern aufzustellen und diese zu überprüfen. In diesem Abschnitt soll die Hypothese überprüft werden, ob Schüler bei der Auswahl bestimmte Auswahlschemata bevorzugen.

Jeder Instrumentationstyp ist durch eine spezifische Kombination von Auswahlschemata gekennzeichnet. Da die Auswahl von persönlichen Überzeugungen (*beliefs-in-action*) geleitet wird, ließe sich vermuten, dass es Nutzertypen gibt, für die bestimmte Auswahlschemata kennzeichnend sind, z. B. elementorientierte Nutzer, salienzorientierte Nutzer etc. Die Hypothese, dass es Nutzertypen gibt, die bei der Auswahl von Inhalten im Schulbuch bestimmte Auswahlschemata bevorzugen, kann daher die Suche nach möglichen Zusammenhängen zwischen den spezifischen Instrumentationstypen eines Clusters leiten.

Instrumen- tationstyp	Auswahl- schematyp	Cluster								
		W1	W2	W3	W4	W5	W6	W7	W8	W9
kasteno. AB	elemento.	1	0	0	0	1	0	0	0	0
beispielo. AB	elemento.	0	(1)[66]	0	0	0	(1)[67]	0	0	0
lageo. AB	lageo.	0	(1)	0	0	(1)[68]	0	0	0	
salienzo. AB	salienzo., lageo.	0	(1)	0	0	(1)	(1)	0	0	0
Nachschl.	salienzo.		0	0	0	0	0	1	0	0
Lsg. kontroll.	elemento.	0	0	0	0	0	0	0	0	0
lageo. Üben	elemento., lageo.	1	1		0			0		0
salienzo. Üben	elemento., salienzo.	0	0	0	0	0	0	0	0	0
elemento. Fest.	elemento.	0		0	0	0		0	0	0
Regellernen	elemento.	1	1	0	1	0	0	0	0	0
Vertiefen	salienzo.	1	1	1	0	0		0	0	0
Vorarbeiten	lageo.	0	0	0	0	0	0	0		0
salienzo. Zerstr.	salienzo.	0	0	0	0	0	0	0	1	0
salienzo. interessem. L.	salienzo.	0	0	0	0	0	0	0	0	
unspez.		0	0	0		0	0	0	0	0
individuell		0		0	0	0	0	0	0	0

Tabelle 29: Übersicht über die clusterspezifischen Strukturen an
　　　　　　　Auswahlschematypen

[66] Die Klammern bedeuten, dass fast alle Fälle mindestens einen der durch ‚(1)' markierten Gebrauchsschematypen aufweisen. Insgesamt weisen 5 von 9 Fällen genau einen und 2 von 9 Fällen mehr als einen dieser drei Gebrauchsschematypen auf.

[67] Die Klammern bedeuten, dass fast alle Fälle mindestens einen der durch ‚(1)' markierten Gebrauchsschematypen aufweisen. Insgesamt weisen 5 von 11 Fällen genau einen und 6 von 11 Fällen beide Gebrauchsschematypen auf.

[68] Die Klammern bedeuten, dass fast alle Fälle mindestens einen der durch ‚(1)' markierten Gebrauchsschematypen aufweisen. Insgesamt weisen 6 von 9 Fällen genau einen und 1 von 9 Fällen beide Gebrauchsschematypen auf.

Tabelle 29 zeigt für jeden der Cluster W1 bis W9 die jeweils spezifischen Auswahlschematypen innerhalb des relevanten Bereichs. Aus Tabelle 29 ist ersichtlich, dass keiner der Cluster durch Instrumentationstypen charakterisiert ist, die sich auf einen einzelnen Auswahlschematyp zurückführen lassen. Vielmehr deutet die Tabelle darauf hin, dass es keine Bevorzugung bestimmter Auswahltypen durch bestimmte Nutzer gibt. Vielmehr scheint das verwendete Auswahlschema von anderen Bedingungen der Nutzung abhängig zu sein. Darauf deutet bereits das Vorkommen unterschiedlicher Instrumentationstypen, die auf verschiedenen Auswahlschemata beruhen, im Zusammenhang mit dem *Bearbeiten von Aufgaben* hin. Ein Schüler wählt offenbar nicht beim Bearbeiten von Aufgaben jeweils nach dem gleichen Auswahlschema im Buch aus. D. h., der Zweck der Nutzung – das Bearbeiten von Aufgaben – determiniert nicht das Schema, nach dem der Schüler Inhalte im Buch auswählt. Demnach muss es also andere Faktoren geben, von denen der Schüler die jeweilige Auswahl abhängig macht. Im Zusammenhang mit dem *Bearbeiten von Aufgaben* liegt die Vermutung nahe, dass die Auswahl in diesem Fall von der Aufgabe selbst mit beeinflusst wird.

7.3.4 Fazit

Die Analyse der clusterspezifischen Fallstrukturen und Instrumentationstypen-Muster ergibt einerseits, dass die Clusterbildung relativ lerngruppenhomogen ist. Daher ist anzunehmen, dass lerngruppenspezifische Faktoren einen Einfluss auf die Instrumentation des Mathematikbuches durch Schüler ausüben. Denkbar sind hier insbesondere der Lehrer, Aspekte des jeweiligen Unterrichts oder gruppendynamische Prozesse. Andererseits zeigt die Analyse, dass sich kaum spezifische Kombinationen von Instrumentationstypen feststellen lassen, die auf inhaltliche Zusammenhänge zwischen den Instrumentationstypen hindeuten. Folgende drei Beobachtungen stellen diesbezüglich Ausnahmen dar:

1. *Kasten-* und *beispielorientiertes Aufgabenbearbeiten* treten in keinem der Cluster in Kombination auf.
2. Das *Nachschlagen* kann nur in Verbindung mit dem *kastenorientierten Aufgabenbearbeiten* beobachtet werden.
3. Das elementorientierte Festigen kommt in den Daten nicht in Verbindung mit dem kastenorientierten Aufgabenbearbeiten vor.

Die Gegenüberstellung der Cluster zeigt, dass es sinnvoll ist, zwischen tätigkeitsspezifischen und tätigkeitsübergreifenden Clustern zu unterscheiden. Bei *tätigkeitsspezifischen* Clustern wird das Mathematikbuch nur im Rahmen einer

Tätigkeit genutzt. Bei *tätigkeitsübergreifenden* Clustern nutzen Schüler das Mathematikbuch im Zusammenhang mit unterschiedlichen Tätigkeiten. Typisch ist dabei die Nutzung in Verbindung mit den beiden Tätigkeiten *Aufgabenbearbeiten* und *Festigen*.

Die Auswahl von Schulbuchinhalten ist nicht nur vom Zweck, sondern von weiteren spezifischen Bedingungen der einzelnen Nutzung abhängig (z. B. inhaltliche). In keinem der Cluster ließ sich feststellen, dass es Nutzer gibt, die einen bestimmten Auswahlschematyp bevorzugen. Ebenso wenig ließen sich ausgeprägte buchspezifische oder deutlich geschlechtsspezifische Strukturen in den Clustern erkennen.

7.4 Typenbildung

Ausgehend von den Ergebnissen der Analyse der Clusterstrukturen im vorangehenden Abschnitt sollen in diesem Abschnitt Nutzertypen gebildet werden. Die wenigen Beziehungen, die zwischen den Instrumentationstypen beobachtet werden konnten, bilden keine Grundlage für eine Typenbildung, bei der sich die einzelnen Typen hinsichtlich der charakteristischen Instrumentationstypenstruktur deutlich voneinander unterscheiden. Die Analyse der Cluster verweist eher darauf, dass sich die Nutzer im Hinblick auf die Tätigkeiten unterscheiden lassen, in der sie das Mathematikbuch als Instrument verwenden. Grundlegend ist in diesem Zusammenhang die Unterscheidung zwischen *tätigkeitsspezifischen* und *tätigkeitsübergreifenden* Nutzern. Es lassen sich insgesamt drei *tätigkeitsspezifische* Nutzergruppen unterscheiden:

1. Schüler, die das Buch ausschließlich im Zusammenhang mit dem *Bearbeiten von Aufgaben* nutzen,
2. Schüler, die das Buch nur zum *Festigen* verwenden und
3. Schüler, die das Buch nur zum *interessemotivierten Lernen* instrumentalisieren.

Tätigkeitsübergreifende Nutzer verwenden das Mathematikbuch in der vorliegenden Studie im Wesentlichen in Verbindung mit den beiden Tätigkeiten *Bearbeiten von Aufgaben* und *Festigen*.

Ausgehend von dem Ergebnis, dass der Großteil der Cluster relativ lerngruppenhomogen ist, lässt sich die Frage stellen, ob sich durch das Zusammenfassen mehrerer Cluster Typen bilden lassen, die zwar hinsichtlich der Lerngruppenzugehörigkeit eine größere Varianz aufweisen, ihre Charakteristik hinsichtlich der Instrumentationstypenstruktur aber möglichst nicht einbüßen. Insbesondere müssen die dargestellten Beziehungen zwischen einzelnen Instrumentationstypen beim Zusammenfassen der Cluster erhalten bleiben. Folgende Umstrukturierungen werden den genannten Bedingungen gerecht und verstärken dabei noch die Unterscheidung zwischen *tätigkeitsspezifischen* und *tätigkeitsübergreifenden* Nutzern:

- Die Fälle aus den Clustern W5 bzw. W6, die Instrumentationstypen im Zusammenhang mit dem *Festigen* aufweisen, werden den Clustern W1 bzw. W2 zugeordnet. Durch diese Umordnung wird zwar die charakteristische Struktur der *Festigungstypen* der Cluster W1 und W2 aufgeweicht. Da diese auf rein quantitative Argumente zurückgeführt wurde und nicht auf qualitative Zusammenhänge, wird diese Umstrukturierung als unproblematisch angesehen. Im Gegenzug wird die grundlegende Differenzierung zwischen tätigkeitsspezifischen und tätigkeitsübergreifenden Nutzern durch diese Umstrukturierung geschärft und alle Nutzer, die den Instrumentationstyp *elementorientiertes Festigen* zeigen, werden in einem Cluster zusammengefasst. Die Differenzierung zwischen *kastenorientierten* und *beispielorientierten Aufgabenbearbeitern* bleibt von dieser Umordnung unberührt.
- *Tätigkeitsspezifische* Nutzer im Zusammenhang mit dem *interessemotivierten Lernen* finden sich in den Clustern W8 und W9. Die Fälle, die das Buch fast ausschließlich im Zusammenhang mit dem interessemotivierten Lernen verwenden, werden zu einem Typ zusammengefasst. Auf diese Weise bleiben in Cluster W9 überwiegend Fälle zurück, die das Buch überhaupt nicht selbständig verwenden, sondern nur auf Aufforderung des Lehrers.

Auf Grundlage der vorangehenden Überlegungen wurden insgesamt sieben Typen gebildet, die im Folgenden charakterisiert werden sollen.

7.4.1 Typ 1: Der unselbständige Nutzer

Cluster W8 und W9 werden zum *unselbständigen Nutzertyp* zusammengefasst. Der *unselbständige Nutzertyp* ist dadurch gekennzeichnet, dass er das Mathematikbuch im Wesentlichen nur auf Aufforderung des Lehrers oder anderer Personen, z. B. Nachhilfelehrer oder Eltern, verwendet. Teilweise lassen sich Ansätze zur selbständigen Nutzung des Buches erkennen. Diese beschränken sich aber auf das Betrachten von Abbildungen (*salienzorientierte Zerstreuung*) ohne einen Zusammenhang zum Lernen von Mathematik erkennen zu lassen.

Titus (6k) lässt sich als Prototyp für diesen Nutzertyp ansehen. Er verwendet das Buch nur, wenn er vom Lehrer dazu aufgefordert wird. Darüber hinaus

sieht er sich Abbildungen im Buch an, die sein Interesse wecken. Er betrachtet
z. B. das Bild eines Basketballspielers mit der Begründung, dass er „selber Basketball spiele" (Titus, 6k).

7.4.2 Typ 2: Der interessemotivierte Lerner

Schüler, die das Buch fast ausschließlich im Zusammenhang mit der Tätigkeit
interessemotiviertes Lernen verwenden, werden als *interessemotivierte Lerner*
typisiert. Kennzeichnend ist der Instrumentationstyp *salienzorientiertes
interessemotiviertes Lernen.*

Obwohl in den Daten der *interessemotivierte Lerner* überwiegend in den
unteren Jahrgangsstufen anzutreffen ist, gibt es aber auch durchaus Beispiele aus
der Jahrgangsstufe 12. So ist Evelyn (LK) die prototypische *interessemotivierte
Lernerin.* Neben den Nutzungen durch Aufforderung des Lehrers liest sie Zusatzinformationen in den Randspalten, die aufgrund der Abbildungen auffallen.

7.4.3 Typ 3: Der Festigungstyp

Das Cluster W3 wird als *Festigungstyp* bezeichnet. Der *Festigungstyp* instrumentalisiert das Buch nur zum *Festigen.* Charakteristisch ist, dass er unterschiedliche Abschnitte relevanter Lerneinheiten nutzt (*Vertiefen*) und teilweise
Aufgaben aus dem Umfeld lehrervermittelter Aufgaben auswählt (*lageorientiertes Üben*). Dieser Typ tritt tendenziell eher in den unteren Jahrgangsstufen auf.

7.4.4 Typ 4: Der Regellerner

Ebenso wie der *Festigungstyp* ist der *Regellerner* dadurch gekennzeichnet, dass
er das Mathematikbuch nur zum *Festigen* verwendet. Im Gegensatz zum *Festigungstyp* lassen sich bei ihm aber nicht unterschiedliche Instrumentationstypen
feststellen, sondern fast ausschließlich der Instrumentationstyp *Regellernen.*
Ebenso wie der *Festigungstyp* findet sich auch der *Regellerner* tendenziell eher
in den unteren Jahrgangsstufen.

Laura (6k) kann als prototypische *Regellernerin* angesehen werden. Sie liest
regelmäßig *Kästen mit Merkwissen,* um sich die zentralen Inhalte einzuprägen.
Nur vereinzelt lässt sich ihre Nutzung auf andere Instrumentationstypen zurückführen.

7.4.5   Typ 5: Der Nachschlager

Einen dem *Regellerner* vergleichbaren Typ gibt es auch unter den Schülern, die ihr Buch im Wesentlichen zum *Bearbeiten von Aufgaben* instrumentalisieren. Hier gibt es Schüler, die ihr Buch fast ausschließlich nach dem Instrumentationstyp *Nachschlagen* verwenden. Dieser Typ ist hauptsächlich in Cluster W7 zu finden. Cluster W7 ist einer der wenigen Cluster, der eine relativ gleichmäßige Verteilung der Lerngruppen aufweist. Demnach finden sich *Nachschlager* in allen Jahrgangsstufen.

Der prototypische Nachschlager ist Tom (LK). Im gesamten Beobachtungszeitraum instrumentalisiert er das Buch ein einziges Mal, um im Zusammenhang mit einer Aufgabe aus dem Unterricht etwas nachzuschlagen.

7.4.6   Typ 6: Der Aufgabenbearbeiter

Charakteristisch für den *Aufgabenbearbeiter* ist zunächst die fast ausschließliche *Instrumentalisierung* des Mathematikbuches zum *Aufgabenbearbeiten*. In der fast ausschließlichen Nutzung im Rahmen einer einzelnen Tätigkeit zeigt sich eine Parallele zum *Festigungstyp* bzw. zum *Regellerner*. In den vorliegenden Daten lässt sich der *Aufgabenbearbeiter* in den Clustern W5, W6 und W7 finden. Entsprechend der Ergebnisse hinsichtlich von Zusammenhängen zwischen den Instrumentationstypen in Verbindung mit dem *Bearbeiten von Aufgaben* lässt sich hier zwischen einem eher *regelorientierten* und einem eher *beispielorientierten Aufgabenbearbeiter* differenzieren. *Aufgabenbearbeiter* finden sich in allen Jahrgangsstufen.

Als prototypische *Aufgabenbearbeiterin* kann Vivian (LK) angesehen werden. Sie *instrumentalisiert* das Mathematikbuch ausschließlich zum *Bearbeiten von Aufgaben*. Dabei zeigt sie zwei unterschiedliche Instrumentationstypen: das *beispielorientierte* und das *salienzorientierte Aufgabenbearbeiten*. Trotz der bevorstehenden Klausur verwendet sie das Buch jedoch nicht zur Vorbereitung auf die Klausur.

7.4.7   Typ 7: Der Experte

Der *Experte* ist dadurch gekennzeichnet, dass er das Mathematikbuch im Zusammenhang mit unterschiedlichen Tätigkeiten *instrumentalisiert*. Dabei verfügt er über ein gewisses Repertoire an Gebrauchsschemata, die er in Abhängigkeit der jeweiligen Umstände und konkreten Ziele einsetzt. Die Auswahl geeigneter

Gebrauchsschemata aus einem Repertoire ist dabei ebenso charakteristisch wie die *Instrumentalisierung* im Zusammenhang mit unterschiedlichen Tätigkeiten. Neben verschiedenen Instrumentationstypen zeigen *Experten* auch durchaus sehr individuelle Gebrauchsschemata in der Nutzung des Buches. Dieser Nutzertyp ist tendenziell eher in den oberen Jahrgangsstufen zu finden.

Charlotte (LK) kann als prototypische *Expertin* angesehen werden. Sie verwendet das Buch im Zusammenhang mit den Tätigkeiten *Aufgabenbearbeiten* und *Festigen*. Darüber hinaus nutzt sie das Buch zum Nacharbeiten von versäumtem Unterricht. Da sie die einzige Schülerin im Rahmen dieser Studie war, die das Buch zu diesem Zweck instrumentalisiert, wurde diese Nutzung als individuelle Nutzung kategorisiert. Im Zusammenhang mit dem *Bearbeiten von Aufgaben* lassen sich ihre Nutzungen drei Instrumentationstypen zuordnen (*Nachschlagen, beispiel- und salienzorientiertes Aufgabenbearbeiten*). In Verbindung mit dem *Festigen* lassen ihre Nutzungen die drei Instrumentationstypen *lageorientiertes Üben, Regellernen* und *Vertiefen* erkennen. Die Kombination dieser drei Instrumentationstypen im Zusammenhang mit dem *Festigen* kommt unter den *Experten* in der vorliegenden Studie vergleichsweise häufig vor und kann daher ebenfalls als typisch angesehen werden.

7.5 Fazit

Die in Kapitel 1 auf der Grundlage der Instrumentationstypen rekonstruierten Fälle bildeten im vorliegenden Kapitel den Ausgangspunkt für eine weitere Strukturierung des Untersuchungsbereichs. Das Ziel dieser Strukturierung bestand in der Analyse inhaltlicher Zusammenhänge zwischen den Instrumentationstypen, auf deren Grundlage Nutzertypen des Mathematikbuches gebildet werden sollten. In einem ersten Schritt wurden Fälle mit gleichen charakteristischen Kombinationen von Instrumentationstypen zu Gruppen zusammengefasst. In einem zweiten Schritt wurden die für jede Gruppe charakteristischen Kombinationen von Instrumentationstypen auf inhaltliche Zusammenhänge untersucht. Es zeigte sich, dass die Hälfte der Gruppen überhaupt nur durch das Auftreten mehrerer Instrumentationstypen gekennzeichnet ist. Für die andere Hälfte ist jeweils nur das Auftreten eines einzelnen Instrumentationstyps charakteristisch.

Die Analyse von Zusammenhängen zwischen den Instrumentationstypen in den Gruppen, in denen mehrere Instrumentationstypen in Kombination auftreten, ergibt im Einzelnen:

- Es lassen sich *tätigkeitsspezifische* und *–übergreifende* Nutzergruppen unterscheiden, d. h. es gibt Nutzer, die das Buch nur im Zusammenhang mit einer Tätigkeit gebrauchen und Nutzer, die das Buch im Rahmen mehrerer Tätigkeiten verwenden.
- Im Zusammenhang mit der Tätigkeit Bearbeiten von Aufgaben lassen sich eher kastenorientierte und eher beispielorientierte Aufgabenbearbeiter unterscheiden.
- Die Gruppierung zeigt, dass die einzelnen Gruppen relativ lerngruppenhomogen sind. Daher ist anzunehmen, dass die spezifischen Bedingungen der Lerngruppe (z. B. der Lehrer, Aspekte des Unterrichts wie Unterrichtsthema und –gestaltung, gruppendynamische Prozesse) die *Instrumentation* des Mathematikbuches durch Schüler beeinflussen.
- Deutliche Einflüsse des verwendeten Buches sowie ausgeprägte geschlechtsspezifische Unterschiede konnten nicht festgestellt werden. Ebenso wenig konnte eine Bevorzugung bestimmter Auswahlschemata bestätigt werden.

Auf der Grundlage dieser Ergebnisse wurden sieben Nutzertypen gebildet. Tabelle 30 zeigt im Rahmen welcher *Tätigkeiten* die einzelnen Typen das Buch als Instrument verwenden und welche *Instrumentationstypen* jeweils vorrangig sind.

Typ	Tätigkeit und jeweils charakteristische Instrumentationstypen			
	Bearbeiten von Aufgaben	**Festigen**	**Aneignen von Wissen**	**interessemotiviertes Lernen**
unselbständiger Nutzer	-	-	-	-
interessemotivierter Lerner				*salienzorientierte Zerstreuung; salienzorientiertes interessemotiviertes Lernen*
Festigungstyp		im Wesentlichen *lageorientiertes Üben, Vertiefen*		
Regellerner		*Regellernen*		
Nachschlager	*Nachschlagen*			
Aufgabenbearbeiter	div.			
Experte	div.	div.	div.	

Tabelle 30: Nutzertypen und ihre kennzeichnenden Instrumentationstypen bzw. Tätigkeiten

8 Fazit

Der Gegenstand der vorliegenden Arbeit ist die Nutzung des Mathematikbuches durch Schüler als Instrument zum Lernen von Mathematik. Erkenntnisse hinsichtlich dieses Gegenstandes stellen ein Desiderat mathematikdidaktischer Forschung dar. Um theoretische Erkenntnisse bezüglich des Forschungsgegenstandes induktiv aus empirischen Daten abzuleiten wurde die vorliegende Untersuchung grundsätzlich als Grounded-Theory-Studie konzipiert. Das allgemeine handlungs- und interaktionstheoretische Kodierparadigma der Grounded Theory (vgl. Strauss 1994, S. 57) wurde jedoch durch den instrumentellen Ansatz der kognitiven Ergonomie (vgl. Rabardel 1995) substituiert, um die Forschungsmethodik im Hinblick auf den Untersuchungsgegenstand zu spezifizieren. In diesem Zusammenhang war die Entwicklung eines dem Gegenstand angemessenen Situationsmodells erforderlich. Weiterhin erforderte die Untersuchung der Nutzung des Mathematikbuches durch Schüler vor dem Hintergrund des instrumentellen Ansatzes eine eingehende Analyse der Struktur von Mathematikbüchern.

Die Erhebung valider Daten zur Nutzung des Mathematikbuches ist ein grundsätzliches Problem der Schulbuchnutzungsforschung, das in dieser Arbeit durch die Entwicklung einer innovativen, dem Gegenstand angemessenen Datenerhebungsmethode gelöst wurde. Um bei der Analyse der Daten zur Nutzung des Mathematikschulbuches durch Schüler nicht auf der Ebene des Individuellen und Einzigartigen stehen zu bleiben, sondern darüber hinaus im Einzelfall allgemeine Prinzipien zu erkennen, war ein zweistufiger Typenbildungsprozess erforderlich, der im Sinne der empirisch begründeten Typenbildung (vgl. Kluge 1999) erfolgte. Auf der Grundlage individueller situationsspezifischer Nutzungen des Mathematikbuches (*Instrumentationen*)[69], die anhand der Daten rekonstruiert wurden, konnten im ersten Typenbildungsschritt situationsspezifische Nutzungstypen (*Instrumentationstypen*) gebildet werden. Ein Teilschritt in diesem ersten Typenbildungsprozess stellte die Bildung von Auswahlschematypen dar, die typische Vorgehensweisen von Schülern bei der Auswahl von Schulbuchinhalten beschreiben. Auswahlschematypen gehen als Bestandteile in situationsspezifische Gebrauchsschemata (*Handlungsschematypen*) ein. Ein situationsspezifischer Nutzungstyp (*Instrumentationstyp*) ist sowohl durch die verwendeten

---

[69] Um eine vom Rest der Arbeit unabhängige Lesart dieses Abschnitts zu ermöglichen, werden die Ergebnisse und Implikationen weitgehend ohne die Verwendung der spezifischen Termini der in dieser Arbeit zugrundegelegten Theorien dargestellt. Die theoriespezifischen Termini werden jeweils in Klammern angegeben.

Schulbuchausschnitte als auch durch eine spezifische Vorgehensweise bei der Nutzung des Mathematikbuches (*Handlungsschematyp*) in bestimmten Situationen gekennzeichnet.

Anhand der situationsspezifischen Nutzungstypen wurden in einem zweiten Schritt der empirisch begründeten Typenbildung Nutzer mit vergleichbaren Verwendungsweisen des Mathematikbuches zu Gruppen zusammengefasst, auf deren Grundlage Nutzertypen des Mathematikbuches gebildet wurden. Ein Nutzertyp ist jeweils durch eine charakteristische Nutzungsweise des Buches in bestimmten Situationen gekennzeichnet.

In diesem Kapitel werden die zentralen Ergebnisse zusammenfassend dargestellt. Dabei sind nicht nur die Ergebnisse im Hinblick auf den zentralen Gegenstand der Arbeit, d. h. auf die Nutzung des Mathematikbuches durch Schüler als Instrument zum Lernen von Mathematik, von Interesse. Auch die Entwicklung des Situationsmodells, die Analyse der Struktur von Mathematikschulbüchern und die Entwicklung einer dem Gegenstand angemessenen Datenerhebungsmethode stellen Teilergebnisse der Arbeit dar, die Implikationen für die mathematikdidaktische Theorieentwicklung und Forschungsmethodik haben. Auf alle Teilergebnisse der Arbeit und ihre Implikationen wird im Folgenden näher eingegangen. Nach einer Darstellung der Ergebnisse zur Struktur deutscher Mathematikschulbücher (Abschnitt 8.1) und zur Nutzung des Mathematikbuches durch Schüler (Abschnitt 8.2) werden theoretische (Abschnitt 8.3) und methodologische Implikationen (Abschnitt 8.4) der Arbeit erörtert. Im Anschluss daran werden Implikationen der Ergebnisse dieser Arbeit für verschiedene Zielgruppen (Lehrer, Schulbuchautoren und –verleger, Schuladministration) erläutert (Abschnitt 8.5). Abschließend wird auf Perspektiven für die weiterführende Forschung eingegangen (Abschnitt 8.6).

8.1 Ergebnisse zur Struktur deutscher Mathematikschulbücher

Die Untersuchung der Nutzung des Mathematikschulbuches als Instrument zum Lernen von Mathematik erforderte eine eingehende Analyse der Struktur deutscher Mathematikschulbücher für die Sekundarstufen I und II[70]. Die Ergebnisse dieser Strukturanalyse stellen für sich genommen bereits einen wesentlichen Ertrag der vorliegenden Arbeit dar. Sie werden im Folgenden zusammenfassend dargestellt.

---

[70] Da in der vorliegenden Arbeit nur die Nutzung des Mathematikschulbuches in den Sekundarstufen untersucht wurde, wurden auch keine Mathematikschulbücher für die Primarstufe in die Strukturanalyse mit einbezogen.

1. Es lassen sich drei Strukturebenen in Mathematikbüchern für die Sekundarstufen I und II unterscheiden: die Makro-, die Meso- und die Mikrostruktur. Die Makrostruktur bezieht sich auf die Konzeption der Bücher als Jahrgangsstufenband bzw. als Lehrgang eines geschlossenen Sachgebiets sowie auf die erste Gliederung der Inhalte. Die Mesostruktur bezieht sich auf die Struktur eines Kapitels und die Mikrostruktur auf die Struktur einer Lerneinheit.

2. Alle drei Strukturebenen setzen sich aus unterschiedlichen Strukturelementen zusammen, z. B. Einstiegsaufgaben, Kästen mit Merkwissen, Musterbeispiele, Übungsaufgaben auf mikrostruktureller Ebene.

3. In der vorliegenden Arbeit gelang erstmals eine Vereinheitlichung hinsichtlich der Bezeichnung und Kennzeichnung der Strukturelemente in deutschen Mathematikschulbüchern für die Sekundarstufen I und II. Um die Eigenschaften der verschiedenen Strukturelemente zu beschreiben wurde ein gegenstandsverankertes Kategoriensystem entwickelt. Dieses Kategoriensystem berücksichtigt typographische Merkmale, sprachliche Merkmale, inhaltliche Aspekte, didaktische Funktionen und situative Bedingungen (vgl. 3.1.4.1). Damit umfasst es sowohl die Kriterien, die in den Mathematikschulbüchern zur Kennzeichnung der Strukturelemente verwendet werden, als auch die Kriterien, die in der einschlägigen Literatur zugrunde gelegt werden.

4. Der Vergleich der Strukturelemente in verschiedenen deutschen Mathematikschulbüchern für die Sekundarstufen I und II hinsichtlich der fünf Kategorien *typographische Merkmale, sprachliche Merkmale, inhaltliche Aspekte, didaktische Funktionen* und *situative Bedingungen* zeigt, dass sich sämtliche Strukturelemente in deutschen Mathematikschulbüchern auf eine überschaubare Anzahl von Strukturelementtypen zurückführen lassen. D. h. die Strukturelemente in verschiedenen Mathematikschulbüchern entsprechen einander im Wesentlichen. Eine derartige Vergleichbarkeit der Strukturelemente in Mathematikschulbüchern für die Sekundarstufen I und II war bislang nicht gegeben. Auf die einzelnen Strukturelementtypen und ihre Kennzeichen wird im Zusammenhang mit theoretischen Implikationen in Abschnitt 8.3.1 näher eingegangen.

5. Neben der grundsätzlichen Gleichartigkeit der Strukturelemente in deutschen Mathematikschulbüchern für die Sekundarstufen I und II ist auch die Anordnung der Strukturelemente in den Büchern nahezu identisch. Auf makro- und mesostruktureller Ebene lassen sich kaum Unterschiede feststellen. Auf der Ebene der Mikrostruktur sind dagegen zwei Anordnungstypen zu unterscheiden: der Aufgabensequenztyp und der Präsentations-Imitations-Typ. Der Aufgabensequenztyp ist dadurch gekennzeichnet, dass die

Mikrostruktur als Aufgabensequenz aufgebaut ist, in die variabel Kästen mit Merkwissen, Musterbeispiele und Lehrtexte integriert sind. Bei Präsentations-Imitationsstrukturen werden die Inhalte zunächst durch Lehrtexte, Kästen mit Merkwissen und Musterbeispiele dargeboten. Auf diese Darbietung folgt ein Abschnitt mit Übungsaufgaben, auf die die Inhalte angewendet werden sollen.

6. Es lassen sich strukturelle Analogien zwischen den drei Strukturebenen feststellen. Am Ende der Mikro-, Meso- und Makrostruktur finden sich Aufgaben. Am Anfang der Mikro- und Mesostruktur stehen hinführende und aktivierende Strukturelemente (Einführungsaufgaben bzw. Aktivitäten).

7. Die Mathematikbücher weisen eine aufgabendidaktische Struktur auf (vgl. Lenné 1969). Der daraus resultierenden Zergliederung der Inhalte in einzelne Aufgabentypen wird einerseits durch lerneinheiten- bzw. kapitelübergreifende Aufgaben entgegengewirkt. Anderseits werden Strukturelemente in die Makro- und Mesostruktur integriert (Projekte bzw. Themenseiten), bei denen nicht ein bestimmter Aufgabentypus, sondern ein Sachzusammenhang im Vordergrund steht.

Diese Ergebnisse zur Struktur von deutschen Mathematikschulbüchern legen sowohl eine Grundlage für weiterführende Forschungen in diesem Bereich als auch für die Schulbuchentwicklung. Die Strukturelementtypen bilden einerseits ein Kategoriensystem, das im Rahmen der Analyse von Mathematikschulbüchern hilfreich sein kann. Anderseits wirft die festgestellte Einheitlichkeit deutscher Mathematikschulbücher die Frage nach strukturellen Innovationen auf.

8.2 Ergebnisse zur Nutzung des Mathematikbuches durch Schüler

Die Ergebnisse zur Nutzung des Mathematikbuches durch Schüler als Instrument des Lernens von Mathematik wurden in einem wechselseitigen Prozess des systematischen Erhebens und Analysierens empirischer Daten zur Nutzung des Mathematikbuches durch Schüler induktiv gewonnen und sind daher gegenstandsverankert im Sinne der Grounded Theory (vgl. Strauss & Corbin 1996, S. 7).

Ein wesentliches Ergebnis der vorliegenden Untersuchung ist, dass Schüler ihr Mathematikbuch selbständig, d. h. über die vom Lehrer initiierten Nutzungen des Buches hinaus, zum Lernen von Mathematik verwenden. Hinsichtlich der Nutzung konnten erstens vier Nutzungszusammenhänge (*Tätigkeiten*) unterschieden, zweitens der Auswahlprozess von Schulbuchinhalten modelliert sowie drittens typische Nutzungsweisen der Schüler anhand von verwendeten Schulbuchausschnitten (*Instrumentalisierung*) und in Form von typischen Vorgehensweisen (*Gebrauchsschemata*) näher charakterisiert werden. Gebrauchsschemata sind auf subjektive Überzeugungen (*beliefs-in-action*) der Schüler zurückzuführen und lassen sich anhand dieser näher kennzeichnen. Auf der Grundlage analoger Nutzungsweisen wurden Nutzertypen gebildet.

Im Folgenden werden der Auswahlprozess, die Nutzungszusammenhänge (*Tätigkeiten*) und die Nutzungsweisen zusammenfassend dargestellt. Auf die Nutzertypologie wird im Anschluss daran gesondert eingegangen.

8.2.1 Auswahl von Schulbuchinhalten

Die Auswahl von Schulbuchinhalten wurde auf Grundlage der qualitativen Daten gegenstandsverankert als zweistufiger Auswahlprozess modelliert. Die erste Stufe besteht in der Auswahl eines relevanten Bereichs, der aus einer Seite, Doppelseite oder Lerneinheit bestehen kann. Die zweite Stufe bildet die Auswahl eines bestimmten Ausschnitts innerhalb des relevanten Bereichs. Auf jeder Stufe konnten jeweils drei typische Vorgehensweisen (*Auswahlschematypen*) unterschieden werden:

1. Auswahl eines relevanten Bereichs (vgl. Abschnitt 5.2.1.1):
   a. *vermittlungsorientierte Auswahl eines relevanten Bereichs*: Lehrervermittelte Ausschnitte dienen als Orientierung bei der Auswahl eines relevanten Bereichs.
   b. *begriffsorientierte Auswahl eines relevanten Bereichs*: Der relevante Bereich wird mit Hilfe des Inhalts- bzw. Stichwortverzeichnisses ausgewählt.
   c. *Auswahl eines relevanten Bereichs durch Blättern*: Schüler blättern im Buch und wählen z. B. anhand von Überschriften einen relevanten Bereich aus.
2. Auswahl innerhalb des relevanten Bereichs (vgl. Abschnitt 5.2.1.2):
   a. *lageorientierte Auswahl innerhalb des relevanten Bereichs*: Die Auswahl basiert auf einem Schluss von der Lage eines Schulbuchausschnitts auf dessen Eigenschaften, z. B. benachbarte Aufgaben sind sich ähnlich.
   b. *elementorientierte Auswahl innerhalb des relevanten Bereichs*: Innerhalb des relevanten Bereichs wird gezielt auf bestimmte Strukturelemente, z. B. *Kästen mit Merkwissen, Musterbeispiele,* zugegriffen. Dieses Auswahlschema ist an Überzeugungen (*beliefs-in-action*) hin-

sichtlich des Nutzens der jeweils verwendeten Strukturelemente gebunden.

c.   *salienzorientierte Auswahl innerhalb des relevanten Bereichs*: Die Auswahl von Schulbuchinhalten ist anhand des wahrnehmungspsychologischen Konzepts der Salienz erklärbar, bei dem davon ausgegangen wird, dass die Eigenschaften einer Szenerie u. U. in Verbindung mit der Aufgabe des Betrachters die Aufmerksamkeit des Betrachters lenken.

Diese Vorgehensweisen beim Auswählen (*Auswahlschemata*) bilden die Grundlage der im nächsten Abschnitt beschriebenen Nutzungsweisen des Mathematikbuches im Rahmen der unterschiedlichen Nutzungszusammenhänge.

8.2.2   Instrumentelle Genese

Schüler nutzen das Mathematikbuch im Rahmen von vier Nutzungszusammenhängen (*Tätigkeiten*), die auf das Lernen von Mathematik bezogen sind:

1.   Bearbeiten von Aufgaben
2.   Festigen
3.   Aneignen von Wissen
4.   interessemotiviertes Lernen

Diese vier Nutzungszusammenhänge unterscheiden sich hinsichtlich des Gegenstandes, auf den die Handlung der Schüler gerichtet ist, und in Bezug auf das Handlungsziel. Sie werden im Folgenden gesondert beschrieben.

8.2.2.1   Bearbeiten von Aufgaben

Beim Bearbeiten von Aufgaben ist die Handlung der Schüler auf eine Aufgabe gerichtet. Das Ziel besteht im Lösen der Aufgabe. Teilziele können sein:

- Verstehen des Aufgabentextes;
- Erhalten von Lösungshinweisen;
- Kontrollieren der Lösungen.

Das Buch wird in Verbindung mit allen drei Teilzielen verwendet.

Im Zusammenhang mit dem Ziel ‚Verstehen des Aufgabentextes' zeigt sich, dass Schüler typischerweise[71] Begriffe im Inhalts- oder Stichwortverzeichnis nachschlagen, die im Aufgabentext vorkommen (vgl. Abschnitt 5.2.2.1).

Drei verschiedene typische Nutzungsweisen (*Instrumentationstypen*) des Buches kommen in Verbindung mit dem Ziel ‚Erhalten von Lösungshinweisen' vor (vgl. Abschnitt 5.2.2.1).

1. *beispiel-* bzw. *kastenorientiertes Bearbeiten von Aufgaben*: Diese Nutzungsweise ist darauf zurückzuführen, dass Schüler ein bestimmtes Strukturelement des Mathematikbuches als hilfreich für das Bearbeiten von Aufgaben ansehen. Schüler nutzen typischerweise relevante *Musterbeispiele* (*beispielorientiert*) oder *Kästen mit Merkwissen* (*kastenorientiert*).
2. *lageorientiertes Bearbeiten von Aufgaben*: Diese Nutzungsweise ist auf die Annahme gestützt, dass sich hilfreiche Informationen für das Bearbeiten der Aufgabe an einer bestimmten Position innerhalb der Lerneinheit befinden. Beim *lageorientierten Bearbeiten von Aufgaben* suchen Schüler eine relevante Überschrift im Buch und beginnen unterhalb der Überschrift solange zu lesen, bis sie die gesuchte Information gefunden haben.
3. *salienzorientiertes Bearbeiten von Aufgaben*: Schüler verwenden Ausschnitte aus einer relevanten Lerneinheit, die aufgrund von äußeren Merkmalen einen Bezug zur Aufgabe aufweisen.

Im Zusammenhang mit dem Teilziel ‚Lösungen kontrollieren' nutzen Schüler Lösungselemente im Buch. Diese Nutzungsweise ist auf die Disposition zurückzuführen, dass Schüler Verantwortung für ihren Lernprozess übernehmen und ihren Lernerfolg selbst einschätzen möchten (vgl. Abschnitt 5.2.2.1).

8.2.2.2 Festigen

Gegenstand des Festigens sind mathematische Inhalte, die bereits im Unterricht behandelt wurden. Ziel der Tätigkeit ist, diese Inhalte besser zu verstehen bzw. zu beherrschen.

Im Zusammenhang mit dem Festigen nutzen Schüler sowohl inhaltsvermittelnde Teile im Mathematikbuch als auch Aufgaben. Auf der Grundlage einer Befragung von Schülern zur Verwendung der Begriffe ‚Üben', ‚Wiederholen', ‚Lernen' und ‚Vorbereiten' wird die Verwendung von Aufgaben zum Festigen

---

[71] Die Adjektive ‚typisch' bzw. ‚typischerweise' verweisen darauf, dass die dargestellten Nutzungsweisen Ergebnisse eines Typenbildungsprozesses sind (vgl. Kapitel 1).

als ‚Üben' und die Nutzung inhaltsvermittelnder Ausschnitte im Buch zum Festigen als ‚Wiederholen' bezeichnet.

Zwei typische Verwendungsweisen konnten im Zusammenhang mit dem Üben identifiziert werden (vgl. Abschnitt 5.2.2.2):

1. *lageorientiertes Üben*: Schüler nutzen Aufgaben, die der Lehrer vermittelt hat bzw. Aufgaben, die sich in der unmittelbaren Umgebung dieser Aufgaben befinden. Die Auswahl von Aufgaben im unmittelbaren Umfeld der lehrervermittelten Aufgaben beruht auf dem Schluss, dass sich benachbarte Aufgaben ähnlich sind. Die Auswahl ähnlicher Aufgaben ist auf die Überzeugung (*belief-in-action*) zurückzuführen, dass sich zum Üben besonders Aufgaben eignen, die vom Lehrer vermittelt wurden oder diesen ähnlich sind.

2. *salienzorientiertes Üben*: Im Zusammenhang mit dem *salienzorientierten Üben* wählen Schüler Aufgaben im Buch aus, die aufgrund äußerer Merkmale Ähnlichkeit zu lehrervermittelten Aufgaben aufweisen.

In Bezug auf das Wiederholen wurden drei typische Verwendungsweisen des Buches rekonstruiert (vgl. Abschnitte 5.2.2.2, 5.3.2):

1. *Regellernen*: Das *Regellernen* ist durch die Nutzung von *Kästen mit Merkwissen* zum Festigen von bereits behandelten Inhalten gekennzeichnet. Diese Nutzungsweise ist auf die Überzeugung (*belief-in-action*) zurückzuführen, dass in den *Kästen mit Merkwissen* die wichtigsten Inhalte eines Themas zusammengefasst sind.

2. *elementorientiertes Festigen*: Ebenso wie das *Regellernen* ist für das *elementorientierte Festigen* eine Überzeugung (*belief-in-action*) im Hinblick auf ein bestimmtes Strukturelement charakteristisch. In diesem Fall handelt es sich jedoch um *lerneinheitenübergreifende Zusammenfassungen* und *lerneinheitenübergreifende Aufgaben*. Schüler betrachten diese Strukturelemente als hilfreich zum Festigen.

3. *Vertiefen*: Das *Vertiefen* ist durch die Nutzung verschiedener inhaltsvermittelnder Strukturelemente einer Lerneinheit gekennzeichnet.

8.2.2.3   Aneignen von Wissen

Handlungen im Zusammenhang mit dem *Aneignen von Wissen* sind auf mathematische Inhalte gerichtet, die zum jeweiligen Zeitpunkt noch nicht Gegenstand des Unterrichts waren oder bei deren Behandlung der Schüler nicht anwesend war. Das Ziel besteht im Aneignen neuen Wissens.

Im Zusammenhang mit dem *Aneignen von Wissen* konnte nur eine typische Verwendungsweise (*Instrumentationstyp*) des Buches festegestellt werden: Die Nutzung des Buches zum Vorarbeiten. Sie ist dadurch gekennzeichnet, dass Schüler ausgehend von der Lerneinheit zum jeweils aktuell im Unterricht behandelten Thema zur nächsten Lerneinheit weiterblättern und dort vornehmlich inhaltsvermittelnde Ausschnitte nutzen. Der Auswahl der Lerneinheit liegt ein lageorientierter Schluss zugrunde, bei dem davon ausgegangen wird, dass der Fortgang des Unterrichts mit der Reihenfolge der Themen im Buch übereinstimmt.

Die Nutzung des Buches zum Nacharbeiten von verpasstem Unterricht ist nur einmal in den Daten dokumentiert und konnte nur anhand dieser einzelnen Nutzung rekonstruiert werden (vgl. Abschnitt 5.2.2.3).

8.2.2.4 Interessemotiviertes Lernen

Kennzeichnend für das interessemotivierte Lernen ist, dass es durch kognitiven Antrieb motiviert ist. Im Unterschied zu den anderen Verwendungszusammenhängen ist das interessemotivierte Lernen eher durch eine Motivation als durch ein Ziel zu charakterisieren. Im Rahmen dieser Tätigkeit wird Lernen zum Selbstzweck und nicht durch einen bestimmten Nutzen motiviert.

Zwei typische Verwendungsweisen des Buches konnten im Zusammenhang mit dem interessemotivierten Lernen beschrieben werden: die *salienzorientierte Zerstreuung* und das *salienzorientierte interessemotivierte Lernen*. Die *salienzorientierte Zerstreuung* lässt keinen Zusammenhang zum Lernen von Mathematik erkennen und ist insofern im Rahmen dieser Arbeit nur von marginalem Interesse. Dagegen lässt sich beim salienzorientierten interessemotiverten Lernen ein Zusammenhang zum Lernen von Mathematik erkennen. Es ist dadurch gekennzeichnet, dass Schüler in Verbindung mit anderen Nutzungen des Mathematikbuches Schulbuchausschnitte mit erhöhter Stimulussalienz – insbesondere Abbildungen – auswählen und Texte, die mit diesen Schulbuchausschnitten assoziiert werden.

8.2.3 *Nutzertypologie*

Auf der Grundlage der Typisierung der individuellen Nutzungsweisen (*Instrumentationen*) des Mathematikbuches durch Schüler konnte erstmals eine empirisch begründete Typologie hinsichtlich der Nutzung des Mathematikbuches erstellt werden. Diese Nutzertypologie unterscheidet Schüler hinsichtlich ihrer Nutzungsweisen (*Instrumentationen*) in verschiedenen Nutzungszusammenhängen (*Tätigkeiten*). Insgesamt konnten sieben Nutzertypen unterschieden werden:

1. **der unselbständige Nutzer**, der keine eigenständige, d. h. nicht speziell lehrervermittelte Nutzung des Buches zeigt;

2. **der interessemotivierte Lerner**, der durch die beiden Instrumentationstypen *salienzorientierte Zerstreuung* bzw. *salienzorientiertes interessemotiviertes Lernen* gekennzeichnet ist.

3. **der Festigungstyp**, der das Buch ausschließlich zum *Festigen* nutzt und im Wesentlichen durch die beiden Instrumentationstypen *lageorientiertes Üben* und *Vertiefen* charakterisiert ist;

4. **der Regellerner**, der das Buch nur zum *Festigen* entsprechend des Instrumentationstyps *Regellernen* verwendet;

5. **der Nachschlager**, der das Buch nur zum *Bearbeiten von Aufgaben* entsprechend des Instrumentationstyps *Nachschlagen* verwendet;

6. **der Aufgabenbearbeiter**, der das Buch ausschließlich zum *Aufgabenbearbeiten* nutzt und verschiedene Instrumentationstypen in diesem Zusammenhang aufweist;

7. **der Experte**, der das Buch im Rahmen unterschiedlicher Tätigkeiten gebraucht und ein Repertoire an *Instrumentationstypen* zur Verfügung hat.

Von diesen sieben Typen ist nur der Experte (7) ein tätigkeitsübergreifender Nutzer. Der Regellerner (4) und der Nachschlager (5) sind Nutzertypen, die nur durch einen spezifischen Instrumentationstyp gekennzeichnet sind. Die übrigen Nutzertypen instrumentalisieren das Mathematikbuch tätigkeitsspezifisch, weisen aber im Rahmen der jeweiligen Tätigkeit mehrere Instrumentationstypen auf.

8.2.4 *Unterschiede zwischen den Jahrgangsstufen 6 und 12*

Die vorliegende Untersuchung wurde in der Jahrgangsstufe 6 und 12 durchgeführt, um Hinweise auf die Entwicklung der instrumentellen Genese im Zusammenhang mit der Nutzung des Mathematikbuchs zu erhalten. Bei der Rekonstruktion der Fälle auf Grundlage der Instrumentationstypen zeigt sich, dass nahezu alle Instrumentationstypen in beiden Jahrgangsstufen vorkommen. Dies deutet zunächst darauf hin, dass es keine maßgeblichen Unterschiede hinsichtlich der Nutzung des Mathematikbuches als Instrument zum Lernen von Mathematik in den beiden untersuchten Jahrgangsstufen gibt.

Anhand der Nutzertypologie zeigt sich jedoch, dass drei Typen in der vorliegenden Studie vermehrt in der Jahrgangsstufe 6 zu beobachten waren:

- der interessemotivierte Lerner
- der Festigungstyp
- der Regellerner

Charakteristisch für diese Typen ist, dass sie nur durch maximal zwei *Instrumentationstypen* gekennzeichnet sind. Das vermehrte Auftreten dieser Typen in der Jahrgangsstufe 6 lässt sich daher dahingehend interpretieren, dass jüngere Schüler das Mathematikbuch nur im Rahmen einer eingeschränkten Klasse von Situationen nutzen. D. h., die Genese des Instruments ist auf bestimmte Situationen beschränkt und erstreckt sich noch nicht auf mehrere verschiedene Situationen.

Schüler der Jahrgangsstufe 12 nutzen das Buch zwar vermehrt in verschiedenen Situationen, aber auch hier lassen sich Tendenzen der Einschränkung erkennen. In der Jahrgangsstufe 12 nutzen Schüler das Buch intensiv zum *Festigen* im Rahmen der Klausurvorbereitung. Dagegen konnte eine selbständige Nutzung des Mathematikbuches zum *Festigen* parallel zum Unterricht weitaus weniger beobachtet werden als in der Jahrgangsstufe 6. Interessemotivierte Nutzungen lassen sich im Vergleich zur Jahrgangsstufe 6 in der Jahrgangsstufe 12 überhaupt nur noch sehr vereinzelt feststellen.

Gegenüber der Jahrgangsstufe 12 lässt sich bei Schülern der Jahrgangsstufe 6 bei mehreren Nutzungen des Buches von Schülern keine spezifische *Instrumentalisierung* und *Instrumentierung* erkennen (vgl. z. B. Beate, 6a; Eva-Maria, 6a, Michael, 6a). Diese Beobachtung lässt sich dahingehend interpretieren, dass sich Schüler der Jahrgangsstufe 6 noch in einem explorativen Stadium der instrumentellen Genese zu befinden scheinen. Trouche (2005) beschreibt ein vergleichbares Phänomen im Zusammenhang mit der Nutzung von symbolischen Taschenrechnern durch Schüler. Er nennt diese Phase „a stage of discovery and selection of relevant keys" (Trouche 2005, S. 148).

Die Verwendung von Adjektiven wie ‚vermehrt', ‚weniger', ‚vereinzelt', ‚überwiegend' etc. in diesem Abschnitt deutet auf eine quantitative Interpretation der Daten hin. Da die vorliegende Untersuchung dem qualitativen Paradigma verpflichtet ist, lassen sich derartige quantitative Interpretationen der Daten grundsätzlich nur als Hypothesen auffassen, die Grundlage für weitere Untersuchungen sein können.

8.3 Theoretische Implikationen

Die vorliegende Arbeit liefert nicht nur Ergebnisse im Hinblick auf die beiden untersuchten Phänomene (Struktur von deutschen Mathematikschulbüchern und Nutzung von Mathematikschulbüchern als Instrument zum Lernen von Mathematik), sondern leistet auch Beiträge zur wissenschaftlichen Theorieentwicklung. Im Einzelnen zählen dazu:

1. Entwicklung einer gegenstandsverankerten einheitlichen Terminologie zur Bezeichnung von Strukturebenen und Strukturelementen in Mathematikschulbüchern;
2. Entwicklung eines Kategoriensystems zur Kennzeichnung von Strukturelementen in Mathematikschulbüchern;
3. Verallgemeinerung der operationalen Invarianten in Vergnauds Konzept des Schemas (*belief-in-action*);
4. Erweiterung des didaktischen Dreiecks als Modell der unterrichtlichen Situation.

8.3.1 *Terminologie zur Bezeichnung von Strukturebenen und Strukturelementen in Mathematikschulbüchern und ihrer Merkmale*

In der mathematikdidaktischen Schulbuchforschung fehlt eine einheitliche Terminologie zur Beschreibung und Bezeichnung von Strukturebenen und -elementen in Mathematikschulbüchern. Sowohl in der einschlägigen Literatur als auch in Mathematikschulbüchern ist die Unterscheidung verschiedener Strukturebenen und -elemente bislang uneinheitlich hinsichtlich der zugrunde gelegten Kriterien, der Anzahl und der verwendeten Terminologie. In der vorliegenden Arbeit wurde im Rahmen der Analyse der Struktur von Mathematikschulbüchern eine gegenstandsverankerte Terminologie der Strukturebenen und Strukturelemente in Mathematikschulbüchern entwickelt sowie ein Kategoriensystem zur Charakterisierung der Strukturelemente vorgeschlagen. Damit leistet die Analyse der Struktur von Mathematikschulbüchern einen Beitrag zur wissenschaftlichen Begriffsentwicklung.

Im Hinblick auf die Strukturebenen des Mathematikbuches wurde festgestellt, dass die bislang in der einschlägigen Literatur vorgenommene Unterscheidung zwischen der Makro- und Mikrostruktur von Mathematikschulbüchern vernachlässigt, dass die Bücher üblicherweise in einzelne Kapitel unterteilt sind. Um dies auf terminologischer Ebene zu berücksichtigen, wurde die Mesostruktur als weitere Strukturebene eingeführt. Während sich die Makrostruktur auf die grundsätzliche Konzeption der Bücher und die Mikrostruktur auf den Aufbau einzelner Lerneinheiten von ein bis vier Unterrichtsstunden bezieht, beschreibt die Mesostruktur den Aufbau einzelner Kapitel im Umfang einer Unterrichtssequenz (vgl. Vollrath 2001, S. 185).

Weiterhin konnte auf der Grundlage einer qualitativen Inhaltsanalyse der Beschreibungen von Strukturelementen in einer Auswahl deutscher Mathematikschulbücher und in der einschlägigen Literatur ein Kategoriensystem zur Beschreibung und Bezeichnung von Strukturelementen in Mathematikschulbüchern entwickelt werden. In der vorliegenden Arbeit wurden Strukturelemente hinsichtlich der folgenden Aspekte charakterisiert (vgl. Abschnitt 3.1.4):

- typographische Merkmale
- sprachliche Merkmale
- inhaltliche Aspekte
- didaktische Funktionen
- situative Bedingungen

Auf der Grundlage des Vergleichs der Beschreibungen von Strukturelementen hinsichtlich dieser Eigenschaften konnte eine Typologie der Strukturelemente in deutschen Mathematikschulbüchern für die Sekundarstufen I und II entwickelt werden. Tabelle 31 gibt einen Überblick über die verschiedenen Strukturelementtypen auf den drei Ebenen und deren Merkmale.

Makrostruktur					
Strukturelementtyp	**inhaltliche Aspekte**	**sprachliche Merkmale**	**typograph. Merkmale**	**didaktische Funktionen**	**situative Bedingungen**
Hinweise zur Struktur	Beschreibung der Struktur und der verschiedenen Strukturelemente des Buches			Strukturtransparenz	
Inhaltsverzeichnis	Übersicht über den Inhalt des Buches				
Kapitel	Abschnitte zu eingegrenzten mathematischen Themen, die weiter in Lerneinheiten untergliedert sind				
kapitelübergreifende Aufgaben	Aufgaben zu Inhalten des gesamten Buches	appellative sprachl. Mittel		Festigen (Vernetzen) der Inhalte des Buches	
kapitelübergreifende Tests	Aufgaben zu Inhalten des gesamten Buches	appellative sprachl. Mittel		Kontrolle (Wissensstand / Verständnis überprüfen)	
Projekt	innermathematische, fachübergreifende, komplexe Themen			Förderung eigenständiger Schüleraktivitäten; Festigen (Vernetzen) der Inhalte des Buches	
Verzeichnis mathematischer Symbole	mathematische Symbole				
Übersicht über Maße und Maßeinheiten	Maße und Maßeinheiten				
Formelsammlung	mathematische Formeln				
Lösungen zu ausgewählten Aufgaben	Lösungen				
Stichwortverzeichnis					

Mesostruktur

Struktur-elementtyp	inhaltliche Aspekte	sprachliche Merkmale	typograph. Merkmale	didaktische Funktionen	situative Bedingungen
Einführungs-seite	Thema des Kapitels; Anwendung		farbig Bilder	Hinführung (Motivation; Anknüpfung an Vorwissen)	offener Einstieg
Aktivitäten	Inhalte des Kapitels	appellative sprachl. Mittel	nummeriert	Hinführung (Aktivierung)	
Lerneinheiten	mathematische Inhalte			Erarbeitung	
Themenseiten	innermathematische, fachübergreifende, komplexe Themen, die in einem Zusammenhang mit den Inhalten des Kapitels stehen, Anwendungen		farblich hervorge-hoben	Differenzierung Förderung eigenständiger Schüleraktivi-täten	auch Grundlage für Schülerrefe-rate und Facharbeiten
Lerneinheiten-übergr. Zusammenfassung	wichtigste Inhalte des Kapitels	prägnant	Überschrift	Festigen	
lerneinheiten-übergr. Aufgaben	typische Aufgaben zu Themen des Kapitels	appellative sprachl. Mittel	Überschrift nummeriert	Festigen (Vernetzen)	
lerneinheiten-übergr. Tests	Aufgaben zu Themen des Kapitels; Lösungen am Ende des Buches	appellative sprachl. Mittel	Überschrift nummeriert	Kontrolle (Wissensstand / Verständnis überprüfen)	
Aufgaben zu Inhalten frü-herer Kapitel	Aufgaben zu Inhalten früherer Kapitel	appellative sprachl. Mittel	Überschrift nummeriert	Festigen (Wiederholen)	

Mikrostruktur

Struktur-elementtyp	inhaltliche Aspekte	sprachliche Merkmale	typograph. Merkmale	didaktische Funktionen	situative Bedingungen
Einstieg				propädeutisch	
Einstiegs-aufgaben	Anwendungssituatio-nen; innermathema-tische Fragestellungen	appellative sprachl. Mittel	nummeriert	propädeutisch aktivierend Vorwissen reaktivierend	im Unterricht Einzel-, Part-ner- oder Gruppenarbeit

Struktur-elementtyp	inhaltliche Aspekte	sprachliche Merkmale	typograph. Merkmale	didaktische Funktionen	situative Bedingungen
Aufgabe mit Lösung				erarbeitend	als Einstiegs-aufgaben; zum Nachar-beiten
weiterführende Aufgabe	benachbarte Aufgaben Anschlussaufgaben Zielumkehraufgaben	appellative sprachl. Mittel	Überschrift nummeriert	festigend vertiefend Basis für Be-griffsbildung	im Unterricht
Lehrtext	mathematischer Inhalt der Lerneinheit (Begriffe, Verfahren, Gesetzmäßigkeiten)	schülerge-rechte und altersgemäße Sprache		explizierend	zum Wieder-holen; zum Nacharbeiten, z. B. bei Versäumnis
Kasten mit Merkwissen	der wesentliche ma-thematische Inhalt (Definitionen, Sätze, Verfahren, Rück-blicke, Ausblicke)	prägnant	hervor-gehoben	zusammen-fassend; einen Überblick ge-bend	
Musterbeispiel	grundlegende Aufga-bentypen; wichtige Verfahren		hervorge-hoben	paradigmatisch für die Übungs-aufgaben	
Übungs-aufgaben	Routineaufgaben Anwendungsaufgaben	appellative sprachl. Mittel	nummeriert	Üben, Anwen-den, Festigen und Vernetzen der Lerninhalte Selbstkontrolle Differenzierung	
Testaufgaben	grundlegende Aufgaben	appellative sprachl. Mittel	Überschrift nummeriert	Selbstkontrolle	
Aufgaben zur Wiederholung	Aufgaben zu Inhalten früherer Lerneinheiten	appellative sprachl. Mittel	Überschrift nummeriert	rekapitulieren früherer Lern-inhalte	
Zusatz-informationen	Zusatzinformationen, Hinweise, Fragen		hervor-gehoben / Randspalten	Hilfestellung	

Tabelle 31: Synopse der Strukturelementtypen auf den drei Strukturebenen und deren Merkmale

8.3.2 Weiterentwicklung des Konzepts des Schemas

Die Untersuchung der instrumentellen Genese erforderte weiterhin eine Präzisierung des Schema-Begriffs, der für den instrumentellen Ansatz im Zusammenhang mit der Beschreibung von Gebrauchsschemata des Subjekts bei der Verwendung des Instruments konstituierend ist. Rabardel (1995) hebt die Bedeutung von Vergnauds Schema-Begriff für die instrumentelle Perspektive heraus, da Vergnaud eine bereichsspezifische Theorie der kognitiven Repräsentation von Wissen in Form von Schemata entwickelt. Vergnaud (1998) zufolge ist das Wissen, das in einem Schema integriert ist, zentrales Charakteristikum des Schemas. Dieses Wissen bezeichnet er als operationale Invariante des Schemas. Aufgrund der Bereichsspezifität seines Ansatzes wählt Vergnaud die beiden operationalen Invarianten *concepts-in-action* und *theorems-in-action*, die die Unterscheidung zwischen Konzepten und Theoremen in dem von ihm betrachteten Bereich ‚Mathematik' widerspiegeln. Dabei sind *concepts-in-action* Kategorien, die die Wahrnehmung des Subjekts in einer Situation lenken, und *theorems-in-action* Aussagen, die vom Subjekt für wahr gehalten werden. Während *concepts-in-action* in einer Situation relevant oder nicht relevant sein können, sind *theorems-in-action* entweder wahr oder falsch.

In der vorliegenden Arbeit wurde Vergnauds Konzept der operationalen Invarianten vom Gegenstand ‚Mathematik' gelöst und verallgemeinert. Dazu wurde das Konzept des *beliefs-in-action* zur Beschreibung von subjektivem Wissen, das in Schemata integriert ist, eingeführt. Das Konzept ‚belief' vereint beide Aspekte von Vergnauds operationalen Invarianten: Beliefs sind Aussagen, die von einem Subjekt für wahr gehalten werden und das Verhalten des Subjekts steuern. Da einzelne Beliefs i. d. R. nicht global sind und das gesamte Verhalten des Subjekts steuern, sondern sich jeweils auf eine bestimmte Klasse von Situationen beziehen, handelt es sich auch beim Konzept des *beliefs-in-action* um eine bereichsspezifische Repräsentation von Wissen, das in Schemata integriert ist. Der Zusatz ‚in-action' verweist darauf, dass diese Beliefs aus Handlungen des Subjekts abgeleitet werden und von diesem nicht unbedingt verbal geäußert werden müssen.

Neben der Anwendung in dieser Arbeit bietet das Konzept des *beliefs-in-action* Anknüpfungspunkte an die mathematikdidaktische Belief-Forschung. Einerseits kann die Untersuchung von *beliefs-in-action*, die in Gebrauchsschemata von Instrumenten integriert sind, einen Beitrag zur mathematikdidaktischen Belief-Forschung leisten, indem sie das Verständnis des Verhältnisses zwischen Beliefs und dem Lernen von Mathematik vertiefen kann. Insbesondere aufgrund seiner Bereichsspezifität eignet sich das Konzept des *beliefs-in-action* den Einfluss von Beliefs auf bestimmte Situationen im Zusammenhang mit dem Lernen von Mathematik genauer zu untersuchen. Andererseits können Methoden und Erkenntnisse der Belief-Forschung zur Untersuchung der in Gebrauchsschemata integrierten *beliefs-in-action* herangezogen werden.

8.3.3 Erweiterung des didaktischen Dreiecks

Im Zuge der Anpassung der Untersuchungsmethode an den Gegenstand wurde das handlungs- und interaktionstheoretische Kodierparadigma der Grounded Theory (vgl. Glaser & Strauss 1967) durch den instrumentellen Ansatz der kognitiven Ergonomie (vgl. Rabardel 1995) ersetzt. Dies erforderte die Entwicklung eines Situationsmodells der Schulbuchnutzung. Dieses Situationsmodell integriert das Instrument ‚Mathematikbuch' als eigenständige Dimension und lässt sich als konsequente Weiterentwicklung des didaktischen Dreiecks betrachten.

Es wurde erörtert, dass dem Mathematikschulbuch als Instrument in der Interaktion zwischen den drei Eckpunkten des didaktischen Dreiecks ‚Schüler' – ‚Lehrer' – ‚Mathematik' eine entscheidende Rolle zukommt. Die vorliegende Untersuchung hat dies nicht zuletzt für die Interaktion zwischen Schüler und Mathematik bzw. zwischen Schüler und Lehrer gezeigt.

Vor dem Hintergrund soziokultureller und kulturhistorischer Ansätze ist die Beziehung zwischen Subjekten und Artefakten ebenfalls als interaktiver Prozess aufzufassen. Insbesondere der instrumentelle Ansatz der kognitiven Ergonomie konzeptualisiert diese interaktive Beziehung in Form der instrumentellen Genese.

Dieses vertiefte Verständnis der interaktiven Beziehung zwischen Subjekten und Artefakten legt nahe, Artefakte, die im Zusammenhang mit dem Lehren und Lernen von Mathematik stehen, als weitere Dimension in die didaktische Relation zu integrieren und das didaktische Dreieck damit zum didaktischen Tetraeder zu erweitern. Auch wenn diese Relation in der vorliegenden Arbeit nur für das Mathematikbuch begründet wurde, ist jedoch gerade vor dem Hintergrund soziokultureller und kulturhistorischer Ansätze sowie insbesondere der instrumentellen Perspektive der kognitiven Ergonomie anzunehmen, dass dieses Modell auf jedes Artefakt, das im Zusammenhang mit dem Lehren und Lernen von Mathematik eine Rolle spielt, erweiterbar ist. Letztlich ist sowohl der Lehrprozess als auch der Lernprozess durch das Zusammenwirken einer Vielzahl von Artefakten gekennzeichnet. Diesem Aspekt versuchen ganzheitlich ausgerichtete Ansätze gerecht zu werden, z. B. der dokumentationelle Ansatz, der die Aneignung und Transformation der von einem Lehrer verwendeten Hilfsmittel als wesentlichen Faktor der professionellen Entwicklung von Lehrern betrachtet und den Prozess der Dokumentation untersucht (vgl. Gueudet & Trouche 2009). Vor dem Hintergrund dieser Ansätze lässt sich das didaktische Tetraeder allgemein wie folgt darstellen:

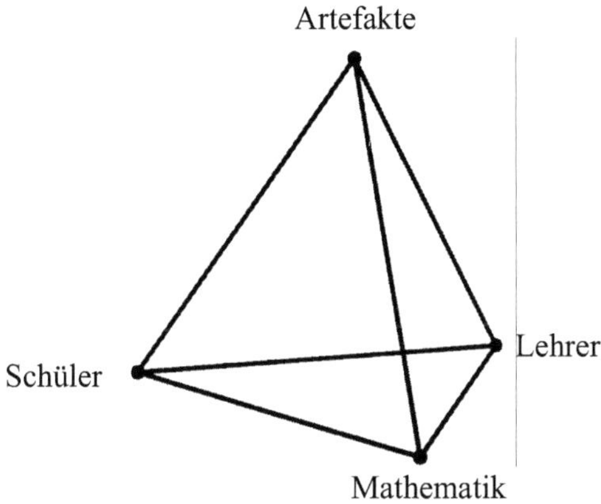

Abbildung 60: didaktisches Tetraeder

Im Sinne Chevallards ist dieses didaktische Tetraeder das Modell, nach dem der Mathematikdidaktiker seinen Gegenstand fassen kann (vgl. Chevallard 1985, S. 12). Ebenso wie Chevallard in „La Transposition Didactique" (Chevallard 1985) die transformatorische Rolle des mathematischen Wissens im didaktischen Dreieck beschreibt, hebt der instrumentelle Ansatz die transformatorische Rolle von Artefakten im didaktischen System hervor. Diese Rolle wird bereits bei der Bildung von Gebrauchsschemata evident, die wesentlich durch die besonderen Eigenschaften des Artefakts beeinflusst werden. Der spezifische Gebrauch von Artefakten hat zur Folge, dass kein feststehender Sinn durch die Artefakte vermittelt wird, sondern sich dieser Sinn auch im Rahmen der instrumentellen Genese konstituiert. Damit beeinflusst die instrumentelle Genese auch das Wissen im didaktischen System und somit das gesamte System.

8.4 Methodologische Implikationen

Eine Untersuchung der faktischen Nutzung des Mathematikbuches steht grundsätzlich vor dem Problem, valide Daten über ihren Gegenstand zu gewinnen. Im Abschnitt 4.1 wurde kriteriengeleitet eine Datenerhebungsmethode entwickelt, die dem Gegenstand und dem Erkenntnisziel angemessen ist. Vor dem Hintergrund der in den Kapiteln 1 bis 1 dargestellten Ergebnisse über die Nutzung des Mathematikbuches durch Schüler zum Lernen von Mathematik, die auf Grundlage der erhobenen Daten gewonnen wurden, soll die entwickelte Datenerhebungsmethode an dieser Stelle abermals Gegenstand der Reflexion sein.

Für die vorliegende Untersuchung wurde ein Multimethodenansatz gewählt, der sich aus folgenden Komponenten zusammensetzt:

- schriftliche Befragung der Schüler (Markieren der genutzten Teile im Buch und Angabe des Nutzungsgrundes)
- Interviews nach dem Prinzip des Stimulated Recall zu ausgewählten Nutzungen
- Unterrichtsbeobachtung über den gesamten Zeitraum der Datenerhebung

Die Methodentriangulation

- war erforderlich, um die situativen Bedingungen der Nutzung zu erheben und damit dem Gegenstand der vorliegenden Untersuchung angemessen zu sein;
- diente der Erhöhung der Validität der Daten, durch die Betrachtung eines Phänomens aus verschiedenen Perspektiven;
- ermöglichte anhand des Vergleichs der Daten aus verschiedenen Quellen Aussagen über die Validität der Daten;

Die Ergebnisse zur Nutzung des Mathematikbuches als Instrument zum Lernen von Mathematik zeigen, dass auf der Grundlage der durch diese Methode generierten Daten eine umfassende Rekonstruktion der *Instrumentalisierung* und *Instrumentierung* des Mathematikbuches durch Schüler möglich ist. Einerseits lassen die Markierungen im Buch in Verbindung mit den jeweiligen Gründen der Nutzung Aussagen über die *Instrumentalisierung* des Buches zu, andererseits können Gebrauchsschemata der Schüler und insbesondere deren operationale Invarianten (*beliefs-in-action*) rekonstruiert werden. Die Interviewdaten leisteten besonders im Zusammenhang mit Letzterem einen erheblichen Beitrag.

Im Rahmen der Entwicklung der Methode wurde bereits problematisiert, dass das Markieren im Buch und das schriftliche Begründen der Nutzung eine Einschränkung der ökologischen Validität darstellt, da es sich dabei um keine üblichen Umgangsweisen mit dem Buch handelt. Die Auswertung der Daten zeigt, dass sich am Anfang des Datenerhebungszeitraums ein Bias der Methode in den Daten vermuten lässt. Dieser zeigt sich insbesondere in der Jahrgangsstufe 6 und äußert sich darin, dass Schüler zu Beginn der Datenerhebung

- Nutzungen dokumentieren, die vor dem Erhebungszeitraum stattgefunden haben,
- verstärkt Abbildungen im Buch markieren aus Gründen, die in Verbindung mit dem interessemotivierten Lernen stehen.

Die Dokumentation von Nutzungen dieser Art lässt jedoch nach kurzer Zeit nach, so dass davon ausgegangen werden kann, dass die übrigen dokumentierten Nutzungen der üblichen Verwendung des Buches entsprechen. Der Vergleich der lehrervermittelten Nutzungen mit den Schülerdaten deutet sogar darauf hin, dass bei einigen Schülern gegen Ende des Erhebungszeitraums die Gewissenhaftigkeit der Dokumentation nachlässt. Die Zahl fehlender lehrervermittelter Nutzungen nimmt gegen Ende des Erhebungszeitraums zu. Aufgrund dieser Beobachtung lässt sich schließen, dass der gewählte Beobachtungszeitraum gut gewählt war und insgesamt vier Wochen nicht überschreiten sollte.

Anhand der Daten der Unterrichtsbeobachtung wurde festgestellt, dass es Nutzungen des Mathematikbuches gibt, die Schüler entweder nicht als solche wahrnehmen oder nicht für dokumentationswürdig erachten. Dazu zählen insbesondere Nutzungen des Inhalts- bzw. Stichwortverzeichnisses. Diese Beobachtung bestätigt einerseits, dass die Methodentriangulation zur Erhöhung der Validität der Daten beiträgt, da sie eine Erfassung auch derartiger Nutzungen ermöglicht. Andererseits ist zu fragen, inwiefern die Methode des Markierens und Begründens verbessert werden kann, um auch diese Nutzungen zu erfassen. Da es sich entweder um nicht bewusste oder um nicht für dokumentationswürdig erachtete Nutzungen handelt, ist dieses Problem aber vermutlich nicht innerhalb der Methode des Markierens und Begründens lösbar, sondern nur, indem Schüler z. B. während der Unterrichtsbeobachtung auf diese Nutzungen aufmerksam gemacht werden.

Die entwickelte Datenerhebungsmethode ermöglichte Aussagen über *Instrumentalisierung* und *Instrumentierung* des Mathematikbuches durch Schüler zum Lernen von Mathematik. Auf Grundlage der Daten waren jedoch keine Aussagen darüber möglich, ob die Nutzung des Mathematikbuches zu dem Ziel geführt hat, das Schüler mit der Nutzung verfolgt haben. Die Methode war nicht dazu geeignet zu dokumentieren, ob die Nutzung erfolgreich war oder nicht. Anhand des Zusammenhanges, in dem die Nutzung erfolgte, ließen sich nur allgemein Aussagen darüber machen, ob die Nutzung im gegebenen Zusammenhang hätte erfolgreich sein können. Damit einher geht, dass nur bedingt Aussagen über *constraints* des Artefakts ‚Mathematikbuch' gemacht werden konnten. Auf *constraints* lässt sich insbesondere auf der Grundlage von Nutzungen schließen, die nicht den gewünschten Erfolg gebracht haben, da diese aufzeigen, wo das Artefakt die Nutzungsmöglichkeiten einschränkt.

Für weitere Anwendungen der Datenerhebungsmethode im Rahmen zukünftiger Untersuchungen wird daher vorgeschlagen, die Frage nach dem Erfolg der Nutzung bei der Datenerhebung zu berücksichtigen. Dies könnte z. B. dadurch geschehen, dass neben der Begründung der Nutzung auch Aussagen über den Erfolg der Nutzung gemacht werden sollen.

Die Datenerhebungsmethode ist nicht an das Mathematikbuch gebunden. Sie lässt sich ebenso in Verbindung mit anderen Schulbüchern anwenden, da es grundsätzlich bei jedem Buch möglich ist, die genutzten Ausschnitte zu markieren und die Nutzung zu begründen. Eine sinnvolle Kodierung der Daten setzt allerdings eine eingehende Analyse des jeweils zugrunde liegenden Schulbuches voraus, um Kategorien für die Kodierung der genutzten Ausschnitte zur Verfügung zu haben.

Ebenso wenig ist die Datenerhebungsmethode an die Probandengruppe der Schüler gebunden. Sie lässt sich ebenfalls im Zusammenhang mit anderen Probandengruppen, z. B. Lehrern, anwenden.

Die in dieser Arbeit entwickelte Datenerhebungsmethode hat sich im Rahmen der vorliegenden Studie als gewinnbringend erwiesen. Sie bildet eine geeignete Grundlage zur umfassenden Untersuchung der Nutzung des Schulbuches. Angesichts ihrer Unabhängigkeit vom zugrunde gelegten Buch und der fokussierten Probandengruppe ist sie nicht nur im Bereich der mathematikdidaktischen Forschung relevant, sondern kann als wesentlicher Beitrag zur Forschungsmethodik der Schulbuchnutzungsforschung insgesamt angesehen werden.

8.5 Implikationen für verschiedene Zielgruppen

Das Ziel der vorliegenden Untersuchung bestand darin, wissenschaftliche Erkenntnisse zur Nutzung des Mathematikbuches zum Lernen von Mathematik zu gewinnen. Aus den im Rahmen dieser Arbeit gewonnen Erkenntnissen ergeben sich auch Implikationen, die für Lehrer, Schulbuchautoren und –verleger sowie für die Schuladministration von Interesse sein können. Auf diese Implikationen wird im Folgenden gesondert bezogen auf die einzelnen Zielgruppen eingegangen.

8.5.1 Implikationen für Lehrer

Für Lehrer ergeben sich aus der vorliegenden Untersuchung Implikationen im Hinblick auf folgende Aspekte:

1. Einblick in Lerntätigkeiten der Schüler;
2. die Rolle des Lehrers als Vermittler der Schulbuchnutzung.

Ein grundsätzliches Ergebnis der Arbeit besteht in der Einsicht, dass Schüler ihre Mathematikbücher auch selbständig, über die vom Lehrer vermittelten Nutzungen hinaus zum Lernen von Mathematik verwenden. Insbesondere suchen Schüler Hilfe für das Bearbeiten von Aufgaben im Mathematikbuch und nutzen es zum *Festigen*, zum *Aneignen von Wissen* und im Zusammenhang mit *interessemotiviertem Lernen*.

Nicht alle selbständigen Nutzungen des Mathematikbuches durch Schüler sind jedoch unabhängig von der Verwendung des Mathematikbuches durch den Lehrer im Unterricht. Anhand aller *Instrumentationstypen*, die auf einem *vermittlungsorientierten Auswahlschema* des relevanten Bereichs (vgl. Abschnitt 0) basieren (z. B. *lageorientiertes Üben*), zeigt sich, dass die Verwendung des Mathematikbuches im Unterricht Voraussetzung für die Schülernutzungen ist. Setzt der Lehrer das Buch nicht im Unterricht ein, haben Schüler, die das Mathematikbuch gemäß der oben genannten Schemata *instrumentieren*, keine Orientierung und nutzen das Buch in der Regel nicht. Dies bestätigen z. B. Beobachtungen in der Klasse 6a, wo einige Schüler (Maria, 6a; Marcel, 6a, Dominik, 6a) erst selbständig mit dem Buch üben, als der Lehrer Aufgaben aus dem Buch im Unterricht verwendet hat. Für diese Schüler stellt die Verwendung des Mathematikbuches durch den Lehrer im Unterricht eine Hilfe dar und kann in dieser Hinsicht als Unterricht angesehen werden, der die Voraussetzung für das selbständige Lernen von Mathematik durch Schüler bereitstellt.

In zwei Lerngruppen (6a, GK) setzen die Lehrer das Mathematikbuch nicht nur im Unterricht ein, sondern weisen die Schüler regelmäßig darauf hin, dass sie das Buch zur Unterstützung ihres Lernprozesses heranziehen können (vgl. Abschnitt 4.4.4.4). In den Daten zeigt sich, dass diese Hinweise von Schülern aufgenommen werden. Auf der Grundlage dieser Beobachtung in zwei Lerngruppen lässt sich daher folgende Hypothese formulieren, die durch weitere Untersuchungen gestützt werden müsste:

> Hinweise des Lehrers zur Verwendung des Mathematikbuches werden von Schülern befolgt und verstärken die Nutzung des Mathematikbuches durch Schüler.

Sowohl die Abhängigkeit einiger Gebrauchsschemata der Schüler von der Verwendung des Buches durch den Lehrer im Unterricht als auch die Hypothese über den positiven Einfluss des expliziten Verweisens auf das Schulbuch durch den Lehrer unterstreichen die Rolle des Lehrers als impliziten und expliziten Vermittler der Schulbuchnutzung.

Drei weitere Aspekte deuten darauf hin, dass die effektive Nutzung des Schulbuches ein Lernprozess seitens der Schüler ist, der vom Lehrer unterstützt werden kann, indem die Nutzung des Mathematikbuches thematisiert und geübt wird:

1. Der im Unterricht beobachtete selbstverständliche und souveräne Gebrauch des Inhalts- und Stichwortverzeichnisses der Schüler der Klasse 6a in Verbindung mit der Auskunft des Lehrers, dass er derartige Nutzungen mit den Schülern übt (vgl. Beobachtungsprotokoll 6a, 21.02.2006), legt die Vermutung nahe, dass die Effektivität der Schulbuchnutzung durch gezieltes Thematisieren und Üben gesteigert werden kann.
2. Die erfolglose Suche nach hilfreichen Informationen für das Bearbeiten einer Aufgabe im Umfeld von Schulbuchaufgaben (vgl. Christian, 6a) lässt sich dahingehend interpretieren, dass ein Verständnis der Struktur des Buches förderlich für eine effektive Schulbuchnutzung ist. Hätte Christian (6a) die Struktur des Buches besser verstanden, wäre er vielleicht in der Lage gewesen, die Erfolglosigkeit seiner Suche im Voraus einzuschätzen.
3. Eine mögliche Erklärung der relativ selten[72] in den Daten zu beobachtenden Nutzung von lerneinheitenübergreifenden Wiederholungen und Aufgaben (vgl. Abschnitt 5.3.2.1) besteht darin, dass Schüler die Nutzung dieser relativ neuen Strukturelemente noch nicht ‚gelernt' haben, d. h. ihnen keine Funktion im Rahmen ihres eigenen Lernprozesses zuschreiben (*Instrumentalisierung*) und keine Gebrauchsschemata in Bezug auf diese Strukturelemente entwickelt haben (*Instrumentierung*). Die Verwendung dieser Strukturelemente durch Schüler kann möglicherweise gefördert werden, indem der Lehrer das Vorhandensein, die besonderen Eigenschaften – z. B. die Existenz von Lösungen zu den Aufgaben – und den Zweck dieser Strukturelemente thematisiert und deren Nutzung initiiert.

Diese drei Überlegungen lassen sich in einer weiteren Hypothese zusammenfassen, in der ein weiterer Aspekt des Einflusses zum Ausdruck kommt, den der Lehrer auf die Nutzung des Mathematikbuches durch Schüler ausüben kann:

---

[72] Die vorliegende Studie ist im qualitativen Forschungsparadigma verortet. Eine quantitative Interpretatation der Daten ist daher nicht ohne weiteres möglich. Bei quantitativen Aussagen handelt es sich daher nicht um Ergebnisse, sondern um beobachtete Tendenzen, die Anlass zur Hypothesenbildung geben.

> Die Nutzung des Mathematikbuches ist ein Lernprozess des Schülers,
> der durch den Lehrer unterstützt werden kann, indem die Nutzung des
> Schulbuches zum Unterrichtsgegenstand erhoben wird.

Schließlich bestätigt auch die Gruppierung der Fälle auf der Grundlage ihrer Verwendung des Mathematikbuches, dass der Lehrer ein nicht zu vernachlässigender Einflussfaktor auf die Nutzung des Mathematikbuches durch Schüler ist. Die Gruppierung ergab zunächst relativ lerngruppenhomogene Cluster, die darauf hindeuten, dass lerngruppenspezifische Faktoren einen maßgeblichen Einfluss auf die Nutzung des Mathematikbuches durch Schüler haben (vgl. Abschnitt 7.3.2). Neben dem behandelten Thema und gruppendynamischen Prozessen sind der Lehrer und seine Unterrichtsgestaltung wichtige lerngruppenspezifische Faktoren. Damit ist eine Verantwortung verbunden, der der Lehrer durch eine bewusst geplante und reflektierte Verwendung des Mathematikbuches im Unterricht gerecht werden kann.

8.5.2 *Implikationen für Schulbuchautoren und –verleger*

Die Ergebnisse zur Nutzung des Mathematikbuches durch Schüler haben nicht nur Implikationen für Lehrer, sondern auch für Schulbuchautoren und –verleger. Ein zentrales Ergebnis für diese Zielgruppe ist zunächst auch, dass Schüler ihre Mathematikbücher selbständig zum Lernen von Mathematik verwenden. Die Zielgruppe der Schüler sollte bei der Entwicklung von Mathematikbüchern maßgeblich berücksichtigt werden und nicht hinter den Lehrer als Zielgruppe zurücktreten.

Weiterhin konnte gezeigt werden, dass Schüler das Mathematikbuch zum *Festigen*, zum *Aneignen von Wissen* und *interessemotiviert* nutzen sowie, um Hilfestellungen für das Bearbeiten von Aufgaben zu erhalten. Im Mathematikbuch sollten daher Angebote, die im Rahmen dieser vier Tätigkeiten sinnvoll von Schülern verwendet werden können, auf keinen Fall fehlen. Darüber hinaus lässt sich über weitere Angebote nachdenken. Da in der vorliegenden Untersuchung nur die faktische Nutzung des Mathematikbuches durch Schüler untersucht wurde, lassen sich keine Aussagen darüber treffen, welche Angebote sich Schüler im Mathematikbuch wünschen. Diese Frage eröffnet eine Perspektive für weitere Forschung in diesem Bereich.

Neben der Erkenntnis, dass Schüler ihre Mathematikbücher selbständig zum Lernen von Mathematik im Rahmen der genannten Tätigkeiten verwenden, ergeben sich auch Implikationen für die Schulbuchentwicklung aus genutzten und nicht genutzten Strukturelementen und einzelnen Gebrauchsschemata der Schüler. Diese beziehen sich im Einzelnen auf

- die Platzierung von Strukturelementen im Buch (Einstiegsaufgaben, Lösungen, lerneinheitenübergreifende Aufgaben);
- die Rolle von Abbildungen.

Auf beide Aspekte wird im Folgenden näher eingegangen.

Das Mathematikbuch setzt sich aus verschiedenen, anhand typographischer Merkmale deutlich unterscheidbaren Strukturelementen zusammen. Dieser Aufbau legt eine Nutzungsweise des Buches nahe, bei der spezielle Strukturelemente ausgewählt werden (*elementorientiert*) bzw. die Auswahl von den typographischen Merkmalen der einzelnen Strukturelemente beeinflusst wird (*salienzorientiert*). Die Untersuchung der Auswahl von Schulbuchinhalten zeigt aber, dass Schüler auch in Abhängigkeit von der Lage (*lageorientiert*) auswählen. Z. B. nutzen Schüler beim *lageorientierten Bearbeiten von Aufgaben* Ausschnitte, die sich direkt unterhalb einer Überschrift befinden. Daraus lässt sich schließen, dass diese Schüler an dieser Stelle wesentliche Informationen erwarten. In fast allen Büchern befinden sich jedoch unterhalb der Überschriften Einstiegsaufgaben, die nicht wesentliche Informationen bereitstellen, sondern selbst zur Textsorte ‚Aufgaben' zählen. Die Nutzung von Einstiegsaufgaben im Sinne der intendierten Funktion (Aktivierung, Hinführung) ließ sich dagegen nicht in den Daten feststellen. Im Sinne dieser Beobachtungen lässt sich daher die folgende Hypothese aufstellen:

> Am Anfang eines Abschnitts erwarten Schüler keine Aufgaben, sondern wesentliche Informationen über das Thema.

Grundsätzlich ist unter Berücksichtigung der Auswahl von Schulbuchinhalten aufgrund ihrer Lage die Platzierung der Strukturelemente innerhalb der Lerneinheit zu überdenken. Dies betrifft auch die Anordnung von Aufgaben. Da einige Schüler von der benachbarten Lage von Aufgaben auf deren Ähnlichkeit schließen (*lageorientiertes Üben*, vgl. Abschnitt 5.2.2.2), ist zu überlegen, ob man diesem Schema gerecht werden möchte, indem Aufgaben so angeordnet werden, dass benachbarte Aufgaben ähnlich sind, oder ob es im Sinne eines umfassenderen Lernens gerade sinnvoll ist, diesem Schema nicht gerecht zu werden. Im zweiten Fall wären Aufgaben so anzuordnen, dass möglichst unterschiedliche Aufgaben benachbart sind. Schüler, die von der Lage der Aufgaben auf deren

Ähnlichkeit schließen, würden auf der Grundlage ihres Schemas (ungewollt) ein vielfältiges Aufgabenangebot bearbeiten[73].

Die relativ selten in den Daten dokumentierte Nutzung von *lerneinheitenübergreifenden Wiederholungen* und *Aufgaben* gibt Anlass zu der Überlegung, ob dieses Strukturelement gut auf der mesostrukturellen Ebene platziert ist. Da die Auswahl von Aufgaben im Umfeld von lehrervermittelten Aufgaben auf mikrostruktureller Ebene häufiger zu beobachtenden war, ist es möglicherweise sinnvoll, *lerneinheitenübergreifende Aufgaben* in die Mikrostruktur zu implementieren, um sie auf diese Weise den Gebrauchsschemata der Schüler besser zugänglich zu machen.

Neben der Frage der Platzierung einzelner Strukturelemente verweist die vorliegende Untersuchung auf die hervorragende Rolle von Bildern im Zusammenhang mit der Auswahl von Inhalten im Schulbuch. Die Rekonstruktion der Auswahlprozesse von Schülern lässt darauf schließen, dass Bilder aufgrund ihrer erhöhten Stimulussalienz eine maßgebliche Orientierungsfunktion beim Auffinden relevanter Inhalte im Schulbuch haben (vgl. Abschnitt 5.2.1.2). Bilder haben dann die Funktion eines Zeichens, das einen mathematischen Inhalt bezeichnet. Auf diese Weise erhalten Bilder Verweischarakter auf bestimmte Inhalte und erleichtern somit das Finden dieser im Schulbuch. Zusammenfassend kann daher folgendes Ergebnis festgehalten werden:

> Bilder im Mathematikbuch haben eine Orientierungsfunktion bei der Auswahl von Schulbuchinhalten durch Schüler.

Die Rolle von Bildern wird in der einschlägigen Literatur weitgehend unter dem Aspekt der Förderung des Lernprozesses diskutiert (vgl. Bruhn 2009; vgl. Kadunz 2003; Lieber 2008). Auch in empirischen Untersuchungen zu Funktionen von Bildern in Schulbüchern wird überwiegend auf den Wert und Zweck der Bilder im Lehr- und Lernprozess Bezug genommen (vgl. z. B. Kremling 2008). Einen zentralen Aspekt bildet dabei der Zusammenhang zwischen Text und Abbildung (vgl. Brändström 2005). Es lassen sich auch keine Anhaltspunkte dafür finden, dass die Orientierungsfunktion von Bildern bei der Entwicklung von Schulbüchern berücksichtigt wird (vgl. z. B. Pettersson 2008).

Dass Bilder eine maßgebliche Bedeutung bei der Auswahl von Schulbuchinhalten haben, ist daher als wichtiges Ergebnis der Arbeit anzusehen. Aus diesem Ergebnis folgt, dass die Orientierungsfunktion von Bildern bei der Bildwahl in Schulbüchern berücksichtigt werden sollte. Dabei ist der Wahl von Bildern,

---

[73] Das gilt nur unter der Voraussetzung, dass das Schema erhalten bleibt und nicht aufgrund der Aufgabenanordnung modifiziert wird.

die bestimmte Inhalte im Sinne eines Zeichens repräsentieren, besondere Aufmerksamkeit zu widmen.

8.5.3 *Implikationen für die Schuladministration*

Die Ergebnisse der vorliegenden Arbeit zur Nutzung des Mathematikbuches durch Schüler als Instrument zum Lernen von Mathematik geben Anlass, die Zulassungskriterien für Schulbücher zu überdenken. Diese Zulassungskriterien unterscheiden sich im Hinblick auf die Berücksichtigung von Schülerinteressen in den einzelnen Bundesländern der Bundesrepublik Deutschland deutlich. Teils werden Schülerinteressen in den Zulassungskriterien überhaupt nicht berücksichtigt (vgl. z. B. Hessen[74]), teils werden vielfältige schülerorientierte Aspekte in den Kriterien bedacht (vgl. z. B. Bayern). Verbreitet ist die Forderung nach Altersgemäßheit der inhaltlichen und sprachlichen Gestaltung (vgl. z. B. Bayern, Baden-Württemberg, Hamburg, Sachsen, Sachsen-Anhalt, Thüringen). Teilweise finden sich auch Forderungen nach einer transparenten Strukturierung der Bücher (vgl. z. B. Hamburg). Unberücksichtigt bleibt jedoch bislang die explizite Forderung nach der schülergerechten Gestaltung der Struktur des Buches. Vor dem Hintergrund der Ergebnisse der vorliegenden Arbeit kann ‚schülergerecht' dahingehend präzisiert werden, dass die Struktur der Bücher eine Nutzung entsprechend den Gebrauchsschematypen der Schüler erlaubt.

Eine stärkere Berücksichtigung der Nutzungsweisen von Schülern bei der Zulassung von Schulbüchern könnte dazu beitragen, das Lernen von Mathematik nicht nur durch eine schülergerechte inhaltliche und sprachliche Gestaltung der Bücher zu fördern, sondern auch dadurch, dass die Ergonomie der Bücher den Bedürfnissen der Schüler in zunehmendem Maße entspricht.

8.6 Implikationen für weiterführende Forschung

Jede wissenschaftliche Untersuchung gibt nicht nur Antworten, sondern sie wirft auch neue Fragen auf. In diesem Abschnitt werden derartige Fragen erörtert, die sich aus der vorliegenden Studie ergeben.

Im vorangehenden Abschnitt wurden Hypothesen formuliert hinsichtlich des Einflusses des Lehrers auf die Nutzung des Mathematikbuches durch Schü-

---

[74] Auf Zulassungskriterien für Schulbücher einzelner Bundesländer der Bundesrepublik Deutschland kann über den Deutschen Bildungsserver des Deutschen Instituts für Internationale Pädagogische Forschung unter der URL http://www.bildungsserver.de/zeigen.html?seite=522 (10.02.2009) zugegriffen werden.

ler, der Angemessenheit der Struktur von Mathematikbüchern in Bezug auf die Nutzungsweisen der Schüler und der Orientierungsfunktion von Abbildungen im Buch. Grundsätzlich sind diese Hypothesen durch weiterführende Studien zu belegen.

Darüber hinaus verweisen die Ergebnisse der vorliegenden Untersuchung auf die besondere Bedeutung von lerngruppenspezifischen Faktoren bei der instrumentellen Genese hin. Auf diesen Aspekt und auf die Berücksichtigung der Rolle spezifischer mathematischer Inhalte bei der Analyse der instrumentellen Genese soll im Folgenden näher eingegangen werden.

8.6.1 Untersuchung lerngruppenspezifischer Faktoren

Die Untersuchung von Zusammenhängen zwischen den Instrumentationstypen des Mathematikschulbuches mit Hilfe der Clusteranalyse führte zu relativ lerngruppenhomogenen Clustern. Dies kann als Indiz dafür angesehen werden, dass lerngruppenspezifische Faktoren einen relativ großen Einfluss auf die instrumentelle Genese haben. Die soziale Dimension von Gebrauchsschemata (vgl. Rabardel 2002, S. 84) scheint im Zusammenhang mit der Nutzung des Mathematikbuches demzufolge ein wesentlicher Aspekt zu sein, der bei der Untersuchung von Gebrauchsschemata des Buches berücksichtigt werden muss.

In der vorliegenden Arbeit wurde nur der Einfluss des Lehrers auf die Nutzung des Mathematikbuches durch Schüler berücksichtigt. Die Daten zur Lehrervermittlung der Nutzung des Mathematikbuches ermöglichen jedoch keine Erklärung der lerngruppenhomogenen Clusterbildung. Es lassen sich keine Hinweise darauf finden, dass die lerngruppenspezifischen Nutzungsweisen auf den Lehrer zurückzuführen sind. Dies kann bedeuten, dass entscheidende Faktoren der Lehrervermittlung bei der Bildung von Gebrauchsschemata bei der Datenerhebungsmethode nicht erfasst bzw. bei der Auswertung der Daten nicht berücksichtigt wurden. Denkbar wäre z. B., dass der Unterrichtsstil des Lehrers Einfluss auf die Nutzung des Mathematikbuches durch Schüler hat. Im Rahmen weiterführender Untersuchungen wären derartige Einflussfaktoren genauer zu spezifizieren und zu analysieren.

Darüber hinaus ist zu berücksichtigen, dass der Lehrer nur einer von mehreren möglichen Einflussfaktoren ist. Deshalb wäre in weiterführenden Untersuchungen die Rolle anderer sozialer Einflussfaktoren auf die instrumentelle Genese zu erforschen, z. B. die Rolle von Mitschülern, die Rolle von Eltern, die Rolle von Geschwistern, die Rolle von Nachhilfelehrern. In den Interviewdaten gibt es Hinweise darauf, dass die individuelle Nutzung des Buches insbesondere durch Mitschüler beeinflusst wird:

- Charlotte (LK) verweist darauf, dass sie sich mit Jennifer (LK) zusammen auf die Klausur vorbereitet hat.
- Leonie (LK) berichtet, sie hätte mit Clara (LK) darüber diskutiert, wie sie ihre Nutzung im Kommentarheft beschreiben soll. In den Daten zeigt sich, dass beide denselben Ausschnitt aus demselben Grund nutzen.

Darüber hinaus zeigt sich bei der Analyse von individuellen Nutzungsweisen, dass Schüler, die im Unterricht nebeneinander saßen, mehrfach ähnliche Nutzungsweisen des Buches aufweisen. Da über die Sitzordnung und soziale Beziehungen keine dokumentierten Daten vorliegen, konnten keine gesicherten Aussagen in diesem Zusammenhang gemacht werden. Weitergehende Studien könnten den sozialen Aspekt von Gebrauchsschemata des Mathematikschulbuches jedoch genauer untersuchen.

8.6.2 *Das Mathematikbuch als Instrument zum Verstehen von Mathematik*

Der Geltungsbereich eines Gebrauchsschemas ist auf eine bestimmte Klasse von Situationen beschränkt. Die vorliegende Untersuchung zeigt, in welche Tätigkeiten im Zusammenhang mit dem Lernen von Mathematik das Mathematikbuch als Instrument integriert ist. In der vorliegenden Untersuchung bilden die vier Tätigkeiten *Bearbeiten von Aufgaben, Festigen, Aneignen von Wissen* und *interessemotiviertes Lernen* die vier Situationen, auf die sich die Gebrauchsschemata des Buches beziehen. Dabei wurde die Nutzung des Mathematikbuchs auf der Ebene der Strukturelemente betrachtet, ohne auf die konkreten Inhalte Bezug zu nehmen, mit denen sich die Schüler jeweils auseinandersetzen.

Trotz der Vernachlässigung spezifischer mathematischer Inhalte ist die vorliegende Untersuchung mathematikspezifisch. Einerseits handelt es sich bei den vier genannten Tätigkeiten um Tätigkeiten, die auf das Lernen von Mathematik bezogen sind. Andererseits weist das Mathematikbuch eine besondere Struktur auf, die rechtfertigt davon auszugehen, dass die Nutzung des Mathematikbuches ebenfalls spezifisch für das Fach ist und sich von der Nutzung anderer Bücher unterscheidet.

In weiterführenden Studien ließe sich dennoch die Klasse der Situationen im Rahmen der einzelnen Tätigkeiten auf bestimmte mathematische Inhalte beschränken. Auf diese Weise kann untersucht werden, ob es inhaltsspezifische Gebrauchsschemata des Mathematikbuches gibt bzw. inwiefern die Gebrauchsschemata inhaltsabhängig sind. Diese Berücksichtigung inhaltlicher Aspekte bietet die Möglichkeit ein besseres Verständnis davon zu entwickeln, wie Schüler das Mathematikbuch als Instrument zum Verstehen von Mathematik einsetzen und welchen Sinn Schüler bei der Nutzung der Inhalte des Mathematikbuches konstruieren. In diesem Zusammenhang erlangen Vergnauds bereichsspezifische operationale Invarianten eines Gebrauchsschemas *concepts-in-action* und *theorems-in-action* erneut Relevanz, da sie geeignet sind, die mathematischen Konzepte und Theoreme zu beschreiben, die Schüler durch die Nutzung der Inhalte im Buch herausbilden.

Während die vorliegende Studie einen allgemeinen Einblick in die Rolle des Schulbuchs als Instrument zum Lernen von Mathematik gibt, würden derartige Untersuchungen die Rolle des Schulbuchs als Instrument für das Lernen spezifischer mathematischer Inhalte betonen und könnten vertiefte Erkenntnisse zur Darstellung von bestimmten mathematischen Inhalten im Mathematikschulbuch hervorbringen.

Literaturverzeichnis

Artelt, C.; Baumert, J.; Julius-McElvany, N. & Peschar, J. [2003]: Das Lernen lernen. Voraussetzungen für lebensbegleitendes Lernen. Ergebnisse von PISA 2000. Paris: OECD.

Artelt, C.; Baumert, J.; Klieme, E.; Neubrand, M.; Prenzel, M.; Schiefele, U., et al. [2001]: PISA 2000. Zusammenfassung zentraler Befunde. Berlin: Max-Planck-Institut für Bildungsforschung.

Aust, H. [2006]: Entwicklung des Textlesens. In: U. Bredel; H. Günther; P. Klotz; J. Ossner & G. Siebert-Ott (Hg.): *Didaktik der deutschen Sprache. Band 1*. Paderborn: Schöningh.

Ausubel, D. P. [1974]: Psychologie des Unterrichts. Weinheim: Beltz.

Ausubel, D. P.; Novak, J. D. & Hanesian, H. [1981]: Psychologie des Unterrichts. Band 2. Weinheim: Beltz.

Backhaus, K.; Erichson, B.; Plinke, W. & Weiber, R. [2006]: Multivariate Analysemethoden. Eine anwendungsorientierte Einführung. Berlin: Springer.

Ball, D. & Feiman-Nemser, S. [1988]: Using Textbooks and Teachers' Guides. A Dilemma for Beginning Teachers and Teacher Educators. In: *Curriculum Inquiry, 18*(1988)4, 401-423.

Bartlett, F. C. [1932]: Remembering. A Study in Experimental and Social Psychology. Cambridge: Cambridge University Press.

Baum, M.; Lind, D.; Schermuly, H.; Weidig, I. & Zimmermann, P. [2001]: Lambacher Schweizer. Lineare Algebra mit analytischer Geometrie. Leistungskurs. Stuttgart: Ernst Klett.

Becherer, J. [2001]: Einblicke Mathematik 8. Hauptschule, Rheinland-Pfalz. Stuttgart: Ernst Klett.

Béguin, P. & Rabardel, P. [2000]: Designing for Instrument-Mediated Activity. In: *Scandinavian Journal of Information Systems, 12*(2000), 173-190.

Beth, E. W. & Piaget, J. [1966]: Mathematical Epistemology and Psychology. Dordrecht: Reidel.

Borasi, R. & Siegel, M. [1990]: Reading to Learn Mathematics: New Connections, New Questions, New Challenges. In: *For the Learning of Mathematics, 10*(1990)3, 9-16.

Borneleit, P. & Winter, M. (Hg.) [2006]: Mathematik interaktiv 5. Hessen. Berlin: Cornelsen.

Bortz, J. [1993]: Statistik für Sozialwissenschaftler. Berlin: Springer.

Brändström, A. [2005]. Differentiated Tasks in Mathematics Textbooks - An analysis of the levels of difficulty. Lulea University of Technology, Lulea.

Bromme, R. & Hömberg, E. [1981]: Die andere Hälfte des Arbeitstages - Interviews mit Mathematiklehrern über alltägliche Unterrichtsvorbereitung. Bielefeld: Institut für Didaktik der Mathematik der Universität Bielefeld.

Bruder, R. [2008]: Üben mit Konzept. In: *mathematik lehren*(2008)147, 4-11.

Bruhn, M. [2009]: Das Bild. Theorie - Geschichte - Praxis. Berlin: Akademie.

Büchter, A. & Leuders, T. [2005]: Mathematikaufgaben selbst entwickeln. Lernen fördern - Leistung überprüfen. Berlin: Cornelsen Scriptor.

Buck, H.; Dürr, R.; Freudigmann, H.; Reinelt, G. & Zinser, M. [2000]: Lambacher Schweizer Analysis. Grundkurs, Gymnasium, Hessen, Niedersachsen, Bremen, Hamburg, Schleswig-Holstein, Rheinland-Pfalz und Saarland. Stuttgart: Ernst Klett.

Bußmann, H. (Hg.) [2002]: Lexikon der Sprachwissenschaft. Stuttgart: Kröner.

Chambliss, M. J. & Calfee, R. C. [1998]: Textbooks for Learning - Nurturing Children's Minds. Malden: Blackwell.

Chevallard, Y. [1985]: La Transposition Didactique. Du savoir savant au savoir enseigné. Grenoble: Pensées sauvages.

Christiansen, B.; Howson, A. G. & Otte, M. (Hg.) [1986]: Perspectives on mathematics education. Dordrecht: Reidel.

Christmann, U. & Groeben, N. [1994]: Die Rezeption schriftlicher Texte. In: H. Günther & O. Ludwig (Hg.): *Schrift und Schriftlichkeit: Ein interdisziplinäres Handbuch internationaler Forschung*. Berlin: de Gruyter.

Churchhouse, R. F.; Cornu, B.; Ershov, A. P.; Howson, A. G.; Kahane, J. P.; van Lint, J. H., et al. [1984]: The Influence of Computers and Informatics on Mathematics and its Teaching. An ICMI Discussion Document. In: *L'Enseignement Mathématique, 30*(1984), 161-172.

Cole, M. [1996]: Cultural Psychology: A once and future discipline. Cambridge: The Belknap Press of Harvard University Press.

Cukrowicz, J. & Zimmermann, B. (Hg.) [2002]: MatheNetz 6. Braunschweig: Westermann.

Danckwerts, R. [1995]: Textentwicklung für den Mathematikunterricht - Anmerkungen zu einem schwierigen Geschäft im Spannungsfeld zwischen der Mathematik und ihrer Didaktik. In: *mathematica didactica, 22*(1995)2, 20-29.

de Castell, S.; Luke, A. & Luke, C. (Hg.) [1989]: Language, Authority and Criticism. Readings on the School Textbook. London: Falmer.

Dormolen, J. v. [1986]: Textual Analysis. In: B. Christiansen; A. G. Howson & M. Otte (Hg.): *Perspectives on Mathematics Education*. Dordrecht: Reidel.

Dörner, D. [1979]: Problemlösen als Informationsverarbeitung. Stuttgart: Kohlhammer.

Dowling, P. [1996]: A Sociological Analysis of School Mathematics Texts. In: *Educational Studies in Mathematics, 31*(1996)4, 389-415.

Dowling, P. [1998]: The Sociology of Mathematics Education. Mathematical Myths / Pedagogic Texts. London: The Falmer Press.

Dröge, R. [1985]: Was trägt das Schulbuch zur Ausbildung der Sachrechenkompetenz von Grundschülern bei? In: *Beiträge zum Mathematikunterricht 1985*. Bad Salzdethfurth: Franzbecker, 98-102.

Elliott, D. L. & Woodward, A. (Hg.) [1990]: Textbooks and Schooling in the United States. Chicago: The University of Chicago Press.

Engeström, Y. [1990]: Learning, Working and Imagining. Twelwe Studies in Activity Theory. Helsinki: Orienta-Konsultit Oy.

Engeström, Y. [1999]: Activity Theory and Individual and Social Transformation. In: Y. Engeström; R. Miettinen & R.-L. Punamäki (Hg.): *Perspectives on Activity Theory*. Cambridge: Cambridge University Press.

Engeström, Y. [1999]: Lernen durch Expansion. Marburg: BdWi-Verlag.

Engeström, Y.; Miettinen, R. & Punamäki, R.-L. (Hg.) [1999]: Perspectives on Activity Theory. New York: Cambridge University Press.

Esper, N. & Schornstein, J. (Hg.) [2006]: Fokus Mathematik. Klasse 6. Gymnasium Nordrhein-Westfalen. Berlin: Cornelsen.

Esser, J. [1983]: Zu viele (neue) Schulbücher? In: *Zentralblatt für Didaktik der Mathematik, 83*(1983)6, 271-275.

Ewing, B. [2004]: "Open your textbooks to page blah, blah, blah": "So I just blocked off!" In: l. Putt; R. Faragher & M. McLean (Hg.): *Proceedings of the Twenty-Fourth Annual Conference of the Mathematics Education Group of Australasia Incorporated: Mathematics Education for the Third Millennium: Towards 2010.* Sidney: MERGA.

Fenwick, C. [2001]: Students and their learning from reading. In: *Humanistic Mathematics Network Journal*(2001)24, 52-58.

Findlay, J. M. & Gilchrist, I. D. [2003]: Active Vision. New York: Oxford University Press.

Fuchs, K. J. & Blum, W. [2008]: Selbständiges Lernen im Mathematikunterricht mit 'beziehungsreichen' Aufgaben. In: J. Thonhauser (Hg.): *Aufgaben als Katalysatoren von Lernprozessen. Eine zentrale Komponente organisierten Lehrens und Lernens aus der Sicht von Lernforschung, Allgemeiner Didaktik und Fachdidaktik.* Münster: Waxmann.

Glaser, B. G. & Holton, J. [2004]. Remodeling Grounded Theory, *Forum Qualitative Sozialforschung / Forum: Qualitative Social Research [On-line Journal]* (pp. Art. 4).

Glaser, B. G. & Strauss, A. [1967]: The Discovery of Grounded Theory. Strategies for Qualitative Research. Chicago: Aldine.

Glatfeld, M. (Hg.) [1981]: Das Schulbuch im Mathematikunterricht. Wiesbaden: Vieweg.

Goldstein, E. B. [2008]: Wahrnehmungspsychologie. Der Grundkurs. Heidelberg: Spektrum.

Goodchild, S. [2001]: Students' Goals. A case study of activity in a mathematics classroom. Bergen: Caspar Forlag.

Grassmann, M. [2006]: Mathematik fachfremd unterrichten - wie kann das Lehrwerk helfen? In: *Grundschule, 2006*(2006)12, 26-29.

Griesel, H. & Glaw, H. [1981]: Theorie und Erfahrung sowie schulorganisatorische Randbedingungen als Grundlage der Curriculumentwicklung, dargestellt an Beispielen der Lehrbücher "Mathematik heute" und "Welt der Mathematik". In: *Mathematiklehrer*(1981)3, S. 29-31.

Griesel, H.; Gundlach, A.; Postel, H. & Suhr, F. (Hg.) [2004]: Elemente der Mathematik Lineare Algebra / Analytische Geometrie mit Orientierungswissen Stochastik. Leistungskurs, Gymnasium. Hannover: Schroedel.

Griesel, H. & Postel, H. [1983]: Zur Theorie des Lehrbuchs - Aspekte der Lehrbuchkonzeption. In: *Zentralblatt für Didaktik der Mathematik, 83*(1983)6, 287-293.

Griesel, H. & Postel, H. (Hg.) [2000]: Elemente der Mathematik 12/13. Grundkurs, Gymnasium, Nordrhein-Westfalen. Hannover: Schroedel.

Griesel, H.; Postel, H. & Hofe, R. v. (Hg.) [2005]: Mathematik heute 6. Realschule Niedersachsen. Hannover: Schroedel.

Griesel, H.; Postel, H. & Suhr, F. (Hg.) [2003]: Elemente der Mathematik 6. Hannover: Schroedel.

Grimm, J. [1983]: Schulbuchherstellung aus der Sicht eines Verlages - Welche Rolle spielen Außeneinflüsse? In: *Zentralblatt für Didaktik der Mathematik, 83*(1983)6, 276-279.

Gueudet, G. & Trouche, L. [2009]: Towards new documentation systems for mathematics teachers? In: *Educational Studies in Mathematics, 71*(2009)3, 199-218.

Guin, D.; Ruthven, K. & Trouche, L. (Hg.) [2005]: The Didactical Challenge of Symbolic Calculators. Turning a Computational Device into a Mathematical Instrument. New York: Springer.

Hacker, H. (Hg.) [1980]: Das Schulbuch. Funktion und Verwendung im Unterricht. Bad Heilbrunn: Klinkhardt.

Hacker, H. [1980]: Didaktische Funktionen des Mediums Schulbuch. In: H. Hacker (Hg.): *Das Schulbuch. Funktion und Verwendung im Unterricht.* Bad Heilbrunn: Klinkhardt.

Haggarty, L. & Pepin, B. [2002]: An Investigation of Mathematics Textbooks and their Use in English, French and German Classrooms: who gets an opportunity to learn what? In: *British Educational Research Journal, 28*(2002)4, 567-590.

Hartley, J. [1979]: Designing Instructional Text. London: Kogan Page.

Hartley, J. [1990]: Textbook Design: Current Status and Future Directions. In: *International Journal of Educational Research, 14*(1990), 533-541.

Hayen, J. [1983]: Aus der Werkstatt eines Schulbuchautors. In: *Zentralblatt für Didaktik der Mathematik, 83*(1983)6, 280-287.

Hayen, J. [1987]: Planung und Realisierung eines mathematischen Unterrichtswerkes als Entwicklung eines komplexen Systems: Dokumentation und Analyse. Oldenburg: Klett.

Heinemann, W. [2000]: Textsorte - Textmuster - Texttyp. In: K. Brinker; G. Antos; W. Heinemann & S. F. Sager (Hg.): *Text- und Gesprächslinguistik*. Berlin, New York: de Gruyter.

Hopf, D. [1980]: Mathematikunterricht. Eine empirische Untersuchung zur Didaktik und Unterrichtsmethode in der 7. Klasse des Gymnasiums. Stuttgart: Klett-Cotta.

Howson, A. G.; Keitel, C. & Kilpatrick, J. [1981]: Curriculum Development in Mathematics. Cambridge: Cambridge University Press.

Howson, G. [1995]: Mathematics Textbooks: A Comparative Study of Grade 8 Texts. Vancouver: Pacific Educational Press.

Hoyles, C. & Lagrange, J.-B. [2005]: The Seventeenth ICMI Study: "Technology Revisited". Discussion Document. Abgerufen am 14.08.2008 von http://www.math.msu.edu/~nathsinc/ICMI/.

Hubbard, R. [1990]: Teaching mathematics reading and study skills. In: *International Journal of Mathematical Education in Science and Technology, 21*(1990)2, 265-269.

Hußmann, S.; Jörgens, T.; Jürgensen, T.; Leuders, T.; Richter, K.; Riemer, W., et al. [2006]: Lambacher Schweizer 6. Mathematik für Gymnasien. Nordrhein-Westfalen. Stuttgart: Ernst Klett.

Jahner, H. [1978]: Methodik des mathematischen Unterrichts. Heidelberg: Quelle & Meyer.

Jahnke, T. & Wuttke, H. (Hg.) [2001]: Mathematik Analysis. Berlin: Cornelsen.

Jank, W. & Meyer, H. [1994]: Didaktische Modelle. Berlin: Cornelsen Scriptor.

Johansson, M. [2006]. Teaching Mathematics with Textbooks. A Classroom and Curricular Perspective. Luleå University of Technology, Luleå.

Johansson, M. [2006]: Textbooks as instruments. Three teachers' ways to organize their mathematics lessons. In: *NOMAD, 11*(2006)3, 5-30.

Kadunz, G. [2003]: Visualisierung. Die Verwendung von Bildern beim Lernen von Mathematik. München: Profil.

Kahlert, J. [2006]: Was wird es den Lehrern nützen.? In: *Grundschule, 2006*(2006)12, 10-13.

Kaiser-Messmer, G. [1994]: Analyse ausgewählter Schulbücher unter geschlechts-spezifischen Aspekten. In: *Beiträge zum Mathematikunterricht 1994.* Bad Salzdetfurth: Franzbecker.

Kang, W. & Kilpatrick, J. [1992]: Didactic Transposition in Mathematics Textbooks. In: *For the Learning of Mathematics, 12*(1992)1, 2-7.

Keitel, C.; Otte, M. & Seeger, F. [1980]: Text Wissen Tätigkeit. Königstein: Scriptor.

Klingberg, L. [1982]: Unterrichtsprozeß und didaktische Fragestellung. Studien und Versuche. Berlin: Volk und Wissen.

Kluge, S. [1999]: Empirisch begründete Typenbildung. Zur Konstruktion von Typen und Typologien in der qualitativen Sozialforschung. Opladen: Leske + Budrich.

Korcz, M. [1992]: Einige Aspekte der Analyse des Textes von Mathematiklehrbüchern. In: *Beiträge zum Mathematikunterricht 1992.* Bad Salzdetfurth: Franzbecker.

Korcz, M. & Konczal, T. [1987]: Vermittlungsformen mathematischer Inhalte im Schul-buch. In: *Der Mathematikunterricht, 33*(1987)5, 46-56.

Korcz, M. & Lehmann, G. [1987]: Schülertätigkeiten beim Lehrbucheinsatz im Mathematikunterricht. In: *Der Mathematikunterricht, 33*(1987)5, 57-62.

Kremling, C. [2008]: "Lehren und Lernen mit Bildern" - Erste Ergebnisse der Eingangs-erhebung des Forschungsprojektes 'Bildliteralität und ästhetische Alphabetisierung'. In: G. Lieber (Hg.): *Lehren und Lernen mit Bildern. Ein Handbuch zur Bilddidaktik.* Hohengehren: Schneider.

Krewer, G.; Krewer, R.; Reelfs, B.; Tiedt, K. & Wilke, W. [1998]: Mathematik 6. Braunschweig: Westermann.

Lamnek, S. [2005]: Qualitative Sozialforschung. Weinheim: Beltz.

Lenné, H. [1969]: Analyse der Mathematikdidaktik in Deutschland. Stuttgart: Ernst Klett.

Leppig, M. (Hg.) [2001]: Lernstufen Mathematik 8. Hauptschule, Nordrhein-Westfalen. Berlin: Cornelsen.

Lergenmüller, A. & Schmidt, G. (Hg.) [2001]: Mathematik - Neue Wege 6. Arbeitsbuch für Gymnasien. Hannover: Schroedel.

Lieber, G. (Hg.) [2008]: Lehren und Lernen mit Bildern. Ein Handbuch zur Bilddidaktik. Hohengehren: Schneider.

Lithner, J. [2003]: Student's Mathematical Reasoning in University Textbook Exercises. In: *Educational Studies in Mathematics, 52*(2003)1, 29-55.

Lithner, J. [2004]: Mathematical reasoning in calculus textbook exercises. In: *The Journal of Mathematical Behavior, 23*(2004)4, 405-427.

Lorenz, G. [1992]: Lehrbuchgestaltung und problemhafter Unterricht. In: *Beiträge zum Mathematikunterricht 1992*. Bad Salzdetfurth: Franzbecker.

Lorenz, G. & Pietzsch, G. [1977]: Das Festigen. In: W. Walsch & K. Weber (Hg.): *Methodik Mathematikunterricht*. Berlin: Volk und Wissen.

Love, E. & Pimm, D. [1996]: 'This is so': a text on texts. In: A. J. Bishop; K. Clements; C. Keitel; J. Kilpatrick & C. Laborde (Hg.): *International Handbook of Mathematics Education. Vol. 1*. Dordrecht: Kluwer.

Maciejewska, A. & Nowak, W. [1987]: Zum Suchen nach meßbaren Kriterien zur Beurteilung des mathematischen Lehrbuches. In: *Der Mathematikunterricht, 33*(1987)5, 63-72.

Maier, H. [1980]: Das Mathematikbuch - Didaktische Konzepte und praktischer Einsatz. In: H. Hacker (Hg.): *Das Schulbuch. Funktion und Verwendung im Unterricht*. Bad Heilbrunn: Klinkhardt, 115-141.

Maier, H. [1986]: Zur Übung im Fach Mathematik. In: *Pädagogische Welt, 40*(1986)3, 103-107.

Marmé, M. [1983]: Veröffentlichungen zum Thema "Schulbuch im Mathematikunterricht". In: *Zentralblatt für Didaktik der Mathematik, 83*(1983)6, 294-305.

Maroska, R.; Olpp, A.; Stöckle, C. & Wellstein, H. [2004]: Schnittpunkt 8. Stuttgart: Ernst Klett.

Mayring, P. [2008]: Qualitative Inhaltsanalyse. Weinheim, Basel: Beltz.

Meyendorf, G. [1985]: Schulbuch und Schülertätigkeiten - einige einleitende Gedanken. In: *Informationen zu Schulbuchfragen*(1985)51, 9-23.

Meyer, H. [1987]: Unterrichtsmethoden. Frankfurt a. M.: Cornelsen Scriptor.

Misiorna-Warzecha, R. [1987]: Zur Konzipierung von Unterrichtskomplexen für den Geometrieunterricht. In: *Der Mathematikunterricht, 33*(1987)5, 24-32.

Monaghan, J. [2007]: Computer Algebra, Instrumentation and the Anthropological Approach. In: *International Journal for Technology in Mathematics Education, 14*(2007)2, 63-71.

Newton, D. P. [1990]: Teaching with Text. Choosing, Preparing and Using Textual Materials for Instruction. London: Kogan Page.

Newton, D. P. [2000]: Teaching for Understanding: What It Is and How to Do It. London: RoutledgeFalmer.

Newton, D. P. & Merrell, C. H. [1994]: Words that count: communicating with mathematical text. In: *International Journal of Mathematical Education in Science and Technology, 25*(1994)3, 457-462.

Niederbröker, H. [1981]: Beispiele zur Arbeit mit dem Schulbuch - Erfahrungen in der Hauptschule. In: M. Glatfeld (Hg.): *Das Schulbuch im Mathematikunterricht.* Braunschweig/Wiesbaden: Vieweg.

Nowak, W. [1987]: Widerspiegelung von didaktischen Prinzipien in geometrischen Schulbüchern. In: *Der Mathematikunterricht, 33*(1987)5, 4-23.

O'Brien, J. [1993]: Action Research through Stimulated Recall. In: *Research in Science Education, 23*(1993)1, 214-221.

Österholm, M. [2003]: Learning mathematics by reading - A study of students interacting with a text. Abgerufen am 28.01.2006 von http://www.mai.liu.se/~maost/forskning1.pdf.

Österholm, M. [2006]: Kognitiva och metakognitiva perspektiv pa läsförstaelse inom matematik. Linköping: Matematiska institutionen Linköpings universitet.

Otte, M. [1981]: Das Schulbuch im Mathematikunterricht. In: *Mathematiklehrer*(1981)3, 22-27.

Otte, M. [1983]: Texte und Mittel. In: *Zentralblatt für Didaktik der Mathematik, 83*(1983)4, 183-194.

Otte, M. [1983]: Textual Strategies. In: *For the Learning of Mathematics, 3*(1983)3, 15-28.

Otte, M. [1983]: Warum beginnt die Mathematikdidaktik sich für das "Textproblem" zu interessieren? In: *Zentralblatt für Didaktik der Mathematik, 83*(1983)4, 161-162.

Pajares, M. F. [1992]: Teachers' Beliefs and Educational Research: Cleaning Up a Messy Construct. In: *Review of Educational Research, 62*(1992)3, 307-332.

Pepin, B. & Haggarty, L. [2001]: Mathematics textbooks and their use in English, French and German classrooms: a way to understand teaching and learning cultures. In: *Zentralblatt für Didaktik der Mathematik, 33*(2001)5, 158-175.

Pettersson, R. [2008]: Aspekte der Verwendung von Bildern in Lehrbüchern. In: G. Lieber (Hg.): *Lehren und Lernen mit Bildern. Ein Handbuch zur Bilddidaktik.* Hohengehren: Schneider.

Philipp, R. A. [2007]: Mathematics Teachers' Beliefs and Affect. In: F. K. J. Lester (Hg.): *Second Handbook of Research on Mathematics Teaching and Learning.* Charlotte: Information Age.

Pohlmann, D. & Stoye, W. (Hg.) [2000]: Mathematik plus 6. Gymnasium, Nordrhein-Westfalen. Berlin: Volk und Wissen.

Pólya, G. [1949]: Schule des Denkens. Vom Lösen mathematischer Probleme. Berlin: Francke.

Pólya, G. [1979]: Vom Lösen mathematischer Aufgaben. Einsicht und Entdeckung, Lernen und Lehren. Basel: Birkhäuser.

Prange, K. [1986]: Bauformen des Unterrichts. Bad Heilbrunn: Klinkhardt.

Prenzel, M.; Baumert, J.; Blum, W.; Lehmann, R.; Leutner, D.; Neubrand, M., et al. [2003]. *PISA 2003. Ergebnisse des zweiten internationalen Vergleichs. Zusammenfassung.* Abgerufen am 07.08.2009 von http://pisa.ipn.uni-kiel.de/Zusammenfassung_2003.pdf

Rabardel, P. [1995]: Les Hommes et les Technologies: une approche cognitive des instruments contemporains. Abgerufen am 02.01.2008 von http://ergoserv.psy.univ-paris8.fr/Site/default.asp?Act_group=1.

Rabardel, P. [2002]: People and Technology: a cognitive approach to contemporary instruments. Abgerufen am 02.01.2008 von http://ergoserv.psy.univ-paris8.fr/Site/default.asp?Act_group=1.

Rabardel, P. & Samurcay, R. [2001]. From Artifact to Instrument-Mediated Learning, *New Challenges to Research on Learning.* University of Helsinki: unveröffentlichtes Manuskript.

Reichmann, K. [2008]: Das Schulbuch im Mathematikunterricht - Entwicklungstendenzen zwischen 1870 und 2000. In: *MNU, 61*(2008)6, 326-332.

Remillard, J. T. [2005]: Examining Key Concepts in Research on Teachers' Use of Mathematics Curricula. In: *Review of Educational Research, 75*(2005)2, 211-246.

Röhrl, E. [1980]: Von der prinzipiellen Schädlichkeit der Schulbücher. In: *Mathematiklehrer*(1980)1, 34-37.

Säljö, R. [1999]: Learning as the use of tools. A sociocultural perspective on the human-technology link. In: P. Light & K. Littleton (Hg.): *Learning with Computers: Analysing Productive Interactions*. New York: Routledge.

Sandfuchs, U. [2006]: Schulbücher in der Diskussion. In: *Grundschule, 2006*(2006)12, 6-9.

Scheffler, I. [1965]: Conditions of Knowledge. An Introduction to Epistemology and Education. Chicago: The University of Chicago Press.

Schmidt, W. H.; Porter, A. C.; Floden, R. E.; Freeman, D. J. & Schwille, J. R. [1987]: Four patterns of teacher content decision-making. In: *Journal of Curriculum Studies, 19*(1987)5, 439-455.

Schmidt, W. H.; McKnight, C. C. & Raizen, S. A. [1997]: A Splintered Vision - An Investigation of U.S. Science and Mathematics Education. Dordrecht, Boston, London: Kluwer Academic Publishers.

Schoenfeld, A. H. [1998]: Toward a Theory of Teaching-in-Context. In: *Issues in Education, 4*(1998)1, 1-94.

Schröder, M.; Wurl, B. & Wynands, A. (Hg.) [2005]: Maßstab 6. Mathematik, Hauptschule. Hannover: Schroedel.

Schwartze, H. [1987]: Geometrie im Schulbuch - Anspruch und Wirklichkeit. In: *mathematik lehren, 22*(1987), 46-47.

Searle, J. R. [1971]: Sprechakte. Ein sprachphilosophischer Essay. Frankfurt a. M.: Suhrkamp.

Shuard, H. & Rothery, A. (Hg.) [1984]: Children Reading Mathematics. London: John Murray.

Sierpinska, A. [1997]: Formats of interaction and model readers. In: *For the Learning of Mathematics, 17*(1997)2, 3-12.

Sosniak, L. A. & Perlman, C. L. [1990]: Secondary Education by the Book. In: *Journal of Curriculum Studies, 22*(1990)5, 427-442.

Stein, G. [1995]: Schulbuch. In: G. Otto & W. Schulz (Hg.): *Enzyklopädie Erziehungswissenschaft*. Stuttgart: Klett.

Steinberg, G. [1981]: Verwendungsmöglichkeiten für das Schulbuch - Erfahrungen im Gymnasium. In: M. Glatfeld (Hg.): *Das Schulbuch im Mathematikunterricht*. Braunschweig: Vieweg.

Stephens, L. J. & Sloan, B. F. [1981]: Important Sources Used for Doing Homework and Preparing for Exams in Untergraduate Mathematics Courses. In: *International Journal of Mathematical Education in Science and Technology, 12*(1981)2, 135-138.

Stodolsky, S. S. [1989]: Is Teaching Really by the Book? In: P. W. Jackson & Haroutunian-Gordon (Hg.): *From Socrates to Software: The Teacher as Text and the Text as Teacher*. Chicago: University of Chicago Press.

Sträßer, R. [1974]. Mathematik und ihre Verwendung - eine Analyse von Schulbüchern. Westfälische Wilhelms-Universität zu Münster, Münster.

Sträßer, R. [1978]: Darstellung und Verwendung der Mathematik - Teilergebnisse einer Schulbuchanalyse. In: *mathematica didactica, 1*(1978), 197-209.

Sträßer, R. [1979]: Schülerbücher. In: D. Volk (Hg.): *Kritische Stichwörter zum Mathematikunterricht*. München: Fink, 265-274.

Strauss, A. [1994]: Grundlagen qualitativer Sozialforschung. München: Fink.

Strauss, A. & Corbin, J. [1996]: Grounded Theory: Grundlagen Qualitativer Sozialforschung. Weinheim: Beltz, Psychologische Verlags Union.

Thompson, A. G. [1992]: Teachers' Beliefs and Conceptions: A Synthesis of the Research. In: D. A. Grouws (Hg.): *Handbook of Research on Mathematics Teaching and Learning*. New York: Macmillan.

Tiefel, S. [2005]: Kodierung nach der Grounded Theory lern- und bildungstheoretisch modifiziert: Kodierungsleitlinien für die Analyse biographischen Lernens. In: *ZBBS, 6*(2005)1, 65-84.

Tietze, U. P. [1986]: Der Mathematiklehrer in der Sekundarstufe II. Bericht aus einem Forschungsprojekt. Bad Salzdetfurth: Franzbecker.

Tietze, U. P. [1990]: Der Mathematiklehrer an der gymnasialen Oberstufe - Zur Erfassung berufsbezogener Kognitionen. In: *Journal für Mathematikdidaktik, 11*(1990)3, 177-243.

Tietze, U. P.; Klika, M. & Wolpers, H. (Hg.) [2000]: Mathematikunterricht in der Sekundarstufe II. Band 1: Fachdidaktische Grundfragen - Didaktik der Analysis. Braunschweig: Vieweg.

Törnroos, J. [2005]: Mathematics Textbooks, Opportunity to Learn and Student Achievement. In: *Studies in Educational Evaluation, 31*(2005), 315-327.

Trouche, L. [2005]: An instrumental approach to mathematics learning in symbolic calculators environments. In: D. Guin; K. Ruthven & L. Trouche (Hg.): *The Didactical Challenge of Symbolic Calculators. Turning a Computational Device into a Mathematical Instrument*. New York: Springer.

Valverde, G. A.; Bianchi, L. J.; Wolfe, R. G.; Schmidt, W. H. & Houang, R. T. [2002]: According to the Book - Using TIMSS to investigate the translation of policy into practice through the world of textbooks. Dordrecht: Kluwer.

Vergnaud, G. [1988]: Multiplicative Structures. In: J. Hiebert & M. Behr (Hg.): *Number Concepts and Operations in the Middle Grades*. Hillsdale: Erlbaum u. a.

Vergnaud, G. [1996]: The Theory of Conceptual Fields. In: L. P. Steffe; P. Nesher; C. Paul; G. A. Goldin & B. Greer (Hg.): *Theories of Mathematical Learning*. Mahwah: Lawrence Erlbaum.

Vergnaud, G. [1998]: A Comprehensive Theory of Representation for Mathematics Education. In: *Journal of Mathematical Behaviour, 17*(1998)2, 167-181.

Vogl, U. [2006]: Die Qual der Wahl? Welche Anforderungen muss ein gutes Schulbuch erfüllen? In: *Grundschule, 2006*(2006)12, 14-16.

Vollrath, H. J. [2001]: Grundlagen des Mathematikunterrichts in der Sekundarstufe. Heidelberg: Spektrum.

Vygotsky, L. [1978]: Mind in society: The development of higher psychological process. Cambridge: Harvard University Press.

Vygotsky, L. [1985]: Die instrumentelle Methode in der Psychologie. In: J. Lompscher (Hg.): *Lew Wygotski. Ausgewählte Schriften*. Köln: Pahl-Rugenstein.

Walsch, W. [1987]: Tätigkeitsorientierte Gestaltung von Mathematiklehrbüchern. In: *Der Mathematikunterricht, 33*(1987)5, 38-45.

Walsch, W.; Weber, K.-H. (Hg.) [1977]: Methodik Mathematikunterricht. Berlin: Volk und Wissen.

Walther, G. [1983]: Strukturierung mathematischer Texte und selbständige Wissensaneignung - zu einer Untersuchung von I. Rasoloflniaina (Madagaskar) über Lernen durch Lesen. In: *Zentralblatt für Didaktik der Mathematik, 83*(1983)4, 194-198.

Wartofsky, M. W. [1979]: Models - Representation and the Scientific Understandig. Dordrecht: Reidel.

Wedel-Wolff, A. v. [2006]: Wie wird ein (Schul)buch zu "meinem" Buch? In: *Grundschule, 2006*(2006)12, 18-21.

Wertsch, J. V. [1991]: Voices of the Mind. A Sociocultural Approach to Mediated Action. Cambridge: Harvard University Press.

Wertsch, J. V. [1998]: Mind as Action. New York: Oxford University Press.

Wertsch, J. V.; Rio, P. d. & Alvarez, A. (Hg.) [1995]: Sociocultural Studies of Mind. New York: Cambridge University Press.

Winter, H. & Glaw, H. [1981]: Probleme bei der Entwicklung eines Schulbuches aus der Sicht eines Herausgebers. In: *Mathematiklehrer*(1981)3, 28-29.

Winter, H. [1984]: Begriff und Bedeutung des Übens im Mathematikunterricht. In: *mathematik lehren*(1984)2, 4-16.

Wittmann, E. C. [1981]: Grundfragen des Mathematikunterrichts. Braunschweig: Vieweg.

Woodward, A. & Elliott, D. L. [1990]: Textbook Use and Teacher Professionalism. In: D. L. Elliott & A. Woodward (Hg.): *Textbooks and Schooling in the United States.* Chicago: The University of Chicago Press.

Zech, F. [2002]: Grundkurs Mathematikdidaktik. Theoretische und praktische Anleitungen für das Lehren und Lernen von Mathematik. Weinheim: Beltz.

Zimmermann, B. [2000]: Mathenetz - Konzept einer neuen Schulbuchreihe. In: M. Neubrand (Hg.): *Beiträge zum Mathematikunterricht 2000.* Hildesheim: Franzbecker, 726-729.

Zimmermann, P. [1992]: Mathematikbücher als Informationsquellen für Schülerinnen und Schüler. Bad Salzdetfurth: Franzbecker.

Inhaltsverzeichnis des Anhangs

Auf den Anhang kann unter der URL http://www.viewegteubner.de zugegriffen werden

Vieweg+Teubner Research

Wir veröffentlichen Ihre wissenschaftliche Arbeit

Mit unserem Programm Vieweg+Teubner Research möchten wir der Fachwelt herausragende wissenschaftliche Arbeiten aus Technik und Naturwissenschaft präsentieren. Wir veröffentlichen Dissertationen, Habilitationen, Tagungs- und Sammelbände sowie dazu passende Schriftenreihen.

Wir bieten Ihnen:

- Ein ausgesuchtes Umfeld in einem namhaften Verlag der Verlagsgruppe Springer Science+Business Media
- Veröffentlichung von Monografien und kumulativ generierten Qualifikationsschriften als hochwertiges Buch
- Zusätzlich die Recherchier- und Zitierbarkeit online via SpringerLink
- Attraktive Autorenkonditionen (KEIN Zuschuss; günstige Bezugsmöglichkeiten für Autorenexemplare)
- Individuelle Betreuung durch das Lektorat des Vieweg+Teubner Verlags

Möchten Sie Autor bei Vieweg+Teubner werden? Kontaktieren Sie uns!

Ute Wrasmann | ute.wrasmann@viewegteubner.de | Tel.: +49(0)611.7878-239

TECHNIK BEWEGT.

MIX
Papier aus verantwortungsvollen Quellen
Paper from responsible sources
FSC® C105338

FSC
www.fsc.org

If you have any concerns about our products,
you can contact us on
ProductSafety@springernature.com

In case Publisher is established outside the EU,
the EU authorized representative is:
Springer Nature Customer Service Center GmbH
Europaplatz 3, 69115 Heidelberg, Germany

Printed by Libri Plureos GmbH
in Hamburg, Germany